U0277101

丛书主编 潘云鹤

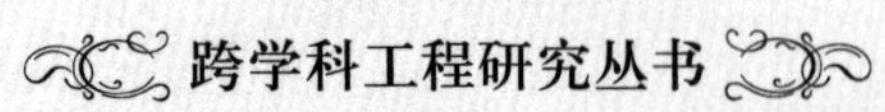

# 工程社会学导论：工程共同体研究

李伯聪等　著

# 总　　序

## 新时代呼唤大量涌现卓越工程师

潘云鹤

《跨学科工程研究丛书》即将出版了。这套丛书的基本主题是从跨学科角度研究与“工程”和“工程师”有关的一系列问题，更具体地说，这套丛书的主题分别涉及了工程哲学、工程社会学、工程知识、工程创新、工程方法、工程伦理等许多学科或领域，希望这套丛书能够受到我国的工程界、科技界、管理界、工科院校师生和其他人士的欢迎。

从古至今，人类以手工方式或以机器方式制造了大量的“人工物”，如英格兰的巨石阵，古埃及的金字塔，古希腊的雅典卫城，古罗马的斗兽场，中国古代的都江堰、万里长城、大运河，欧洲中世纪的城堡等等，直到现代社会的汽车、拖拉机、电冰箱、高速公路、高速铁路、计算机、互联网等等。无数事例都在显示：从历史方面看，造物和工程的发展过程构成了人类文明进步和发展的物质主线；从人的本质特征方面看，造物和工程创新能力成为了刻画人的本质力量的基本特征。

正如马克思所指出：“工业的历史和工业的已经产生的对象性的存在，是一本打开了的关于人的本质力量的书。”已经进行过和正在进行着的数量众多、规模不一、类型和方式多种多样的工程活动，不但提供了人类生存所必需的衣食住行等物质生活条件，而且在工程的规划、设计、实施、运行和产品使用的过程中，人类的创造力得以发挥,人的本质力量得以显现。工程活动不但创造了人类的物质文明,而且深刻地影响了自然的面貌,深刻影响了人类的精神世界和生活方式。

工程对人类的发展很重要,而对21世纪初的中国而言,可谓特别重要。因为今天的中国正处于工业化的高潮,其工程活动的类型之丰富、规模之宏大、发展方式之独特,均居世界前列,其取得的成就令世界惊讶。

与此同时,中国工程所面临的复杂挑战也令世界关注。此种挑战的复杂性不仅来自于工程本身,要兼顾科技、经济、文化、环境、社会等各方面的综合需求与可能;也不仅来自于中国发展的特殊阶段,要同时面对工业化、信息化、城镇化、市场化、全球化的综合挑战;还来自于当今时代所面临的共同问题,如气候变化、资源短缺、环境压力等等难题。这些难题的重叠交叉,要求中国涌现出大批卓越的富有创造性的工程师。

历史经验的总结和现实生活的启示都告诉人们:工程师这种社会角色,在生产力发展和社会发展的进程中发挥了重要的作用。在新兴产业开拓的过程中,工程师更义不容辞地要成为技术先驱和新产业的开路先锋。

在近现代历史进程中,工程师不但从数量上看其人数有了指数性的增长,而且更重要的是,工程师的专业能力、社会职能和社会责任,人们对工程师的社会期望,工程师自身的社会自觉都发生了空前巨大而深刻的变化。

在现代社会中,作为一种社会分工的结果,卓越的工程师毫无疑问地必须是杰出的专家,但绝不能成为“分工的奴隶”。要成为卓越的工程师,不但必须有精益求精的专业知识、广泛的社会知识和综合的创造能力,而且必须有高瞻远瞩的工程理念、卓越非凡的工程创新精神、深切的职业自觉意识、强烈的社会责任感和历史使命感。

新形势和新任务对我国工程师提出了新要求。面对社会发展和时代的呼唤,我国的工程师需要有新思维、新意识、新风格、新面貌。

现在中国高等院校每年培养的工科毕业生已超过200万。他们学的都是专业性工程科技知识,如土木工程、机械工程、电子工程、化学工程……,但多数人对工程整体特性的学习和研究却相当缺乏。这种“只见树木，不见树林”的状态，不利于他们走向卓越。21世纪新兴起的工程哲学和跨学科工程研究(Engineering Studies)就提供了从宏观上认识工程活动和工程师职业的一系列新观点、新思路、新视野。

应该强调指出的是，工程哲学和跨学科工程研究可以发挥双重的作用。一方面，工程哲学和跨学科工程研究可以促使其他行业的人们更深刻地重新认识工程、重新认识工程师；另一方面，工程哲学和跨学科工程研究又可以促使工程师更深刻地反思和认识工程活动的职能和意义，更深刻地反思和认识工程师的职业特征、社会责任和历史使命。

进入21世纪之后，工程哲学和跨学科工程研究作为迅速崛起的新学科和新研究领域，在中国和欧美发达国家同时兴起。近几年来，跨学科工程研究领域呈现出了突飞猛进的发展势头，研究范围逐渐拓展，学术会议和学术交流逐渐频繁，研究成果日益丰硕。

为了促进工程理论研究的深入发展，为了适应在我国涌现大批卓越工程师的需要，特别是为了适应工程实践和发展的现实需要，我们组织出版了这套《跨学科工程研究丛书》。整套丛书包括中国学者的两本学术著作——《工程社会学导论：工程共同体研究》和《工程创新：突破壁垒和躲避陷阱》，以及四本翻译著作——《工程师知道什么以及他们是如何知道的》、《工程中的哲学》、《工程方法论》和《像工程师那样思考》。我们相信，这套丛书的出版将会有助于我国加快培养和造就创新型工程科技人才，有助于社会各界更深入地认识工程和认识工程师的职业特征与职业责任，也有助于强化我国在工程哲学和跨学科工程领域研究的水平与优势，从而促进我国工程理论与实践又好又快地发展。

2010年9月15日

# 目录

# 第一章
# 绪 论

工程活动是人类有目的、有计划地改变自然界的活动,从事工程活动是人的本质力量和本质特点的表现。古代工程使用人力和手工工具,而现代工程则主要使用现代动力系统和现代机器设备。

工程活动中包含着技术要素、资源材料要素、经济要素、管理要素、制度要素、社会要素、政治要素、伦理要素、心理要素等许多不同的要素,工程活动是诸多要素的动态统一。

工程活动是社会存在和发展的基础。科学技术是第一生产力,工程是直接生产力。没有工程活动,社会就无法存在,就要瓦解、崩溃。

工程活动是人类最重要、最基本的社会活动方式。工程活动不但集中地体现了人与自然的关系,而且它还集中地体现着人与人的关系、人与社会的关系。人类不但通过工程活动改变了自然的面貌,为人类的生存和发展提供了必需的物质生活条件和基础，而且在工程活动中形成了一定的人与人的关系（intersubjectivity）、人与社会的关系。从而，我们不但必须从人与自然的关系中认识、分析和研究工程活动，而且还必须从人与人的关系和人与社会的关系中认识、分析和研究工程活动。

工程活动是以集体活动或共同体活动的方式来从事和进行的社会活动。工程活动的基本特征是其集体性和社会性，工程活动的基本主体不是个人，而是一种特定形式或类型的共同体——工程共同体。

人类社会特别是现代社会是复杂的社会实在（social reality），其中存在着形式多种多样的共同体。在这些多种多样的共同体中，工程共同体不但是整个社会中人数最多的共同体，而且是支撑社会存在和发展的最基本、最重要的社会共同体。

现代工程共同体主要由工程师、工人、投资者、管理者和其他利益相关者组成。工程共同体的复杂性不但表现在它存在着复杂的内部关系，而且表现在它与社会中的其他共同体存在着复杂的外部关系。

在工程共同体内部，其各个成员和组成部分之间既存在着各种不同形式的协调、合作关系，同时又不可避免地存在着各种形式和程度不同的矛盾、冲突关系。在工程共同体的内部网络与分层关系中，既存在着合作与信任、领导与配合类型的关系，也可能存在着歧视与不信任、摩擦与拆台类型的关系。通过共同体成员和内部各组成部分之间的博弈、谈判、协调，工程共同体既可能成为一个和谐的或比较和谐的共同体，也可能是一个内部关系比较紧张甚至濒临瓦解的共同体。与此相似，在工程共同体的外部关系方面，也存在着复杂的协调、合作与矛盾、冲突关系。

本书以研究“工程共同体”为基本主题，希望能够为“工程社会学”这个新学科奠定一块重要的理论基石。

工程共同体问题不但直接关联和影响着人与自然的和谐，而且直接关联和影响着社会的和谐。和谐工程是构建和谐的“天人关系”及和谐社会的基石和细胞。希望本书的研究不但能够在理论上有所开拓和建树，而且希望通过深化对工程共同体问题的认识，从而促进和谐工程和和谐社会的构建。

目前，对科学共同体问题已经有了许多研究，科学社会学也早已成为一门成熟的社会学分支学科。技术社会学、家庭社会学、婚姻社会学等分支学科也先后在社会学王国内自立门户，可是，工程社会学却至今无人问津，成了一片学术盲区。

科学可以是哲学和社会学研究的对象，于是，这就开创了科学哲学和科学社会学这两个学科。在科学哲学和科学社会学的创建过程中，欧美学者走在了中国学者的前面。

在当前的世界上，中国还不是一个科学最发达的国家，可是，我们却可以信心十足地说：当前的中国是世界上工程活动最发达的国家。工程无疑地应该是哲学和社会学研究的对象，这就提出了开创工程哲学和工程社会学的要求和任务。我们看到，在工程哲学的创建过程中，中国学者不但和欧美学者并驱争先，而且甚至还在许多方面占据了一定的领先之势。① 现在，我们又开始了在工程社会学这片处女地上的耕耘，②我们希望西方学者也能够和我们一样关注工程共同体和工程社会学的研究，和我们并肩前进在开创工程社会学的崎岖道路上。

本书是一本探索性的著作，是我们在开拓工程社会学这个新方向和新学科方面迈出的第一步。在内容结构上，全书可分为五个部分：(1) 第一、第二章是对工程、工程共同体、工程社会学的概论或概述；(2) 第三至第七章分别研究了工程共同体的各类成员——工程师、工人、投资者、管理者和其他利益相关者；(3) 第八至第十一章是对工程共同体的两个基本类型——“工程职业共同体”和“工程活动共同体”——的研究；(4) 第十二至第十五章是对“工程共同体嵌入社会”的分析；

---

① 余道游：《工程哲学的兴起及当前发展》，《哲学动态》2005 年第 9 期。

② 李伯聪：《工程共同体中的工人——“工程共同体”研究之一》，《自然辩证法通讯》2005 年第 2 期；《关于工程师的几个问题——“工程共同体”研究之二》，《自然辩证法通讯》2006 年第 2 期；《工程共同体研究和工程社会学的开拓——“工程共同体”研究之三》，《自然辩证法通讯》2008 年第1 期。

（5）第十六章是简要回顾、总结和展望。

在绪论部分，我们将对“工程和工程共同体”、“工程共同体和工程社会学”这两个问题进行简要分析和论述。

## 第一节　工程和工程共同体

在现代汉语中，“工程活动”不但可以指广义的物质生产领域的活动——以下简称为“自然工程”（由于这些“工程”大多具有经济性质，亦可称为“经济工程”），如三峡工程、宝钢工程、青藏铁路工程，各项建筑工程、通信工程，以及某个地区的污水处理工程等，而且可以指非物质生产领域的某些社会性活动，如希望工程、再就业工程等，许多人把后面这种类型的工程称为“社会工程”。

考虑到事实与对象本身的性质和特点，大概许多人还会同意：现代社会中的许多活动，如拍一部电影（特别是所谓“大片”）、组织一场大型演出、一次慈善捐助等，虽然没有“工程”之名，但它们在一定意义上都可以被看作是“广义的工程活动”——实际上也已经有人径称之为“文化工程”或其他名目的工程了。

应该承认，在以上所有的“工程活动”中必然有某些共同的特点或规律性的东西，可以据此对包罗万象的工程活动进行一般性、普遍性的研究；但自然工程和所谓“社会工程”活动毕竟有许多根本性的区别，最好还是不要把二者混为一谈，而应该在学理上把“物质生产领域的工程”和“社会工程”当作两类对象和两个不同的领域进行研究。基于这种考虑，本书的研究对象将限定为广义的物质生产领域的工程，而基本上不涉及所谓“社会工程”问题。①

---

① 虽然本书中的一些思路和观点在某种程度上也适合于讨论“社会工程”问题，并且个别章节（如对“共同体内部人际关系”和“社会实在”的讨论）实际上已经“涉足”社会工程领域，但这并不影响关于本书研究内容和研究对象的基本判断。我们认为：“社会工程”在性质上与“自然工程”有根本区别，必须把“社会工程”问题当作“另外”一个“学科”或“领域”的问题进行研究和讨论。“社会工程”的研究和讨论有其特殊的重要性，也有其特殊的困难。我们很高兴看到国内已经出版了几本研究社会工程问题的论著，我们希望将来也能有机会对社会工程的一些问题开展专题研究与讨论。

由于工程活动的基本“单位”是项目，所以，现代汉语中的“工程”一词在英文中有时被翻译为 engineering（工程），有时被翻译为 project（项目）。

## 一 工程活动的过程和要素

对于工程活动的过程、要素和范围，国内外学者的看法不尽相同。例如，有人认为工程和技术是等同的，有人认为工程活动仅仅局限于基本建设阶段而不包括生产运行阶段，但我们认为最好还是对工程活动的范围作广义理解，而不宜将其范围理解得过于狭窄。

美国学者马丁和辛津格认为，工程活动的维度（dimensions of engineering）应该包括从任务倡议（initiation of task）和设计（design）开始，此后历经生产制造（manufacture）、建造（construction）、质量控制和检验（quality control / testing）、广告（advertising）、销售（sales）、安装（installation）、产品使用（use of the product）、维修（repair）、社会和环境效果监控（monitoring social and environmental effects）等环节，一直到完成循环利用（recycling）和废料废品处理（disposal of materials and wastes）等“结束工作”（final tasks）的整个过程。① 马丁和辛津格对工程活动的这种广义理解和解释和我国工程界许多专家对工程的理解是一致的。

现代工程活动实践的经验和社会对工程活动的要求都在表明：那种把工程活动仅仅限定在或局限在“设计”和“生产”阶段的认识和观点是不恰当的。就现代工程活动而言，一项工程在设计时就必须认真考虑合理处理最终废物的问题，特别是核电站这样的工程项目，社会各界和工程界已经达成了一种共识：如果在设计阶段不能合理解决最后的核废料处理问题，那么，这个核电站项目就根本不应该上马。人们还看到，目前国内外都出现了一些资源枯竭型城市，它们遇到了许多严重的经济、社会问题。如果追究造成目前状况的原因，则最要害的问题就是以往在认识和处理“矿山工程”时几乎完全忽视了“矿山工程的结束环节”的重要性，以致今

---

① Martin, M. W. and S. Schinzinger. *Ethics in Engineering*. Boston: McGraw-Hill, 2005, pp. 16 - 17.

天不得不倍尝苦果。

以上所说实际上只是工程活动的纵向维度或过程分析方面的问题，如果从横向维度或结构要素的角度来看，工程活动乃是包含技术要素、经济要素、政治要素、社会要素、管理要素、伦理要素、环境要素、心理要素等许多维度或要素的系统性的社会活动，我们应该从这个系统性的观点出发来认识和分析工程活动的定义及工程活动的内容。

在对工程活动进行研究和分析时，尽管在某些情况下或出于某些原因，人们可以只注意和研究工程活动的某个环节或某个要素，但这并不意味着忘记工程活动的"全过程"性和"全要素"性。既不应无视各个组成要素，把工程活动理解为一个混沌的整体，也不应犯一叶障目的错误，把某个要素夸大为整个工程。

例如，在工程与技术的关系上，一方面，必须承认"没有无技术的工程"，看到技术要素作为工程活动的前提、基础的重要作用，避免在认识和分析工程活动时犯空中楼阁式的错误；另一方面，也必须承认"没有纯技术的工程"，特别注意在许多情况下各种非技术要素可能成为决定工程活动成败的最重要的因素，避免犯"单纯技术观点"的错误。

顺便指出，在认识和分析工程活动时，其他类型的单一要素观——如单纯经济观点——也是不正确的。

目前，对于工程活动的定义和内容，国内外都有人仅作狭义的解释。我们认为，这些对工程活动和工程定义的狭义解释不但严重阻碍了工程研究（engineering studies）领域的许多学科——如工程哲学、工程社会学、工程管理学、工程史——的成长和发展，而且在现实生活中也对工程实践和"公众理解工程"产生了严重的不良影响。

## 二　工程活动是由不同类型的成员组成的工程共同体所进行的集体性活动

"工程共同体"是一个多义词。我们有时用它来指称个别的、具体的工程共同体，有时又用它来指称工程共同体的某些类型，甚至是作为总体的“工程共同体”。

与工程活动一样，工程共同体在历史上也有一个变化发展的过程。值得特别注意和必须强调指出的是，虽然可以承认科学共同体主要是由科学家所组成的，但绝不可由此类比或类推性地认为工程共同体主要是由工程师所组成的。虽然可以承认，科学活动就是“科学家”所从事的活动，但却绝不能类推说工程活动就是“工程师”所从事的活动。

在现代社会中，从事现代工程活动的工程共同体是由工程师、工人、投资者、管理者和其他有关的利益相关者组成的。在工程共同体中，工程师是绝不可缺少的，同时工人、投资者、管理者等其他成员也是不可或缺的，此外工程活动必然牵涉到许多其他利益相关者，使他们在一定意义上也成了工程共同体的组成部分。

在工程活动中，工程共同体的不同成员各有其自身特定的、不可取代的重要作用。如果把工程共同体比喻为一支军队的话，其中工人就是士兵，管理者相当于各级司令员，工程师是各级参谋，投资人则相当于后勤部长。从功能和作用上看，如果我们把工程活动比喻为一部坦克车或铲土机，那么，投资人可比喻为油箱和燃料，管理者（企业家）可比喻为方向盘，工程师可比喻为发动机，工人可比喻为火炮或铲斗，其中每个部分对于整部机器的正常运转都是不可缺少的。

许多国外学者在研究工程活动时，十分关注工程师的作用，他们对此开展了许多相当深入的研究工作，这些成果是我们必须认真学习和借鉴的。可是，他们中的许多人往往忽视甚至遗忘了工程共同体的其他成员——特别是工人——所发挥的作用，一些学者将工程活动简化为工程师的活动，将工程活动等同于工程师的活动，这就不正确了。这种错误认识的一个直接后果就是西方学者一直未能提出“工程共同体”这个工程社会学的核心课题和概念，未能在工程共同体这个大系统中研究工程师问题，也未能通过工程师问题的研究深化对工程共同体问题的系统性认识和分析。

## 第二节　工程共同体和工程社会学

英文的community，通常被翻译为"社区"、"社群"或"共同体"，由community派生出来的communitarianism也就被翻译为"社区主义"、"社群主义"或"共同体主义"。

在思想史上，共同体（community）这个概念首先是由古希腊的亚里士多德提出来的。亚里士多德《政治学》一书开篇第一句话便是"我们看到，所有城邦都是某种共同体，所有共同体都是为着某种善而建立的"①。亚里士多德认为最先形成的共同体是家庭，由家庭而形成村落，由村落而进一步形成城邦共同体。他认为城邦共同体乃追求共同善的最有权威的社会共同体，是一个"政治共同体"。1887年，德国社会学家梯尼斯（F. Tonnies）出版了《社群与社团》一书，对共同体进行了比较系统的论述。1917年，英国社会学家麦基弗（R. M. MacIver）出版了《社群：一种社会学研究》一书，进一步拓展了梯尼斯关于共同体的观点和认识。20世纪80年代，西方政治哲学界自由主义思潮如日中天，社群主义异军突起，成为可以与之相抗衡的思潮。

作为一种学术思潮或流派，社群主义的社群或共同体不但包括了国家那样的大共同体，而且包括了教会、社区、协会、俱乐部、同人团体、职业社团、等级、阶级、种族等中间性共同体。② 本书无意涉及社群主义与自由主义的论争，也无意涉及关于共同体的许多一般性理论问题，本书关注的焦点只是一个特殊类型的共同体——工程共同体。

### 一　科学共同体和科学社会学

对于本书研究主题的提出来说，所谓社群主义的一般理论并没有发挥什么特

① 颜一编：《亚里士多德选集·政治学卷》，中国人民大学出版社1999年版，第3页。
② 俞可平：《社群主义》，中国社会科学出版社1998年版。

殊重要的作用,而库恩关于科学共同体的理论却是一个直接的理论资源和重要的学术参照系。

美国学者库恩在1962年出版了《科学革命的结构》一书,这本书很快就产生了巨大的学术影响,在很短时间内就成为一本公认的经典著作。在库恩的理论体系中,范式和科学共同体是两个基本概念。在《科学革命的结构》一书出版后,这两个概念也不胫而走,成为科学哲学和科学社会学的学术界——甚至更广泛的学术群体——常用的语汇。

应该承认,虽然科学共同体这个术语不是库恩最早提出来的,但它却是因库恩的《科学革命的结构》而声名远扬的。库恩在回忆和反思《科学革命的结构》一书时曾有一段自白,他说:"在这本书里,'范式'一词无论实际上还是逻辑上,都很接近于'科学共同体'这个词。一种范式是、也仅仅是一个科学共同体成员所共有的东西。反过来,也正由于他们掌握了共有的范式才组成了这个科学共同体,尽管这些成员在其他方面并无任何共同之处。作为经验概括,这正反两种说法都可以成立。但我那本书里却当成了定义(至少部分如此),以致出现那么一些恶性循环,得出一些错误结论。"①1969年,库恩在为新版《科学革命的结构》写的后记中说:"假如我重写此书,我会一开始就探讨科学的共同体结构,这个问题近来已成为社会学研究的一个重要课题,科学史家也开始认真地对待它。""我们能够、也应当无须诉诸范式就界定出科学共同体。"②这就是说,库恩终于认定:他的理论体系的最基础的概念是科学共同体而不是范式。

科学社会学这个学科的奠基人是美国学者默顿(Robert K. Merton),1938年他出版了自己的博士论文《17世纪英格兰的科学、技术与社会》,这本书也成为科学社会学的奠基之作。此后,科学社会学逐渐地发展成为一个相当繁荣的社会学分

---

① [美]托马斯·库恩:《必要的张力》,纪树立等译,《科学的传统和变革论文选》,福建人民出版社1981年版,第291页。

② [美]托马斯·库恩:《科学革命的结构》,金吾伦、胡新和译,北京大学出版社2003年版,第158页。

支学科。1990年，默顿在为《清教与现代科学的兴起——默顿论题》一书写的“后记”中，曾经这样回忆科学社会学大约半个世纪的发展历程：“如果说，在20世纪30年代初，科学史还刚刚开始成为一个学科，那么，科学社会学最多只能算是一种渴望。当时在全世界，少数孤独的社会学家试图勾勒出这样一个潜在的研究纲领的轮廓，而实际在这一粗略设想的领域从事经验研究的人更是屈指可数了。这种状况持续了相当长的一个时期。”“直到1959年，美国社会学学会中只有1%的会员把更广泛的知识社会学算作是他们相当关心的一个领域，自己承认是科学社会学家的人数更是稀少，以至于不能要求单独排列。当然，这种状况现在已经有了很大的变化，科学社会学目前在知识界正处在一个繁荣时期。”默顿又说：“过去的半个世纪见证了科学史、科学社会学和科学哲学（以及刚刚开始引入的科学心理学、科学政治学和科学经济学的视角）这个远没有完全整合的综合领域，在每一个组成部分和每一个方面的繁荣。”①

斯托勒在为默顿的论文集《科学社会学》一书所写的“编者导言”中提到了库恩和他的《科学革命的结构》一书，斯托勒明确指出，科学共同体是“科学社会学的基本概念”。他又说：“从社会学角度讲，在科学社会学能够着手处理一系列其他问题前，有必要确定科学共同体的界限并探索它在社会中的地位的基础。”②

虽然从对象方面看，工程实践活动和工程共同体的出现都比科学实践活动和科学共同体的出现早得多，但由于多种原因，东西方的思想和学术界都忽视和遗忘了对工程共同体的研究。导致这种状况的原因是复杂的，其中既有深刻的阶级原因，又有沉重的思想文化方面的原因。虽然已经有少数学者注意到了这种状况，但总体来看，目前对工程共同体问题的认识和研究很类似于20世纪30年代初的情况。

从科学哲学和科学社会学发展的历史过程来看，现代科学哲学的开创在先

---

① [美]默顿：《科学社会学》，鲁旭东、林聚任译，商务印书馆2003年版，“代中译本前言”，第ⅱ—ⅲ页。

② 同上，“编者导言”，第12—13页。

（许多人把维也纳学派的出现看作是现代科学哲学形成的标志），而科学社会学的开创和形成在后，这个时间上的先后关系是否有一定的微妙含义，尚有待进一步的分析、思考和评判。

## 二 工程哲学和工程社会学

工程哲学在20世纪之初形成之后，①学界关于必须研究工程共同体和促成工程社会学这个新学科诞生的认识也愈发清晰。本书就是根据这种认识而进行的初步尝试和努力。

工程哲学指出：科学、技术和工程是三种不同的社会活动方式，各有不同的本质和特点，虽然必须承认三者之间存在着密切联系，但这绝不意味着可以把三者混为一谈。工程哲学就是因对工程活动进行哲学反思而形成的一个新的哲学分支。

科学活动具有社会性——这是科学社会学这个学科形成的理论前提和现实基础。然而，还有一个更加显而易见的事实是：工程活动比科学活动具有更深刻、更复杂、更强烈、更常见、更基本的社会性，于是，必须努力把工程社会学建设成为一个与科学社会学并立的社会学分支学科的任务便理所当然地被提了出来。

默顿指出，应该把科学哲学、科学史、科学社会学以及其他相关的研究科学活动的分支学科结合起来进行综合研究，这个观点对于工程哲学、工程社会学的研究也是具有指导意义的。

## 三 工程共同体和科学共同体是两种不同性质的共同体

应该怎样入手或着手研究工程社会学呢？一个很自然的答案就是可以从研究工程共同体着手——这就是指导本书写作的一个基本思路。

在研究工程共同体时，可以把科学共同体当作一个参照系，因为，工程共同体

---

① 余道游：《工程哲学的兴起及当前发展》，《哲学动态》2005年第9期；殷瑞钰、汪应洛、李伯聪等：《工程哲学》，高等教育出版社2007年版，第1章第3节，第32—43页。

的许多性质和特征都可以在与科学共同体的对比中看得更加清楚,更加明白。

科学共同体的基本目的或目标是追求真理,是建立和发展科学理论;而工程共同体的基本目的或目标是实现价值追求(首先是生产力方面的价值目标,同时也包括其他方面内容的广义价值追求)。

在一般意义上,可以说科学共同体基本上是由科学家所组成的,于是,科学共同体就成为一个"同质成员的共同体";而工程共同体却是由工程师、工人、投资者、管理者等多种成员所组成的,这就使工程共同体成为一个"异质成员的共同体"。如果参考数学中关于组合爆炸的知识,我们可以推断:由于在成员组成上工程共同体比科学共同体的复杂程度大大增加,这就使工程共同体的内部关系和外部关系的复杂程度都比科学共同体指数般增加了起来,从而工程共同体的研究难度也比科学共同体的研究难度指数般增加了。

工程共同体和科学共同体在制度形式和组织方式方面也有重大的区别。如果按照库恩的理论思路,可以认为科学共同体的主要组织形式和制度形式是科学学派和"自然科学的不同学科学者的共同体"即不同学科的科学家共同体;而工程共同体的组织形式就复杂得多了,工程共同体这个整体中出现了"工程活动共同体"和"工程职业共同体"这样两个不同的共同体类型。

与科学共同体相比,工程共同体不但在成员的数量上大大超出科学共同体,而且更在整个共同体的性质、社会功能、内部的类型划分、组织形式和制度安排、内部关系和外部关系的具体内容和复杂程度方面都与科学共同体有深刻的区别。

## 四　工程共同体的组织形式

工程共同体的组织形式或制度形式主要有两大类型。

工程共同体的第一个类型是"职业共同体",例如,工人组织起了自己的工会,工程师组织起了各种工程师协会或学会,许多国家的投资人、管理者也组织起了雇主协会、企业家协会,等等。应该注意的是,工程共同体中的这些"职业共同体"都明确地以维护"本职业群体"的经济利益为最重要的任务之一,在这方面他们是一点也不含糊的；可是，我们却没有看到有什么科学职业的共同体——例如某个学科的学会——把维护本共同体成员的经济利益作为其最重要或最基本的任务。①

工程共同体的第二个类型是由在一起分工合作、从事工程活动的各种成员所共同组成的共同体，我们可以把这种类型的工程共同体称为“工程活动共同体”。在工程共同体中，不同成员的经济利益常常是互相冲突的，所以需要组织起不同的职业共同体以维护本职业共同体的经济利益。可是，单独的工人群体不可能仅凭自身就从事工程活动，单独的工程师、投资人、管理者也不可能从事实际的工程活动，必须把工程师、工人、投资人、管理者结合在一起，分工合作，以企业、公司、项目部等形式组织在一起才可能进行实际的工程活动，如果没有企业、公司、项目部等组织和制度形式，工程活动是不可能进行的，于是，它们就成为工程共同体的第二种类型的组织形式和制度形式。

应该强调指出：上述两种不同类型的工程共同体的组织形式（或曰“亚共同体”）在性质和功能上都是有根本区别的。工会和工程师协会等“职业共同体”最基本的性质和功能是维护本职业群体成员的各种权利，它们不是而且也不可能是具体从事工程活动的共同体；而企业、公司、项目部等“工程活动共同体”的最基本的性质和功能是把不同职业的成员组织在一起具体从事工程活动，它们要协调、兼顾不同职业群体的各种权利而不能仅仅代表某一个职业群体的权利。在工程共同体的两种类型中，“工程活动共同体”是“基本的”共同体，而“工程职业共同体”是“派生的”共同体。为什么不同职业的、“异质”的个人可以和必须联合或合作起来组织成为一个“工程活动共同体”才能进行工程活动呢？

这里需要回答的关键问题有两个：（1）是否必要，即必要性问题；（2）是否可能，即可能性问题。

关于所谓必要性问题，可以从问题的反面——不合作行不行——来分析和

① 毫无疑问，作为科学共同体的科学学会可以把维护本职业人群的经济利益作为学会的任务“之一”，但绝不能以其为“首要”任务。

认识。

不合作行不行呢？答案很清楚，不行。

如果仅仅有单一职业的人群（例如仅仅有工人或仅仅有投资者），并且他们不同其他职业的人群合作，那么，他们就不具备从事工程实践的必要条件，从而就不可能真正从事具体的工程活动。要真正从事工程活动，就必须把不同职业或专业的成员联合起来，这就回答了组成工程活动共同体的必要性问题。

对于不同职业的"异质"个人联合起来组成工程活动共同体的可能性问题，这里主要提出两点解释。

一是不同职业的异质"个人"和"社会"可以对工程活动共同体产生"认同"和进行"识别"。

共同体是由个人组成的，它必须取得该共同体成员对它的认同，如果该共同体不能取得其成员的某种形式和某种程度的认同，那么，这个共同体是无法形成和存在的——这是共同体的"内部认同"问题。此外，共同体又只是整个社会的一个局部，于是这就出现了一个社会对该共同体的"外部"的"承认"、"认同"和"识别"的问题。如果没有"社会"的"外部承认"（可以具体表现为法律的、社会习惯的和其他形式的"认同"），一个共同体是无法在社会中存在下去的。

二是工程活动共同体可以建立起联系和维护自身存在的纽带。

工程共同体是依据和运用一定的"纽带"把分立的个人组织成一个集体或团体的。有了必需的纽带，共同体才可能成为一个有适当结构和功能的"社会实在"或"社会实体"。

对于工厂、公司、企业、项目部等"工程活动共同体"来说，其维系纽带主要是：（1）目的和精神纽带，更具体地说就是某种形式、类型或程度的共同目的、集体意图，它可能仅仅是一个"包含许多个人利益"的"共同的短期目标"，但也可能是长远的集体目标，甚至是共同的价值目标和价值理想。（2）资本和利益纽带，包括机器设备、生产资料、其他物质资源、资本供给，等等。（3）制度和交往（谈判、契约）纽带，包括共同体内部的分工合作关系、各种制度安排、管理方式、岗位设置、行为习惯,等等。(4)知识和信息纽带,包括维持工程活动正常运行所必需的各种命令流、信息流、程序安排、调度指挥、内部沟通,等等。总体来看,为了形成和维系一个工程活动共同体,不但需要有一定"无形"的精神和思想纽带,而且需要有一定"有形"的技术设施等物质纽带,不但需要有各种"制度性纽带",而且需要有"当时当地的""知识和信息纽带",如果不能建立起必需的维系纽带,工程活动共同体就不可能建立、存在和发展。

正像"人"是一个"有限的存在"——有生也有死——一样,以企业和项目部为典型表现形式的工程活动共同体也是一个"有限的存在"——有生也有死。

如果这些纽带的功能发挥得好,工程活动共同体就会处于"健康存在状态",成为一个"好"的共同体;否则,这个工程活动共同体就会处于不同程度的"病态"之中,在极端情况下,还会导致这个共同体的"崩溃",出现不正常瓦解和终结。应当注意,可以认为,大量的工程活动共同体是以"正常解体"的方式"终结其存在"的。

由于不同职业的成员在利益上存在着"不容易调和"①的冲突,在存在冲突的条件下,为了维护本职业成员群体的利益,这就促使同一职业的成员(如工人)产生了联合起来组成"工程职业共同体"(如工会)的需要——这就是组织"工程职业共同体"的目的、理由和根据。

对于上面所说的"工程职业共同体"和"工程活动共同体"这两大类型的工程共同体,本书在以后的章节中还要进行更具体的分析和阐述。

## 五 工程共同体研究的若干方法论问题

在研究工程共同体时,以下几个方法论问题是值得特别注意的。

### 1. 关于"直面实事本身"的现象学方法和"语言分析"方法

在20世纪的西方哲学中,现象学和语言哲学是两个产生了巨大影响的哲学流

---

① "不容易调和"不等于"不可能调和"。

派。前者提出了“直面实事本身”①这个振聋发聩的口号，后者以强调进行语言分析而独树一帜。

语言是思维和进行学术研究的中介，语言哲学家强调人类不可能不通过语言而直接观察世界；而现象学哲学家却大力主张“排斥任何间接的中介而直接把握实事本身”。虽然这两种观点、态度和方法是有重大分歧的，但却也并不是绝对互相排斥的。

任何学术研究都必须运用语言，于是，语言分析便自然而然地成为一个重要的学术研究方法，这是必须承认的。实际上，本书也不可避免地要时常运用这个研究方法。

可是，研究者一刻也不能忘记还存在着一个“研究对象”的世界，不能错以为“语言”这个“中介”就是“世界本身”，绝不能以对语言的分析和研究取代对世界本身和对实事本身的研究。

近代著名英国哲学家培根在《新工具》一书中提出了“四假相”说。他认为存在着四种“扰乱人心的假相”：种族假相、洞穴假相、市场假相和剧场假相。其中，市场假相是“一切假相中最麻烦的一种假相，这一种假相是通过词语和名称的各种联合而爬进我们理智中来的”。可以看出，培根所说的市场假相实际上就是语言假相，培根明确指出，词语有可能在不同程度上歪曲现实，由于存在这种假相，“因此我们看见学者们的崇高而堂皇的讨论结果往往只是一场词语上的争论”②。在进行工程社会学研究的时候，我们必须对这种语言假相保持高度的警惕。

培根所说的语言假相是一种很常见的现象。我们常常看到，人们在使用语言表达和交流的时候，由于多种原因经常出现词不达意、言不尽义、以词害义、张冠李戴、有实无名、移花接木的现象，这就使人们不但在日常语言中而且常常在学术语

---

① 对于“直面实事本身”这个观点和方法，这里没有采取“照着胡塞尔讲”的态度和方法，而采取了“接着讲”的态度和方法。

② ［英］培根：《新工具》，载北京大学哲学系外国哲学史教研室编译：《十六—十八世纪西欧各国哲学》，商务印书馆1975年版，第20页。

言中落入各种语言陷阱之中。

在进行工程哲学和工程社会学研究的时候，由于这个领域中目前还没有一套已经约定俗成的术语，这就使得语言交流中可能出现更加浓厚的语言迷雾，从而使许多人更多地在语言迷雾中迷失客观世界的对象本身。

在进行工程哲学和工程社会学研究时，人们必须把聚焦实事本身放在第一位，把“直面实事本身”当作首要的方法论原则和要求；而绝不能错以为语言就是世界本身。

必须承认，目前的“语言现状”是人们对于“工程”、“工程共同体”等基本词汇还没有共同和一致的解释，这就使得在进行工程社会学研究时，人们不得不面对更加浓厚的语言迷雾。针对这种状况，人们就应该更加注意把“直面实事本身”的方法和“语言分析”的方法有机结合起来，运用这个“两结合”的方法冲破语言迷雾、识别语言假相、跳出语言陷阱，在学术探索中开辟新路，在出现意见分歧时掌握调和分歧的利器。应该努力运用中国传统智慧所倡导的得意忘言的精神和方法，努力在直面实事本身中辨析意见分歧，求同存异，推动学术发展，而不能成为当前的词语本身的奴隶，不能在理论探索和学术讨论时死于句下。

在“实事本身”和“词语本身”的关系中，必须把“直面实事本身”当作第一原则和首要方法，而不能把“直面词语本身”当作第一原则和首要方法。

现象学的创始人胡塞尔不但倡导“面对实事本身”的精神和方法，还提出了“生活世界”和“主体间性”的概念。在研究工程活动和工程共同体时，可以且应该把“面对实事本身”、“面对生活世界”和“面对主体间性”当作一个“三位一体”的方法论原则。

2. 关于经验研究和理论研究

虽然从性质上看，本书属于工程社会学的理论研究，但我们绝无轻视经验研究之意。我们想强调指出，对于工程社会学的发展来说，理论研究和经验研究都是很重要的，二者是缺一不可的，是互相促进、互相渗透的。

工程社会学的理论研究是重要的。如果没有一定的工程社会学理论前提或基础，工程社会学的经验研究——包括调查研究、案例研究、历史研究等——就会因为没有一定的理论框架和理论指导而无法进行，许多人甚至会根本想不到需要进行工程社会学的经验研究。本书在进行工程社会学理论研究的时候，首先运用了“直面工程实事本身”的方法，使用了许多其他学科和为其他目的而提供的有关工程活动和工程共同体的经验材料，如果没有这些经验材料，本书的理论研究是不可能凭空进行的。切望本书所进行的理论研究和提出的理论观点能够有助于拓展工程社会学经验研究的范围；希望工程社会学今后能够在理论研究和经验研究的良性互动中不断地深入前进和发展。

3. 跨学科研究方法的运用问题

上面已经指出，工程活动是科学技术要素、经济要素、社会要素、管理要素、制度要素、政治要素、伦理要素、心理要素等许多要素的集成，对工程活动不但必须进行社会学角度的研究，而且必须进行经济学、管理学、哲学、伦理学、历史学等其他角度的研究。工程社会学就是以工程活动为研究对象而形成的一门社会学分支学科，而工程共同体则是工程社会学研究的核心内容之一。除了工程社会学之外，目前还存在着其他几门以工程为研究对象的学科——工程哲学、工程管理学、工程经济学、工程伦理学、工程心理学等。

工程社会学要想走上学科发展的康庄大道，在工程社会学内部必须处理好理论研究与经验研究的关系，在工程社会学外部必须处理好工程社会学和工程哲学、工程管理学、工程经济学、工程伦理学、工程心理学等学科的关系，只有这两方面的关系都处理好了，工程社会学才会有更健康、更迅速、更深入的发展。

本书的基本主题是工程共同体问题。本书从第二章起将陆续分析和阐述工程共同体的基本性质和特征，分析和研究工程共同体中各种不同类型的成员；然后分析和研究工程共同体的两种组织形式——“职业共同体”和“工程活动共同体”，分析有关工程共同体的“内”“外”关系的问题；由于性别问题、安全问题、环境问题等也都是社会学领域中的重要问题，于是对这些问题也以专章的形式进行分析和研究。

本书是我们对有关工程共同体的许多问题的初步思考和研究。除了工程共同体这个问题外，工程社会学领域还有许多其他问题——既包括许多重要的理论问题，更包括许多重要的经验性问题。从学术方面看，如果本书能够引起更多的人关注工程共同体问题，更一般地说，关注工程社会学的创建与发展，我们的目的也就达到了。

# 第二章 工程共同体的性质、结构和维系原则

在工程社会学领域中考察工程共同体，一个基础性的任务就是要回答什么是工程共同体。本章将在对比工程共同体、科学共同体和技术共同体的基础上，厘定并澄清有关工程共同体的性质、结构和维系原则的一些问题。

## 第一节 工程共同体的性质

分析和研究工程共同体的性质，不仅需要对工程共同体给予界定，而且需要阐明其具体特征。

### 一 工程共同体的界定

"共同体"一词的英文是"community"，它有三层意思：一是公社、村社、社会、

集体、乡镇、村落以及生物学的群落、群社；二是共有、共用，共同体，共同组织联营（机构）；三是共（通）性、一致性、类似性。①这三层意思反映出“共同体”作为“人群共同体”的各种形式和组织方式，表明共同体具有某种性质，其成员具有某种共同的东西，如共同的活动、共同隶属于某一组织机构或社群等。

在社会学家那里，共同体常常被理解为“社群”和“社区”。而齐格蒙特·鲍曼（Zygmunt Bauman）在《共同体》②一书中则对共同体有更宽泛的所指，既包括小规模的社区自发组织，也包括较高层次的政治组织，而且还可指民族、国家共同体。

在对共同体的一般理解上，本节倾向于齐格蒙特·鲍曼对共同体所作的超出“社群”、“社区”之上的广义的解读，但本书的任务不是研究一般性的共同体，而是要考察一种特定的具有共同任务——创造新的存在物——的共同体，这就是工程共同体。

“人是社会的存在物”。要从事任何社会活动，诸如科学的、宗教的、政治的、经济的社会活动，总要结成一定的共同体，如“科学共同体”、“宗教共同体”、“政治共同体”、“经济共同体”等。也就是说，人们的活动总是特定的共同体的活动，而某种共同体又必然服务、服从于特定的活动。

从实证的角度看，科学、技术和工程是人类把握世界的三个基本维度，这三种活动的产生和发展，都有赖于它们各自的活动共同体，即科学共同体、技术共同体和工程共同体。

考虑到目前对科学共同体和技术共同体的社会学考察均已有一定基础，下面将对照着科学共同体和技术共同体的既有研究来界定和阐释工程共同体。

科学共同体（Scientific Community）作为科学社会学的范畴，首先由波兰尼（M. Polanyi）在《科学的自治》一文中基于科学活动本身的自主性而引出，然后在默顿

---

①《英华大词典》（缩印本），商务印书馆1984年版，第275页。

②［英］齐格蒙特·鲍曼：《共同体：在一个不确定的世界中寻找安全》，欧阳景根译，江苏人民出版社2003年版。

那里基于科学交流而得以进一步界定。①在默顿看来，科学共同体概念包含着两层含义：一是在构成上，其主体是从事科学事业的科学家群体；二是在维系机制上，科学共同体通过科学交流维系其存在，科学家参与成果交流的各个环节，对科学成果进行评价、分配、承认，保证科学这一社会系统的有效运行，②并认为科学共同体拥有自身的特征和规范。在后来的研究中，科学史家和科学哲学家库恩则把科学共同体与科学范式作为两个互释的范畴，即拥有同一种或同一套科学范式的科学家，便构成了科学共同体。范式总是被同一的"成熟的科学共同体"所拥有，处于常规科学期间成熟的科学共同体的主要任务就是在同一范式下的"解谜"。在同一科学共同体内部，人们有共同的信念、本体论承诺、共同的方法论和解题规则、手段等。③

技术共同体作为技术社会学的范畴，是基于技术专家、工程师与科学家一样需要交流的意义上提出的，是指"在一定范围与研究领域中，由具有比较一致的价值观念、知识背景，并从事技术问题研究、开发、生产等的工程师、技术专家和技术人员通过技术交流所维系的集合体。这个集合体同样是相对独立的，有自身的评价系统、奖励系统等，可以不受外界的干扰。技术共同体的表现形式很多，如国际技术共同体、国家技术共同体、行业技术共同体等"。④

工程共同体是工程社会学的基本范畴。工程活动是人类最切近的生存方式，在变革自然、变"自在之物"为"为我之物"的过程中，工程活动具有突出的社会性与集体性，人们必需结成一定的关系，才能有目的、有计划、有组织、有步骤地开展建造活动。因而，所谓工程共同体就是指集结在特定工程活动下，为实现同一工程目标而组成的有层次、多角色、分工协作、利益多元的复杂工程活动主体的系统，是从事某一工程活动的个人"总体"，以及社会上从事工程活动的人们的总体，进而

① 张勇等：《技术共同体透视：一个比较的视角》，《中国科技论坛》2003年第2期。
② 樊春良：《默顿科学社会学理论新探》，《自然辩证法通讯》1994年第5期。
③ [美]托马斯·库恩：《科学革命的结构》，金吾伦等译，北京大学出版社2003年版。
④ 张勇等：《技术共同体透视：一个比较的视角》，《中国科技论坛》2003年第2期。

与从事其他活动的人群共同体区别开来。

这就是说，工程共同体是现实工程活动所必需的特定的人群共同体。该共同体是有结构的，由不同角色的人们组成，包括工程师、工人、投资者、管理者和其他利益相关者等。

从工程共同体的类型来看，可以分为"工程活动共同体"与"工程职业共同体"，前者比后者更为基本，没有工程活动的共同体，也就没有工程职业共同体，正是在这个意义上可以说，相对于工程活动共同体，工程职业共同体就是派生的亚共同体。然而这种作为次生的亚共同体有其存在的必要性，它服务于工程活动共同体，维护在不同工程活动共同体中从业的同类人员——职业共同体成员的基本权益，形成工程共同体中不同组成部分的职业规范，促进工程活动共同体的职业认同，而且有助于培养工程活动共同体成员的业务素质。

如果说科学共同体的主要组织形式或实体样式是科学学会或协会以及各类研究所、高校的研究基地或项目中心等，技术共同体的主要组织形式或实体样式是国际技术共同体、国家技术共同体、行业技术共同体等，那么工程共同体的主要组织形式或实体样式则因其类型不同而有所不同，工程活动共同体的组织形式或实体样式为各类企业、公司或项目部，它们是工程活动共同体的现实形态，并以制度的、工艺的、管理的方式或者以基于物流为基础的人流表现为一定的结构模式；工程职业共同体的组织形式或实体样式为工程师协会或学会、雇主协会、企业家协会、工会等，它的显著功能在于维护职业共同体的整体形象，以及其内部成员的合法权益，尤其是经济利益，确立并不断完善职业规范，以集体认同的方式为个体辩护。

## 二　工程共同体的特征

大体而言，学术界对科学共同体已经有了许多研究，对技术共同体研究较少，而工程共同体则是一个全新的研究课题 。参照已有的研究成果，我们以下就着重通过对科学共同体、技术共同体和工程共同体进行对比的方式，对工程共同体的特征进行一些简要分析和阐述。

在组织性质上，工程共同体与科学共同体乃至技术共同体一样，都属于社会的亚文化群。社会中不同的亚文化群，如宗教共同体、艺术共同体、政治共同体、大众传媒共同体等，在社会生活中发挥着不同的作用。应该强调指出，与其他各类亚共同体相比较，工程共同体是更基本的共同体，其活动的性质和状况“决定”其他共同体活动的水平和状况。同时，其他类型的共同体的活动也在一定程度上影响着工程共同体活动的开展。

在动力机制上，如果说科学共同体从事科学研究活动的动力来自科学家对探索自然奥秘的兴趣，默顿命题①所揭示的清教伦理对科学研究的拉动，以及库恩所描述的科学家对科学共同体范式的信仰②，特别是共同体内部的评价与奖励机制；技术共同体从事技术发明的动力来自科学逻辑的继续，尤其是实际生产生活问题的社会需要，以及技术奖励与专利获得的社会承认；那么，工程共同体从事工程活动的动力则来自人们生存和生活的现实需要，即不断满足人们日益增长的物质和文化生活需要。同时，工程共同体行动的动力也来自于共同体内部的认同、奖励和共同体外部(即社会)的奖励，包括获得“市场回报”。这种来自市场的回报，往往也同科学奖励系统、技术奖励系统那样，表现为反映奖励不平衡性的“马太效应”。越是获得“社会实现”的工程，其活动的工程共同体越是有生命力，越是容易获得社会的资金、政策的支持，越是容易在项目招标和市场竞争中获胜，也相对有资格得到政府主管部门的奖励。而工程质量不佳、名誉不好的企业，将不得不“艰难度日”，甚至最终在市场选择中被淘汰掉。

在结构分层上，科学共同体和技术共同体都存在明显的等级区别，例如，科学共同体中的“科学泰斗”、研究员、副研究员等，技术共同体中的“大发明家”、高级工程师、技术员等，其划分标准主要是业务水平和对社会的贡献。相对于科学共同

---

① [美]罗伯特·金·默顿：《十七世纪英格兰的科学技术与社会》，范岱年译，商务印书馆2000年版。

② 在库恩看来，科学共同体成员对范式的信念就像宗教信仰那样，改变对范式的信念就像“改宗”那样。见[美]托马斯·库恩：《科学革命的结构》，金吾伦等译，北京大学出版社2003年版。

体和技术共同体,工程共同体的结构分层要复杂得多。在一个工程活动共同体的组织如企业或公司中,不仅有纵向的职位等级分层,表现为科层制,上层有董事会,管理层有总经理、总工程师、总会计师,中层有各职能科室和生产车间的管理人员、工程技术人员,下层是生产工段长和班组长以及最基层的工人等;而在不同职能的工程共同体的人群中,又有不同的等级,如工程技术人员所组成的子共同体中又区分为总工程师、高级工程师、工程师、助理工程师和技术员,工人中又区分为高级技师、技师、教练员以及不同职业等级的工人等。

在成员构成上,科学共同体和技术共同体比较单一,前者由科学家或科学工作者构成,后者由技术专家或技术工作者构成,尽管也有些技术人员担任一定的管理职务而扮演着双重角色,但其成员还是单一的,都属于"同质结构"的共同体。由于工程活动的复杂性,它要求各类人员的组合,因此,工程活动共同体在成员的构成上是多元的,属于"异质结构"的共同体,包含投资人、管理者、工程师、工人和其他利益相关者,他们在工程行动中各自发挥着不可替代的作用。也正因为如此,才有了不同的工程职业共同体,如工程师协会、投资人协会、企业家协会或俱乐部、经理人协会和工会等。

在获得承认的路径上,科学共同体的成员获得承认的路径仅限于科学共同体内部。因为科学是自治的事业,不看重外部的评价,甚至可以说外部根本就没有资格评价。①技术共同体的成员不仅可获得来自共同体内部的承认,而且更为重要的是可获得来自社会专利发放机构对技术成果的确认和承认,此外还有技术专利使用者的承认。工程共同体成员获得承认的路径也有多条,一方面,工程共同体内部,无论是工程活动共同体还是工程职业共同体,都通过相应的制度规范和评价体系或奖励的形式,使其成员的工作获得承认,进而获得共同体内部的认同感。另一方面,工程活动共同体的成员还会在工程活动成果最终得到社会实现上来肯定自

① 例如,库恩认为,不同共同体成员之间的交流十分吃力,因此,不同的科学共同体不可通约。见[美]托马斯·库恩:《科学革命的结构》,金吾伦等译,北京大学出版社 2003 年版,"后记"。

己，看到自己团队的力量和对社会的贡献，表现为工程建设者的集体荣誉感以及自我价值实现的满足感。这样最终达到通过对象化的活动——工程实践来肯定人、确证人的本质力量并提升人的类本质的目的。

在制度性目标上，科学共同体的目标是扩展具有确定性的科学知识；技术共同体的目标是解决实际应用问题，即改进人们生产、生活的方法、手段，进而增长技术知识；工程共同体的制度性目标则在于赢得市场、寻求社会实现，即运用科学和技术创造满足人们物质和精神生活需要的新的存在物，变“自在之物”为“为我之物”，建构人工世界，拓展人类的生存空间，提升人类的生存质量，增进人类的幸福，当然，这里也存在着扩充工程知识这个目标。

在社会功能上，科学共同体的最基本的功能是实现人类追求真理、认识规律的愿望，技术共同体的最基本的功能是满足人类掌握新方法、发明新技艺的需求，而工程共同体的基本功能则是创造物质财富，满足人的基本生存需要和发展愿望，吸纳社会劳动力，提供众多的就业机会。如果更深入地认识工程共同体的功能问题，则必须强调指出，工程共同体还应该创造出人类的“工程文化”，打造出不同历史时期的生活样式，成就人类文明，从哲学上说，就是建造“属我世界”，拓展“类”生存空间。

## 第二节　工程共同体的结构和维系原则

本节是对工程共同体的静态考察，即共时态的考察，探究工程共同体的构成要素、结构特征以及工程共同体的维系机制等问题。

### 一　工程共同体的构成要素

前面谈到，有两种不同类型的工程共同体——工程活动共同体和工程职业共同体，它们在构成要素上有着根本性的区别。

1. 工程活动共同体的成员构成

工程活动共同体是有组织、有计划、集体分工协作的共同体，是由不同角色所组成的共同体。在现代社会中,工程活动共同体内部的分工更为精细,一般主要由工程师、工人、投资者、管理者和其他利益相关者构成,可见,工程活动共同体在结构上具有异质性,是异质共同体,不同于具有同质性结构的科学共同体和技术共同体。

工程活动共同体中的不同成员在工程活动中扮演着不同的角色,发挥着各自不同的作用,本书绪论中曾经形象地把他们分别比喻为军队中的司令员、参谋长、士兵和提供军需资源的后勤部。在功能上,如果把工程活动比喻为一部坦克车或铲土机,那么投资人可比喻为油箱和燃料,管理者(企业家)可比喻为方向盘,工程师可比喻为发动机,工人可比喻为火炮或铲斗,其中每个部分对于整部机器功能的正常发挥都是不可缺少的。

在工程活动中,对工程活动共同体各构成要素的基本职能可作如下描述:

(1) 工程师。在工程活动的整个过程中,工程师一直在发挥重要的作用。在工程设计阶段,工程师作为工程活动的设计者,为工程活动绘制蓝图,围绕工程目标,通过调研和分析论证,寻求各种可能的方案。由于此阶段是为工程问题寻找多个"解"的过程,设计工程师可以大显身手,这时往往会有多种设计方案登台亮相。在工程决策阶段,工程师作为工程方案的提供者、阐释者和工程决策的参谋,他们不仅为自己所坚持和信奉的方案辩护,而且还能协助决策者在比较和竞争中选择更好的最终方案。在工程实施阶段,工程师作为工程活动的执行者,一方面提供生产技术和工艺;另一方面直接调控工程活动的进度;此外,还充当成本、质量和销售的管理者。在这一阶段,工程师的职责就是借助各种切实可行的技术和工艺手段以及组织管理方法,确保工程活动的进度、质量,保证工程项目的最终完成乃至获得社会实现。

(2) 工人。如果把工程活动共同体比喻为一支部队,那么工人就是其中的士兵。工程活动共同体中不可缺少工人,正像军队不可缺少士兵一样。工人是工程活动操作环节的执行者,他们付出体力和智力,使工程行动方案最终落到实处。

(3) 投资者。工程活动离不开资金支持。没有资金投入的工程仅是想象中的工程,不可能被实施。投资者常常是工程项目的发起人,拥有主动权,在工程决策中往往占主导地位,在一定程度上影响和决定着工程的规模和“品位”,而工程师、管理者或经理人以及工人都是被雇佣者。从历史上看,投资者的具体存在方式或表现形式是多种多样的,例如,皇帝、地主、资本家都可能成为某项工程的投资者;在现代社会中,除了个人投资者外,机构投资者往往发挥更重要的作用。

(4) 管理者。工程活动的管理者主要指工程共同体中处于不同层次和岗位的领导者或负责人,相对于工程师和工人,他们是具有协调和指挥、决策才能的复合型人才,应该善于从总体和全局出发考虑问题,把自己所负责的部门目标与工程的总体目标挂钩,维护工程总体目标的权威性。管理者应该合理统筹安排人力、物力和财力,以解决工程活动中的各种矛盾,比如福利的待遇和收入分配的公平公正问题、劳资矛盾、人际矛盾、人—机矛盾、资金和物资瓶颈等。他们工作的绩效直接影响工程活动的时效性,以及该工程共同体的凝聚力、战斗力、美誉度、信誉度、工程理念的先进性与工程活动的境界。各个层次的管理者犹如军队中的各级指挥官,其战略战术决定着战役的胜负。

(5) 其他利益相关者。利益相关者(stakeholder)这个词语“首次出现于斯坦福研究中心(现称为SRI)1963年内部备忘录中的一篇管理论文”,容易看出,这个术语是“对股东(stockholder)这一概念的泛化”。① 目前,“利益相关者”已经成为一个被广泛接受并且产生了重要影响的概念。工程活动是一种必然产生广泛利益影响的社会活动,许多人都不可避免地要成为工程活动的利益相关者。除投资者、工程师、管理者和工人外,工程活动还有许多“其他利益相关者”,本书第八章将对这个问题进行一些更具体的分析和研究。

需要说明的是,以上工程活动共同体各构成要素有时会出现角色复合或转换的情况。对于一个总工程师来说,他首先是一个工程师,肩负着解决工程技术问题

① [美]弗里曼:《战略管理——利益相关者方法》,王彦华、梁豪译,上海译文出版社2006年版,第37页。

的职责，同时他又是高层管理者，承担着组织管理和人员调配及使用的职能；有时，工程的最高管理者可能同时也是一位投资者，这些都是角色复合的事例。从角色转换方面看，任何一个工程师都有可能进入管理层成为管理者，而一个懂业务的管理者也有可能转为工程师，工人中特别有才干的人员同样有机会晋升为管理人员，如此等等。

2. 工程职业共同体的成员构成

与工程活动共同体必定由不同职业的人员构成不同，工程职业共同体是由同一职业的人员构成的。一般地说，工程职业共同体在成员资格上提出了严格的、具有排他性的职业要求，例如必须是工人才能加入工会，必须是工程师才能加入工程师协会（学会），必须是雇主才能加入雇主协会，工人不能加入工程师协会，雇主不能加入工会，如此等等。在中国，由于工程师被认为是工人阶级的组成部分，于是工程师也就有了加入工会的资格，可以成为工会的成员。

由于工人是工程共同体中人数最多的人群，加之不同国家和地区可能存在非常不同的社会传统与现实情况，这就使得工会成为人数最多、组织形式最多样的职业共同体。在职能上，国外行业工会与国内行业工会工作重点有所不同。它们都致力于协调劳资矛盾、维护成员权益、改善成员福利等，但国内的工会组织还担负着一定的政治职能，即作为各级党组织联系和团结群众的纽带，向成员宣传党的各项方针政策等。

## 二 工程共同体的结构特性

工程活动共同体和工程职业共同体的不同不但表现在成员要素方面，而且表现在整体的结构特征上。

1. 工程活动共同体的结构特性

（1）异质性：这是由工程活动本身的复杂性决定的。工程活动中有脑力劳动与体力劳动的区别，以及由此而来的脑力劳动者与体力劳动者、管理者与被管理者的分工，涉及许多专业知识和技能，这就需要有不同层次、不同职业、不同工种人员的配合。因此，工程活动共同体的结构必然是多元的、异质的。这种异质性结构与科学共同体、技术共同体的一元、同质性结构有明显不同。

(2) 层级性：工程活动共同体内部在组织和责权上是分层次、有差别的。从组织层次上看，有最高领导层——指挥中心及其参谋部，有中间管理层——包括各种职能部门，还有基层的生产工段和小组等。从职能定位看，有董事长、正副总经理、正副部门经理、正副车间主任、正副工段长、正副班组长，总工程师、高级工程师、工程师、助理工程师、技术员，高级会计师与高级统计师、会计师和统计师、助理会计师及助理统计师、会计员、统计员，以及具有不同等级技术资格的工人，等等。

(3) 秩序性：工程活动是复杂的，又是有序的，是统一指挥下的分工与协作关系，这体现在机器装备的差别与按比例配置中，体现在与设备相对应的工人的分工与协作中。合理的分工与有效的协作是工程活动顺利开展所必须的，只有在这样的有序运作中才能确保工程的顺利进行和高效的作业。可以说，任何一种失序或紊乱都是工程活动所要避免和克服的。工程活动的秩序性要求工程活动共同体的结构也必须是有序的，表现在人员配备按比例定岗定编，防止人员过剩或不足等。

(4) 利益主体多元性：这是由工程活动共同体的异质性结构所决定的。共同体内部的不同成员有着不同的利益要求与期待，追逐各自的利益目标，并且试图实现自身目标利益的最大化，这就难免会造成不同利益主体之间的利益冲突。比如，投资人要想获得较高的资金回报，就会千方百计地压缩工程生产与运营的成本，而削减员工(包括工程师、工人乃至管理者)的工资和津贴就是一种重要的方法，这就会引发劳资矛盾，影响员工的工作积极性。这种利益冲突是需要通过博弈进而达成各方都认可的"收益度"来加以调和或协调的。再如，工程的产权所有者或投资人与作为利益相关者之一的消费者之间也存在着利益冲突，前者希望以较高的价位出售，而后者则希望以优惠价买入，二者的矛盾也应该通过协商的方法来解决。工程活动共同体利益主体多元化的特征，是工程活动管理者不得不面对的，对其引发的矛盾必须认真加以解决，否则就会因共同体内部的利益冲突而影响工程活动的顺利进行，甚至影响到工程的最终社会实现。

(5) 紧密性:工程活动共同体内部成员之间的关系,不同于科学共同体或技术共同体,后二者的成员或个体有着较高的自主性和独立性,可以有不同的工作场所;而工程活动共同体的成员在工作任务、内容上有着严格的分工与协作关系,他们是按照完成工程活动总目标的需要,被有计划、有目的地安置在不同环节的,其中每一个都是其所在环节不可或缺的一分子。只有共同努力和精诚合作,才能更好地实现预期目标,保障个人利益。工程产品是他们共同劳作的结果,就此而言,他们是一个一荣俱荣、一损俱损的利益共同体。这种关系的紧密性表现为各成员相互依存、不可分割,共同遵守整体原则,具有合作精神。

(6) 流动性:工程活动共同体作为一个系统,一方面,它是开放的,与外界保持着互动与交流,它会根据需要适时引入各类人才,吸纳新成员;同时也会将不称职的员工辞退,允许成员自愿退出或调出,从而显现出人员进入或迁出的流动性。另一方面,这种流动性还体现在角色的复合和转化上,这主要依托于共同体内部的人员任用或职称聘用制度。根据才能和业绩情况,共同体成员都有提升晋职的机会,也有被降职或低聘的可能。

2. 工程职业共同体的结构特性

与工程活动共同体不同,工程职业共同体在结构上具有同质性、灵活性、非赢利性、权益一致性和相对稳定性等特性。

(1) 同质性:职业共同体成员结构的单一性。除工会组织外,其他各职业共同体成员一般都由同种从业人员构成,如工程师协会是以工程师为主体的,企业家协会是以企业家为主体的等。实际上,即使是工会组织,严格说来也是以工人为主体的,在我国之所以许多人都可以参加工会,这是因为在社会主义社会,知识分子、干部都是工人阶级的一部分,工程师、管理者等也都是工人阶级的一部分。

(2) 灵活性:与工程活动共同体的紧密性特点相比较,工程职业共同体的成员有高度的自由,不涉及组织人事关系和劳资关系,成员间没有严格的隶属关系。组织对成员或成员之间没有过多的约束。

(3) 非赢利性:工程职业共同体不以创收、营利为目的,是社会服务性组织。

其存在主要是为了满足各类工程活动共同体成员职业认同与相互交流的需要，特别是维护成员合法权益的需要等。会员所缴纳的会费等均用于公共活动。

（4）权益的一致性：工程职业共同体内部成员不分职别和级别，他们所享有的权利和所尽的义务是同等的。基于结构的同质性，在一定意义上可以说成员之间无利益冲突。

（5）相对的稳定性：相对于以盈利为目的的工程活动共同体，工程职业共同体一般不存在破产、解体的问题。只要有成员自愿加入，工程职业共同体就有其存在的合法性。

## 三　工程共同体的维系原理和原则

工程活动共同体是基本的、直接从事工程活动的共同体，而工程职业共同体则是派生的、不直接从事工程活动的共同体，一般地说，后者的维系机制比较直接而明确，而前者的维系机制则十分复杂。

工程活动共同体的维系机制涉及成员的需要与利益、组织与个体的相互认同以及规范等许多问题。

首先，任何工程活动都是从一定的社会需要出发，最终满足该需要，从而获得相应利益的。所谓利益，就是需要的满足。社会需要是工程活动的动力之源。有充分社会需要的工程项目才有可能更快地组建起以完成该项目为行动目标的工程活动共同体。工程活动共同体一经建立，就必须慎重考虑如何满足共同体成员自身的需要和利益保障的问题，这也是共同体人事部门的主要职能。实践已经证明，协调好工程共同体成员的需要和利益这对矛盾的，就能较好地调动全体成员的工作积极性和主动性，共同体组织内部就有活力，工程活动就有效率。历史上，因不能协调好工程活动共同体内部利益冲突而最终导致工程下马、共同体解散的案例不胜枚举。

其次，从工程活动共同体的认同——包括内部认同与外部认同——方面来看，如果工程活动共同体赢得广泛、高度的认同，共同体内部就拥有高度的凝聚力和向心力,外部就会形成良好的社会环境,比如能得到有关部门的积极配合,让社会公众理解工程、参与工程决策、开展工程批评,①从而征得公众对工程的理解和价值认同。

再次,工程活动是由众多成员参与的活动,需要有共同遵守和依循的一系列规范。这是任何一个共同体所必需的,无论是科学共同体还是技术共同体,它们都有自己的规范。

所谓科学共同体的规范,在默顿那里就是"科学的精神气质"。"科学的精神气质是指约束科学家的有情感色调的价值和规范的综合体。这些规范以规定、赞许、许可和禁止的方式表达。它们借助于制度性价值而合法化。"②默顿认为科学共同体有四条规范原则:普遍主义、公有主义、无私利性和有条理的怀疑主义。

技术共同体的规范被认为是"工程师的精神气质",它包括普遍主义、私有主义、实用主义和替代主义。普遍主义是指技术也具有普遍性,各种技术制度的建立在某种程度上就是对技术普遍性的一种保障。技术知识和技术成果作为客观的存在,总是会为大家所熟知的,只是有可能技术成为普遍知识的时间有些滞后罢了。技术向一切有能力进入技术领域的人开放,技术发明者或工程师的贡献会被永载技术史册。私有性是说技术具有私有财产的性质,私有财产权的要求是保守秘密。发明者是发现了某种有价值的东西的人,在经济学的规律约束下,技术发明或技术成果需要在一定时期内归发明者或者发明者所在集团独有,具有私有性质。技术专利制度就是对此一性质的确认。实用主义主要着眼于作为工具、手段和方法的技术的有用性或效用。替代主义则主张技术是可以被替代的,工程技术人员应该用批判的眼光来审视技术,进而寻找更合理的技术。

工程共同体也有自己的规范,它不同于科学共同体和技术共同体的规范,是工

---

① 张秀华:《工程批评:工程研究不可或缺的视角》,《光明日报》(学术版),2005年6月21日。
② [美]罗伯特·默顿:《社会研究与社会政策》,林聚任等译,三联书店2003年版,第3—14页。

程活动共同遵循的原理和原则，以下分别对其进行一些分析和阐述。

（1）合目的性。工程活动是从需要出发的有目的的活动，工程活动表现出合目的性和合规律性、为我原则和从他原则、内在尺度和外在尺度、自律原则和他律原则的统一。自然过程和工程活动的最根本的区别就在于前者是无目的性的过程，而后者是有目的性的活动。目的性是工程共同体存在的灵魂。

（2）合规律性。这是由工程活动的合目的性与合规律性的统一所决定的。如果说合规律性诉求导致普遍主义，那么合目的的诉求必然崇尚建构主义，即按照人的目的、意志，按照美的规律来重新安排世界，让世界为我所用。但实现合目的的前提是尊重客观规律、按客观规律办事。否则，再怎么想做，都做不成，只能是盲目的空想，无法获得存在的现实性。

（3）同时注重分工和协同。工程活动好比一支乐队的演奏，要取得好的效果，每位演奏者必须学会与他人合作、听从指挥，并力图弹奏出和谐的美妙音符，否则，只能给团队带来损失。工程活动是有分工的，目的是让各类人才各尽其用，提高时效。同时，这种分工必然要求合作，可以说工程的最终产品就是集体合作的结果。以分工为前提的协作，或以协作为着眼点的分工，共同表现为讲时效的协同主义，它已内化到共同体成员中，成为普遍接受的价值共识。

（4）讲求“有条件性”。任何工程活动都是在一定条件下、一定的时空环境下，具有了一定的人力、物力、财力才能进行和实施的。没有无条件的工程。正是由于工程的“有条件性”，任何条件上的改变，都可能影响到工程本身发生一定的改变，因此，工程往往具有强烈的“当时当地性”。这种“当时当地性”必然使工程呈现为“这一个”或“那一个”工程的特殊性或个性。工程作为新的创造物而存在，就应该展现出自身的个性，体现出建设者的独特理念和风采。

（5）需要权威。一个乐队需要有指挥，一支部队需要有司令员，一项工程同样需要有行动的“总指挥”。工程活动是集体行动，需要有权威，需要在权威的意志和统筹安排下行动，共同体成员需要有全局意识、整体观念，要服从命令、听从指挥。在部门利益与整体利益冲突时，必须服从大局；在个人意愿与组织意愿冲突时,要听从组织安排。为了大局和组织,部门和个人应该做出让步。人们相信,只有这样才能确保工程的顺利实施,才能实现组织目标的最大化。

(6) 互利互惠。工程共同体具有异质性结构,不仅表现在不同岗位人员的配置上,而且表现在共同体内部的利益主体的多元化上。如何既确保组织整体利益目标的实现,又能使共同体各方面成员的利益得到保障,就需要本着互利互惠的利益分配原则,在利己与利他的利益博弈中求解。否则,那种严重的利益分配偏向或厚此薄彼的做法,都难以调和利益冲突,更谈不上调动各方的积极性。事实上,在市场经济下,"互利互惠"、"双赢"的理念早已被确立起来,这就要求市场机制下的工程活动必须依循互利互惠的利己利他原则。

(7) 追求合理和满意的功利。工程活动无论从其发生学、还是价值论的角度来看,都是讲求功利、要有利可图的,这是由工程本身的社会性所决定的。问题是能否通过合理的途径、合乎伦理地追求功利。资本主义制度下唯利是图的现代工程最突出地反映了作为投资人的资本家的功利主义色彩,以至于不顾及工人的基本生存需要,造成工人的劳动异化。但是,这不等于说,社会主义制度下的工程不讲功利,只不过是鼓励合理的功利,打击、限制不合理的功利而已。我们不能否定功利主义价值观存在的合理性和合法性,某种程度上,正是工程活动主体的功利主义的追求构成了工程发生、发展的动力。然而,如果仅仅按照资本的获利本性,单纯追逐工程资本利益的最大化,而不顾及生态、环境和社会利益等,也不符合人类可持续发展的根本价值要求,所以,应该把工程活动的社会实现与功利主义有机结合起来。

(8) 有风险的博弈。工程活动必然是有风险的,而人的理性又不可避免地有许多局限性,这就是说工程活动总要承担一定的风险,工程决策只不过是尽可能地趋利避害的博弈过程而已,目的是选择一个既能较好地实现组织目标,又能有效地规避风险,总价值较大的工程方案。更为宽泛地说,一个工程从设计、决策到实施,乃至获得社会实现、投入消费的全过程,都存在有风险的博弈,因为人们无法掌控那些来自自然界和人类社会的不确定因素。

(9) 实用约束中的求美。工程活动的指向是满足人们日益增长的物质和文化生活需要。这就直接决定了工程的最终产品首先必须具有服务于人的有用性或适用性,其次是建立在实用基础上的审美性。在实际的工程设计中,这是两个不可缺少的功能指标。一个工程如果只注重实用性或工具理性,而忽视了审美性或价值理性,就会降低服务的人性化指数,甚至会变得无人问津。相反,一个工程如果只是一味的唯美,而不考虑工程本身的实用性,就会是好看不好用,同样也不会获得公众的青睐。只有兼顾了实用和审美两个方面的工程,才有可能成为受社会公众欢迎的工程。

工程共同体的维系是一个十分重要而又十分复杂的问题,本书绪论涉及了这个问题,这里又从一些不同的角度进行了分析,希望今后能够有更多的人来关注这个问题,展开更细致、更深入的分析和研究。

# 第三章 工程师——工程共同体构成分析之一

在人类社会发展过程中，工程师群体借助其所掌握的先进技术，对创造社会物质财富和精神财富，对推进技术发展和社会进步都作出了巨大贡献。可是，“工程师作为整体，在历史学家那里极少受到关注，甚至关于职业工程师的特殊技能和追求，也仅被象征性地加以对待”①。1980年，英国发表了一份题为《工程：我们的未来》的政府报告，报告指出，虽然工程师为增进社会福利和财富作出了重大贡献，但仍然缺少与其职业工程师身份相符的社会认可。② 在学术上，对工程师这种社会角色的历史学研究、哲学研究和社会学研究都很薄弱，这种状况是亟需改变的。

---

① R. A. Buchanan. *The Engineers: A History of the Engineering Profession in Britain, 1750 -1914*. London: J. Kingsley Publishers, 1989, p. 11.

② Stephan Collins. *The Professional Engineer in Society*. London: Jessica Kingsley, 1989, p. 13.

工程师是工程共同体的基本成员之一，本章着重对工程师的源流、工程师的职业特征和职业能力、工程师的分类和社会分层等问题进行一些分析和讨论。

在此需要说明的一点是：对于工程师的所指和对象，既可有狭义的理解，亦可有广义的理解。前者是许多现代工程伦理学家所持的观点和态度，后者则鲜明地反映在《工程师史——一种延续六千年的职业》①一书中。虽然这两种观点有明显的区别，但这两种观点也并不是绝对排斥和不能相容的。实际上，在不同的语境中，有时需要对"工程师"采取狭义解释，而在另外的情况下，则需要对"工程师"采取广义解释。本书在多数情况下对"工程师"采取狭义的理解和解释，但在必要时，也采取广义的理解和解释。

## 第一节　工程师职业的起源和近现代发展

历史上，虽然工程师之名出现很晚，但发挥工程师作用的人早就出现和存在了。例如，中国传说中的有巢氏实在可以被看作是传说中原始社会中的"始祖工程师"，古代埃及的金字塔和中国的都江堰都是由无工程师之名而有工程师之实的"设计工程师"设计出来的，是在无工程师之名而有工程师之实的"生产工程师"的技术指导和管理下完成的。

虽然我们可以把古代社会的工匠看作是古代的工程师，但由于受自身条件的限制，以及古代社会政治、经济等因素的制约，古代的工匠只能履行工程师的部分职能，还没有条件发展成为现代意义上的工程师。只有到了近代工业开始形成的时期，由于经济、科学和技术的相互作用、相互影响，特别是由于近现代工业生产方式的出现，这才为工程师——职业工程师——的正式诞生提供了肥沃的土壤。

---

① [德] Walter Kaiser、[德] Wolfgang Knoig 主编：《工程师史——一种延续六千年的职业》，顾士渊等译，高等教育出版社 2008 年版。

## 一 "engineer"的词源考察和第一位"civil engineer"

英文的"engineer"(工程师)来源于拉丁文"ingeniator","ingeniator"一词最早出现于中世纪。当时,"ingeniator"被用来称呼制造和操作破城槌(battering rams)、抛石机(catapults)和其他军事机械(engines of war)的人。① 后来,"工程师"一词也用来指从事建筑活动的人。比如,在英国,起初把水利工程的专家称为工程师,后来又称铁路建设者为工程师;而在法国,工程师则被用来称呼建筑学家。② 18 世纪时,"engineer"也被用来称呼蒸汽机的操作者。

1760 年,英国爱迪斯顿灯塔的设计者约翰·斯米顿(John Smeaton)第一次称自己为"civil engineer"③。这一命名有双重意义:首先,在职业来源和工作性质上,将"国民工程师"与传统的"军事工程师"加以区分,因为后者虽然从事修建各种军事工程的工作,但他们隶属皇家工兵部队;其次,也把真正的工程师与那些自称为工程师的磨坊建筑师、石匠、木匠、铁匠以及其他行业"技师"相区分。在此需要顺便指出,一些技师或工匠自称为工程师乃是英语的习惯之一,直到今天,在一些大的工会中仍然如此。

近代的第一个工程师的职业组织是法国的工程军团(Corps du génie),成立于 1672 年。第一本工程手册是 18 世纪时炮兵用的工程手册。第一个授予正式工程学位的学校于 1747 年在法国成立,也是属于军事的。由于这些都与军事组织有关,其工作内容和工作性质与真正的职业组织有很大差别。有鉴于此,也有人认为,1771 年在英国成立的"土木工程师协会"才是第一个真正的专业人员的职业组织。

---

① Carl Mitcham. *Thinking Through Technology: The Path Between Engineering and Philosophy*. Chicago: University of Chicago Press, 1994, p. 144.

② [苏]И. С. 曼古托夫:《工程师纵横谈》,李成滋、刘敏译,宁夏人民出版社 1985 年版,第 36 页。

③ "civil engineer"通常汉译为"土木工程师",但究其原文"起初的原意",翻译为"国民工程师"或"民用工程师"要更确切一些。

“工程”一词在中国最早出现于南北朝时期。1060年，北宋欧阳修在《新唐书·魏知古传》中写道：“会造金仙玉真观，虽盛夏，工程严促。”此处“工程”指金仙、玉真这两个土木构筑项目的施工进度，着重过程。因此，“工程”一词的含义主要是对工作（带技巧性）进度的评判，或工作行进的标准，与时间有关，表示劳作的过程，后来也指工作的结果。洋务运动时期，英国人傅兰雅及其合作者译著了几本题名“工程”的书籍，如《井矿工程》（1879）、《行军铁路工程》（1894）、《工程器具图说》、《开办铁路工程学略》等。他们用“工程”翻译英文的engineering，赋予汉字“工程”以新含义。而“工程师”一词在官方文件中首次出现，是在1883年7月李鸿章奏折片（清朝官方文件）中：“北洋武备学堂铁路总教习德国工程师包尔。”①

## 二　近现代工程师职业的形成和发展

工程师作为一种社会职业，是近代以来才正式出现的，它的形成和发展除了与经济、政治、社会等因素有关之外，与技术的发展也是紧密相连的。

15世纪以后，西方国家先后出现了资本主义生产关系。工匠技术从15、16世纪开始向近代工业技术的转变，在18世纪第一次工业革命时期完成。近代的工业技术具有开放性和革新性，在不同程度上与当时的科学思想相互作用、相互影响，这就要求技术发展的主体把个体的创造性和集体的智慧相结合，原先的工匠已经不能适应近代工业技术发展的要求，无法完成大力推动技术发展的时代任务。新的经济、社会和技术环境都在要求出现具备一定的科学文化素养，能够把经验和诀窍条理化、系统化、规范化的适应机器化大生产的新的职业角色。

工程师职业的形成和发展是一个长期、持续的累积过程，而不是一个突变的过程。除了经济发展的需要之外，宗教、技能、家族和军事四个因素对这个处于萌芽期的工程师职业的发展的推动作用，也是不容忽视的，以下就是对这四个因素的简

① 杨盛标、许康：《工程范畴演变考略》，《自然辩证法研究》2002年第1期。

要分析。①

(1) 宗教因素。英国早期的蒸汽机建造者们几乎都是浸礼会教徒,而不是国教教徒。共同的宗教信仰使他们相互之间通过通婚等方式建立起了牢固的人际关系网,这为工程师职业组织的建立奠定了良好的基础。

(2) 技能因素。早期工程师的实践背景不同,他们所拥有的技能也是多种多样,诸如磨坊建筑、排水系统和道路修建,等等。这些技能迎合了工业革命时期各种建筑任务的需要,因此,掌握这些技能的人成了职业工程师的重要来源,而且也为这一职业强调实践经历的特点打下了基础。

(3) 家族因素。18 世纪的英国,在工程界有许多威望极高的家族,这些家族的工程技能通常会祖祖辈辈传承下来。可以说,家学渊源耳濡目染的影响,家族之间的技能交流都有助于这些家族的后代在工程上有所建树。家族一方面为职业工程师提供了优秀的候选人,另一方面也对职业规范的形成颇多助益。

(4) 军事因素。除了上述因素之外,军事工程和军事工程师对工程师职业的形成也有影响。军事工程师在军队中主要负责建筑防御工事和破坏敌人的防御工事。18 世纪,由于战事减少,军事工程师的任务集中在测量和绘图方面。后来,他们也参与过一些民用道路的修建工作。这些活动为日后土木工程师的实践积累了一定经验。

在工程师社会角色诞生的过程中,职业工程师的职业组织和工程教育的发展发挥了很重要的作用。

拉开英国工业革命的序幕的是纺织业和炼铁业,这两个行业的飞速发展,使得工作机的动力问题成为技术发展中亟待解决的问题,从而引发了蒸汽机的发明和应用。然而,工程师社会角色并不是出现在这几个行业中,而是出现在土木建筑工程行业。这有两方面的原因:一方面,现代意义工程师的前身——军事工程师,在

---

① R. A. Buchanan. *The Engineers: A History of the Engineering Profession in Britain, 1750 –1914*. London: J. Kingsley Publishers, 1989, pp. 34 – 37.

16、17世纪时主要负责修建防御工程、战略用路和桥梁等任务，18世纪时由于军事减少，使得这时的“工程师”主要只负责测量和绘图方面的军事任务。后来，他们也参与一些民用道路、桥梁等的修建工作。另一方面，由于纺织业和炼铁业飞速发展、贸易额激增，亟需改善港口设施以满足日益增长的商品出口的需要，加快国内道路、桥梁建设以满足商品运输的要求，使那些拥有磨坊建筑、排水系统和道路修建等技术的人比较容易转变成早期的工程师。

最早使用“civil engineer”一词的是英国人约翰·斯米顿。他在1760年签署一份文件时使用了“civil engineer”一词，因此，他被认为是“民用工程师之父”。当时，斯米顿作为运河、桥梁和港口修建工作的技术顾问，很受欢迎。此外，他也改进了磨坊建筑、蒸汽技术以及纽可门类蒸汽机的一些标准。

斯米顿似乎很早就对工程师作为客户与签约人的中介的职业角色有了清晰的想法，在1759年到1783年，作为一名咨询工程师，他已经按照这一想法来办事了。① 这主要是因为他来自一个有着职业背景的家庭——他的父亲是一名律师。早在中世纪时，法律、神学和医学就已经归属于职业范畴，有专门的职业组织、明确的入会标准和行为规范。父亲的职业背景为斯米顿关于工程师这个刚刚兴起的职业的构想提供了模型。

斯米顿对工程师职业的最大贡献并不在于他于1760年首次使用了“civil engineer”一词，而在于他于1771年创建了第一个真正的、自由的专业人员的工程师职业组织——土木工程师协会(the Society of Civil Engineer)。

斯米顿创建的土木工程师协会是工程活动体制化的开端。一方面，土木工程师协会为以后的工程师协会奠定了基本的组织形式，很多传统至今仍然被沿用，如酒宴性质的聚会形式，可以为工程师谈论专业问题提供轻松的环境。另一方面，早期英国民用工程师没有受过高等教育，甚至没有经过任何正式的学

① R. A. Buchanan. *The Engineers: A History of the Engineering Profession in Britain, 1750 -1914*. London: J. Kingsley Publishers, 1989, p.38.

校或学院培训，只是拥有各种非传统职业的实践背景而没有任何社会地位。斯米顿创立土木工程师协会后，正是在这个职业组织中，他们关于自身职业的明确认识和职业自觉才日益明晰和强化起来。斯米顿创立土木工程师协会的重要意义和价值就在于，它代表了一种新的职业组织——工程师协会——的萌芽，是职业组织未来发展的原型。

斯米顿曾于1753年当选为英国皇家学会会员，他把皇家学会的管理方法和管理模式用来发展土木工程师协会，所以，土木工程师协会从一开始就具有学习性协会的特点。受到当时伦敦地区流行的绅士晚宴俱乐部的影响，两星期举行一次的晚宴聚会成了这个协会最重要的功能。聚会虽然主要是社交和酒宴性质的，但是，在这样一个轻松环境中的定期聚会，使当时英国咨询工程师有机会自由地谈论专业问题，①这对促进工程师的职业自觉和提高业务水平具有重要意义。

土木工程师协会会员的职业背景多种多样。以1771年为例，11名成员中只有1名受过工程培训，具有建筑师、测量员和律师职业背景的有4名，还有4名是从事磨坊建筑或者运河修建的技师。早期主要有三类会员：一是工程师，即正式会员；二是绅士阶层，属于名誉会员；三是与土木工程有关的各种艺术家，也是名誉会员。总的来说，早期的会员中，除了布尔顿和瓦特之外，很少有人熟悉蒸汽技术和机械工程。

可以说，土木工程师协会的会员组成是十分混杂的。但是，这样一种社会圈子的形成对工程师社会角色的发展具有重大意义。名誉会员对协会、对工程师职业的认同，有助于这个处于萌芽期的职业赢得一定的社会声誉和地位。

## 三 工程师队伍的壮大和工程师职业的发展

1792年，斯米顿去世之后，英国的土木工程师协会逐渐变成了高级晚餐俱乐

---

① R. A. Buchanan. *The Engineers: A History of the Engineering Profession in Britain, 1750 -1914*. London: J. Kingsley Publishers, 1989, p. 41.

部，而且拒绝招募年轻的工程师入会，这引起了很多工程师的不满。1818 年 1 月，一些年轻的工程师建立了另一个土木工程师学会（the Institution of Civil Engineer）。这个土木工程师学会的诞生是工程师职业发展过程中的一座里程碑，因为它表明一群有自我意识的工程师建立起了牢固的组织基础。这个组织迅速成长成熟，成为职业工程师组织的典范。① 英国很多其他专业的工程师学会，如机械工程师学会、采矿工程师学会，参照土木工程师学会的模式、会员标准，于 19 世纪上半叶陆续形成。

同时，其他国家也开始效仿英国工程师协会的模式，纷纷建立工程师学会，比如法国土木工程师学会（1848）、美国波士顿土木工程师学会（1848）、德国工程师学会（1856）、西班牙工业工程师学会（1861）。②

可以看出，工程师职业组织是紧随近代工程师的诞生而陆续出现的，它不仅是当时的工程师的自治性组织，而且还有利于这一职业集体身份的确认。

19 世纪下半叶，第二次工业革命的重要成果之一——电力技术的产生、发展和应用极大地推动了化工、钢铁、内燃机等一系列技术产业的兴起和发展，因此，工程师的数量迅速激增。以美国为例，1816 年，美国大约只有 30 个工程师。1850 年，美国已经有了 2000 名工程师。而在 1880 至 1920 年的 40 年中，工程师的人数增加了近 20 倍，从 7000 人增加到 136000 人。③

## 四 工程教育和工程师职业发展的互动关系

在工程师队伍壮大和工程师职业自觉发展过程中，工程教育发挥了至关重要的作用。

---

① R. A. Buchanan. *The Engineers: A History of the Engineering Profession in Britain, 1750 -1914*. London: J. Kingsley Publishers, 1989, p. 50.

② Carl Mitcham (ed.). *Encyclopedia of Science, Technology and Ethics*. Farmington Hills, MI: Macmillan Reference USA, 2005, p. 633.

③ Terry S. Reynolds (ed.). *The Engineer in America: A Historical Anthology from Technology and Culture*. Chicago: Univ. of Chicago, 1988, p. 173.

早在18世纪下半叶至19世纪上半叶，法国专业学校的工程教育就已经发展得如火如荼，如法国军事工程学校(1748)、巴黎制图学校(1766)、皇家矿业学院(1783)、巴黎理工学院(1794)、中央艺术及手工业学校(1829)等。其中，1794年成立的巴黎理工学院对法国乃至世界工程教育系统影响最深远。这所学校开设了一定的理论课程，重视数学教育，其所开设的课程、制定的教学大纲、选用的教材等为培养出具有一定科学知识素养的工程师奠定了基础；同时它还进一步明确了工学院的职能，即培养炮兵专家，航海、船舶、土木、采矿等军事和民用工程师。①

这一时期，除了法国，英国的工程教育也有所发展。英国于18世纪中叶开始，先后成立了学会、协会、讲习所、学校和学院等工程教育机构，如工艺促进协会(1755)、皇家讲习所(1799)等。英国的工程教育与欧洲大陆的工程教育不同，它比较强调实践，早期多采用学徒制，即在工厂实践的过程中培养工程师，如莫兹利和菲尔德工厂，就是培养机械制造工程师的摇篮。②

到了19世纪，德国和美国的工程教育发展很快，迅速赶超了法国和英国。德国的高等技术学校纷纷建立，如中央工业大学(1821)、斯图加特理工学院(1840)、柏林理工大学(1879)等。这些高等技术学校采用理论和实践相结合的教学方法，培养了大批优秀的工程师。而美国不仅已经建立起多所高等院校，如哈佛大学(1780)、耶鲁大学、达特莫思大学和密歇根大学所属的工学院等，还于19世纪中叶颁布了《莫雷尔土地赠予法》，从1862年至1922年共建立69所土地赠予学院。这些土地赠予学院培养了大批工程技术人才。

总之，工程教育对工程师职业的发展有着重大贡献，工程教育培养出大批兼备科学知识、技术知识、工程知识的高等工程技术人才，迅速扩充了工程师的数量和种类。

---

① Carl Mitcham (ed.). *Encyclopedia of Science, Technology and Ethics*. Farmington Hills, MI: Macmillan Reference USA, 2005, p.632；于振品：《近代欧美的技术教育》，《工程师论坛》1987年第4期。

② 于振品：《近代欧美的技术教育》，《工程师论坛》1987年第4期。

## 第二节 工程师的职业特征和职业能力

工程师作为工程活动的设计者、组织者、实施者和管理者，在工程活动中有着举足轻重的地位和作用，这主要是因为工程师拥有工程共同体的其他成员所没有的职业特征和职业能力。

### 一 工程师的职业特征

#### 1. 积极的技术态度

工程师是先进工程技术的拥有者和支配者，他们利用手中掌握的工程技术来改造自然和人类社会，创造出了巨大的物质财富和精神财富。工程师在为人类社会努力工作的同时，也收获了社会对他们的高度赞扬，得到了较高的报酬和社会地位。因此，工程师普遍认为，工程技术会给人类带来幸福感、轻松感和自由感，只要他们努力工作，尽力发挥出工程技术中的巨大潜力，就会创造一个又一个奇迹。他们坚信，工程技术是提高社会福利的重要手段，对提高人类生活水平有巨大作用。因此，工程曾在19世纪初被定义为“为了人类的使用和便利，而支配自然中的伟大力量源泉的艺术”①。

19世纪末、20世纪初，工程师大张旗鼓地宣扬他们对工程技术的乐观态度。1895年，G. S. 莫里森开始担任美国土木工程学会主席，他的就职演说的主要内容是“工程师职业的真正意义和地位”。他说：“我们（工程师）是物质进步的牧师，我们的工作使得其他人可以享受自然界中的伟大力量源泉的成果，我们有用头脑支配物质的力量。我们是新世纪的牧师，但不迷信。”②

---

① Paul T. Durbin (ed.). *Critical Perspectives on Nonacademic Science and Engineering*. Bethlehem: Lehigh University Press; London: Associated University Presses, 1991, pp. 60 - 61.

② Edwin T. Layton, Jr. *The Revolt of the Engineers: Social Responsibility and the American Engineering Profession*. Baltimore, Md.: Johns Hopkins University Press, 1986, pp. 57 - 59.

20世纪30年代初，工程师对工程技术的积极乐观态度达到了顶峰，“专家治国”运动在多个国家相继爆发。虽然该运动是以政治计划形式出现，并以失败而告终，但是仍不失为工程师积极乐观技术态度的极好佐证。

2. 科学和生产的“中介”

从科学与技术的关系来看，古代和近代技术主要都是实践经验的积累，科学对技术的发展影响还不大。但是到了19世纪中叶以后，科学走到了技术的前面，并成为技术发展的先导。在整个技术系统的发展过程中，科学知识的比重大大增加。因此，工程活动必须用先进的科学知识来指导，才能适应现代科学技术的发展。

但是科学知识并不能直接应用到工程活动中。因为科学知识只是告诉人们“是什么”和“为什么”，而作为实践性很强的工程活动，需要知道的是“做什么”和“怎么做”。因此，从科学知识到实际应用还必须经过从可能性到现实性的转化过程，这就要求工程与科学结成联盟。科学的最新研究成果，必须与工程实践的经验、技能相结合，必须把科学知识物化为技术手段，才能应用到工程实践中，成为推动生产力发展的强大力量。在这个转化过程中，科学知识的应用需要反复经过多次试验，而且即便到了工程实施阶段，也还有很多工作仍然需要工程师来完成或者指导工人完成。

因此，工程师在工程活动中扮演了特殊的角色，一方面，他们是亲力亲为的“工程实践者”；另一方面，他又是科学（包括基础理论科学、技术科学和工程科学）和生产的“中介人”，努力实现科学知识的物质化，使科学通过工程活动而变成直接的生产力。

3. 技术专家的资格和身份

工程师与投资者、管理者和工人最大的不同就在于工程师的“技术专家”的资格和身份。值得注意的是，这种资格和身份不仅是通过特定水平的教育过程和实践锻炼才能获得的，而且，往往只是在某个领域或专业中得到认可。例如，美国土木工程师协会的伦理章程就规定：“工程师应仅在他们能胜任的领域内履行其职责。”“仅当通过教育或经验积累而具备了相关工程技术领域的资质后，工程师才可承担并完成分配的工程任务。”“当完成某项任务所必需的教育或经验背景超出了工程师能胜任的范围时，对于这样的任务分派，如果工程师的工作被限定在他们的自制能够胜任的项目实施阶段上，那么他们可以接受这样的任务。该项目的其他阶段应由有资质的同事、顾问或雇员来实施。”“根据教育经历和经验背景，工程师对于自己缺乏能力的领域内的任何工程计划书或文件……不应签字或盖章。”①许多工程师协会都有类似的规定或说明。

应该强调指出的是，工程师的“技术专家”的资格和身份认定不但在于承认他们拥有一定的科学知识，更关键的内容在于他们拥有了特定领域的专业的工程知识。工程思维和科学思维是两种不同类型的思维方式，②工程知识和科学知识是既有联系同时又有区别的两种类型的知识。美国技术哲学家皮特明确指出：“没有事实根据说科学和技术每一个都必须依靠另一个，同样也没有事实根据说其中一个是另一个的子集。”莱顿、文森蒂和皮特都认为“工程知识和一般的技术知识构成了一种离散的不同于科学知识的知识形式”③。于是，拥有专业的工程知识和具有技术专家的资格就成为工程师的基本职业特征之一。

4. 明确的职业伦理准则

所谓职业伦理准则是指职业人员在从业范围内所采取的一套行为标准。工程师的职业伦理准则规定了工程师的职业活动方向，以及工程师在面临义务冲突、利益冲突时作出判断的标准。

20世纪初，英国和美国的工程师协会分别制定了所谓的“职业伦理准则”。这些早期的职业伦理准则主要集中在如下一些问题上：限制专业广告，防止小规模的公司和咨询公司出价过低，以及工程师在商务中应当如何与其他人相处，等等。

---

① [美]哈里斯等：《工程伦理：概念和案例》，丛杭青等译，北京理工大学出版社2006年版，第295页。

② 李伯聪：《选择与建构》，科学出版社2008年版，第228—238页。

③ [美]皮特：《工程师知道什么》，转引自张华夏、张志林：《技术解释研究》，科学出版社2005年版，第132、133页。

这些准则的核心是：工程师对他的委托人和雇主的义务的第一位性。因此，从严格意义上来说，这些伦理准则是价值观和商业道德规范的混合物，是“绅士的”行为准则，而不是工程师的职业伦理准则。①

随着工程活动对生态、环境以及文化遗产的破坏，对国家、社会和人民的生命财产的威胁等负面影响日益严重，公众对工程师的指责也越来越多。虽然工程活动的负面影响是一个社会问题，不能仅仅由工程师来负责，但是，工程师也应当承担一定的责任。

美国工程和技术认证委员会(Accreditation Board for Engineering and Technology)分别在1963年和1974年对1947年制订的《工程师伦理准则》进行了修改。修改后的《工程师伦理准则》的四项“基本原则”包括：(1) 运用自己的知识和技能促进人类福利；(2) 为人诚实公正，忠心为公众、雇主和委托人服务；(3) 努力提高工程职业的威信；(4) 支持本学科的职业协会和技术协会。七项“基本准则”包括：(1) 在履行自己的职责时，工程师应把公众的安全、健康和福利放在首位；(2) 工程师只应在自己胜任的领域提供服务；(3) 工程师只应以客观真实的方式发表公开声明；(4) 工程师应作为忠实的代理人或受委托人在专业事务中为每个雇主或委托人工作，并应避免利益上的冲突；(5) 工程师应凭借自己的业绩来建立职业声誉，不得不正当地与他人竞争；(6) 工程师只应同名誉好的个人和组织发生联系；(7) 工程师应终身发展自己的专业知识，并为自己管辖下的工程师们提供专业发展的机会。②

可以看出，美国工程和技术认证委员会修改后的《工程师伦理准则》的核心是：工程师的至高无上的义务是公众的健康、福利和安全，而不是把工程师对他的委托人和雇主的义务放在第一位。这个伦理准则与以往的伦理准则有了本质性的区别，首次把公众的健康、福利和安全放到了工程师职业伦理规范的第一位。此

---

① Carl Mitcham (ed.). *Encyclopedia of Science, Technology and Ethics*. Farmington Hills, MI: Macmillan Reference USA, 2005, p.625.

② 吴明泰等：《工程技术方法》，辽宁科学技术出版社1985年版，第369页。

后，许多国家的工程师协会参照这个伦理准则制定了相应的工程师伦理准则。

## 二 工程师的职业能力

### 1. 创造能力

航空动力工程的先驱冯·卡门曾认为："科学家研究已有的世界，而工程师则创造还不存在的世界。"①

一般来说，创造能力就是指创新、开拓的能力。然而，工程师的创造能力不同于一般的创造能力。首先，工程师必须要以科学技术知识为基础，根据社会需求和生产实践的能力，在现有的技术条件下，构思、设计、开发新产品、新工艺、新能源、新材料，并对已有的事物进行部分或整体的改造。因此，这种创造能力应该是一种实用性的创造力，即创造出来的东西要有实用的工程价值。②

其次，工程师的创造能力应该是一种预测性的创造能力，即对创造出来的东西的发展趋势和可能性后果作出预测。随着科学技术的发展，人类干预自然的能力越来越强，其作用范围之广和影响后果之深在人类历史上都是空前的，但同时也隐含着有可能带来严重危害的巨大风险。工程师是专业知识的拥有者，指导着人类的各种工程活动，他们能够比非专业人士更全面、具体地预测出工程技术应用后的正面影响和负面影响。因此，这就要求工程师在发挥创造能力时，必须对工程活动的后果进行全面预测和评估，不仅考虑工程活动的经济效益，还要兼顾社会效益和环境效益。

### 2. 解决工程问题的能力

在社会职业方面，工程师是一个特殊的集团，该集团是由同技术发展和技术进步联系紧密、知识丰富的专家所组成。③ 因此，工程师应具备的能力与科学家有相

---

① Louis L. Bucciarelli. *Engineering Philosophy*. Delft: DUP Satellite, 2003, p. 1.

② 张治龙：《论工程师的创造力》，《工程师论坛》1987 年第 1 期。

③ [苏]И. С. 曼古托夫：《工程师纵横谈》，李成滋、刘敏译，宁夏人民出版社 1985 年版，第 50 页。

似之处，但区别在于工程师的能力更密切地与解决实际问题有关。[①] 这是因为，与科学活动相比，工程活动具有以下特点：

第一，工程活动的不确定性。一般来说，在进行科学活动时，科学问题所涉及的各种条件都比较清晰，而在工程活动中，并不是把所有条件都搞清楚之后才能解决工程问题。很多情况下，工程活动是在一些条件还不清楚的情况下，一边做一边寻求解决方法。

第二，工程活动的多元性。与科学问题的"解"的唯一性相比，工程问题不可能仅仅具有唯一"解"，而是要在众多"解"中通过比较，选择出最优"解"。此外，解决工程问题的角度不同，所得到的"解"也不一样。

第三，工程活动的复杂性。随着科学技术的进步，工程活动包含的因素越来越多，一方面，表现在生产过程和工艺流程本身不断复杂化；另一方面，生产过程和工艺流程与自然、社会的联系日益复杂和扩大。因此，对于工程师来说，仅仅掌握本专业的技术知识还远远不够。由于工程活动的上述特性，他还必须能够将专业知识转化为工程实践中所需要的技术、技巧，需要具有解决工程实践中所遇到的一系列其他相关问题的能力。

3. 管理能力

工程师不仅是工程技术活动的设计者、参与者，而且还是整个工程技术活动的管理者（主要是技术活动的管理）和组织者（主要是技术活动的组织）。由于复杂的现代工程技术需要多类型、多层次的工程共同体成员的全面协作才能达到目的，所以，工程师必须具备一定的管理技能和技巧才能胜任工程师岗位的工作。

工程师的管理能力主要表现为：在实践过程中能否有效地管理作为操作者的工人；能否把他们团结在一起，发挥各自的专长，协调一致地开展工作。除此之外，工程师的管理能力还表现在为了实现既定目标能否根据情况的变化，进行具体的

---

① 陈昌曙：《科学必须经过技术才能转化为生产力》，《工程师论坛》1985 年第 3 期。

分析，扬长避短，把工程操作者安排到比较合理的岗位上，以便最大限度地调动他们的积极性、主动性和创造性，实现既定目标。

管理能力的培养，除了与实际工作中的锻炼有关外，它还与管理理论有着极为密切的关系。管理学的理论经过先驱者们的艰苦探索和长期工程实践中的不断磨炼，目前已经形成了一套比较完整的包括现代管理技术和系统工程在内的有效方法，这就为工程管理方法的推广和应用提供了条件。① 现代工程师不但要学习科学知识、技术知识和工程知识，还需要学习和掌握一定的管理理论知识，并把它们与工作实践结合起来，才能做好工程师的本职工作。

由此看来，工程师在工程共同体中具有特殊的地位，在共同体中扮演着多重角色。首先，工程师拥有专业的技术知识和实践经验，能够按照工程活动的目标，在现有的技术和经济条件下，完成工程设计工作。从这个意义上来说，工程师可以看作是工程共同体的技术权威，工程活动的设计者。其次，为了实现工程活动的目标，工程师还要协助工程共同体中的管理者，建立行之有效的工程实施标准和技术管理制度，把工程共同体中的成员团结在一起，发挥各个成员的专长，确保工程实施的顺利进行和目标的实现。再次，由于工程活动的实施是在很多条件还不清楚的情况下进行的，因此，工程师还要在工程实施过程中，根据现有条件在不同方案中选择最佳的解决方案并付诸实施。因此，工程师还是工程活动的实施者。

总之，工程师是工程共同体所有成员中唯一一个其活动贯穿于整个工程活动过程的成员。他们把劳动、资本、技术、管理等生产要素通过工程实践集成到一起，实现工程活动的多元目标。因此，工程师在工程共同体中具有十分重要的地位和作用。

### 三 现代工程师的特点

自 18 世纪 60 年代斯米顿第一次使用“civil engineer”一词以来，工程师职业经

---

① 丁朋序：《工程师的作用、职责和培养》，《工程师论坛》1986 年第 5 期。

历了二百多年的发展。随着科学技术的不断发展和社会的不断进步，现代工程师在知识结构、职业伦理规范和社会作用三个方面展现出新的特点。

1. 现代工程师的知识结构

科学尤其是数学在现代工程教育中占据了重要位置。数学被认为能代表理性、客观和逻辑，在一些工程学校中，数学成绩甚至是衡量学生能否成为工程师的唯一标准。实际上，数学成绩如何与是否有能力做好工程师工作并没有明显的联系。大多数工程教育家也并不赞同擅长数学对于工程工作来说必然很重要。① 当然，工程师确实需要掌握一定的科学尤其是数学知识，但是，工程中除了技术维度外，还包括政治、经济和伦理维度，要受到各种社会因素如立法、公众利益、成本计算等的影响和限制。现代工程的技术复杂性，其与社会紧密的联系，要求工程师不仅要精通工程技术，能够创造性地解决专业技术难题，要考虑工程的环境影响、社会影响，还要善于管理和协调，把工程共同体中的所有成员团结在一起，发挥各自的专长，协调地开展工作。因此，现代工程师除了要学习自然科学知识外，还要掌握一定的社会科学知识，如经济学、心理学、社会学、管理学、伦理学等。1998 年，俄罗斯对 1400 位毕业一两年的年轻专家、工业企业的车间主任和其他科室主任作了问卷调查。结果表明，青年工程师在人文科学知识和技能方面特别欠缺。对他们的工作来说，高水平的人文科学素养（不仅仅是理论素养，尤其是实际应用的素养）特别重要。近四分之一的应答者感到经济学知识欠缺，因为认识和运用全新的劳动工具、物质材料和技术过程，首先需要的是从经济学的角度对经过改进的技术和工艺进行论证，从而确保较高的劳动生产率和较低的生产成本。②

2. 现代工程师的职责

工程师的职责并不是固定不变的，而是随着这一职业队伍的发展和壮大以及

---

① Sharon Beder. *The New Engineer: Management and Professional Responsibility in a Changing World*. South Yarra: Macmillan Education Australia, 1998, p. 10.

② [俄]M. E. 多勃鲁斯金：《人文科学教育在工程师培养中的作用》，由之译，《国外社会科学》2002 年第 2 期。

社会进步而发生变化的。

早期工程师指的是制造和操作军事器械的人，他们基本上都是士兵，最主要的责任是服从命令。① 18世纪中后叶至19世纪初，随着民用工程师的出现及壮大，工程师的活动开始转向土木、机械、化学、电气工程等领域。此时，工程师主要是从属于企业和协会，其职业责任与医生、律师等职业一样，被规定为忠实于雇主或委托人。

19世纪末20世纪初，随着工程师队伍的不断壮大，以及工程师手中技术力量的加强，民用工程师产生初期就已经存在的职业独立性和商业诚信之间的矛盾开始激化。工程师自诩是社会进步的主要力量，他们认为自己的职业责任是忠实于大众，不应当受到特定利益集团的限制和影响。“工程师的反叛”的组织者之一Cooke认为，忠实于大众和忠实于雇主是对抗的、不可调和的，工程师应该把大众的利益作为他开展工作的主要判断依据。②

二战期间，生化武器和原子弹等的应用，以及20世纪60年代日益严重的环境问题，粉碎了工程师忠实于大众的梦想，他们认识到工程师职业的有限性，并再次对自身的职业责任进行反思，一些主要的工程社团在其章程中明确指出工程师对公众而不是雇主负有更大的责任。比如，工程师执业发展理事会在1974年修改的章程中指出：“在履行工程师责任的过程中，工程师应当将公众的安全、健康和福祉置于首要的地位。”这一表述或类似的表述现在已经出现在所有主要的工程社团的章程中。③

3. 现代工程师的社会作用

工程师一般都服务于（或受雇于）一定的组织，早期是军队，现代是公司和企

① [美]卡尔·米切姆：《技术哲学概论》，殷登祥等译，天津科学技术出版社1999年版，第87页。

② Edwin T. Layton, Jr. *The Revolt of the Engineers: Social Responsibility and the American Engineering Profession*. Baltimore, Md.: Johns Hopkins University Press, 1986, p.159.

③ [美]哈里斯等：《工程伦理：概念和案例》，丛杭青等译，北京理工大学出版社2006年版，第9页。

业。他们的职能就是用他们掌握的科学知识和实践技能，为其组织及客户创造有价值的产品。工程师通常被认为是工程决策中的权威，究其原因，主要有这样两点：一是工程师的专业知识和实践经验；二是工程师的客观性和中立性。① 但有人认为：对这两个方面原因和实际状况的深入分析，却使人倾向于得出工程师的社会作用需要从"工程决策中的权威角色"向"成为投资者、决策者和公众理解工程的媒介角色"转变的结论。

先看原因之一，即工程师的专业知识和实践经验。一般而言，公众会根据工程师的资历或者学历来判断他们的专业水准，类似的认证是由职业协会或者学术团体颁发的，具有很高的权威性。但是，这样的证书意味着什么呢？事实上，高等院校本科生乃至硕士研究生的教育内容很宽泛，并不一定会把学生培养成某个领域的专家。而博士研究生教育则相反，学生往往只对一个非常狭窄的领域进行深入研究。工程师并不精通技术层面的所有问题，因此无法对工程作出精确的预测。同时，因为工程不可避免地要涉及政治、伦理、社会等其他因素，而这些不是光凭技术能够解决的。面对公平、效率和社会价值的问题，工程师的意见的分量与他们被赋予的权威光环是不成正比的。

再看原因之二，即工程师的客观性和中立性。公众向工程师寻求建议和解决方法，是因为他们相信工程师与科学家一样，是非政治性的、客观的、中立的专家。然而，科学家的工作是以追求真理为目标，是真理导向的，而工程师的工作是以追求价值为目标的，是价值导向的，这就决定了工程师无法保持绝对的客观和中立。工程师既然受雇于政府、公司和企业，就要服从组织的命令和维护组织的利益，但是，作为专业人员，他们还必须坚守职业道德准则，对公众和社会负责。因此，当工程的价值目标与商业的价值目标发生冲突时，工程师就会陷入两难境地，很难客观和中立地处理问题。

---

① Sharon Beder. *The New Engineer: Management and Professional Responsibility in a Changing World*. South Yarra: Macmillan Education Australia, 1998, pp. 229 - 232.

20世纪下半叶，挑战者号等大型工程的相继失败，以及工程对环境造成的严重破坏，引起了一些人对工程师社会作用的深刻反思。因为任何工程，无论是公共投资的大型工程和公益工程，还是私人投资的商业性工程，公众都是利益相关者，公众应当享有知情权、选择权和参与权。工程师不是工程决策的权威，他们所能做的是尽量让投资者、决策者和公众理解工程，最终是由投资者、决策者和公众来做工程决策。这样可以拓展工程决策、选择的信息与智力基础，使决策者最大程度地获得与工程有关的信息。

现代工程师不再是工程决策中的权威，而是投资者、决策者和公众理解工程的媒介。工程师利用自身的专业知识和实践经验，及时传达工程信息，帮助共同体中的其他成员以及工程的利益相关者理解工程，协助投资者、决策者和公众完成工程决策。

以上认识和分析可能并不全面，特别是“媒介”这个词并没有涵盖工程师在工程活动中所发挥的全部作用。

## 第三节 工程师的分类和社会分层

工程是推动人类文明进步的发动机，工程师是工程活动的主角，在现代社会中，工程师是一种非常重要的职业，经济、社会的发展，国家的繁荣富强都离不开工程师作用的充分发挥。在现代社会中，职业工程师不但人数很多，而且因其职能的分化而出现了不同的类型，更重要的是，现代工程师不再像古代那样由师傅带徒弟的方式培养，而是必须以现代工程教育的方式和途径来培养了。同其他社会领域一样，在工程界也存在“层级”现象。本节就对工程师的分类和社会分层现象进行一些简要分析和探讨。

### 一 工程师的分类

在对工程师进行分类时，依照不同的分类标准，可以有不同的分类。例如，可以按照工程门类进行分类，于是，除了传统的土木工程师、机械工程师、电气工程师、化学工程师外，还有新兴的原子能工程师、电子工程师、航空工程师、计算机工程师，以及跨学科的环境工程师、能源工程师、航天工程师、生物工程师、管理工程师、系统工程师，等等。

此外，还可以按照社会角色对工程师进行分类。美国麻省理工学院工学院前名誉院长布朗（Gordon S. Brown）根据工程师在社会中的职能作用，将工程师分为四种类型：（1）工程科学家，即那些具有抽象思维才能的工程科学专门人才。他们具有深厚的基础理论知识，善于把一些抽象的、彼此毫不相干的概念用新的方式联系起来，以达到工程实用的目的。（2）革新工程师，即能创造性地应用现代知识来发明或建造新系统的工程师。他们是设计和创造新产品的革新者，主要考虑工程的经济可行性，使产品具有竞争力。（3）现场工程师，即在现场建造、操作、维护复杂机器和工程系统的工程技术专家。他们在工程科技人员中数量最多，保证各种复杂工程系统的建造和正常运转。（4）技术规划和管理工程师，在领导或管理部门工作，但活动仍然以科技背景为主。①

欧洲共同体的学者建议把工程师分为三种类型：（1）理论工程师，指那些习惯于抽象思维，对于表面看来无联系的事物有综合的认识，并表现出充分的创造性、能提出科技理论的科技人员。（2）联络工程师，他们能理解抽象事物，能把科技理论转化成实际的设计以便实施。（3）实施工程师，指那些负责执行由理论工程师最初构思理论，再由联络工程师应用于工厂现实的工程实际的科技人员。

俄罗斯高等工程教育界的一些学者主张，对未来工程师进行分类培养。他们建议，把工程师分成研究工程师、设计工程师、组织工程师等三类。另一些学者则认为，在现代工程科技的各种形式和范围中可以划分出三种类型的工程师，并需要以不同的方式培养相应的专家：（1）生产工程师，必须根据他们具体工作的实际

① 张光斗、王冀生主编：《中国高等工程教育》，清华大学出版社1995年版，第98—103页。

方向来培养，承担工艺员、生产组织者和维修及技术服务工程师的职能。(2) 研究设计工程师，是科学技术和生产结合的纽带，承担发明、构造和设计的职能。(3) 综合工程师，他们组织和管理复杂的现代工程，必须具有宽广的知识面和系统的科学知识。

从我国的实际出发，借鉴国外工程师类型划分的经验，依据工作性质和基本职能，工程师可以粗略地划分为如下三种类型：

(1) 工程技术应用类。指那些在工业生产或工程实施第一线从事制造、施工、运行、维修、测试等工艺、技术工作的工程技术应用人才，又称技术工程师。他们善于解决生产、施工中出现的各种技术问题，保证各种机器和复杂工程系统的建造与正常运转，是工业制造和工程施工中不可缺少的、大量需要的人才。

(2) 工程科技研究、开发类。指那些从事新产品、新技术、新工艺、新材料和新设备的研究、开发、设计工作的工程科技人才。他们能够运用现代科技理论进行工程设计或技术开发，能够解决复杂的工程科技问题，主要考虑工程的适宜性及经济的合理性，创造性地进行设计与革新，使产品具有竞争力，是工业部门中十分活跃的科技力量。其中还包括少量主要从事工程技术科学研究工作的工程科学人才，这些人才具有较深厚的基础理论知识和抽象思维才能，其基本职能是提出新的有工程应用前景的技术科学理论和方法，为工程建设或产品开发提供新的思维和理论依据。随着现代化程度的提高，这类工程师的比重将逐步提升，在某些类型的行业和企业中甚至会成为主体。

(3) 工程管理类。指那些以工程科学技术背景为主，从事规划、管理、经营等工作的工程管理人才。他们的知识面较宽，有组织管理能力，对工程科学技术、生产发展的新方向有敏锐的洞察力和识别力，是工业部门生产、工程科学技术和经营等管理方面的指挥力量。

以上三种类型的工程师各有特点和重要作用，他们在工程活动中都是不可缺少的。由于经济技术发展水平不同以及其他一些原因，不同类型的工程师在不同国家所占的比例可能有较大差别(参见表 3-1)。

**表3－1　工程师的类型、职责及其在工程师总数中所占的比例①**

| 类　型 | 职　责 | 中　国 | 美　国 | 德　国 |
| --- | --- | --- | --- | --- |
| 技术实施型 | 工业生产第一线从事设计、试验、制造、运行等技术工作，善于解决工程中的复杂问题 | 60%～70% | 45% | 45% |
| 研究开发型 | 从事工程技术开发、工程基础研究；提出新概念，制定新规程，开发新材料、新工艺、新产品 | 10%～15% | 15% | 12% |
| 工程管理型 | 从事以技术背景为主的策划、协调组织实施、管理、经营、销售工作，具有宽的知识面、强的组织力，对工业生产有洞察力 | 15%～20% | 20% | 35% |
| 其　他 | 教育、咨询等 | 约5% | 20% | 8% |

## 二　工程师的社会分层

社会学家用社会分层来指称存在于人类社会个人和群体之间的“不同等”现象。在分层体制中，地位不同的个人和群体的位置、作用和获得报酬的机会是不同的（不平等的），因而最简单的“分层”定义就是不同人群间的结构性不平等。通常，分层是就资产或财富而言的，但分层也可以基于其他属性，如性别、年龄、宗教归属或军衔等。②

对于工程师来说，其社会分层的最外显的标志是“技术职称”。

按照国际标准，一般将专业技术人员分为专业人员、技术人员和助理专业人员。③ 根据国际劳工组织《1988年国际标准职业分类》（International Standard Classification of Occupation）（ISCO—1988），专业人员是指从事科学理论研究、应用

① 罗福午：《略论高等工程教育的教学改革》，《高等工程教育研究》2003年第1期。

② ［英］安东尼·吉登斯：《社会学》（第4版），赵旭东等译，北京大学出版社2003年版，第357页。

③ 汪辉勇主编：《专业技术人员职业道德》，海南出版社2005年版，第22页。

科学知识来解决经济、社会、工业、农业等方面的问题，以及从事物理科学、生物科学、环境科学、工程、法律、医学、宗教、商业、新闻、文学、教学、社会服务及艺术表演等专业活动的人员。他们具备专业知识，通常受过高等教育或专业培训，通过专业考试。一般要求达到《国际标准教育分类》(International Standard Classification of Education)(ISCE)中规定的第四级教育水平，即具有研究生学历或同等学历水平。技术人员和助理专业人员是指在专业人员、行政主管或政府官员指导下，应用科学研究知识，解决物理、工程科学、生命科学、环境科学、医学、社会科学等领域的问题，或应用技术方法及技术服务，从事教学、商业、财务、行政助理、政府法规及宗教事务等方面的工作，或应用艺术手段，从事艺术、娱乐、体育等相关活动的人员。他们在技术等级和专业技术能力上仅次于专业人员，要求达到ISCE中规定的第三级教育水平，即具有四年大学本科学历、并有两年以上理论研究和实际工作经验。

可见，专业人员与技术人员和助理专业人员的区别表现在两个方面：一是受教育程度不同，二是工作职责不同。在国际标准职业分类中，详细规定了每一类、每一职业的专业技术人员的工作范围和职责。

目前，我国有两种版本的专业技术人员概念及分类：一是中央组织部和人事部对专业技术人员的概念界定和分类，规定专业技术人员是指从事专业技术工作和专业技术管理工作的人员，包括企业、事业单位中已聘任专业技术职务从事专业技术工作和专业技术管理工作的人员，以及未聘任专业技术职务、现在专业技术岗位上工作的人员。二是劳动和社会保障部颁布的《劳动力市场职业分类》，将专业技术人员概念界定为专门从事各种科学研究和专业技术工作的人员。从事本类职业工作的人员，一般都要求接受系统的专业教育，具备相应的专业理论知识，并且按规定的标准条件评聘专业技术职务，以及未聘专业技术职务、但在专业技术岗位上工作的人员。

我国专业技术人员主要以岗位为依据，而国外主要以受教育水平为依据。大体上(不严密地说)，我国具有高级专业职称的人员相当于国际上的专业人员，中、初级专业职称人员为技术人员和助理专业人员。

我国现行的工程师职称评定制度已存在较长时间,而国际通行的是建立工程师职业资格制度。西方发达国家都建立了被社会公认的工程师协会、学会,由专业学会负责工程师职业资格是国际较通行的做法。西方国家早在19世纪就开始建立职业工程师学会(协会)。美国工程师学会组织结构分散,一般各州都有工程师学会(协会),拥有内部裁定许可证发放权,依据各州法律,为工程师发放许可证,负责制定工程实践的规则。

这就是说,国外一般没有我国这样的"工程师"、"高级工程师"的职称评定,而是通过工程师学会来推行职业资格制度。按照级别,工程师学会会员分为学生会员、初级会员、副会员、正会员、资深会员等。一个工程师是什么级别的会员,是由其他会员选出来的。工程师的业务水平必须得到同行的公认。

**表3-2 美国职业工程师协会对各层次工程师职责的划分①**

| 级别 | 一般特征 | 职责 | 工资 |
| --- | --- | --- | --- |
| 1、2 | 职业工作的入门水平。用标准的技术、方法和准则完成相关的工程任务,主要从事具体工作,并进行适当的轮换。 | 按照规定的方法,完成由有经验的工程师从事的工程项目中的一部分。在工作中使用标准的技术和实践,能够调整相关参数,并了解其对于结果的影响,从而进行相应的操作。 | 90% ~130% |
| 3 | 用标准的技术、方法和准则独立完成工程任务,并有小的改进,积累职业工作经验。等同于研究生教育。 | 从事的工作包括普通类型的(复杂性较低,有先例)计划、研究、调查、规划、装配。一般包括以下任务:装备的设计开发,材料实验,准备详细的说明书、报告,工艺研究,调查研究及其他局限于有限理论知识和技能的工作。 | 120% ~170% |

① 张维等:《工程教育与工业竞争力》,清华大学出版社2003年版,第286页。

**续 表**

| 级 别 | 一般特征 | 职 责 | 工 资 |
|---|---|---|---|
| 4 | 独立完成常规的工程工作的合格工程师。要求有足够的职业经验，是训练有素的工程师，或有基本的研究经验。相当于博士研究生。 | 负责中等规模的工程项目（或大型项目的一部分）的计划、安排、实行或协调。完成具有一定多样复杂特点的普通工程工作。工作需要具备专业领域的广泛的知识和相关专业的知识与实践。 | 150% ~210% |
| 5 | 在所从事的及相关的领域有深入的多种工程理论和实践知识，采用高技术和理论进展，独立解决工程问题，并积累这个层次的经验、知识和专长。 | 具备以下一条或更多：（1）监督大型、重要工程或包含大量复杂内容的小型工程的计划、开发、协调和指导。在重大岗位上从事四类工程师的工作。（2）作为独立研究人员，完成需要新型开发或技术与过程改进的复杂、新型任务。设计或改进技术或过程，从而设计新的或改进设备、材料、过程、产品和科学方法。（3）作为专家发展或评价他人项目、活动的计划和标准。评估工程评价测验、产品或设备指标的可行性和合理性。 | 185% ~255% |
| 6 | 对解释、组织、执行和协调任务负有完全的技术责任，对计划和实施项目所涉及的重要问题选择范围，选择主攻方向，发展新概念和方法。在有关领域的技术问题上，承担各类团体内外或个体间联络的责任，积累这一水平的进展和经验。 | 具备以下一条或更多：（1）监督大批大型、重要工程或主要的、具有重要意义的工程的计划、开发、协调和指导；对一般难度和范围的工作负责其整体计划，应有3~5个下级协助工作（至少有一个是5级工程师）。（2）作为独立研究人员构思、计划、施行具有相当复杂性和难度的问题的研究。这些问题涉及系统、理论的研究，难以用传统方法解决，需要新方法和尖端技术。通过研究产生发明、新设计或对解决重要问题有重大意义的技术。（3）作为专家担任组织（公司、企业）的技术专家，在指定的领域内应用新的理论、原理、概念和过程。保持科学的发展，及时使这些组织获得发展。 | 220% ~300% |

**续　表**

| 级　别 | 一般特征 | 职　责 | 工　资 |
| --- | --- | --- | --- |
| 7 | 在广泛的工程活动中有重要影响。公认的权威。有在工程师和其他团体和公司的广泛联系负责关键问题的说服和协商的能力。参与解决新出现的工程问题，在多种工程活动中，确定目标及要求、组织计划和项目，以及在发展标准及指导中，表明具有在此水平的创造性、预见和成熟的工程判断力。 | 作为管理人员负责：(1) 一个具有广泛、多样工程需求的组织的工程任务的重要部分；(2) 有限工程任务的整个过程。这些任务包含需要先进技术才能解决的关键问题。问题的解决将带来多方面的发展。完成这些任务需要多个部门的统一工作，通过配备技术人员、人力、资金满足整个组织目标的实现。<br>作为个人研究咨询人员，在整个广泛的专业领域或某个集中的专业领域是公认的权威和领导。为组织今后的发展选择研究内容，构思、计划及调查对于工程发展有重要作用的新领域，作出高层次的、可信的可行解释和建议。具备新的发明、设计或对领域内技术发展作出巨大贡献。 | 260% ~360% |
| 8 | 在广泛的工程和公司的相关活动中有深远影响。公认的权威。在高层工程师和其他团体、公司的行政人员里，协商关键的有争议的问题。在这一层次上，在计划、组织和指导、扩展工程计划以及杰出的、新的、重要的活动中，表明个人有高水平的创造性、预见和成熟的判断力。 | 作为管理人员负责：(1) 一个内容非常广泛复杂的工程任务的重要部分；(2) 中等工程任务的整体工作。这些任务由于其复杂性对于整个目标有着重要的作用，包括难以顺利解决的非常困难的问题。这些任务一般由几个部分组成，由下一级管理人员负责。负责决定为完成总目标的各项工程任务的种类，选择科学方法，计划、组织人员及任务，并负责解释结果。<br>作为个人研究咨询人员，阐述并指导攻克特别困难的问题，并表明对于组织或工业的重要程度。按照课题的前景和发展的可能性选择课题，从而使研究发挥最大作用。作为广泛领域或新的、重要的专业领域的知名权威进行指导和咨询工作。 | 300% ~450% |

**续 表**

| 级 别 | 一般特征 | 职 责 | 工 资 |
| --- | --- | --- | --- |
| 9 | 在这个水平的工程师是下列任何一种：（1）管理广泛的复杂的计划，要求相当大的、足够的成员及资源（例如，负责扩展工程计划的政府部门的研究和开发，或一个团体的主要成员，是满足团体目标中工程责任的主要成员）。（2）是国内外公认的权威的研究者或顾问，是工程或科学某领域的领导者。 | | 不封顶 |

资料来源：美国职业工程师协会（NSPE）。工资栏，指该级别与基本工资的比例。1996年NSPE统计，工程师基本工资为35966美元/年。

在研究工程师的社会分层问题时，有一个重要问题——"工程家"的作用和界定问题——是值得特别提出并进行讨论的。

"工程家"这个概念是我国技术哲学的领军人物陈昌曙教授于2002年在《重视工程、工程技术与工程家》①一文中提出来的。陈昌曙教授说："讨论科学、技术与工程及它们的意义，必然涉及相关的主体——人。我们通常确认有科学人（科学家、研究员、教授），有技术人（发明家、设计师、技师、工程师），但对是否有工程人和工程家、什么样的人可称得上是工程家、工程家有哪些类型等问题，则似乎没有定论，也难以充分确认。"针对这种状况，陈昌曙教授大声疾呼，提出应该"重视工程、重视工程技术、重视工程家"。

陈昌曙教授所提出的"工程家"这个术语和概念引起了许多人的关注。目前，虽然对于"什么样的人可称得上是工程家、工程家有哪些类型等问题"还没有定论，但对于必须高度评价和重视工程家的作用这一点应该是没有什么疑问和争论了。

通常，我们把卓越的科学工作者称为科学家，把最卓越的科学家称为科学泰斗；类似地，我们也可以把位于工程师队伍最高层的、最卓越的人物称为"工程家"、工程大师、工程泰斗。

① 陈昌曙：《陈昌曙技术哲学文集》，东北大学出版社2002年版，第178—187页。

本节中，我们不打算对“工程家”给出具体的定义。但就具体人物而言，例如国外的福特、克劳恩、科罗廖夫，我国的詹天佑、侯德榜、茅以升、钱学森等人，都应该被称为“工程家”。在以上人物中，有的人知名度很高，也有一些人在公众中的知名度可能并不太高。

工程家或工程大师都是对工程发展具有卓越贡献并且在工程界——乃至在全社会——有重大影响的人物。以钱学森为例，他向党中央提出我国搞“两弹一星”的建议，他在我国卫星发展思路上的一系列建议（例如，我国第一颗人造地球卫星要先搞工程卫星，再搞科学探测卫星；发展近地卫星“第一能上去，第二能回来，第三占领同步轨道”），对我国“两弹一星”事业的顺利发展起到了其他人不可替代的巨大作用。①

工程家、工程大师具有卓绝的创新能力、合理的知识结构、组织合作的精神和发现人才的慧眼。工程技术人员的知识和能力前面已有论述，这里强调一下团队合作精神和发现人才能力。组织合作，不仅表现在“同代人”之间的合作与交流上，而且表现在“隔代人”之间的合作与交流上。在发现人才方面，钱学森对王永志的慧眼识珠是一个有代表性的典型事例。我国的东风 2 号在发射时达不到预定射程，许多人都主张需要增加推进剂，而王永志则意见相反，认为应卸去一些燃料才能达到预定的射程。钱学森看了王永志的演算，力排众议，支持他的方案，结果获得了成功。由此钱学森发现了王永志这个人才，而王永志后来成为神舟 6 号的总设计师，以其卓越贡献也可以称为工程家或工程大师了。②

工程家、工程大师具有博大的胸怀和谦虚的精神品质。这种精神不但表现在他们的高瞻远瞩和雄才大略上，而且往往在许多小事情上也能够反映出他们高尚的精神品质。20 世纪 70 年代在研制我国第一代洲际导弹过程中，受国内有限靶场的制约，导弹飞行试验考核遇到了技术上的难题。运载火箭研究院成立跨部门

---

① 潘敏主编：《钱学森研究（2006）》，上海交通大学出版社 2007 年版，第 27 页。
② 同上，第 9 页。

的专题论证组，通过群策群力，终于突破了关键技术难点，提出了一整套切实可行的技术方案。在听取汇报时，钱学森说："你们做了一件很有意义的工作，提出了立足国内试验，解决我们面临技术难题的很好的试验方案，技术上是可行的。这个问题，我考虑很久了，是我多年来想解决，而没能解决的问题……现在可以向上级报告了，我们已经找到了解决难题的办法了。"钱学森不讳言自己多年没有解决这个问题的事实，而以年轻同志解决了这一难题而喜悦，充分反映出一位工程大家的胸怀和谦虚求实的高尚精神。①

工程大师虽然人数不多但却影响巨大。如同100个围棋低段位选手加起来"比不过"一个超一流围棋选手一样，从一个特定方面看，工程家、工程大师的超常创新能力、卓越典范作用、领导潮流能力，都绝不是可以用许多普通工程师"人数叠加"来替代的。② 在我国，以华罗庚等人为代表的科学泰斗对于科学的发展、对于提高科学活动的社会影响和提高科学家的社会声望发挥了非常重要的作用。同样地，我们也应该深入研究和广泛宣传詹天佑、侯德榜、茅以升、钱学森等工程家、工程大师的作用，充分发挥工程家和工程大师的超常创新能力、卓越典范作用和领导潮流的作用。

① 潘敏主编：《钱学森研究(2006)》，上海交通大学出版社2007年版，第61页。

② 杜澄、李伯聪主编：《工程研究》，北京理工大学出版社2006年版，第40页。

# 第四章 工人——工程共同体构成分析之二

工人是工程共同体中必不可少的基本成员,在工程活动中起着非常重要的作用。工人在工程共同体中的作用相当于士兵在军队中的作用。军队不能没有士兵,工程共同体不能没有工人。战役和战斗最终必须靠士兵来完成,工程活动最终必须靠工人来实现。士兵的素质和能力是军队战斗力的基础和直接表现,而工人的素质和能力则是工程共同体的工程能力的基础和直接表现。

马克思主义认为科学技术是生产力,可是,在以往的科学技术哲学和科学技术社会学研究中,却没有把作为直接生产力体现者的工人纳入研究视野,工人成为“不在场”的人物。在工程哲学和工程社会学开创之后,在这两个新的学术舞台上,工人作为工程共同体的基本成员和基本角色就要势不可当地“出场”了。

如果说在农业社会中农民是人数最多的社会群体,那么,在工业社会中工人就是人数最多的社会群体了。工人这个社会群体，在某些理论视野中，他们是弱势群体，常常是“沉默的大多数”；可是，在另外一些理论视野中，他们又被视为最强大的社会力量和得到了最高的评价。在历史唯物主义、劳动社会学、劳动经济学和管理学等领域中对工人问题已经有了许多研究成果，本章将不再重复那些领域中已有的观点和研究成果，而仅着重从工人是工程共同体成员的角度对工人问题进行一些有限的分析和研究。

对工人问题的研究不但具有重要的理论意义，而且具有重要的现实意义。工人问题的研究涉及许多方面、许多学科、许多观点、许多方法。从工程社会学视野对工人进行研究时，一方面，必须汲取和借鉴其他学科对工人问题的研究观点和方法，另一方面，又必须努力作出本学科的新贡献，使本学科中的新观点、新成果能够与其他学科的观点和成果相互配合、相互补充、相互促进。

本章是从工程社会学角度研究工人问题的初步尝试，以下就着重对工人的类型、工人的素质、工人的“社会形象”和工人在工程共同体中的地位和作用等问题进行一些简要分析和论述。

## 第一节 工人的类型

从工人职业等级来看，工人群体可分为初级工（五级）、中级工（四级）、高级工（三级）、技师（二级）和高级技师（一级）。而从知识构成和劳动分工的视角来看，工人群体中又有蓝领与灰领之分。此外，由于我国当前所处的特殊经济社会环境，工人群体本身的结构也在不断变化，并产生了一部分特殊的工人群体（如工头、农民工和下岗工人等）。因此，要对工人进行恰当的类型划分不是一件容易的事情。

本节从“实用”的角度，根据工作情况、社会声望、知识构成以及福利待遇，结合我国工人群体的具体情况，将其大致划分为普通工人（主要包括从事熟练劳动的初级工与中级工）、高级技工（主要包括部分高级工、技师和高级技师）、“灰领”

工人和工头等类型,从而对当前我国工人群体的构成做出多方位透视。鉴于农民工和下岗工人是我国转型时期的特殊群体,本节中也将其单独列出加以讨论。虽然必须承认这个类型划分在学理上存在明显的问题和缺陷,但它也有实用上的根据、理由和"优点",特别是其中每一个类型的"存在性"都可以得到辩护,本节以下也就依此类型划分进行分析和阐述。

## 一　普通工人

普通工人指技能水平一般、主要从事经常性的熟练劳动的工人,在工厂里面也叫熟练工,其社会地位较低,劳动能力不高,主要是靠训练而获得一定的劳动能力。普通工人由于主要依赖体力,受教育程度不高,收入水平较低,因此职业声望在整个工程共同体中处于最低层次。在不同的企业中,普通工人所占的比例可能有很大不同。在某些高技术企业中,可能只有较小比例的普通工人,而在另外的许多企业中,工人总体中的大多数甚至绝大多数都是普通工人。

对于普通工人,不但需要进行"量"的分析,而且需要进行"质"的研究。对此,可以指出:当学者们试图对作为"阶级"或"阶层"的"工人"进行一般性分析或概括时,他们都是以"普通工人"而不是以其他类型的工人(例如"高级技工")作为"工人"的典型代表的。

对于工人,既需要进行宏观研究,又需要进行微观研究。如果说历史唯物主义主要是从宏观视野分析和研究工人,那么,劳动社会学、工程社会学就主要是从微观视野分析和研究工人了。

如果我们严格地区分传统的手工业生产方式和近现代生产方式,并且相应地区分手工业工人和"现代工人",那么,中国的"现代工人"只有一百多年的历史。在这一百多年的历史中,作为整体的中国工人的社会地位、社会影响、自我认知、社会形象都经历了许多变化和曲折。在这些不同时期和阶段的变化历程中,虽然各种类型的工人都必然随工人队伍整体的变化而相应变化,可是,与其他类型的工人相比,普通工人在不同时期的变化要更加典型、更加剧烈。例如,新中国成立前的中国工人格外贫穷，生产条件格外恶劣，新中国成立后的一段时间工人阶级政治地位提高，这些都最典型地体现在“普通工人”身上。改革开放以后，我国实行市场经济，传统意义上的工人与企业的关系也在逐渐改变。在国有经济和集体经济性质的企业中，劳动合作制广泛推行。普通工人对企业的依赖性逐渐减弱，独立自主性有所增强，普通工人可以进入劳动力市场，根据自己的能力和意愿选择职业，在单位、部门、地区之间自由流动，但他们的合法权益也容易受到侵害。在计划经济体制和市场经济体制下，工人的地位、作用、自我认知、社会形象都发生了巨大变化，对这种变化体会最深刻的工人类型正是“普通工人”，而不是其他类型的工人。

## 二　高级技工

### 1. 高级技工的地位和作用

高级技工，是指具有丰富实践经验和较高操作技能，能够解决关键性技术难题的工人。从工人群体职业等级的角度来看，在企业里面，高级技工主要是指技术工人中的高级工、技师和高级技师。高级技工在技术能力上处于工人群体的上层，在工程技术活动中往往起关键性的作用。我国要实现经济增长方式由粗放型向集约型转变，必须依靠科技进步和劳动者素质的提高，在这里，高级技工在工人群体中所占的比例就是一个重要指标。在科技成果向现实生产力转化的过程中，不仅需要科学家、工程技术人员和管理人员，而且需要大批掌握高新技术的高级技工。瑞士钟表业和精密仪器制造业成功的先决条件在于他们拥有一流的高级科研人才和大量高级技工。有关专家称，瑞士的教育体系既重视高级科研人才的培育，又重视技工的培养。① 九年义务教育结束以后，40% 的学生会进入高中，继而升入大学，其余 60% 的学生会进入技校学习专业技术。

生产一线技术工人的技能操作水平，与科技进步对经济增长的贡献份额关系

① 姚展宏：《欧洲三国印象》，《21 世纪》2006 年第 9 期，第 24 页。

密切。发达国家科技进步在经济增长中的贡献率在60%以上，而我国仅为29%。[①] 这其中很重要的原因是我国工人队伍的素质偏低，技术结构不合理。在经济建设中，资金可以引进，技术、设备可以引进，但技术工人的基本素质是无法引进的。为什么同样的手表配件，在我们的一些手表厂和在瑞士的手表厂组装的产品就有明显差距？为什么同样的轿车零件，在中国的一些汽车厂组装出来的整车与国外厂家的原装产品质量相差很远？为什么成熟技术在生产中却得不到成熟应用？答案很简单："不是我们的高级工程技术人员赶不上人家，而是现成的技术在具体制造中走了样，一线工人技术水平低直接影响了一线产品的质量。""一些服务行业服务态度和水平差，因为从业人员大多没有接受过职业训练；没有焊接资格证书的工人在焊接，没有建筑常识的人在盖房子……"[②]科技成果的转化，需要把实验室里的发明创造变成企业中可以用于批量生产的工艺流程，这里有大量具体的实际制作难题需要高级技工去解决。高级技工的缺乏往往成为科技成果转化的"瓶颈"因素。

高级技工具有精湛的技艺和丰富的实践经验，在生产一线起着非常重要的作用，是国家经济建设的重要人才，是企业不可缺少的技术骨干力量。高级技工一般来源于普通工人，他们在高难生产技术操作、复杂设备调试维修、分析解决技术难题、防止排除事故隐患、改革更新工艺机具方面起特殊作用。高级技工具有在生产过程中及时发现问题、总结经验、革新技术、优化产品、改善管理，把企业生产水平推上新台阶的意识和能力。在许多情况下，高级技工还是企业开发新产品、新技术的得力参谋，甚至是企业制定重大技术决策的顾问。

2. 目前我国高级技工阶层的状况

近年来，我国高级技工呈现短缺的状态。据劳动和社会保障部发布的信息，目

---

① 劳动部职业技能开发司技工培训处：《发展高级技工教育培养高级技术工人》，《职业技术教育》1998年第3期，第22页。

② 陆正鑫：《关于培养高素质的中高级技工的思考》，《现代技能开发》2002年第12期，第78页。

前我国城镇企业1.4亿名职工中技术工人为7000万，而高级技工仅占3.5%，与发达国家30%～40%的份额相差甚远。高级技工的比例过低导致科技成果的转化率低。目前我国科技成果转化率仅为15%，科技因素在经济发展中所占的比例为20%～30%，而这一指标在发达国家却高达60%～80%。[①] 高级技工虽然一般来源于普通工人，但其薪酬水平比普通工人要高。由于高级技工紧缺，深圳、上海等地高级钳工的月薪甚至已经高于硕士生的月薪。劳动保障部门有关文件规定，高级工的工资待遇可相当于本科毕业生的工资待遇，技师的工资待遇可以比照工程师，高级技师的工资待遇可以比照高级工程师。

目前我国高级技工出现短缺的原因主要有：

第一，以往以行政级别为标准的薪酬分配制度的影响。现代生产中的高级技工需要经过技工学校的专业学习和培养，然而目前我国许多初中毕业生不愿报考技工学校，不想当工人，因为工人的工薪和待遇相对较低。技工学校毕业生从初级技工到成长为高级技工，往往要干二三十年，甚至干一辈子。就是最后成为高级技工，其工资、福利、住房等待遇通常也不如同年龄段的行政管理人员。

第二，职业技术教育发展落后于经济，实践与教学相脱节。有些地方、部门领导对职工技术培训的重要性和作用缺乏足够认识，企业管理层对人才资源的再开发存在认识偏差，有些企业只顾增加投入，引进先进的技术、工艺和装备，而忽视职工的教育培训和素质提高；有的企业只重视人才的使用，却舍不得花钱搞教育培训。我国职业技术培训的层次、规模、水平总体上还不适应社会需要，基础相对薄弱，经费渠道不稳定，专业师资不足，且水平亟待提高。

第三，传统观念以及企业人力资源管理制度的影响。近年来，人才观念出现一些误区，社会对技术工人的认同程度较低，专业科研和管理人才得到重视，从事实际操作的技能型人才则被冷落。社会上历来普遍存在重仕途、轻工匠，重文凭、轻

---

① 傅端香：《我国高级技工短缺的现状、原因及对策研究》，《价值工程》2005年第1期，第16页。

技能的倾向，并未形成重视工人，尤其是重视高级技工的大气候，导致技术工人社会地位降低，失落感加重。不少工人看不起自己的岗位和技能，不想钻研技术，意志消沉，不安心工作，技术素质下降。

第四，老一代技术工人知识更新速度慢，难以跟上新时代科技发展的新要求。我国现阶段出现高级技工短缺的主要有模具修理、数控车床操作和制冷设备维修等专业。这些专业要求技术人员熟悉设备构造，精通机电一体化知识，具备一定的外语水平，了解工艺技术，懂得安全生产知识和相关的数理化知识，对高级技工的要求上了一个新的层次。我国"文革"前培养出来的技术工人现在绝大部分已退休，或以内退、病退的方式提前退休，而留下来和返聘的高级技工更新知识缓慢，新技术的发展时常使他们感到难以适应，特别是从国外引进的一些现代设备，新技术含量更高，现代化生产对老一代高级技工的素质提出了挑战，有些企业甚至不得不出高薪从国外聘请技工。

## 三　作为新类型工人的"灰领"

"灰领"一词来源于美国，原指负责维修电器、上下水道、机械的技术工人，这些工人常穿灰色工作服，由此得名。在工业化初期，实际生产基本上由"白领"和"蓝领"这两个层次的人员完成。随着工业生产日益复杂化，操作中技术含量不断提高，以及知识经济背景下信息技术、自动控制技术的大规模使用，蓝领的很多工作逐渐被机器代替，使得产业工人不仅需要掌握基本的机器操作规范，也需要动脑来学习和掌握先进的技术原理，了解并结合实际去改进工艺流程，从而能更好地处理生产中出现的技术问题，因此出现了介于管理决策层（白领）与执行操作层（蓝领）之间的工人阶层——"灰领"。有学者认为，日本与德国之所以能位居发达国家的前列，主要得益于强大的灰领队伍支撑的发达的制造业。① 灰领队伍的等级比例在这些国家多呈圆桶型，其在工人阶层中所占的比例一般在40%左右；在

① 史策：《世界各国人力资源开发述评》，《中共福建省委党校学报》2006年第3期，第39页。

素质层面上，他们的文化专业知识较为全面扎实，如日本制造业从业人员平均受教育年限约为12年。随着“世界制造中心”、“中国制造”等口号的提出，要求企业工人既能实践操作，又掌握一定的现代科学知识，企业需要越来越多的灰领工人。

“灰领”介于“蓝领”与“白领”之间。他们一方面从事工业机器的直接操作，另一方面又要熟悉技术原理，但他们主要从事常规性劳动，并不像高级技工那样承担解决技术难题的责任。灰领工人在现代大机器生产中操纵技术含量和智能程度都比较高的机器，需要具备一定的专业知识和技能，而不是过多地依靠经验和技术诀窍。目前看来，灰领群体主要分布于两个领域：制造业和服务业。灰领中既包括在制造业生产一线从事高技能操作的技术工人，特别是数控机床操作人员，又包括在信息产业、文化产业从事数字化设计、动漫设计、游戏制作、数字音乐制作、多媒体制作等工作的人员。①

灰领阶层的产生，重新诠释了脑力劳动与体力劳动的关系。“灰领”人员所体现的“既能动脑又能动手”的特点，从社会发展的角度来看有着重要意义。在消除脑力劳动与体力劳动的对立，实现人的全面发展方面，劳动者“知识化”应该是基本的方向。灰领阶层在知识经济时代的劳动队伍中，处于承上启下的地位。他们把设计、指挥、决策、管理的意图贯彻到技术操作层面，将科学理论知识与丰富的现场实践经验结合起来，成为连接工程设计与操作这两个关键阶段的纽带。在企业中，白领的任务是确定“What”，决定公司要做什么——他要知道客户的需求，制定公司的业务内容、发展方向；蓝领则是解决“Do”的问题——要动手去做，去实施。而灰领的主要任务是决定“How”——如何去做，如何去满足客户的要求。② 灰领阶层的收入处于白领阶层和蓝领阶层之间。这一因素使社会财富的分配趋于均衡。作为中间阶层的灰领人群有助于改善传统的金字塔式的劳动力结构，有益于

---

① 李伯聪：《关于工程师的几个问题——“工程共同体”研究之二》，《自然辩证法通讯》2006年第2期，第64—69页。

② 王磊、徐海屏、黄艾禾：《灰领阶层》，《新闻周刊》2004年第1期，第58页。

社会的稳定和发展。

灰领阶层既能动手又能动脑，既直接操作机器又掌握专业技术技能的特点，使得他们具备着一些较为特殊的社会特征。

首先，灰领的社会需求量越来越大，薪酬待遇相对于普通工人而言较高一些。一般情况下，灰领的待遇介于白领和蓝领之间，且相对接近于白领。由于灰领掌握了先进的技术知识，有着良好的素质，再加上近些年灰领工人相对匮乏的因素，有时可能得到非常优厚的待遇。2003 年在深圳举行的人才招聘会上，一家制作精密仪器的民营企业打出了年薪 5 万元加奖金福利的诱人条件，为的只是招聘一批熟练的车间设备操作人员。韩国、东南亚、中国香港等一些国家和地区都开始通过劳务输出的方式到我国内地寻找灰领，香港劳务市场给内地的熟练技工开的年薪甚至达到 20 万元。①

其次，灰领的就业观念比较开放，职业流动性较强。灰领一般年龄都较轻，对不同事件都要尝试的冲动比蓝领和白领更强一些。他们有着很大的职业选择面，较容易在不同的地区找到工作。目前，不少灰领的职业性质呈现出较为自由、松散的特点，其中不少是通过项目外包、自由职业等形式来实现的。灰领的地域流动对各地的人力资源合理配置有一定的好处，它使得每个地区都有更多机会吸纳来自其他地区的优秀人才，促进技术传播和转移，使企业发展充满活力。

再次，灰领的工作强度较大，由于工作节奏紧张，缺乏与他人之间的沟通。灰领与白领不同，尽管他们掌握了一定的理论技术知识，但还没有完全处于管理者的地位，他们基本上是与机器打交道。灰领与机器打交道的时间比与人打交道的时间还多，这就使得他们的性格可能变得内向，不爱说话，有时忽略了与他人之间的交流。有些从事 CG 动漫行业的灰领就称自己平均每天需要面对电脑 10 个小时以上，有时还需要加班。紧张的生活使得他们往往需要在“泡吧”或“天黑请闭眼”

① 刘琨亚：《“灰领”：职场新宠儿》，《华人时刊》2006 年第 7 期，第 57 页。

等游戏上放松自己。① 长期处于这种状态，有可能对灰领的心理和生理健康产生消极的影响。

## 四 工头

工头是工程共同体中比较特殊的一个群体。工头有时又被称为"包工头"。他们不同于一般工人，但与一般工人之间又有着千丝万缕的联系。从包工头制度的历史成因来看，包工头制度并非是正式制度，而是由民间自发产生并有人格化代表的一种非正式制度。所谓非正式制度，是指包工头制度并非由国家权威部门或法律认可并形成有关条文的制度，如法人制度由公司法确认。包工头没有明确的法律承认其合法的地位，只是长期默认其存在的组织形式。②

在西方工业革命初期，企业组织形式是所谓的"资本雇佣劳动"，工厂大多是典型的业主制企业。资方雇用的管理人员，特别是工头，往往凭经验随意对工人实施监管。③ 19 世纪末 20 世纪初，西方国家劳资冲突日益加剧，工头和工人处于对立状态。工头起初作为投资方管理权的代理者，主要代表资本家们的利益。到了 20 世纪 80 年代以后，随着西方国家产业结构调整和知识经济的到来，传统意义上的工头已经逐渐隐退。新时代的"工头"（或项目经理），成为沟通投资者与工程师、工人之间的纽带，是保证工程顺畅进行的关键。

在新中国成立前后，工头在工程共同体中的地位和作用有很大变化。新中国成立前，工头角色的主要作用是充当资本家剥削普通工人的帮凶。近代中国产业工人与工头之间的矛盾冲突比较多。在 1840 年至 1919 年，产业工人所发动的经济罢工斗争有记载的共 285 次，其中明确反对工头、领班或管理者克扣工资、残酷

---

① 职业技术教育编辑部：《我们是灰领》，《职业技术教育》2005 年第 20 期，第 12 页。

② 建设部政策研究中心课题组：《包工头制度的历史成因及制度取向》，《中国建设信息》2007 年第 2 期，第 50—53 页。

③ 李宝元：《回归人本管理——百年管理史从"科学"到"人文"的发展趋势》，《郑州航空工业管理学院学报》2006 年第 5 期，第 91 页。

压迫，要求更换工头（包括本国工头和外籍工头）的共计27次，约占总数的十分之一。①

新中国成立之后，在计划经济时代，工头完全消失。国营企业和集体企业中的班组长只是生产一线劳动组织的基层负责人，并不具备用人和决定薪酬的权力。改革开放以后，随着市场经济的兴起而出现的工头往往是具体项目的承包者。他们组织普通工人一起劳动，是工人的“代理人”。工头与工人之间的关系有管理与被管理的成分，也有经济利益代表与被代表的成分。

我国当前社会中工头与工人之间的关系比较复杂。

首先，相对于企业家和工程承包商来说，工头是相应工人的代表，作为普通工人的代理者、组织者承包工程项目。他们的工作效率相当高，一承接到项目，就马上招募工人组成施工队伍。普通工人通过工头而获得了参与工程项目建设的机会。这在一定程度上缓解了就业的压力，合理地利用了剩余劳动力。有些投资商甚至将普通工人的工资交由工头代发，工头成了普通工人的经济代理人。

其次，工头在工程实践中还充当着管理者的角色。工头负责具体安排施工队伍劳动分工，跟班跟点，记工考勤，对整个工程进度进行管理。四川省广元市一个名叫刘志愿的工头亲口描绘了工程活动中工头的形象：“工头们除了要自己做事之外，还要在现场指挥、协调。在工地上，工头不停地跑来跑去，吩咐工人用什么型号的水泥、钢筋等。下班以后，还要给工人们‘记工’，这是日后结算工资的凭据。”②

最后，工头与投资者之间的利益关系使之有时也扮演了损害工人利益的角色。一方面，为了取得承包权，工头总是千方百计地赢得投资者的认可；在承包工程之后，工头们又担心投资者不能按时交付工程款。另一方面，在工程完工之后，工头也会面对着工人们的声声讨债之音。在这种情况下，个别工头就会克扣工人工资，

① 任焰、潘毅：《工人主体性的实践：重述中国近代工人阶级的形成》，《开放时代》2006年第3期，第117页。

② 肖华文：《社会各界眼中的包工头》，《施工企业管理》2005年第7期，第14页。

或放弃工程逃跑以推卸责任，严重损害了工人的利益。有的黑心工头甚至在招募工人时不签合同，以便拖欠、克扣工人工资，用各种卑劣的手段欺骗工人。尽管黑心工头并不是普遍现象，但对工头这一社会群体的形象却造成很大损害。

目前我国的劳动监察体制还不够完善，在工头群体中还存在着一些问题需要及时解决。工头常常会因为这样或那样的原因，克扣工人工资，损害工人利益，因此有些学者认为应当废除工头制度。到底工头制度该不该废除呢？

从工程社会学角度看，首先应当肯定工头制度在现阶段的存在还是有一定价值的。其一，工头根据市场需求组织施工队伍，机制比较灵活，合理利用了剩余劳动力资源，对于工人们改善经济状况起到了一定作用。其二，工头制度可以引起市场竞争，有利于降低工程成本，提高工程质量。其三，成本低廉，机制灵活，利润分配灵活，刺激工人的工作积极性。财务管理灵活，便于寻租。其四，工头制度管理层次少，结构简单。

其次，鉴于我国目前的劳动立法尚不够完善，在市场经济条件下，一些工头受利益的驱使往往会做出违反职业道德、肆意侵犯工人权益的行为，破坏了社会主义市场经济的正常秩序，也反映出其职业素质的低下。工头制度的完善有必要从加强工头自身素质开始做起。在计划经济时代，生产一线的班组长要经过有组织的挑选，重点企业班组长的挑选相当严格，有些企业还对班组长进行专门培训。可是目前却普遍缺乏对工头的评估和培训，工头往往自发产生，仅仅从经济效益出发对其进行评估，对其品质、能力、知识水平、实际经验都缺乏考核管理，往往在出了工程事故时才发现其不称职，这是目前工程管理的一个“死角”。

最后，还应当看到，工人拿不到工资并不总是工头的责任。由于投资商有时有意拖欠工程款，也使得工头无力向工人发放工资。有些工头为了偿还工人的工资，只能多承包一些工程项目，甚至垫资施工，其处境有时会比普通工人更为窘迫。另外，制度上存在的缺陷也对工头有一定影响。例如，一些投资商将普通工人的工资交由工头代发，有可能使工头存在携款私逃的机会，从而损害了普通工人的权益。

通过以上分析可以看出，现阶段工头的地位是比较复杂的。工头这一社会群体的存在对于社会发展来说有利有弊，仅凭一利或一弊而予以取舍是不理智、不科学的。只有在充分研究和把握现阶段工头与工人、投资者等群体之间错综复杂的关系之后，才能做出合乎社会主义市场经济运行规则、有利于国家经济发展和群众幸福的决策。

## 五　农民工

农民工也叫民工、外来工，或称外来劳务工，是在城市务工的农村人员的总称。他们中大多是向城镇转移的农村劳动力，以体力劳动为生，为了打工挣钱而走进城市。农民工是我国城乡二元分割格局下，在计划经济向市场经济体制转变过程中出现的新社会群体和新社会现象，是我国经济转型期工人阶级的一个特殊阶层，诞生于20世纪80年代中期，至今已经成为一个数量以亿计的特殊的工人群体。①

从农民工所从事的工作和岗位来看，他们已经是工人，可是，由于我国的户籍制度和其他相关制度的约束，他们又只有“农民”的“身份”。

在历史上，不但外国历史上和我国解放前没有出现过所谓“农民工”，而且新中国在计划经济时期也没有出现过农民工。

农民工是我国在特定历史时期出现的特殊历史现象。

对于所谓“农民工”，我们应该既把他们看作一定的特殊人群；同时，又把他们看作是我国特定历史时期存在的“既有有形成分又有无形成分”的“特殊体制”。

“农民工”这个名称，具有鲜明、深刻而又微妙的含义，因为他们既可以被认为既是“农”又是“工”，又可以被认为既不是“农”又不是“工”。

作为具有同样身份的“‘农民’工”和“农民‘工’”，他们一方面是“不是工人”的“工人”，是“不是农民”的“农民”；另一方面，我们又可以说，他们是在城市“当工人”的“农民”，户籍是“农民”（包括有“自留地”等权利）的“工人”。他们是“不工”“不农”，同时又“亦工”“亦农”（注意：不是“工农结合”意义上的“亦工亦

① 刘正芳：《民工潮：起源、效应与对策》，《财经科学》2004年第4期，第98页。

农”)，于是就有了“农民工”这个称呼。

无论从名称上看、从人群看，还是从政策方面看，农民工都是力量、功能、智慧、创造性、约束、限制、尴尬、夹缝、历史机遇、历史限制乃至不公平、不公正等方面和因素的结合体或融合体。

对于这个目前数量已经以亿计的群体，我国的学术界、政府部门、其他有关部门已经进行了许多研究工作，发表和出版了大量有关论著。对于农民工现象的起源、性质、现状和存在的各种问题，对于农民工的巨大社会作用与社会影响、对于应该如何认识与农民工有关的各种社会问题、对于应该如何妥善处理与农民工有关的各种政策问题和现实问题，我国社会各界——包括学术界——已经有了许多研究，甚至国外的许多机构和人士也在高度关注这方面的许多问题。

从现象层面看，农民工的突出特点是流动性、艰苦性、弱势性和人数惊人。从理论研究角度看，农民工是我国现代化和社会发展进程中出现的一种独特现象，在一定意义上甚至可以说，农民工是只有在中国才出现和存在的社会现象和社会群体。从历史进程看，农民工是我国现代化、城市化进程中出现的独特现象。农民工是在一定历史条件下出现的，也会在未来的一定历史条件下逐渐消失，但即使到了那时，“农民工”作为一个历史群体和历史名词，其历史作用和历史记忆仍然将是不可磨灭、不会消失的。

## 六　下岗工人

下岗工人是我国经济转型期出现的一种特殊社会群体。这部分工人由于企业经营困难而无法继续留在生产岗位，他们同企业没有完全脱离劳动关系，而是领取少量的生活补贴，由企业提供某些劳动保险金，实际上处于失业的境况。近年来，国家已经逐步理顺劳动和社会保障关系，积极安排下岗工人再就业，并且将没有希望回到生产岗位的下岗工人转为失业人口，按照有关政策发放最低生活保障费用，使他们重新走上适合的工作岗位。

河南省曾经对 9917 名下岗职工进行抽样调查，结果显示：非技术工人(熟练工,即普通工人)占68.9%,技术工人占17%,而专业技术人员仅占7.2%。[①] 由此可见,职业技能是影响工人就业状况的主要因素。造成这种状况的主要原因是普通工人主要从事依赖体力的熟练劳动。近年来,随着产业结构调整,企业力求节约成本,提高效率,许多行业对于普通工人的需求大大降低。现代化技术与管理手段在企业中的应用,使得企业发展模式由劳动密集型向知识密集型过渡,生产模式由过去主要依靠人力向逐步依靠自动化、智能化机器转变。一大批普通工人由于知识基础薄弱、缺乏专业技能,不适应新的企业管理模式和生产方式而下岗。

国家为了解决下岗工人增多引发的社会问题,维持社会的稳定有序发展,通过政策、资金的扶持,按照市场需求,对劳动力资源进行重新配置,建立了一批下岗工人再就业的平台。同时,对下岗工人加强职业技能培训。各培训机构和社会组织根据社会需要和职业结构变化对劳动者素质提出的新要求,通过多种形式帮助下岗工人掌握适应市场需要的职业技能,树立正确的职业观、就业观,以适应市场经济环境下的就业模式。

在本节最后,我们想强调指出:虽然从历史角度看,任何阶层和任何类型的群体都必然经历一个起源、发展和消失的过程,可是,其具体存在的历史时段、地域范围和存在时期的长短却可能有很大不同。以本节谈到的工人类型为例,普通工人和高级工人都是长期存在的工人类型,他们不但在历史上早已存在,而且还将在未来时期长期存在;"灰领"是以往不存在而刚出现不久的工人类型;农民工存在的具体历史时段和地域范围也都是可以限定的;至于所谓"下岗工人",其存在的历史时段就更短了。可以认为,所谓"下岗工人"很快就要作为一个特定名称而退出历史舞台了。在完全确立市场经济体制后,新出现的"下岗工人"就应该按照通常的称呼被归类为"失业工人"了。对于"失业工人",虽然也可以把他们看作是一个类型,但也许更恰当的看法是将其视为工人的特殊存在状态。

---

① 刘拥:《第三次失业高峰——下岗·失业·再就业》,中国书籍出版社1998年版,第11页。

## 第二节　工人的素质、培养与社会形象

工人是工程共同体的基本构成成分，是决定工程活动的质量和成败的一个决定性因素。工人的素质、技能将直接影响工程共同体的整体效率以及企业的核心竞争力。本节以下就对工人的素质和技能问题进行一些简要分析和论述。

### 一　工人的基本素质

不同阶层、不同职业的工人面对不同的工作环境，他们所应具备的基本素质也不尽相同。工人的基本素质主要包括体能素质、心理素质、品性修养、知识素养等。

由于工人直接参与到工程技术活动的第一线，因此不同的职业需要首先会对他们的体能素质提出不同的要求。我国学者袁方等提出，劳动者的体质能力主要包括以下九个维度：动态力量、躯干力量、静态力量、爆发力量、广度灵活性、动态灵活性、躯体协调性、平衡性、耐力因素。① 一些特殊的行业特别强调体能，如采矿、铸造、输变电、铁路施工，等等。邢娟娟等以北京矿务局隶属的杨坨煤矿矿工为例，研究了煤矿工人体能负荷、疲劳与工伤事故之间的关系，并提出矿工体力负荷过重而导致疲劳时引起事故的不可忽视的原因。② 此外，由于煤矿具有地下开采、工作地点不固定、且随着开采时间的推移战线越拉越长，工作班制度以外时间消耗越来越多的特点，矿工井下疲劳死的现象时有发生。③

另外一些职业对心理素质有特殊要求，包括抵抗心理疲劳的能力、灵活反应能力、承受独立工作困难（如护林员、铁路的道班工人）的能力，等等。在诸多引起心

---

① 袁方、姚裕群主编：《劳动社会学》，中国劳动社会保障出版社 2003 年版，第 58 页。

② 邢娟娟、刘卫东、孙学京、张建伟：《中国煤矿工人体能负荷、疲劳与工伤事故》，《中国安全科学学报》1996 年第 6 卷第 5 期。

③ 周晖：《关于煤矿井下工人工作日时间消耗的研究与分析》，《管理观察》2009 年 8 月，第 118 页。

理疲劳的因素中,单调作业是其中最常见的。现代企业生产规模不断扩大,生产过程日益复杂,劳动分工越来越细,先进的机器承担了部分繁重、复杂的工作,工人在劳动中的地位和职能发生了变化。一方面,在流水线上工作的人多了,他们常年累月地重复几个简单的操作;另一方面,自动化机器、设备、电子计算机进入生产过程,使人变成了"看管者"。单调的工作给工人们精神上带来了新的烦恼,不仅影响工作热情,严重者还会造成心理障碍。例如,劳动者长期从事单调、重复的生产活动,心理活动的能力会逐渐下降,渐渐感到精疲力尽,乃至无法继续作业,这被称为"心理饱和现象"。① 现代化的工业流水生产线要求工人具备抵抗心理疲劳的能力。同时,管理部门可以通过丰富工作内容、扩大工作范围、采用功能音乐等手段,来提高工人抵抗心理疲劳的能力。

在我国工业劳动发展史上,涌现出一批品性修养很高的工人代表。认真负责、吃苦耐劳、遵守纪律、诚信守时等是他们的基本品质。曾经有人以1959年到2002年这43年间《青海石油报》所报道的669名青海油田典型人物形象为样本,研究了这一时期青海石油工人的性格特征分布。② 从总体上看,被报道者的性格特征以勤劳、认真为最多,前者占被报道者的25%,后者占20.6%。值得注意的是,这两者均以爱岗敬业为前提,与被报道者的工作紧密地联系在一起。"勤劳"特征是以"吃苦"、"一心扑在工作上"、"实干"等为核心的;"认真"特征则是以"细致"、"一丝不苟"、"有责任心"为核心的。

由于不同阶层的工人来源、背景不同,工作性质各异,所以在知识素养方面的要求程度也不尽相同。按照工人群体的阶层划分,企业白领的知识总量一般会比蓝领技术工人要高,蓝领工人的知识总量要比普通工人要高,农民工的知识总量大多数都处于较低的水平。但另一方面也应当看到,不同工作性质的工人往往会在本行业具有比别人更为丰富的知识。近些年我国工人阶级的素质总体上正向知识

---

① 袁方、姚裕群主编:《劳动社会学》,中国劳动社会保障出版社2003年版,第127页。

② 李云:《从传媒中石油工人形象透析我国社会之变迁》,《青海社会科学》2005年第6期。

化方向转变。

## 二　工人的技能

从工人掌握和运用技术的思维方式和行为方式角度考虑，可以将技术分为以“理性”为主的技术（简称“理性技术”）和以“悟性”为主的技术（简称“悟性技术”）两种类型。前者以近现代科学理论知识为基础，后者以操作者长期的经验积累为基础。① 工人在工程活动的技术实践过程中，相应地体现了两种技能——显性技能和隐性技能。显性技能主要是指按照技术操作规范能够明确表现出来的、能够直接加以评价，对理性技术加以运用的技能。隐性技能指的是技术诀窍、经验和一些熟练操作，即对悟性技术加以运用的技能。显性技能以现代科学理论为基础，符合现代企业管理模式所要求的严格的规章制度和技术标准。这些技能可以通过正规的技术院校、职业培训机构加以培养。而隐性技能的培养需要有师徒之间的沟通、言传身教，需要工人自身在经验基础的积累之上，对技术对象的特性、工艺标准、质量和效能进行体悟和把握。这些技能无法用语言来完整地进行表述，常存在于组织的个体成员当中，表现为思想和技巧等，是通过个体的研究和生产实践逐渐形成的，它们是英国哲学家波兰尼（M. Polanyi）所说的“难言知识”（tacit knowledge，也有人翻译为“隐性知识”或“意会知识”）的重要表现形式。

隐性技能在企业工人技能中占据重要地位。知识在线公司的首席执行官荣·杨以“冰山理论”的比喻形象地说明了显性技能和隐性技能的关系和比例：“显性知识可以说是‘冰山一角’，而隐性知识则是隐藏在冰山底部的大部分。隐性知识是智力资本，是给大树提供营养的树根，显性知识不过是树上的果实。”②企业工人的隐性技能不但大量存在，而且它往往比显性技能更具有价值。显性技能依赖于现代工业的行业标准，较为公开，易于传播和接受。而隐性技能能够在显性技能尚

① 王前：《技术现代化的文化制约》，东北大学出版社2002年版，第148页。

② 张民选：《专业知识显性化与教师专业发展》，《教育研究》2002年第1期，第14—18页。

不能发挥有效作用的地方，通过积累经验和技巧，帮助人们迅速了解技术对象的性能，找到解决技术难题的途径。从技术创新的观点看，隐性技能是企业创新之源，这是因为，隐性技能既包含着发现问题的能力，也孕育着解决问题的方法预期。现代信息技术的广泛使用，使得显性技能很容易传播而被他人学到。而隐性技能则具有个人专属特性，不易被他人学到，因而被资源的战略学派视为组织的核心竞争力，成为组织构筑优于竞争对手的关键因素，成为企业提高核心竞争力的资源。①

对于显性技能的评价较为容易，可以根据具体的技术规则来制定评价指标。而由于隐性技能的个人性与难言性，技能评价的指标体系往往不易确立。现代认知科学研究成果表明，隐性技能往往是通过直观体验（直觉）的途径获得的。直观体验的过程关注事物的整体性、形象性、综合性、创造性，并且具有知、情、意相互贯通的能力。从逻辑思维的角度看隐性技能的产生和传播，往往会归咎为神秘与不可测。而在我国传统思维方式中，实际上蕴含了解读隐性技能获得和传播机制的重要线索。参照我国传统思维方式的直观体验模式，在分析和认识工人技能时，以下几个方面是应该特别注意的。

1. 工人经验技能的广度和深度

这是获取隐性技能的基础。一般说来，经验丰富、技能突出的工人应具有更为深厚的隐性知识和技能储备。可以考虑如下三项具体指标：一是生产经验的丰富程度，用这一指标反映工人通过亲身体验积累隐性技能的情况；二是生产经验的广度，用这一指标反映工人在相近技术领域积累隐性技能的情况；三是经验技能的深度，包括解决技术难题的复杂程度和掌握相关理论知识的专业程度，以反映工人隐性技能所达到的深度。

2. 工人传授技能的能力

有些老工人在向生手传授技能时表现出特殊能力，他们善于选择精巧的比喻、

① 李作学、王前、齐艳霞：《员工隐性知识的识别及模糊综合评判》，《科技管理研究》2006 年第 5 期，第 179—182 页。

类比和模型，以自身的丰富经验和阅历为基础，旁征博引，能使接受者得到更大的启发，获得更多收益。这不仅是他们隐性技能丰富的体现，而且能够反映其隐性技能的深度。只有对隐性技能融会贯通达到较高境界的人，才能够有更强的传播隐性技能的本事。

3. 工人运用意会技能的程度

经验丰富、悟性突出的工人在充分体验到技术操作的规律性后，可以不再依赖显性知识的文本，而是形成凭意会把握的高超技艺，达到“道、技”合一的状态。因此可以考虑以下两个具体指标：一是技能运用的纯熟程度，即是否得心应手；二是掌握技能的完美程度，即在运用技能的过程中，是否每一个环节都做得尽善尽美。

4. 隐性技能的相对绩效

这是检验隐性技能掌握程度的关键。具有较多隐性技能的工人显然会取得更明显的绩效，比如能够解决从书本上找不到现成方法的、一般人难以解决的难题，其工作效率高，能够节省时间，增进和提高工作成果的数量和质量。将这些人的绩效同缺乏隐性知识积累的人相比较，可以明显看出差距。具体可以采用三项指标：一是发现问题的能力，即直觉思维能力；二是解决问题的能力，能够找到合适的方法解决难题；三是创新的能力，利用隐性技能进行发明和创造。

5. 创造隐性技能交流氛围的能力

这是交流隐性技能的必要条件。具有较多隐性技能的人，能够将显性技能和隐性技能有机结合，在认知活动中创设适于接收、交流和共享隐性技能的氛围，使隐性技能的获取和运用保持开放态势。具体可以考虑以下三个方面：一是利用一切可能的机会去学习和利用他人的知识和能力；二是自觉创造和保持学习的氛围；三是团队合作的能力，即有团队精神和团队工作的协调能力。

## 三 工人的培养和培训

工人是企业生产一线的主力军，其素质和技能情况直接影响企业的生产效率和产品质量。因此，对工人的培养和培训至关重要。

工人培养与培训的方式主要分为两类：第一是职业学校教育，包括技工学校、职业中专、职业学院等不同层次的教育；第二是工厂中对工人的在职技术培训，即在职的继续教育。

1. 职业学校教育

西方职业技术教育是伴随第一次工业革命出现的。由于工业化大生产对熟练工人需求量的大幅增加，传统的学徒制模式已经不适应社会发展的需求，于是现代学校教育制度便引入了职业教育领域。在西方国家逐渐兴起以某种职业从业能力的培训为教学目标，以能力为教学单元，以学生是否具备某种能力为衡量标准的"能力中心"的教学模式。如德国的双元制，20世纪60年代后流行于英联邦包括加拿大、澳大利亚的能力本位（CBE），和70年代初由国际劳工组织（ILO）开发的就业技能模块培训（MES），等等。①

进入20世纪后半叶，为了适应现代产业经济发展的需要，西方各国都在采取积极措施发展职业教育。自20世纪90年代以来，美国先后通过了《帕金斯职业和应用技术教育法案》和《由学校到就业法案》，以加大联邦职业教育专项拨款力度。1997年，德国制定了"职业教育改革计划"，强调改革和完善职业培训体系条例，开发新的职业培训领域，鼓励企业积极参与，大力培养青年人的就业能力和适应能力。1998年，澳大利亚制定了《通向未来的桥梁：1998—2003年国家职业和培训战略》，强调产教结合，提出建立适应学生和就业者需要的、为其终身技能培训打基础的职业教育和培训制度。②

中国的职业教育是从"实利教育"、"实用教育"演变而来的。早在洋务运动时期，张之洞就认为，办理教育，必须注意经济事业所需要的"专门之学"的灌输和

① 全京：《从西方职业教育模式变迁看世界职业教育发展方向》，《北京教育》（高教版）2000年第Z1期，第76页。

② 王丽敏：《西方国家职业教育发展趋势研究》，《职业时空》2006年第12期，第69页。

“专门人才”的培养，他因此兴办“实业之学”，“俾有益于国计民生”。[1] 黄炎培于1917年创立中华职业教育社并发表宣言，使得职业教育成为一股重要的教育思潮。1922年，第八届全国教育会联合会及教育部召开的学制会议正式取消实业学校，以职业学校代替之，标志着我国职业教育制度正式创立。在1922年公布的“壬戌学制”中，职业学校代替实业学校被纳入学校系统。新中国成立后，我国职业教育的发展进入一个新时期和新阶段，特别是中等专业教育有了飞跃发展，中等职业教育学生占高中阶段教育在校生的比例一度达到53%，全国陆续建成了上千所中等专业学校和技工学校，培养了大批急需的一线技术人才。1996年，中国第一部《职业教育法》正式颁布实施，标志着中国职业技术教育进入法制化、正规化发展的新阶段。

2. 在职职工的培训教育

企业中在职职工的培训教育是稳定和提高工人队伍素质、增强企业竞争力的一条重要途径。我国近代史上一些有着远见卓识的企业家很注重在职工人在工厂中的培养，但常常受限于“师徒制”而缺乏正规的在职理论知识和技术培训。抗日战争的爆发推动了我国职工教育的发展。1939年冬，当时国民政府下令限期培训一定数量的技术工人，并特别强调技工训练。[2] 新中国成立以后，对技术工人的培训提出了新的要求。20世纪50年代以后，我国企业将技术与劳动结合起来，组织各种劳动和生产竞赛对在职职工进行技术培训。进入20世纪六七十年代，我国涌现出了一批在职职工的学校培训方式，如职工大学、广播电视大学、业余学校。自1980年以来，我国又形成了新的职工培训形式——培训中心。这种培训形式主要是针对本企业职工而进行的，与学校培训形式相比，在培训对象、专业设置、学习期限、培训方法上都具有一定的优势。有的大型企业也开始建立培训中心，开办各种形式的训练班和职工学校。

---

① 余子侠：《近代中国职教思潮的形成演进与意义》，《华中师范大学学报》（哲学社会科学版）1995年第3期，第61页。

② 刘国良：《中国工业史》（近代卷），江苏科学技术出版社1992年版，第950页。

在现代化生产活动中，对在职职工的培训是极为必要的。由于新技术、新设备、新工艺、新材料的使用，工人原有的某些技能已经不能适应新阶段工业生产的需要，因而必须对工人进行在职培训。另一方面，对工人进行技术培训也有利于完善和改进新技术、新手段、新工艺，提高生产过程的技术水平。企业工人培训主要包括岗位技能培训和技能等级培训两个方面。

## 四　工人的社会形象和社会评价

在不同的社会、不同的国家，不同的群体有不同的社会形象和社会评价。虽然一般地说，对于各个群体的社会形象和社会评价的形成，感性因素和理性因素都要发挥一定的作用，但我们仍然有理由认为：对于社会群体的社会形象的形成，感性因素发挥了更大的作用和占有更重要的位置；而对于社会群体的社会评价，理性因素要发挥更大的作用和占有更重要的位置。

社会形象和社会评价是两个密切联系、相互影响、相互渗透、相互作用的问题。如果我们把中国工人一百多年的历史划分为"晚清时期"、"民国时期"、"新中国计划经济时期"和"新中国市场经济时期"四个阶段，那么在这几个不同的时期中，由于政治、经济、社会、意识形态等环境和条件的不同，工人群体的社会形象和社会评价在每个时期都有不同的特点。从历史比较角度看，我国工人在不同时期的社会形象不是固定不变的，而是发生了很大变化。

新中国成立后，我国工人政治地位空前提高，在计划经济和我国城乡分割的体制下，工人享有许多福利，工人的平均收入明显高于农民，社会舆论普遍认为"当工人"是一份"好工作"和"好职业"。可是，在我国由计划经济体制转向市场经济体制后，在市场经济条件下，工人群体面临经济体制转型和劳动力市场的重新组合，体制改革的"成本"有不少方面落在了工人身上。在市场经济环境中，工人群体经济收入水平相对降低，与其形成鲜明对比，社会上出现了"个体户"和其他经济收入水平相对较高的新群体或新阶层。种种因素交织在一起，使得工人群体的社会形象和社会评价与计划经济体制环境下相比出现了许多变化。由于同企业管理人员和社会上其他高收入阶层存在差距，特别是由于社会环境的其他方面也发生了急剧的变化，许多工人心理上一度出现了某种失落感。

在对工人群体进行社会评价时，在改革开放前，许多人对工人群体的评价着重在思想觉悟和心理素质方面；改革开放以后，增加了对职业和经济收入的考量。广州市天河区教育部门在对1200名职业中学的学生进行职业理想调查时发现，70%的学生向往高尚、体面、有钱的职业，职业中学学生的首选职业为金融界管理、企事业管理、现代科技，仅有1.4%的学生首选职业为技术工人。① 灰领工人在社会公众的眼中是复合型人才的代表，他们的工作环境也比较好，所以社会公众对灰领工人工作岗位的认可度较高。

在“民工潮”之初，一些城市居民往往将交通拥挤、偷盗案件增加、市容不整洁与农民工进城联系在一起，对农民工颇有微辞。近年来，随着农民工劳动技能、素质的提高，他们逐步融入城市生活，农民工的社会形象和城市市民对农民工的评价也有一定的变化。

农民工在从乡村到城市、从农民到工人的流动中，随着收入水平和经济地位的显著提高，近些年，他们的社会形象和自我评价也在发生多方面的变化。据李培林等对济南市农民工的一项调查②，关于“自己在城市里生活的满意程度”，表示“比较满意”的占39.9%，表示“一般”的占48.2%，“很满意的”占6.0%，而表示“不满意”和“非常不满意”的仅占5.77%。

以上所述，并不是对工人社会形象和社会评价问题的全面论述。实际上，在本节中，我们也无意比较全面地分析和论述改革开放前后我国工人群体的社会形象和社会评价问题。我们只想指出：这些方面的变化之所以发生，确实有而且必然有其深刻原因和根据。特别是，改革开放前后我国工人群体社会形象和社会评价的变化是很复杂的现象和问题，在认识和评价这些复杂的现象和变化时，应该努力

① 沈君：《我国企业高级技工短缺原因及对策分析》，《职业时空》2005年第2期，第33页。

② 李培林等：《就业与制度变迁——两个特殊群体的求职过程》，浙江人民出版社2000年版，第211页。

进行多方位和多维度的分析，努力全面地认识和分析问题，不能简单化的要么采取绝对肯定态度，要么采取绝对否定的态度①。

可是，我们又必须承认，这些变化中确实存在一些消极面和消极成分，特别是工人群体社会形象和社会评价中消极成分增多的趋势更是必须加以纠正的消极现象和趋势。

针对这种现象，我国政府和有关社会力量采取了积极主动的应对措施。有关部门鼓励广大工人提高素质和技能以改善经济收入，奖励技术能手，使许多工人恢复了蓬勃向上的心态，其自我评价明显改观。特别是工人群体中的灰领，在职业观上更为积极和乐观，对未来充满自信。灰领阶层本身很注重潮流文化，有许多新观点、新看法。他们相信只要凭借自己的技能和努力，一定能做出杰出的工作。

由于在形成工人群体的社会形象和社会评价方面，"劳动模范"的树立和宣传发挥了重要作用，以下就着重对劳动模范问题进行一些分析。

劳动模范简称"劳模"，顾名思义，指的是劳动者的模范和榜样。在社会主义国家，表彰劳动模范是塑造工人社会形象的重要方法；而对劳动模范的社会评价不但体现了对一个具体工人的评价，而且往往也突出体现了对工人群体的社会评价。作为一种激励机制，劳模是执政党给普通群众树立的榜样，部分功能是用来指引各个时代"劳动者的热情向何处去"。② 原苏联和东欧等施行计划经济体制的国家在评选"劳动模范"、"劳动英雄"时，主要看其工作效率和吃苦耐劳的奉献精神。当时，劳动模范评选活动是计划经济体制下保持经济高速增长的人力资源动员的一种重要手段。

我国20世纪五六十年代劳模评选有自己的特点：在强调政治觉悟和奉献精

① 例如，在改革开放前，"工人"是"卑贱者最聪明"的"领导阶级"的形象，"知识分子"是资产阶级"臭老九"的形象；改革开放后，知识分子是"科技智慧代表者"的形象，工人形象时常与"弱势群体"联系在一起。对于究竟应该怎样认识和分析改革开放前后工人和知识分子社会形象的"消长"变化，实在就不是可以简单化地绝对说"好"或绝对说"糟"的。

② 李径宇：《时代投影下的典型工人》，《中国新闻周刊》2006年第16期，第17页。

神的基础上,更注重技术革新和对于工作方法的创新。绝大多数劳模都是奋斗在生产一线的职工,典型人物有王崇伦、蔡祖泉、倪志福、郝建秀、李瑞环等。他们发明、创造的新的工作方法,往往被冠以"××工作法"之名。1951年,国营青岛第六棉纺厂细纱值车女工郝建秀创造了一套比较科学的工作法。由于主动掌握了机器性能,减少了细纱机的断头,缩短了断头的延续时间,使皮辊花率达到0.25%(为青岛纺织业平均数的1/6)的全国纪录,值车能力(20支纱)由300锭逐渐提高到600锭。她的工作法被命名为"郝建秀工作法"。类似的,还有"马恒昌工作法"、"马六孩工作法"等。1979年,中央政府明确对"劳模"和"先进"作了新的理论概括——必须是先进生产力的优秀代表,能体现社会发展的方向,这与先前有些人理解的"老黄牛"式的劳模有了很大区别。到了新世纪,在新的历史条件下,涌现出了被称为"掌握科学的能工巧匠"的全国劳模许振超。他虽然只有初中文化,但是通过自学掌握了现代科学理论。2003年4月27日,许振超和他的工友们在"地中海阿莱西亚"轮上创下了每小时单机效率70.3自然箱和单船效率339自然箱的世界纪录。① 为此,青岛港特地用他的名字命名了集装箱保班名牌——"振超效率"。这一阶段的劳模既保持了传统劳模吃苦耐劳的高贵品质,还体现了刻苦钻研现代化科学理论知识的精神,注重理论指导下的"巧干"。

从计划经济到市场经济,从"政治挂帅"到"以经济建设为中心",使得改革开放前后劳模的特征、标准和社会影响有所不同。从劳模自身的特质来看,建国初期的产业工人劳模主要注重技术革新和改造,而新时代的劳模主要是强调掌握现代的科学技术知识,在此基础上形成技术诀窍和专业技能。新老劳模之间有时会存在着一定的反差。随着国家经济水平的提高和科学技术的发展,一些现代化的机器设备代替了新中国成立初期产业工人的体力劳动,一些原先以个人技能出众而闻名的老劳模可能变得无用武之地。另一方面,靠操纵现代机器设备出现的新时代劳模,注重掌握现代科学技术知识,但隐性技能可能并不突出,有时反而会被老劳模瞧不起。

---

① 李丽辉、宋学春、许振超:《紧握科学的能工巧匠》,《神州》2006年第Z1期,第9页。

从思想层面的价值观来看,新中国成立初期直到20世纪五六十年代的劳模,受传统伦理道德和当时政治氛围的影响,其价值观念表现为对组织绝对忠诚,努力工作,勇于奉献和牺牲自我,追求崇高的理想和信仰,轻视金钱和物质利益。在市场经济环境下,新时代劳模的价值观念与之相比发生了很大的变化。他们不仅有理想,有抱负,追求事业的成功,而且注重经济效益,希望自己的付出与报酬相符,自主意识强,追求自身素质的发展,重视友谊和生活质量,善于接受新的观念,表现出强烈的现实主义倾向。新时代劳模需要学习和继承老劳模的优秀思想观念,使之发扬光大,在新时代的工人群体中发挥先导和示范作用,引领我国工人群体整体素质的不断提高。

## 第三节　工人在工程共同体中的作用和权益维护

工程活动过程可以划分为三个阶段:计划设计阶段、操作实施阶段和成果使用阶段。计划设计是重要的,但任何计划和方案都必须通过人的实践,通过工人的实际操作才能变成现实。从这个意义上讲,操作(operation)是工程活动中最为关键的环节。① 工程活动的实践特征决定了工人在工程共同体中占据了一个基础性的地位和作用。

在工程活动中,工人处在工业生产的第一线,是直接在场的整个活动实施的操作者。工人在工程共同体和工程活动中具有基础性地位,发挥着工程共同体其他成员无法取代的作用。他们在工程共同体中的地位、作用以及与其他群体的关系,将直接影响工程的完成情况和工程的质量。

从社会分层角度看,工人在工程共同体中处于基层。相对于工程共同体其他成员而言,工人的数量最多,劳动量最大,经济收入最少,其地位和作用往往被忽视,他们的合法权益经常受到侵害,于是工人的权益维护就成为一个复杂而突出的社会问题。

---

① 李伯聪:《工程哲学引论——我造物故我在》,大象出版社2002年版,第176页。

## 一 工人和工程共同体其他成员的相互联系和相互作用

在工程共同体中，工人与工程投资者、工程管理者、工程师之间存在着紧密的联系和互动关系，既包括经济上的联系和互动，也包括制度、观念和其他许多方面的联系和互动关系。

从经济利益角度看，工人与投资者之间是既相互依赖又相互冲突的关系。工程投资者在经济上以利益最大化为主要目标。投资者给工人提供了就业机会，同时依赖工人完成工程的设计目标和计划。投资者的经济收益来自工人的劳动，同时他们又会尽量限制工人的收入以提高利润。具有战略眼光的工程投资者能够将企业发展与员工的成长联系在一起，努力地协调与工人之间的关系，增强企业的凝聚力，使企业发挥出最大的效率，创造出最大的价值。工人们致力于自身的工作，不但获得了应有的劳动报酬和福利，同时也得到了置身于企业的一种归属感，分享了企业成功的喜悦。在资本主义社会，特别是在资本原始积累时期，工人与投资者的利害冲突往往是尖锐激烈的。在社会主义市场经济条件下，工人与投资者的关系呈现复杂的局面。如果不能协调好两者的关系，就会造成工人与投资者关系的紧张，甚至出现两败俱伤的局面。

工人与工程管理者的关系不同于其与投资者的关系。在现代市场经济条件下，工程投资者与工程管理者往往相互分离（具体分析见本书第六章）。工程管理者（包括工程主管和部门经理）与工人的关系主要是工程技术操作中的领导者与执行者的关系。原苏联社会学家瓦·彼·马赫纳雷洛夫认为，在劳动关系的集体中，“领导就是拥有领导者职能和职权的人有目的地作用于集体和个人，也可以说，是领导者和执行者为经常（不间断地）保证某一系统最好地执行其职能而相互作用于对方”①。从这个意义上说，工程管理者对工人进行管理，目的是在企业运作和发展的框架内协调工人之间的关系，以及工人与工程共同体其他成员的关系，

---

①［苏］瓦·彼·马赫纳雷洛夫：《劳动社会学》，人民出版社1984年版，第40页。

以使企业更好地实践造物的职能，创造出最大的经济利益。在工程管理者和工人相互作用的过程中，由于各自的利益不同，有时两者之间也会出现冲突。但总体上，他们之间协调的情形大于对立，他们最终的目的是相互协调以保证工程活动的最大绩效。

工人与工程师是技术规范上的指导与被指导的关系。工程师在工程活动中是筹划和设计阶段的主体，他们根据既定的工程目的设计出合理的方案；工人在实际操作活动中将工程师在工程计划阶段做出的筹划、设计等予以实现，而工程师可以根据工人完成预定目标的情况，对原计划中的参数加以完善。就技术活动的规范而言，工人与工程师是协调一致的整体，两者之间的契合程度往往直接影响工程产品的质量以及预期效果的实现。

## 二　工人在工程共同体中的地位和作用

工人在工程技术活动中的基础地位首先表现在他们是工程技术标准的最终执行者，工程活动最终必须由他们来实施和完成，工程质量也需要由他们来保障。工程活动是一个“造物”的过程，工人是操作活动的主体，工程设计目的的实现和完成的效果与工人的技能和素质存在着直接的关系。一流的产品需要一流的工艺，因此也需要一流的技术工人，因为有了先进的设备并不等于能够生产出一流的产品。工人“在场”的特殊地位，使其具备能够直接发现工程技术活动中存在的问题的优势。他们拥有丰富的经验，凭借着经验，他们能够比较快地解决实际活动中的难题。一个有经验的老技工甚至比工程师更了解机器的性能和机器故障的症结。据统计，在欧洲一些国家，工人的技术水平每提高一级，劳动生产率就提高 10% 到 20% 。[①] 而在我国，一些企业高级技工和技师比例偏低，导致一流设备只能生产出二三流的产品，影响了企业的竞争力，乃至因能耗偏高、不良品（废品、次品、返修

① 孔伟、宋彦、史宪睿：《辽宁老工业基地高级技术工人的培训与开发》，《人口与经济》2005 年第 3 期，第 52 页。

品）率高而造成巨大的损失。据有关部门测算，我国工业生产的不良品损失率约占产值的10%，仅此一项上每年的经济损失和浪费就十分惊人。①

随着近代以来科学技术的进步，科学技术对社会生产力和生产关系的影响也不断深化。步入20世纪，在现代生产活动中，科学技术知识的作用越来越重，电子化、信息化的工业自动控制技术逐渐得到了普遍应用。这就使得工人体力劳动的成分在逐渐下降，智能的成分逐渐上升，开始出现蓝领和白领的分野。西方国家工业化之后出现了较为明显的社会分工。美国经济学家罗伯特·耐克在《国家的作用》一书中，将现代劳动力划分为三种类型：从事大规模生产的劳动力、个人服务业劳动力以及解决问题的劳动力。② 从事解决问题的劳动者上班时穿深色西服、白衬衫加上领带，被称为"白领"，该称呼产生于20世纪20年代初。而从事大规模生产的劳动力经常穿蓝色制服，所以被称为"蓝领"。它产生于20世纪40年代初。信息社会的发展带动了生产自动化水平的不断提高，随之而来的是对蓝领需求量的逐年下降。第二次世界大战以后，西方资本主义国家白领工人的人数超过了蓝领工人，这表明工人的素质提高了，脑力劳动者所占的比例大幅度上升。1970年前后，美国白领的人数首次超过了蓝领。③ 有人估计，大约在2010年或稍晚一些，我国白领阶层人数将开始超过蓝领阶层。④

## 三　工人的激励和权益维护

工人直接工作在生产第一线，任何工程都是在工人手中完成的，工人的积极性和工作态度将直接影响工程的完成情况和质量状况，于是，如何激励工人就成了一个重要的问题。另外，由于工人在许多方面处于弱势地位，工人的权益常常会受到

① 刘春生：《高等职教能培养高级技工吗?》，《教育发展研究》1999年第7期，第74页。

② 胡习之：《"蓝领"与"蓝颜知己"："蓝"族新词语二议》，《柳州职业技术学院学报》2006年第1期，第67页。

③ 汪丁丁：《知识社会与知识资产问题》，《经济导刊》2006年第7期，第93页。

④ 刘丽杭：《当代中国工人阶级的群体分化与利益整合》，《社会主义研究》2002年第3期，第50页。

侵害,如何保障和维护工人权益的问题就凸显出来。

本章第一节中曾经根据一定标准把工人划分为普通工人、高级技工、灰领工人、工头和农民工等若干亚阶层,由于不同亚阶层的工人在激励和权益维护上情况差别很大,本节以下将主要探讨普通工人和农民工的激励与权益保护问题。

在一定意义上,我们可以把激励和权益维护看成是一个问题的两个方面:前者是"积极"鼓励的方面,后者是"消极"限制的方面。

激励的基本前提是承认工人是企业价值的重要创造者,应该尊重工人,发现工人的主动性和创造性,创造出使工人充分发挥才能的环境和条件。应该把激励和合理的目标结合起来,目标既不能过高,也不能过低,过高或过低都会使激励效果下降。尤其是,应该充分了解工人的需要,按需要去激励。因为只有当激励措施能满足被激励者一定的需求时,才能起到激励的作用,而单一的激励形式无法迎合所有人的胃口,对于处于不同需求层次的人,应该使用不同的激励手段。此外,同等经济成本下不同的激励方式对人的激励程度也是有差别的。有效的激励应该是物质奖励与精神激励的有机结合。物质奖励是激励的一般模式,也是目前使用最为普遍的一种激励模式。涨薪、年终分红、各种奖金、股权及福利奖励等都是物质奖励的常用方式。与物质奖励相比,精神激励满足的主要是人的精神需求。在实际工作中,无论工人处于哪一岗位层次,也无论其他需求有何差异,得到别人尊重和认同的需求是每一个人都有的。精神激励相对而言不仅成本较低,而且常常能取得物质奖励难以达到的效果。将精神激励和物质奖励结合使用,可以大大激发工人的成就感、自豪感,效果倍增。因此,企业管理者必须努力与工人共同去发现其最大的激励因素,是物质奖励、培训和机会、发展空间、良好的工作氛围,还是其他的什么回报。许多公司都在尝试奖励包的方式,给予获得奖励的员工一定的选择空间。

对于工人的权益,国际劳工大会 1998 年通过的《关于工作中基本原则和权利宣言》明确地规定在经济全球化的背景下要保障工人四个方面的权利:结社自由并有效集体谈判权利;消除一切形式的强迫劳动;有效废除童工;消除就业歧视。

在1999年第87届国际劳工大会上，国际劳工局长索马维亚提出了“体面劳动”(Decent Work)的战略目标。体面劳动作为一种全球性的战略目标，包含有四个方面的内容，即促进工作中的权利、就业、社会保护、社会对话。

我国《劳动法》也明确规定了企业和政府要保障工人的基本权益，社会观念和舆论也要求尊重和保护工人的权益，然而我国当前侵害工人权益的现象却经常发生。一些企业为了追逐利润，不顾安全生产，乃至酿成重大伤亡事故，动辄伤亡数十人，甚至上百人，后果严重，影响恶劣。许多企业利用工人的弱势地位，违反《劳动合同法》用工，有些侵害工人权益的现象更达到了触目惊心的程度。

在计划经济时代，我国受到制度性的支持保障，侵权现象不突出。进入市场经济时代，工人就业压力增加，工人为了避免失业，往往容忍企业的不公正待遇和恶劣的劳动条件。我国庞大的劳动力买方市场，使得工人在遭遇不平和屈辱时，往往会采取逆来顺受的态度：面对巨大的就业压力，哪个工人也不敢孤身奋战，为维权而跟企业较真。工人在各个行业中的分散，农民工受到户籍管理方面的制度性歧视，他们常常缺少维护自身权益的决心、信心和行动。

现代工程共同体主要是由工程师、工人、投资者、管理者、其他利益相关者组成的。在市场经济条件下，工人与投资者和管理者之间形成了不同于计划体制下的利益关系，收入分配可能产生冲突。投资者关心企业的利润，管理者关心企业的经营成本和销售规模，工人和工程师关心工资和福利待遇，三方面存在着此长彼消的倾向。投资者和管理者经常能站在共同立场上，而工程师和工人由于分工和地位的差异，却往往不能团结在一起，工人在工程共同体中是力量弱小的部分，他们的利益容易被放在次要地位上。

维护职工的合法权益，对于保持社会稳定、促进经济发展具有十分重要的作用，加大对损害劳动者利益行为的整治力度，已成为当前亟需解决的问题。要解决这个问题，必须由政府、工会、企业和工人共同努力，应该努力增强工人集体谈判能力，构筑起一个有效保护工人权益的社会体系，切实维护工人的合理、合法的权益。

# 第五章
# 投资者——工程共同体构成分析之三

投资者是工程共同体中一个不可缺少的基本组成部分。任何工程活动都必需有一定的资本投入。没有投资和投资者就不可能有现实的工程活动，就不可能真正形成一个从事工程活动的共同体。无论多么美丽的工程设想，如果没有资本的投入，它就只能是一个美丽的梦想。

如果说过去人们谈到投资者时往往只想到"资本家"，那么，20世纪以来，由于投资方式和有关制度环境的变化，不但投资者的人数和类型有了很大变化，而且投资者在企业中的地位和作用也与往昔不同了。

在现代社会中，投资者——特别是当人们考虑到股民都是投资者的时候——已经成为一个社会作用重大、牵涉面很广，往往与其他类型的群体相互交错在一起的社会群体。

随着社会结构功能的变化和经济学理论的发展,资本这个概念的内涵和外延与以往相比有了很大的变化。按照广义的理解,资本概念不但可以指货币资本,而且可以指实物资本、人力资本、知识资本、社会资本等。在本章中,我们对资本只作狭义的理解,即只关注金融货币形式的资本。因为,如果对资本作广义的解释,则所有的人都将成为“投资者”。

投资者的牵涉面很广,投资行为多种多样,投资标的范围也很广,本章将着重从工程共同体视角分析和研究投资者。由于投资者和工程共同体在许多情况下表现为“模糊关系”——例如上市公司,本章的部分分析和论述不可避免地会带有泛论投资和投资者的色彩,特别是当我们必须承认股民和基民也是投资者的时候。

对于投资活动,既需要进行经济学分析,也需要进行社会学分析。本章在分析投资活动时,不可能不涉及其经济方面和经济内容,但本章希望能够更多的从社会学角度进行一些分析和考察。社会学视角与经济学视角的主要差异在于,相对而言,社会学家更加注重社会分析,更偏重分析和研究活生生的人,把焦点集中在人身上,主要运用“人化”的方法;而经济学家则更加注重经济分析,一般来说,更愿意把经济活动的主体抽象化,把焦点集中在交易上,主要运用“化人”的方法。

## 第一节 工程中的投资和投资者

本书前面的章节已经论及,工程活动的基本单位是项目,换言之,工程活动是一个项目一个项目地进行的。工程项目具有明确的发展目标,有数量和质量的要求,各部分之间有完整的组织关系,有确定的完成期限和投资总额。每个工程项目都具有唯一性和独特性,需要有专门的资本投入,工程中的投资正是启动和实施工程项目的经济前提和保障。

从语言和概念分析的角度看,“主体”和“活动”是有密切联系的两个概念。任何活动都必定有一定的主体,而任何主体都必然要从事一定的活动。换一种说法,即任何“事”都是要由“人”来“做”的,而任何“人”都是要“做事”的。

企业和项目部是表示活动的“主体”的概念;而工程和项目则是表示主体所进行的“活动”和“做事”的概念。正像人的历史就是连续做事的历史一样,企业的历史就是连续实施不同项目(包括项目运营和原先项目的改造或扩建)的历史。考虑到项目和企业的复杂关系,我们有时把企业看作工程活动共同体的典型代表,有时把项目共同体看作工程活动共同体的典型代表形式;有时注意区分二者性质上的不同,有时又故意模糊二者的区别。类似地,在分析和研究工程投资者的时候,由于出现了更加复杂的情况,本章在不同情况下和不同的语境中对投资者的范围和所指可能有不完全相同的界定,这是需要预先加以说明的。

## 一 投资者和投资方式的相互作用与相互影响

投资者和投资方式是密切联系、相互作用的。一方面,投资者必须运用一定的投资方式才能完成投资行为,成为实际的投资者;另一方面,什么人能够成为投资者往往有赖于其投资方式的设定或投资机制的规定。

有人说:“资本形成是指在一个经济社会中的储蓄供给与投资需求的相互作用下,储蓄转化为生产性投资,投资形成一定的资本形式,产生一定生产能力的过程与结果。(1) 资本形成首先是一个过程,然后才是作为这一过程的必然结果;(2) 资本形成同一切生产性投资活动相联系……过程强调的是资本形成机制,结果强调的是资本形成的数量与质量。”①为了叙述的方便,以下我们有时也把投资机制称为“投资方式”。

投资是由储蓄转化而来的,于是,拥有一定的储蓄就成了从事投资活动的前提,没有一定储蓄的人不可能成为投资者。拥有储蓄的人必须通过投资活动才能成为投资者,否则,他就仅仅是一个“蓄财者”而不是一个投资者。那些拥有许多储蓄而不进行投资活动的人只是“大财主”而不是投资者。

拥有储蓄并且愿意进行投资活动的人才可能成为投资者,而投资活动又需要

① 王益等:《资本形成机制与金融创新》,经济科学出版社2003年版,第16页。

通过一定的投资方式来进行或实施。投资者是借助一定的投资方式而参与到工程活动中去的。对于投资活动来说，一个重要的问题是投资方式的设计，因为投资方式的变化将直接影响乃至决定“什么人可以成为投资者”。

在很长一段历史时期中，投资通常是以个人方式或家族方式进行的，于是，个人或家族就成了投资主体。

工程投资活动与普通消费活动的一个重大区别就是工程投资需要比较大的资金数量，这就意味着如果不能筹集到比较大的资金数量就无法进行工程投资活动。当投资只能采取个人（或家族）方式时，由于一般民众不可能拥有那么大数量的个人储蓄，于是，便只有少数拥有较多财富的人（他们获得大量财富的途径是多种多样的）才能够成为“投资者—资本家”——这就是20世纪之前的状况。那时，资本家就是投资者，投资者就是资本家，资本家和投资者几乎合而为一。尽管资本家中既有大资本家也有小资本家，但他们都不是普通民众。普通民众由于只有很少的个人储蓄和家庭剩余财富而没有可能成为投资者。

到了20世纪，情况发生了巨大变化。

虽然股份制和股份公司都不是20世纪才出现的新事物，可是，一般地说，早期的股份公司在制度设计上都只有少数股东，普通民众是没有可能成为股东的。在20世纪，随着股票市场和基金公司的迅速扩张，出现了向公众募集资金的新的投资方式和制度设计，那些数不胜数的只有小额储蓄的普通民众也有机会成为股民或“基民”，从而成为投资者了。换言之，由于有了新的投资方式和投资途径，普通民众也可能成为投资者了。

在没有股份公司制度和股票市场、只有自然人或家族能够成为投资者的时候，投资者和资本家几乎是同义语，普通民众没有可能成为投资者。可是，当有了合适的投资方式或投资机制，在股票市场广泛扩张和许多基金公司纷纷建立后，当普通民众也可以购买小额股票的时候，投资者的人数就大大扩张了，投资者的构成、特点以及投资者在工程共同体中的作用和地位也逐渐发生了巨大变化。

当企业的投资者只有一个人或只有少数人的时候，投资者就是资本家，“投资者—资本家”凭借其所有权而成为企业的管理者和控制者。不但工人是必须服从投资者—资本家的雇员，而且企业的经营者也是必须服从投资者—资本家的雇员。

一般来说，企业的复杂关系中，劳资关系是最突出的矛盾，工人是利益最容易受到损害的弱势群体。西方主流经济学家一般都把“资本雇佣劳动”当作一个不言自明的现象或前提，而没有从理论上考察其原因。经济学家张维迎试图在西方主流经济学的理论框架内回答为什么是资本雇佣劳动而不是工人监督资本家，为什么是资本所有者而不是劳动力所有者选择企业经营者，什么因素决定什么样的人将成为企业家等这样一些问题。① 他综合考虑才能、财产和对待风险的态度这三个因素，通过理论分析而得出了以下结论：“在一个竞争的市场经济中，均衡结果为：有才能又有财产的人成为‘企业家’（entrepreneurs），有才能而无财产的人成为‘职业经营者’（professional managers），有财产而无才能的人成为‘单纯资本所有者’（pure capitalists），既无才能又无财产的人成为‘工人’（workers）。”②在此，我们无意评论其结论的是是非非，我们只想指出：在张维迎所规定的“特定前提”和“特定假设”下，他的分析是“经济学严谨”的。但如果从社会学观点来看，另外一个维度的复杂现象就浮现出来了：张维迎的理论分析所针对的乃是四种抽象的成员岗位而不是现实社会中的现实个人——因为在现代股票交易所和基金公司的制度安排下，许多工人可以用购买股票和基金的方式成为小投资者，从而既是工人同时又是投资者，至于许多职业经营者同时又是股东的情况，那就更多了。

20 世纪，特别是 20 世纪中后叶以来，一个重要的社会变化就是股民和基民人数的激增。

彻诺说：“恐怕摩根时期的大亨很难想象，将来有一天，由数以千万计的市井小民所汇聚而成的储蓄资金会成为华尔街资金的主要来源。在一个世纪间，华尔

---

① 张维迎：《企业理论与中国企业改革》，北京大学出版社 2006 年版，第 43 页。
② 同上，第 45 页。

街的大宗金融已经被零售金融取代了。犹如农民冲破牢笼，占领皇宫。小额投资人从股票市场上渺小而容易上当的角色，转变为大多数行情的推动力量。如果没有他们凝聚起来，这股影响力将永远无法产生。而通过对共同基金的整合，华尔街阶级已被他们全面翻转。"①

在20世纪，特别是20世纪后半叶，股民和基民人数激增。"投资股票和共同基金的人数，从1929年股市大崩盘时期的150万人，跳跃而上升至20世纪50年代早期的600万人，60年代的2000万人，然而到当代已超过了6300万人（引者按：这段话写于1997年）。在这些人中间，有2500万人是在过去四个疯狂不定的年头进入市场的。"②"2000年左右，美国证券投资基金只数从1978年的505只上升到8171只，仅仅持有人数量便从1978年的870万人上升到24350万人，增长了近28倍。"③随着中国股市和基金的发展，中国股民和基民的人数在最近不长的时间中有了飞速的增长。有报道说，2007年1月底，中国内地"'股民'数量突破8000万大关，投资过基金的'基民'数量已经是'股民'数量的四分之一"④。2009年4月，普华永道会计师事务所发布预测："预计到2012年内地基金个人投资者的数量将翻番，由目前的3380万人增加到6900万人。"⑤可见，投资者的绝对数量在不断增加。

从以上分析和论述中可以看出：摩根、洛克菲勒等大资本家和现代社会中的广大"股民"和"基民"都可以归类到"投资者"中。然而，从另外一个方面看问题，摩根、洛克菲勒等大资本家和广大"股民"或"基民"之间又有天壤之别，无法相提并论，可是本章又必须把他们作为"投资者"而相提并论，这就给本章的分析、叙述和论述带来了很大困难。本章以下的分析和论述中，有时需要专论拥有大量资金

---

① [美]彻诺：《银行业王朝的衰落》，公涵译，西南财经大学出版社2004年版，第63页。
② 同上，第65页。
③ 许连军：《左手索罗斯右手巴菲特》，农村读物出版社2007年版，第5页。
④ 向利民：《中国现有基民1781.28万 未来人数可能超过股民》，《证券时报》，2007年4月6日。
⑤ 李强：《普华永道：内地基民人数2012年翻番》，中国基金网，2009年4月29日，http://www.cnfund.cn/news/news/2009/04/29/220090429104556.html。

的“大、中投资者”，有时需要专论股民等“小投资者”，有时又会泛论“投资者”，希望读者能够注意本章在不同情况下往往不得不在“具体分析对象”上有所“变化”甚至“漂移”。

## 二　投资和工程

投资，是经济活动和经济学的重要概念，指把一定数量的有形或无形的资产投给某个对象或投入某项事业，用以换取经济收益或社会效益回报的活动。

投资的分类多种多样，分类的主要标准有：标的（工程投资、非工程投资），性质（固定资产投资、流动资产投资），资金转化形式（直接投资、间接投资），投资项目的用途（生产性投资、非生产性投资），投资对象（实物投资、金融投资），主体类别（国家、企业、个人），产品性质、行业差别（竞争性、基础性、公益性），资金来源（国家预算拨款项目、银行贷款项目、自筹资金项目、利用外资项目）等。

工程投资也称工程项目投资，“是指投资者在一定时间内新建、扩建、改建、迁建、恢复某个工程项目所作的一种投资活动”①。

不同时期、不同社会体制条件下、不同用途性质的工程项目投资具有极大的差异性。在中国计划经济体制时期，工程投资曾经专指基本建设投资，其行为主体是政府，投资具有公有性。投资的行为主体与工程项目的受益者在所有权上没有差别。20世纪80年代，中国实行改革开放政策，工程投资主要指固定资产投资，包括基本建设投资、更新改造投资和其他固定资产投资。这些工程项目投资主要都是以实业投资形式完成，投资主体与工程项目的受益者不完全一致，投资的性质可能具有公有性，也可能具有私有性。改革开放以来，在中国的工程投资的行为主体不仅限于政府，也可能是私人和企业。

从社会学视角看，工程投资与非工程投资相比，行为主体往往相对集中，标的

① 方芳主编：《工程项目投资与融资》，上海财经大学出版社2003年版，第4页。

明确，投资需要量大，周期较长，回报率不确定性较高，因而投资风险较大。由于工程投资具有这些特点，从而决定了工程投资的运行程序更加强调投资决策、投资评估、集资、投资的监督管理以及回收投资等环节。

从工程投资行为的形式来看，工程投资又可以分为直接工程投资和间接工程投资。直接工程投资的投资者不仅实施投资行为，而且对投资标的进行全程管理，包括项目决策、项目设计、投资管理、融资管理、施工管理、投资回收管理等。换句话说，直接工程投资以控制工程项目经营管理权为核心。间接工程投资则是发生在资本市场中的投资行为。从投入资金到投资立项，直接工程投资一步到位，直接进入所投资项目的生产领域；而间接工程投资是分步到位，资金先到金融领域发生融资行为，然后再进入工程项目的生产领域。从投资主体角度看，直接工程投资一经立项就确定了投资主体，而间接工程投资在融资的过程中可衍生出新的投资主体。从获利途径看，直接工程投资主体通过参与和控制工程项目的经营管理来获取其经济效益，获利的多少与工程项目完成的期限、质量以及施工企业的经营成果直接相关；而间接工程投资主体本身不参与经营管理，所以其经济效益仅与债券利息或股票股息的多少相关。间接工程投资在一定条件下可以转化为直接工程投资。比如，当某种债券或股票在融资过程中得到集中，对某项工程起有效控制作用时，间接工程投资就转化为直接工程投资。在现实的工程投资行为实践中，还有更为便利的投资形式——灵活投资行为。灵活投资行为不仅与工程项目的实物投资相关联，而且与金融投资密不可分，同时又隐含在商品或劳动力的交易过程，如国际租赁、国际信贷投资和国际工程承包等。

在现代大规模项目的工程投资过程中，由单一主体完成的直接工程投资行为越来越少见，取而代之的是由不同的直接工程投资负责不同的工程阶段。在工程全过程中，需要借助间接或灵活的工程投资行为方式。随着金融体系的不断膨胀、金融机构的多样化、金融工具结构的复杂化，工程投资的融资来源及其方式更加丰富。当然，直接工程投资控制权的弱化，也造成了金融监管的失控，加剧了工程投资的风险。例如，2008 年由次贷危机引发的美国金融风暴，即导致无数工程投资血本无归。

就工程投资行为的目的而言，可划分为公益性、经营性以及二者混合三种类型。纯粹公益性的投资行为主要指投资者对投资效益的期待不以资金回报形式实现，而是注重社会影响，或营造社会福祉。例如，汶川地震发生后，国内外各地各界提供的用于灾后重建的救济金和物资。经营性的投资主要指投资者期待资本金的升值回报，从中获取利润。例如，商业银行的贷款，私人、机构购买债券或股票等。公益性与经营性兼顾的工程投资行为是指投资者期望通过附带条件的投资，达到名利双收的目的。例如，世界银行集团五大机构中的国际开发协会（The International Development Association，简称 IDA）的贷款，90% 以上仅提供给人均国民生产总值（GNP）低于 696 美元的国家政府。这种贷款属于无息（或低息）、长期（35 ~40 年）的工程投资行为，一方面是为了帮助欠发达地区发展生产，完成工程项目，另一方面则是作为对世界银行集团其他机构活动的补充。①

## 三 工程投资者

工程投资者具有一般投资者的共性：拥有资本，具有投资的目的性，并且实施投资行为。同时，由于工程投资者的投资标的具有明确指向——为特定的工程项目投资，所以，工程投资者属于一般投资者下的一个子群。由于工程项目是唯一确定的，一旦项目终结，原有投资行为无论是获得回报，还是遭到折损，都会随之结束。一项工程的投资者完成一个周期的投资使命，或者转向另一个投资标的，也可能因投资失败、没有继续投资的资本而退出投资者群体。

前已述及，投资者可以作为直接投资者或间接投资者参与工程投资。直接工程投资者不仅实施明确的项目投资行为，而且拥有工程项目的控制权和经营权，直接把握投资与工程项目的运行，参与工程策划、决策、管理和验收等全过程，其投资

① 吴之明、唐晓阳、王克明编：《国际工程承包与建设项目管理》，中国电力出版社 1997 年版，第 30 页。

目的、行为和回报期望都与特定的工程项目相关，既可能直接通过工程项目获利，也可能遭到投资折损。有些国家和国际组织为了明确投资者的职责，对直接投资者和间接投资者制定了不同的标准。例如，美国商务部1956年规定，若某外国公司股权的50%由一群相互无关的美国人掌握，或25%由一个有组织的美国人集团拥有，或10%由一个美国人(法人)拥有，则对该公司的投资即可视为美国的国际直接投资。① 国际货币基金组织(IMF)则认为，一个紧密结合的组织在所投资的企业中拥有25%或更多的投资股，可以作为控制所有权的合理标准。中国国家统计局规定：如果一个企业全部资本的25%或以上来自外国或地区(包括我国港澳台地区)投资者，该企业就被称为外商直接投资企业。② 对工程项目投资者的划分与此类似。

间接工程投资者仅实施投资行为，只拥有实施投资的行为权，而不拥有投资经营权和控制权；其投资标的也许是一项工程，也许是多项工程。一方面，投资者有可能根本不了解项目的标的、意义，其投资行为或许仅仅停留在融资阶段，不参与也不可能参与工程项目过程的其他环节，例如购买股票的散户；另一方面，他们的投资行为结果可能与某项工程相关，进而构成间接的工程投资者。可见，在投资者群体中，间接工程投资者并没有明确的子群界限，而是介于直接工程投资者和一般投资者之间的群体。在一定条件下，随着投资规模的扩大，间接工程投资者有可能转变为直接工程投资者。

直接工程投资者可以作为工程项目的业主，而业主的投资行为要与工程项目前期的决策、立项后的集资，工程过程的管理、协调、监督和控制，乃至后期的项目验收及投入运行结合在一起。在这种情况下，直接工程投资者的角色与工程决策者、实施者、管理者相互重叠。

工程投资者与一般投资者的不同之处还在于：由于工程项目会受到政治、经

① 联合国跨国公司中心：《再论世界发展中的跨国公司》，商务印书馆1982年版，第378页。
② 綦建红主编：《国际投资学教程》(第2版)，清华大学出版社2008年版，第3页。

济、自然环境等方面条件的影响、干扰，因此工程投资者更加关注与投资项目相关的政治局势、担保者的信用、社会文化和公众安全、环境保护等其他社会、经济、文化等因素对工程投资预期回报的正负效应。

工程投资者是一个群体，可以根据不同的标准划分出不同类型，进而对这个群体进行深入分析。

根据主体规模划分，工程投资者可分为个体工程投资者和群体工程投资者。个体工程投资者又可划分为个人投资者和单一机构投资者。在资本主义发展初期，绝大部分工程投资者都是个体工程投资者，包括资本家个体和单独的投资机构，像东印度公司。随着资本积累的扩大、融资模式的多样化，出现了不同形式和规模的群体工程投资者。在第二次世界大战以后，个体工程投资者逐渐在愈来愈大的程度上被群体工程投资者取代。

根据投资的所有权性质，工程投资者可以划分为私有性的工程投资者和公有性的工程投资者。资本家、私营的银行、金融公司在实施工程投资行为的过程中成为私有性的工程投资者，也称民间工程投资者；参与工程投资的政府机构、国际经济援助机构则是公有性的工程投资者。

根据工程投资者对投资回报期待的价值取向，可划分为公益性工程投资者、经营性工程投资者和公益性与经营性兼顾的工程投资者。

在工程实践中，工程投资者的身份往往是复杂的。比如，从投资者的组织形式来看，工程投资者可以由政府、国际经济援助机构、世界银行集团、资本家和民间组织等多种成分构成。在投资行为目的上，工程投资者可以出于公益性和经营性的多重目的。工程项目越大，工程投资者的构成越复杂。比如，19 世纪的一些特大型项目，像苏伊士运河、西伯利亚铁路项目，都是通过政府与个人投资者签订“特许权协议”，由个人投资者作为直接工程投资者完成共同项目的投资、实施和管理。20 世纪 90 年代的一些大型项目也采取了类似的融资形式，不过这个时期的投资者已经不是个人投资者，而是由获得政府特许权的多家银行、财团构成直接工程投资者。例如，英吉利海峡隧道（The Channel Tunnel）工程的投资者由 200 家财团、银行和60多万个股东构成，投资总额达100亿英镑，于1995年完成工程建造并交付运营。① 另外，20世纪90年代以来，政府基金和金融机构、出口信贷机构、商业银行和其他私人金融机构的资本共同参与世界银行对某个大型工程项目的投资，集资构成世界银行的联合贷款，成为当前最经济、有效的工程项目投资方式。1995年，世界银行的联合贷款总额达到82.5亿美元，分派到世界各地区的项目投资额为：非洲——11亿美元，亚太地区——26.9亿美元，欧洲、中亚地区——8.4亿美元，中东和北非——5.9亿美元，拉丁美洲——30.3亿美元，有力地实现了对世界各国工程项目的投资支持。

## 第二节　投资者的社会功能和投资心理与伦理

投资活动和投资者具有重要社会作用和社会影响是毫无疑问的。投资活动和金融问题在经济学领域已经引起了高度重视。可是，在社会学领域，对投资者问题的研究却一直是一个比较薄弱的环节，没有引起足够的重视。

投资活动不但是经济性活动而且同时也是社会性活动，投资者不但是“经济人”而且同时也是“社会人”。所以，对投资活动和投资者不但需要进行经济学研究而且需要进行社会学研究。从社会学角度来看，有关投资者的许多理论和现实问题，如关于投资者的社会功能、社会形象、社会评价和投资者的群体行为和群体心理等一系列问题，都是亟待关注和深入研究的。

投资者的社会功能、社会形象和社会评价是三个密切联系但各有独立含义和意义的重要课题。这是三个极其复杂的问题，本节没有可能——尤其是没有能力——比较具体、深入地进行分析和论述，于是仅以“重在提出和讨论问题”的态度来进行分析和叙述，希望有兴趣的学者今后能够在有关研究中取得新进展和新

① 吴之明、唐晓阳、王克明编：《国际工程承包与建设项目管理》，中国电力出版社1997年版，第40页。

成果，希望这些问题在社会学（包括工程社会学）研究中不再是学术上的薄弱环节。

由于投资者的任何投资行为都是在一定目的支配下的行为，并且在实施投资行为的过程中，得失往往都会被放大，这就使投资者——尤其是投资者群体活动中的心理问题凸显了出来，本节也将对这个问题进行一些简要分析。

## 一　投资者的社会功能

投资者是进行投资活动的人，于是投资者的社会功能就与“资本功能”的问题密切联系在一起了。

资本、资本家、投资（活动）和投资者是几个密切联系在一起的概念。

一般地说，投资者是一个更广泛、更普遍、更“中性”的概念，而资本家则仅是投资者的一个“子类”——所有的资本家都是投资者，可是，却并非所有的投资者都是资本家。

在近现代社会中，资本家不但在20世纪之前一直几乎充当了“投资者”的唯一代表的角色，而且在20世纪末的大众投资者（股民等）和机构投资者大显威力后，资本家仍然是投资者的重要类型之一。

本节以下在分析和研究投资者的社会作用和社会形象等问题时，有时需要对资本家角色进行单独分析，有时又需要把资本家“融入”投资者的“整体”进行一般性分析和论述，这是需要提请读者注意的。

虽然我们不能认为资本（或投资）的作用和力量完全等同于投资者（包括作为投资者的资本家在内）的作用和力量，但后者显然构成了前者的基础和前提。

因为投资者是资本和投资活动的人格化的代表，于是，在认识和评价投资者的功能和作用时，我们就必须从认识和分析资本的作用谈起了。

从经济学家和哲学的观点来看，资本和投资活动具有头等的重要性，“资本乃是解开现代社会秘密的一把钥匙”，“资本不但是现代经济学的谜底，也是主体形而上学尤其是意志（或欲望）形而上学的谜底。换言之，只有当人们意识到，正是资本形而上学主宰着现代社会的全部日常生活和思想意识时，他们才可能对现代社会作出真正有分量的、批判性的考察”。①

以上观点的顺理成章的推论应该就是把投资活动和投资者（包括资本家）的社会作用看作是人类本质力量的表现。

问题的复杂性不但在于投资者在历史上曾经主要表现为资产阶级的兴起，而且在于社会主义条件下——特别是社会主义市场经济条件下——投资者仍然继续发挥推动生产力发展的重大作用。

在认识投资者的社会作用问题时，由于在近现代历史上，投资者一度几乎可以与资本家划等号，于是，在那个历史时期与历史条件下，宏观视野的投资者的作用也就可以等同于资本家阶级的作用了。

《共产党宣言》说：“资产阶级在历史上曾经起过非常革命的作用。”“它第一次证明了，人的活动能够取得什么样的成就。它创造了完全不同于埃及金字塔、罗马水道和哥特式教堂的奇迹；它完成了完全不同于民族大迁移和十字军东征的远征。”“资产阶级除非使生产工具，从而使生产关系，从而使全部社会关系不断地革命化，否则就不能生存下去。”②

由于资产阶级的社会作用——尤其是其“反面作用”——已经是一个“众所周知”的问题，这里也就毋需赘言了。

需要强调指出的是：资本主义可以被“消灭”，但“资本”却不可能被“消灭”；社会主义可以“消灭”资产阶级，但却不可能“消灭”投资者。

观察20世纪末以来的世界，虽然摩根、洛克菲勒的时代已经一去不复返了，各国的投资者的类型和结构都已经发生并且还在继续发生巨大变化，但投资者仍然继续发挥推动生产力发展的决定性角色作用这一点并没有发生变化。

一般地说，投资者的主要社会作用可以概括为以下三点。

---

① 俞吾金：《资本诠释学》，载张雄、鲁品越主编：《中国经济哲学评论》（2006 · 资本哲学专辑），社会科学文献出版社2007年版，第3—4页。

②《马克思恩格斯选集》（第2卷），人民出版社1972年版，第252、254页。

1. 决定投资方向和进行投资运筹，实现资本保值、增值

奥地利著名经济学家庞巴维克在《资本实证论》中认为，资本一词的定义最早见于1678年出版的《凯奇·德佛雷斯词典》，该词典把资本定义为能产生利息的本钱。而庞巴维克则把资本定义为“用作获利的生产出来的产品集合体”。① 吕炜说：“目前所见到的文献普遍认为，法国古典政治经济学和重农学派主要代表人物之一的杜尔哥，是‘资本’一词从日常生活用语到经济学术语这一转变的完成者。完成这一转变的标志，是他给资本下了如下的定义：资本，是‘积累起来的流动的价值’。”②把以上观点结合起来，资本的最根本的性质和特点就是流动性和增值性。

投资者作为资本的人格化的化身，其首要的社会作用和功能就是要保证资本的保值和增值。

为了保证资本的保值和增值，投资者就必须正确进行投资决策，正确选择投资方向，正确选择投资项目，正确进行投资运筹，否则不但不能保证资本的保值和增值，还要造成资本的亏损，甚至“血本无归”。

2. 通过工程投资活动，发展生产，繁荣经济，满足人民的需要

工程活动是直接生产力。由于任何工程活动都必须既有技术又有投资，否则就不可能有现实的工程活动出现，于是，我们就可以把工程看作是技术和资本共同推动的社会活动。投资和投资者就成为推动生产力发展的必不可少的重要推动力量。

从根本上说，投资的目的是为了满足人们的需要。人们的需要是多种多样的，于是，投资项目的具体类型也随之变化万千。高德敏说：“从吃、穿、住、行的物质需求到想、听、看、玩的精神需求，投资者无处不在，无时不在。”“投资是人类最伟大、最深刻、最广泛的运动，是人类发展的最基本运动。对于一个国家、一个地区，

---

① [奥]庞巴维克：《资本实证论》，陈端译，商务印书馆1964年版，第60、61、84页。

② 吕炜：《资本的生产力效率假说》，商务印书馆2005年版，第47页。

投资是提高国民经济技术水平，实现现代化的基本途径，是改善和提高人民物质文化生活水平的基本手段。投资不仅决定着当前经济的发展，更决定着未来经济的发展。”①

3. 作为“所有者”，投资者在企业等工程共同体中根据有关制度安排而发挥所有者角色责任

从经济关系方面看，在工程活动共同体（本节以下统称为企业）中，投资者是投资所形成的资产的“所有者”。

值得注意的是，从现代化开始到20世纪末的几百年中，随着生产力发展和制度变迁的过程，投资者—所有者在企业中的角色地位和责任、投资者—所有者和企业其他成员（特别是管理者）的相互关系发生了巨大变化。

在传统的企业中，由于多种原因，特别是由于“职业经理人”队伍没有形成，在那时，所有权和管理权是合而为一的，作为投资者的资本家既是企业的所有者，同时也是企业的最高管理者。那时，不但存在资本雇佣劳动的现象，而且也同样存在资本家雇佣管理者的现象。

可是，在现代企业发展历史上，在出现了影响深远的所谓所有权和经营权分离现象后，投资者的角色地位、投资者和管理者的关系便出现了天翻地覆的变化。

虽然以往的摩根、洛克菲勒式的人物和现代股权分散的股份公司的普通股东都是企业的投资者，但他们所扮演的角色、所拥有的权力和他们与企业高层管理者的关系已经完全不可同日而语了。

对于摩根、洛克菲勒那些人来说，他们既是投资者—资本家，同时又是企业的管理者和控制者。可是，在经历了所有者和经营者分离的制度变革之后②，有关制度安排和投资者的角色作用发生了巨大变化，在20世纪的许多股份制企业中，企

① 高德敏：《投资运筹》，中国国际广播出版社2004年版，第1页。

② 可参考本书第六章第二节对所有权与经营权分离问题的分析和论述。

业控制权落到了管理者手中。

在《现代公司与私有财产》这本名著中,作者伯利和米恩斯指出:"19 世纪企业单位的典型情况,是由个人或小团体所拥有;由他们自己或者他们任命的人来经营;其规模的大小主要局限于有控制权的个人(引者按:指企业所有者)所拥有的私人财富的多寡。现在,这些企业单位已经更广泛地被大集合体所取代,在这些大集合体中,工人达数万甚至数十万之众,财产价值达数亿美元,属于数万甚至数十万个人所有,通过公司的机制,这些工人、财产、所有者结合成一个在统一控制、统一管理之下的单一的生产组织。美国电话电报公司就是这样的单位,它或许是公司制度的最高级发展阶段。这家公司拥有约 50 亿美元的资产,45.4 万个雇员,567694 个股东(原书注:1930 年 12 月 31 日的数字)。"①

与公司的所有权和经营控制权分离相伴随的是公司规模的扩大和公开的证券市场的扩大。这些大公司从投资大众那里获得资金的供给,"通过两种方式吸收这些储蓄供自身使用:一种是直接的方式,由个人购买公司的股票或债券;另一种是间接的方式,由保险公司、银行、投资信用公司接受个人的储蓄,再由这些机构将其投资于证券。为了获得这些资金,公司通常必须利用其证券的公开市场——通常是让其股票在证券交易所上市,或者,另一种次要的方式,是维持一个私人的或者'非上市的'市场。事实上,对准公共公司(引者按:指所有权和经营控制权分离的大公司)来说,公开市场是具有根本性意义的,它几乎同所有权与控制权的分离、财富的巨额集中那样,被视为此类公司的特质"②。

这就是说,在 20 世纪,特别是 20 世纪下半叶,越来越多的大公司由于股权分散而出现了由职业经理人控制公司的现象。

从法律上说,作为股东的投资者是公司的所有者,基于拥有所有权,他们应该拥有对企业的控制权,在 20 世纪之前,绝大多数公司都是这样的。可是,在股权分

---

① [美]伯利、[美]米恩斯:《现代公司与私有财产》,甘华鸣等译,商务印书馆 2005 年版,第 4—5 页。

② 同上,第 7 页。

散的情况下，众多的股东（投资者）——虽然他们在法律上和理论上都是企业的所有者——已经没有可能继续拥有对企业的控制权了。

在股份制企业这种类型的工程活动共同体中，如果说原先工程活动共同体成员间最突出的矛盾是股东—资本家和工人的矛盾，那么，在股权分散和职业经理人掌握了企业的实际控制权后，虽然劳资矛盾仍然存在，但众多小股东和少数掌握控制权的职业经理人的矛盾在某些情况下就要“后来居上”了。

一般地说，作为企业所有者的投资者（股东）和经营者的矛盾突出地表现为：（1）在职业经理人的工作量和应得报酬上有不同的计量标准。（2）目的不同，投资者主要追求资本利润最大化，而经营者多数追求企业规模最大化。概括地说，“在正常情况下，股东为了追求更多的剩余，就必须雇用懂经营、善管理的人担任企业的经营者，并给予其必要的自由裁决权。毋庸讳言，企业分工格局一旦形成，信息不对称的问题就会应运而生。由于经营者比股东更了解企业的盈利能力和发展前景，更有可能通过操纵会计信息，运用企业的资产为自己谋私利，因此，股东为了预防和制约类似的事情发生，就必须采取适当的措施对经营者进行监督”①。

如果说20世纪之前大投资者—资本家面对的是如何监督弱势工人的问题，那么，20世纪许多大公司中的作为投资者的众多小股东面对的则是如何监督强势管理者的问题。

在“强管理者”和“弱所有者”的条件下，“由于股东过于分散，因此，如果要求每个股东都履行这一监督职能，不仅人多嘴杂，成本太高，而且还有许多股东具有‘搭便车’的动机。无奈之中的股东只好另觅良策，委托一些品行端正、学有专长的人组成董事会，通过董事会选任、监督经营者。于是，董事会作为企业的一种特殊的内部治理机制便出现了”②。

从制度设计上说，董事会制度是为投资者—股东着想，为行使对职业经理人

---

① 江若尘：《大企业利益相关者问题研究》，上海财经大学出版社2004年版，第65页。
② 同上。

[特别是首席执行官(CEO)]的监督职责而设立的。可是,从实际情况来看,这种制度设计是否达到了原先设想的目的呢?

马克·J. 洛的《强管理者　弱所有者》是与伯利和米恩斯的《现代公司与私有财产》以及钱德勒的《看得见的手》齐名的一部著作。在这本书中,马克·J. 洛说:"正规的程序是由股东选举董事会,董事会则任命首席执行官。但是,人们都明白,在公开上市公司中权力的流动是相反的。首席执行官推荐被提名的候选人进入董事会,董事会成员通常是公司的内部人员或其他的首席执行官,他们很少花费时间和精力评判现任首席执行官的活动。首席执行官向董事会推荐的候选人并不考虑股东的利益,而股东持有的少量股票使他们缺乏动力或者手段来寻找其他的董事会候选人;他们在验讫委托投票书后将其返还给现任主管。首席执行官在选举和企业中处于支配地位。即使在今天,很多董事'觉得他们随时都在为首席执行官和董事会主席服务'。"①

在现代经济学中,有西方经济学家用"委托—代理"理论分析和阐述所有者与经营者的关系,如上面谈到,为了恰当处理所有者和经营者的关系,有了董事会等具体的制度设计。现在看来,对于工程活动共同体中股东和管理者的关系,虽然委托—代理理论说明和解释了投资者—所有者与管理者相互关系的部分状况和现象,董事会制度设计也可以解决投资者—所有者和管理者相互关系的部分问题;但复杂的社会现实表明:对于投资者—所有者和管理者相互关系这个复杂的问题,还有许多现象和事实是现有理论所不能解释的,而董事会制度在许多情况下也未能如原先设想的那样顺利运行。

上面谈到了投资者在工程活动共同体中地位和作用的变化以及投资者—所有者与管理者相互关系的历史变化,如果从更宽阔的视野观察投资者—所有者在工程活动共同体中的作用以及工程活动共同体成员间关系的整体特征,人们可以看到,现代企业的内部关系和制度状况在20世纪出现了许多重大变化。其中最大的

---

① [美]马克·J. 洛:《强管理者　弱所有者》,郑文通译,上海远东出版社2000年版,第7页。

变化就是：(1) 由原先只有少数人投资和股权集中的企业转变为股权分散的大企业；(2) 企业内部关系的特征由“资本家占据中心位置和劳资两极矛盾突出”转变为“管理者占据中心位置和多元矛盾关系复杂化”。对于这些问题，虽然现代经济学和现代企业理论已有许多分析和研究，但还有许多要害问题没有得到剖析和解决。

从以上叙述中可以看出，虽然大投资者—大资本家与普通股东同样都是投资者，但在不同的制度环境和制度安排下，投资者与企业管理者的角色地位和角色关系发生了巨大变化。在新的环境和条件下，究竟如何保护和保障股权分散条件下作为投资者的广大股东的正当权利和权益已经成为一个新的重要问题。

4. 作为“社会人”，投资者还需要承担一定的社会责任

投资者进行投资的目的是为了赚取利润，但投资者是否还要承担一定的社会责任呢？这个问题虽然不仅是一个经济学问题，但它却引起了许多经济学家的兴趣。

在20世纪对企业的认识和企业理论中，围绕“企业社会责任”问题的争论具有重要意义和深远影响。有一本研究这个问题的专题著作说：“自1916年克拉克(Clark)提出发展‘有责任感的经济原则’以来，不到一百年的时间里，被公司社会责任思想吸引的各种学术背景的学者不计其数，著述浩如烟海。”该书中把争论双方的核心观点聚焦在两个问题上：“(1) 公司的目标是利润最大化还是在获取‘最优’利润的同时承担社会责任？(2) 公司管理者是股东的代理人还是公司全体利益要求人的代理人？这两个问题又可以归结为一个简单但本质性的问题：公司是谁的公司？对此，以古典和新古典经济学为基础的自由主义经济理论有清晰和明确的回答：公司是股东的公司，股东是公司唯一的所有者，管理者代表且只能代表股东的利益，所以无论公司还是公司管理者，只有一个目标，那就是利润最大化。”①

① 沈洪涛、沈艺峰：《公司社会责任思想起源与演变》，上海人民出版社2007年版，第44—45页。

如果进一步分析上述争论和角度、观点，值得特别注意的是，许多西方学者似乎都认为必须假定作为投资者的股东仅仅是一个追求利润的“经济人”，实际上，无论从社会学角度看还是从现实生活中现实投资人（包括资本家在内）的实证观察来看，作为投资者的股东都不但是追求利润的“经济人”，而且同时也是有一定社会追求的“社会人”，因而，无论从社会学理论观点看还是从实证观察看，投资者都必然要作为“社会人”而承担一定的社会责任。

## 二　投资者的社会形象和社会评价

虽然社会形象和社会评价是两个并不完全相同的问题，由于二者存在密切联系，这里也就以主要讨论社会形象问题的方式把它们放在一起进行讨论了。

需要强调指出的是，社会形象的塑造和形成，不但有其客观基础或事实基础，同时更凝结了塑造者和感受者的主观意识和意识形态倾向。

社会形象问题往往会成为特别复杂、多变的问题，因为在塑造和形成某个群体的社会形象的过程中，常常会出现有意或无意地夸大、粉饰、贬低、歪曲、抹杀的现象，从而造成某个社会群体的社会形象出现“形象分裂”的现象。

与工人和工程师有相对一致或相对稳定的社会形象不同，几乎可以说投资者不存在什么相对一致或相对稳定的社会形象，甚至可以说投资者的社会形象的塑造中往往出现分裂的趋势。

实际上，腰缠万贯的大资本家和在股市里忙忙碌碌的小股民之间也不可能有统一的社会形象。

本节将不讨论作为投资者的大资本家和小股民之间出现的投资者形象分裂的问题，这里想重点讨论的是关于作为投资者的资本家的社会形象问题。

在阶级分析的“照妖镜”和“放大镜”下，资本家是贪婪的剥削者和吸血鬼的形象，于是，他们不可避免地要成为仇恨和诅咒的对象。可是，由于资本家常常同时是创业者和管理者，当资本家以“企业家”和“创业者”的面目出现时，许多人便要情不自禁地“歌颂”他们了。

以上说的还是资本家的一般形象，以下我们把讨论的范围再进一步缩小到“中国近现代历史中的资本家”这个群体的社会形象和社会评价问题。

著名企业史作家吴晓波出版了《跌荡一百年：中国企业 1870—1977（上）》一书。他在“前言”——《寻找一个“下落不明”的阶层》中引述了费正清、白吉尔、史景迁、黄仁宇等著名学者对中国近现代历史上的资产阶级、商人、企业家的不同评价、不同观点，以及他们在自己的有关著作中对这个群体的不同的处理方式，而其核心便是反映了对中国近现代历史上的资产阶级、商人、企业家的不同评价和不同形象问题。

吴晓波写这本书的目的实际上是想回答这样一个问题：“我们——包括像白吉尔这样的国际学者——是否有可能对一个被长期漠视甚至妖魔化的阶层进行新的观察？”①吴晓波试图在历史中“寻找到企业家们的身影和声音”。

吴晓波试图寻找出中国近现代企业家的社会形象。他发现：“在几乎所有关于近现代中国的历史书籍上，政治家是‘男一号’，知识精英是‘男二号’，企业家则是那个‘可有可无’的‘男三号’。”“这是一群在历史上被嘲笑和漠视的‘男三号’。没有人从思想史的高度去审视他们。”“他们的故事如一地碎了的瓷片，总是在不经意的暗处毫无价值地寂寞闪光。”②

吴晓波说：“可悲的是，他们的种种努力往往被忽视，甚至被政治力量所侵吞，被战火所打断，被文学家所扭曲。在历史舞台上，他们的声音总是被光芒万丈的革命口号所淹没，他们的身影总是被掩盖甚至丑化，他们好像是一群显赫的‘隐身人’，即便在百年之后，仍然模糊而渺小。”③

对于中国企业家的社会形象，吴晓波作了生动的叙述。

就本节的主题而言，也许更加令人感慨的是：即使是像吴晓波这样的作者、像《跌荡一百年》这样的一本书，作者也“小心翼翼”地“避开”——不知是否有意避

① 吴晓波：《跌荡一百年：中国企业 1870—1977（上）》，中信出版社 2009 年版，第Ⅷ页。
② 同上，第Ⅻ页。
③ 同上，第ⅩⅧ页。

开——"资本家"这个概念而特意选择了"企业家"这个概念。

可以说,对于近现代中国历史上作为"资本家—企业家"二合一角色的企业家,其社会形象已经在发生变化了。可是,那个作为投资者的资本家角色,其以往的形象是应该沿袭还是会有某种变化呢?特别是,人们应该如何认识和评价市场经济体制下的现代中国的投资者的复杂形象呢?这些都是有待分析、思考和回答的困难问题。

需要申明:本节在此只能提出这些问题而无意分析和回答这些问题。如果这些问题能够引起一些人的注意和重视,这里的叙述目的也就达到了。

## 三　投资者的投资心理问题

2002年,诺贝尔经济学奖授予美国普林斯顿大学的丹尼尔·卡尼曼和乔治·梅森大学的弗农·史密斯。前者"把心理学研究和经济学研究有效地结合,从而解释了在不确定条件下如何决策";后者"发展了一整套实验研究方法,尤其是在实验室里研究市场机制的选择性方面"作出了杰出贡献。可以说,丹尼尔·卡尼曼和弗农·史密斯获得诺贝尔经济学奖这一事件为行为经济学和实验经济学迅速地走出象牙之塔、进入现实生活提供了强大动力和有利契机。

在行为经济学和实验经济学的研究中,行为金融学是重点之一。有人说:"行为金融学指的是研究人类理解信息并随之行动,并作出投资决策的学科。通过大量模型,它发现投资者行为并不总是理性、可预测和公正的。实际上,投资者经常会犯错。""行为金融学是从对人们决策时的实际心理特征入手讨论投资者的投资决策行为的,其投资决策模型是建立在人们投资决策时的心理因素的假设的基础上的(当然这些关于投资者心理因素的假设是建立在心理学实证研究基础上的)。"①

无论从理论还是从现实方面看,股票市场上股民的心理变化都是研究投资心

① 薛求知等:《行为经济学——理论与应用》,复旦大学出版社2003年版,第147页。

理和投资行为的天然实验场。例如,证券市场上的“追风行为”(head behavior,亦翻译为“羊群行为”或“从众效应”)就是一种常见的现象,它已经引起了许多研究者的高度关注。“研究者们认为,追风行为作为证券市场中的一种重要的投资现象,其实质是证券投资者投资决策的外在表现,它的产生与发展对于证券市场起着不可低估的作用,然而它同样强烈地背离了证券市场的传统理论。”①

虽然股民的投资心理是经济心理学,特别是投资心理学中耐人寻味的重要问题,可是,对于工程项目来说,股民这个群体常常是带有“边缘性”的投资者,因此这里不讨论股民或基民的投资心理问题,而仅就那些对工程项目投资发挥关键作用的投资个人,即工程投资者的投资心理进行一些简要分析和讨论。

工程投资者的投资心理是复杂、多变的,与工程投资者的行为目的密切相关。早期个体工程投资者的投资目的大多是经营性的。当资本积累到一定程度时,个体投资者已经不满足于近距离、小规模、低收益回报的投资标的,而对拥有更高利润的项目萌生投资的欲望。工程项目是建造行为,在落实项目投资的前期,项目发起者往往以永久性的高额回报率作为诱饵,吸引个体投资者参与工程投资行为。但是,因为工程投资的回收周期长,在实施工程过程中存在各种潜在的风险,而当时不具备完善的投资评估机制和有效的规避风险的方式,所以,早期的经营性个体投资者大多数带有快速、短效、投机、赌博的投资心理。

毫无疑问,投资者都以获得投资回报作为投资目的。但是,工程项目的技术复杂性、工期的长时性,要求工程投资者应该具有更成熟、更理性的投资心理。什么是工程投资者所应该具有的投资心理呢?

我们认为,工程投资者应该具有前瞻性的、相对稳定的、坚韧不拔的、理性的投资心态。工程投资者应该希望获得的收入不一定是暴利,但却是长期的、甚至是永久性的投资回报。

如何把不健康的投机心理转变为健康的投资心理呢?

---

① 薛求知等:《行为经济学——理论与应用》,复旦大学出版社 2003 年版,第 148 页。

工程投资者健康的投资心理建立在对项目的全面调研、科学的评估和充分的投资风险预测的基础之上。

首先,对所要实施投资的项目必须进行全面调研,掌握项目标的物的地质、水文、物候、自然环境、历史、移民、风土文化、政策、时局、工程设计者、管理者、施工者的情况以及项目建成后的效益分析,等等。

其次,从不同角度对工程项目的科学性、合理性、有效性和可持续发展性进行评估。

再次,进行风险预测。这是因为工程投资者在工程实施过程中面临各种投资风险。投资风险指在实施投资行为过程中,在获得投资回报之前,导致投资折损的不确定性。以工程投资为例,主要有政策变化引起的取消项目的政治风险,劳动力素质低导致的工程质量差或者延误工期的风险,经营管理不善造成的投资用途不当,等等。此外,国际工程投资还可能遇到异域文化的冲突,国际政治、经济、军事格局变化以及东道国投资环境恶劣带来的风险,等等。

随着科学技术的发展,实施工程项目越来越拥有技术上成功的把握,影响工程投资的因素可能更多地来自社会和人文等其他方面。工程项目的特殊性决定了工程投资者应该转变短期、投机的投资心态,而用科学、理性的投资心态取而代之。

工程投资者投资心态的调整,有利于实现大型工程项目的融资。应该说,这是在工程建设发展过程中,工程投资者经过大浪淘沙所获得的宝贵经验。

当然,在工程实践的过程中,不能要求所有投资者都具备科学、理性的投资心态。那么,如何保证工程投资者能够获得应有的、合理的投资回报呢?这需要管理者对工程项目进行有效的科学管理。

## 四　投资者的投资伦理问题

一般地说,工程投资是经济活动。可是,由于经济、政治和伦理之间存在着密切的联系,工程投资者的投资活动必然受到政治因素和伦理因素不同程度的影响,在一些情况下，甚至是根本性的影响。

在不同国家、不同地区和不同的政治经济社会环境中，工程投资者的投资活动所受到的政治影响的程度会有很大不同。当投资者是国家或政府的时候，其投资活动首先考虑政治因素和政治影响乃是理所当然的事情。对于某些工程项目投资来说，政治因素可能就是首要的考虑因素，而对于另外的许多工程投资活动来说，其中的政治烙印或政治影响就可能相当淡薄了。

如果说在许多情况下，工程投资中的政治烙印不是一个特别重要或特别突出的问题，那么，几乎在一切情况下，我们都不可忽视工程投资活动中的伦理问题。

在投资者的投资伦理中，投资决策伦理是最核心的问题。必须承认，投资决策首先是一种经济决策，它应该满足经济性的要求；同时，也必须承认，任何投资决策必然带有一定的伦理成分、伦理性质和伦理影响，工程投资者因此必须具有一定的伦理意识，具有进行合理的伦理分析和伦理判断的能力。缺乏伦理意识和伦理判断能力欠缺的投资者不可能是一个合格的决策者。

在工程投资活动中，经济和伦理是两个不同的维度，经济维度的分析和伦理维度的分析可能一致、协调，也可能矛盾、冲突，于是，如何认识和处理二者的关系就成了一个需要面对的重大问题。

在认识和处理工程投资活动中的伦理问题时存在两种极端倾向，如布坎南所说："经济学家试图只根据效率来评价市场而忽略伦理问题，而伦理学家（以及规范的政治政府学家）的特点则是（在从根本上思考了有关效率的思考之后）蔑视效率思考而集中思考对市场的道德评价，近来则是根据市场是否满足正义的要求来评价市场。"①这两种极端倾向的立场是相反的，表现形式上是互相排斥的。人们是否应该和可以站在其中的某一立场上而完全拒绝另外一种立场呢？

经济伦理学家里德说："经济上不合理的东西不可能真正是人道上正义的，而

① ［美］布坎南：《伦理学、效率与市场》，廖申白、谢大京译，中国社会科学出版社 1991 年版，第 3 页。

与人类正义相冲突的东西也不可能真正是经济上合理的。"①里德的这个判断和观点不但具有重要的经济学意义,而且具有深刻的伦理学意义。里德告诉我们:必须努力寻求达成经济考量和伦理考量的协调渠道,而不是简单地站在某一方的立场上而排斥另一方。

一般地说,工程投资活动首先是一种经济活动,这就决定了工程投资者不可避免地是一个"经济人";同时,由于工程投资活动不可能是单纯的经济活动,它不可避免地要带有伦理成分和伦理影响,这就要求工程投资者同时还应该是一个"伦理人"。这就是说,工程投资者必须努力兼顾、协调"经济人"和"伦理人"两种角色。不能够兼顾和协调"经济人"与"伦理人"两种角色的工程投资者,就不可避免地要沦落为可怜的"单面人"。

工程投资者在分析工程投资活动和进行工程投资决策时,在赢取经济效益和承担伦理责任的抉择中,需要同时考虑投资活动的经济因素和伦理因素,权衡工程投资的经济影响和伦理影响。这是工程投资者与一般投资者社会角色的重要差别之所在。

---

① [美]恩德勒:《面向经济行动的经济伦理学》,高国希等译,上海社会科学院出版社2002年版,第38页。

# 第六章
# 管理者——工程共同体构成分析之四

一切集体活动和集体组织都需要有管理活动,工程活动和工程共同体也不能例外。工程管理者在工程共同体中具有重要作用,从历史和现实方面看,工程管理职业群体的形成和发展有许多发人深省和意义深远之处,这些都是本章中要讨论的内容。

## 第一节　工程中的管理者

管理者是具有一定管理知识和经验的人,他们通过特定的制度安排而具有一定的权力和威信,影响、感召被管理者,实现资源的合理有效配置,进而提高管理效益,达到管理的目标。说得形象一些,管理者的活动就像是在共同体中搭建蜘蛛网一样，使得工程项目各个部门协调配合，保证项目井然有序地实施，并最终实现预定的目标。

## 一　管理者的定义和分类

要理解管理者的含义，首先应该考察管理者职能从所有者职能和劳动者职能中分离的历史过程。大生产和分工的进程使管理的作用得到增强，管理的功能获得了发展，于是就从所有者和生产劳动者那里分离出了一部分专门从事管理的人员——管理者。

一般地说，管理者是指那些通过对组织内的员工进行领导、组织、协调和监督来实现组织目标的人员。作为一个管理者，一定要有下级，即执行者，也就是从事具体的生产、营销、财务等业务和操作的人员。

在传统组织中，管理者和执行者之间有着明显的界限。但是在现代工程项目中，两者的界限已经不一定是泾渭分明，管理者同时又是执行者的情况较为普遍。比如在工程项目中，职能经理就既是管理者又是执行者，项目经理既要接受本部门上级的直接领导，又可以调动相关职能部门的资源来实施项目，在项目上有相应的权力。

现代组织使人们对管理有了新的认识。彼德·德鲁克认为，在一个现代的组织里，如果一位知识员工能够凭借其职位和知识，对该组织负有作出贡献的责任，因而能实质地影响该组织的经营能力及其达成的效果，那么他就是一位管理者。

现代企业组织曾经普遍采用金字塔式的管理者等级结构。尽管企业组织现在不断地发生变化，开始向着扁平化和网络化发展，但目前金字塔式的组织结构仍然没有消失。依照等级，可以将管理者划分为基层管理者、中层管理者和最高管理者。需要注意，基层管理者同时又是现场执行者，中层管理者又是中层执行者，最高管理者又是最高执行者。

## 二 管理者的角色和技能

### 1. 管理者的角色

所谓管理者的角色，是指管理者在组织中需要做的一系列特定的工作任务。亨利·明茨伯格（Henry Mintzberg）在他的《经理工作的性质》①一书中阐述了管理者在计划、组织、领导和控制过程中需要扮演的十种角色，这十种角色可被归为三大类：人际角色、信息角色和决策角色。明茨伯格所说的管理者角色的基础是组织的正式权威和地位。

人际角色：包括作为挂名首脑，承担若干礼仪性的职责；作为领导者，即用人的职责；作为联络者，和同行或有关单位保持个人或组织的横向联系。

信息角色：包括作为监听者，掌握企业内部和外部环境所发生的变化；作为传播者，综合分析各种信息，传达给内部各部门；作为宣传者，代表本企业向上级汇报和向有关部门通报情况。

决策角色：包括作为企业家，作为企业各项重大变革的创始者和设计者做出决策，以使企业适应不断变化的环境；作为混乱驾驭者，及时处理各种危机事件；作为资源分配者，参与对资金、时间、材料、设备、人力分配以及质量和信誉保证体系的决策；作为谈判者，为企业的巩固和发展寻求资源或者资源交换。

### 2. 管理者的技能②

现代管理学和心理学研究表明，管理者能够对被管理者进行领导依靠的是两种力量：一种是权力影响，即法定权力赋予管理者的对被管理者的支配力量；另一种是非权力影响，即管理者凭借自己的品德、智慧、才干、成就等人格因素所形成的对被管理者的感召力量。要获得这两种能力，管理者需具备三方面技能。

---

① [加]明茨伯格：《经理工作的性质》，孙耀君、王祖融译，中国社会科学出版社1986年版。

② 本节内容参考了普拉克特（Warren R. Plunkett）和阿特纳（Raymond F. Attner）所著的《管理学：满足和超越顾客期望》，东北财经大学出版社1998年版。

技术技能(technical skill):指运用管理者所监督的专业领域中的过程、惯例、技术和工具的能力。在特定的工作岗位要有特定的知识与能力,如生产技能、营销技能、财务技能等,这些都是管理或岗位所需要的技能。

人际技能(human skill):指与别人打交道,与别人沟通的能力。有效的管理者必须具备良好的沟通、协调能力,能够激励组织内部的人结合成为一个上下一致的团队,并使组织与外部社会建立融洽的合作关系,构建有效的沟通渠道。不同管理层次对管理者技能要求的重点是不同的,但是各管理层对人际技能的较高要求却是相同的。

概念技能(concept skill):指把观点设想出来并加以处理以及将关系抽象化的能力。概念技能是针对高层管理者的特殊要求。高层管理者是企业理论和企业文化的主要创造者,需要有较高的概念技能,他们将企业遇到的问题概念化,这是一个类似理论升华和文化创造的过程;同时在日常工作中,他们要明确企业的走向,并把此理念贯彻在自己和企业的日常工作中。

## 三 工程共同体中的管理者

管理是一个过程,是让别人与自己一道去实现既定目标。管理的主体是管理者。

在大型的工程活动中,管理者发挥了非常重要的作用。工程共同体中的管理者不仅具有普通管理者的共性,也具有其自身的特性。下面我们着重对工程共同体中的项目经理这一特定角色进行一些分析和说明。

项目经理就是项目的负责人,有时也称项目管理者或项目领导者,他们负责项目的组织、计划及全面实施,以保证项目目标的成功实现。项目经理的工作范围包括成本管理、人力资源管理、质量管理、整体管理、采购管理、沟通管理、风险管理、时间管理,等等。那些成功的项目无一不反映了项目管理者卓越的管理才能,而失败的项目同样说明了项目管理者的重要性。项目管理者在项目及项目管理过程中起着关键的作用。

项目经理尽管是一个管理者，但他与其他管理者有很大的不同。首先，项目经理与部门经理的职责不同。部门经理只能对项目中涉及本部门的工作施加影响，如技术部门经理对项目技术方案的选择，设备部门经理对设备选择的影响，等等；而项目经理对项目的管理比部门经理的工作更加系统、全面。其次，项目经理与项目经理的经理或公司总经理的职责不同。项目经理是项目的直接管理者，是一线的管理者；而项目经理的经理或公司总经理是通过选拔、使用、考核项目经理等方式间接管理一个项目，项目经理的经理或公司总经理往往也是从项目经理做起来的。

在工程活动中，工程共同体中的管理者们分布在不同的岗位上，承担不同的责任，他们要保持项目内部和成员之间的纵向交流，同时也要维持项目与项目组之间的横向联系，最后还要接受上级管理者的领导。

## 四　管理者是冲突的协调者

### 1. 冲突理论的发展

美国管理协会进行的一项调查表明，工程项目管理者平均花费 20% 的时间用于处理组织内各种各样的冲突。由此可见，一定程度的冲突是工程共同体内的一种常态，而处理冲突的技能优劣则关乎共同体的效率高低，甚至关乎工程的成败。

管理学对冲突的认识经历了三个发展阶段。

首先是 19 世纪末至 20 世纪 40 年代中期的传统冲突理论（the traditional view）。该理论认为，冲突是不利的，冲突会给组织造成消极的影响，因此领导应尽可能在组织中消除冲突，对于冲突的解决持僵化、拘泥的方法。

后来是 20 世纪 40 年代至 70 年代中期的人际关系观点（the human relation view）。该理论来自人际关系理论家的论述和概念，认为冲突不可避免地存在于所有组织之中，是一种自然现象，因此应该接纳冲突。虽然这一观点不似传统理论那么僵化、偏激，但仍然将冲突看作是消极的因素，试图避免它或及时解决它。

第三阶段是20世纪70年代中期至今的互相作用观点(the inter-actionist view)。该理论认为,过于融洽、和平、合作的组织对变革的需要容易表现冷漠。冲突程度太低的组织没有创新精神,不易暴露工作中的错误,组织显得没有活力,不善于自我批评和自我革新,对外界的变化反应缓慢。因此,领导的任务是维持适度的冲突:当组织内部冲突太多时,应设法尽力消除冲突;当组织内冲突太少,则应通过各种方式适度地激发冲突,以维持组织的生命力。

2. 冲突的定义和分类

管理学家雷辛(M. A. Rahim)将冲突概念化为社会实体(即个体、群体、组织等)内部或者之间表现出不相容、不一致或者不协调关系的交互过程。根据这个定义,工程管理者的主要责任之一就是及时发现工程活动中的冲突,理智地面对冲突并采取有效的措施化解和协调冲突。

有人从不同的角度出发,将冲突分为许多种类型。从结果看,可将冲突划分为建设性冲突和破坏性冲突;从存在方式来看,可将冲突划分为真正的冲突、表面的冲突和潜在的冲突;从产生的原因角度,可将冲突分为认知冲突、情绪冲突。管理者应该能够正确分析冲突的来源和性质,以正确的态度认识和对待冲突。

需要强调指出的是:不应片面化、绝对化地认为所有的冲突都是“坏事”。一些研究已经指明了某些冲突是有价值和具有积极作用的。如果一个集体中冲突很少或者没有冲突,组织反而会变得停滞不前。

总而言之,一方面,放任而不受控制的冲突会使工程项目的运行失常甚至失败;另一方面,冲突也可能是有益的,冲突能够提高管理者的决策质量、暴露出管理者设想的缺陷,并且提升对决策基础的理解。冲突是把双刃剑,管理者应该能够正确、恰当地认识和处理各种冲突。

3. 冲突管理

鉴于冲突的两面性,管理者要学会针对不同类型的冲突采取不同的措施。依据上文对工程共同体中两类冲突的分析,一个有效的冲突管理战略包括:减少共同体内不同层次上的情绪冲突;获得并保持适当程度的认知冲突;选择和使用适当的冲突处理策略。管理者要立足于此，采用适当的解决模式。在管理学理论中，曾总结出如下五种基本的解决模式：

回避或撤出：回避或撤出的方法就是让卷入冲突的项目成员从这一状态中撤离出来，从而避免发生实质的或者潜在的争端。有时，这种方法并不是一种积极的解决途径。例如，项目中某个队员对另一个队员提出的技术方案有异议，如果其采取回避或撤出的态度，把自己的更好方案掩藏起来，就会对项目工作产生极大的不利影响。

竞争或逼迫：这种方法的精神实质就是非赢即输，认为在冲突中获胜要比勉强维持人际关系更为重要。这是一种致力于解决冲突的方式。比如在上例中，如果该名队员据理力争，项目很可能会以更好的技术方案得以实施。当然，这种解决方式还会造成另一种后果：借助权力强制处理。

缓和冲突并进行调解：这种处理方法信奉求同存异，它将维持团队成员之间良好的关系看得比解决问题更重要，在遇到冲突时，往往会找到冲突各方意见一致的方向而忽视差异。该方法认为通过寻求不同的意见来解决问题会伤害队员之间的感情，从而降低团队的凝聚力。尽管这一方式能缓和冲突，但却不利于问题的彻底解决。

妥协：协商并寻求争论双方在一定程度上都满意的方法是这一方式的实质。这一冲突解决方式的主要特征是妥协，进而寻求一个折衷方案。当各方力量势均力敌、难分优劣时，妥协也许是较为恰当的解决方式。不过，这种方法也并非永远可行。

正视：直接面对冲突是克服分歧、解决冲突的有效途径。通过这种方法，团队成员正视问题，正视冲突，要求得到明确的结局。这种方法既正视问题的结局，也正视团队成员之间的关系。每位成员都必须以积极的态度来面对冲突，并愿就问题、冲突广泛地交换意见。充分暴露冲突和分歧，有助于寻求最好的、最全面的解决方案。信息的交流使得每位成员都愿意修订乃至放弃原先的观点和主张，从而有利于寻求最优的解决方案。这是一个积极的冲突解决途径。在工程共同体中，作为一名管理者，就要有意识地培育积极的沟通环境，帮助团队形成以诚待人、民主讨论的氛围，同时引导团队成员学会表达意见，避免夹杂过多个人主观感情，或者压抑自己的情绪和想法。

## 第二节　职业经理人

现代管理学认为，职业经理人的主要职能是管理企业，这一阶层是随着西方企业所有权与经营权的分离而出现的，是现代生产力高度发展和高度分工的产物。职业经理人是现代企业制度不断完善的体现。

### 一　职业经理人的概念

职业化是社会或某一行业发展成熟的标志。萨缪尔森(Paul A. Samuelson)是较早提出职业经理人概念的经济学家。熊彼特(Joseph Alois Schumpeter)认为，职业经理人是社会发展的带头人，其职能就是"创新"。约翰·彼得(John Peter)认为，职业经理是能够发起革命、设计变革和组织变革的人。① 经济学家厉以宁认为，职业经理人是伴随着现代企业的诞生而出现，独立从事企业经营管理活动，以此为职业、以之谋生，将所经营管理企业的成功视为自己人生成功的专职管理人。也有人认为，一名合格的职业经理人至少应具备两种精神和五种能力：两种精神是指敬业精神和团队精神；五种能力是指学习能力、执行能力、组织协调能力、视野能力和决策能力。

综合上述观点，同时兼顾职业经理人的发展趋势，可以将职业经理人定义为：在现代企业制度下，企业为谋求进一步发展，通过中介机构寻找的或者内部自我培养的，受双方协商后的契约关系制约，对企业拥有部分控制权，并通过自身的知识和经营管理能力，对企业现有资源进行重组和利用，能够代替企业所有者行使决

① 转引自李祖永：《经理角色理论的理论变迁及评述》，《重庆工商大学学报》2005 年第 2 期。

策、监督、考核等管理职能的企业雇员。

## 二 职业经理阶层的诞生与发展

### 1. 职业经理人产生的历史背景

职业经理人最早出现在美国。19 世纪 40 年代末，美国掀起了铁路建设的热潮，推动了美国铁路企业的成长。由于修筑铁路所需的巨额资本只有通过资本市场才能筹集，因此美国铁路几乎一开始就走上了公司制造道路。自此，公司制造作为一种创新组织形式风靡全世界。同时，铁路企业的管理需要特殊技能和专业训练，支薪管理人员从此产生，现代职业经理阶层随之得以形成。

在 19 世纪四五十年代，铁路企业管理是一个全新的问题，如解决困难、处理事故、控制运输成本等，面对这些严峻挑战的是大批新型的支薪经理人员，即最初的职业经理人。他们积极探索，不断创新，提出了很多有创意的管理理念，如现代化的分工细致的内部组织结构，铁路运营款项记录及日报表/月报表编制制度，明确权责关系，强化统计报表制度以控制经营成本，以及权力机构与职能部门分设的组织形式等，使得分工严密、结构合理、协调控制的铁路企业组织结构和管理制度逐渐形成，而与之相适应的近代财务、会计、统计制度的基本方法也在 19 世纪五六十年代逐渐发展起来。

职业经理人在美国出现后，随后在世界范围内发展起来。职业经理是伴随着公司制企业（股份公司、有限公司）的发展而出现的。1933 年，美国学者伯利和米恩斯在《现代公司与私有财产》一书中对美国 200 家大公司进行了分析，发现占公司总数 44%、占公司财产 58% 的企业是由并未握有公司股权的经理人员控制的。他们由此得出结论：现代公司已经发生了“所有与控制”的分离，公司实际上已经被由职业经理组成的控制集团控制。后来，人们把这种现象称为“经理革命”（Management Revolution）。

### 2. 西方经理人职业化的发展历史

西方国家经理阶层的成长是与资本主义市场经济的发展相伴，随着资本主义社会生产力的发展而完成的。它的形成与发展大体经历了四个阶段。①

第一阶段是业主管理。1841 年以前，企业的出现最初在很大程度上归因于以分工为基础的协作的需要。不管是单个企业主还是合伙制企业，企业主不仅拥有企业所有权，还直接控制着企业，而且亲自经营和管理着企业。这种所有者、经营者和管理者三位一体的制度模式，是当时企业普遍采用的。这一时期的企业，由于经营规模相对较小、数量相对较少、业务内容比较简单，企业的经营管理也比较简单，因而企业的所有者能够胜任直接控制和经营管理企业的工作；此外，这种做法在当时要比其他做法更能确保企业所有者经济利益的最大化。随着市场竞争越来越严峻以及资本扩张的需要，由于这种模式不利于职业经理阶层的发展壮大，给那些具有企业经营素质和技能、但无资金的人进入企业经营者行列制造了障碍，这种产权结构已经落伍。

第二阶段是技术经理。从 1841 年世界第一位职业经理诞生到 1925 年美国管理协会成立，后者标志着西方企业基本完成了从业主式（或世袭式）经营企业到聘用经理人来经营企业的模式的转换。这一时期可以看作职业经理人的成长期，西方企业制度在这一时期基本形成了近代公司制占主导地位的格局。1841 年 10 月 5 日发生的美国西部铁路客车相撞事故，促使专业技术人员取代所有者，成为企业专职的支薪经理。同时随着企业规模的扩大和生产技术的发展，企业主难以兼顾全部生产经营管理，于是纷纷选拔一些懂技术、会管理的专家负责日常经营管理，企业高层决策仍由企业主制定。这种由经理代表企业所有者管理企业的现象的出现，标志着企业所有权与部分经营权的分离，标志着新型企业制度的诞生，同时也为经理人的独立以及职业经理人的产生创造了契机。

第三阶段是职业经理。大约从 1925 年到 20 世纪 60 年代末。在这一阶段，随着美国哈佛大学企业管理研究院的成立，到 20 世纪 60 年代末，80% 以上的西方企

① 参阅［德］曼弗雷德·马丁、［德］加比·波尔纳：《重塑管理形象：渐进式管理，打开成功之路的钥匙》，中国经济出版社 1996 年版。

业都聘请了职业经理人,西方职业经理人阶层迅速成长。这时的企业完成了从近代公司制向现代企业制度的过渡。随着企业的不断发展与市场复杂化程度的不断提高,股份制成为企业的主要形式,这种企业由于投资者众多,股权分散,经营管理难度加大,单纯技术的专家们已远远不能适应现代化企业对管理的要求。企业所有者为了降低企业内部交易成本,追求自身利益最大化,逐渐脱离了企业的经营管理工作,放弃了直接控制和经营管理企业的权力,开始雇佣那些谙熟经营管理,受过专门训练并且有优异决策能力的专业人员代理行使经营管理权,催生了以“所有权与资本控制权相分离”为特征的现代企业制度,实现了自然人与法人、所有权与经营权的分离。一批经过专门学习与培训,以经营管理为专业特长的新兴职业经理人应运而生。随着经营规模的进一步扩大,企业股权日趋分散,经理人员完全按照自己的意愿来进行企业管理,他们的管理和协调具有比“看不见的手”更高的效率。经理人员从被操纵者转变为操纵者,他们实际上已经成为现代股份制企业中能自我维持的阶层。这就是所谓的经理控制公司态势的“经理革命”。

经理革命,即企业决策权力由所有者向经理阶层转移,经理成为处置企业资产、管理经营运作的权力中心,所有者成为主要是分享企业收益的人,或者说领取利息、红利和赚取资本收益的人。

**图6-1 职业经理人阶层的形成路径**

职业经理阶层的形成,除了市场经济的大背景外,还必须具备五个必要条件:第一,经理人必须是“商品”;第二,经理人可以自由交换自身的人力资本;第三,企业必须是所有权与控制权相分离的购买者,即现代公司制企业;第四,组织现代企业复杂的经营活动所需的专门知识为经理人员挤进股份制企业的权力中心提供了敲门砖;第五,企业规模扩大和股份分散为经理人员取得主宰地位提供了前提。

第四阶段是职业经理人制度的完善。这一阶段是从 20 世纪 70 年代至今。西方现代企业制度不断走向完善，出现了许多所谓“后现代”的制度创新，而职业经理人阶层也不断走向成熟，成为西方社会中发挥越来越重要作用的一个阶层，职业经理人的研究也已经展开并系统化，职业经理人的培养和培养机制也日益健全。

3. 中国职业经理人的发展历史

相对于发达国家职业经理人一百多年的发展历史，目前我国的职业经理人队伍还很不成熟。我国职业经理人也是伴随着我国现代企业制度的发展而发展的。

中国近代的企业管理是从近代官僚资本企业管理和民族企业管理开始的。晚清洋务运动时期兴办的企业，如江南制造总局、福州船政局等都属于官僚资本企业，这些企业的经营管理基本上都属于封建衙门式的。

随着洋务运动中官僚企业的发展，在救国图强动力的驱使下，中国的民族资本企业也逐步发展。民国时期，民族资本企业受政治局势的影响，经营范围逐步扩大，规模时起时落。这些企业逐步采用了西方的管理方式，如加强供销管理、采用机械化生产、注重资金运营等，企业的所有者同时又是管理者和经营者，所有权和经营权基本上是一体的，没有实现西方意义上的所有权和经营权的分离。

从新中国成立后到 1978 年改革开放前，我国实行高度集中的计划经济体制，企业成为政府机构的附属物，企业的生产、财务计划都是国家计划的具体延伸与执行，企业的管理者也成了政府官员的延伸——准官员或企业官员。在这样的体制下，不存在真正意义上的企业，更不会产生职业经理阶层。

1978 年改革开放，此后的十余年，中国国有企业逐渐转变为真正的企业，经营权与所有权逐步分离，现代企业制度开始建立，真正意义上的职业经理人开始产生。同时，在这一阶段，民营企业特别是家族企业，如雨后春笋般成长起来。但是，改革之初“两权分离”并没有真正落实到位，阻碍了经理阶层成长的步伐。

1994 年《公司法》的正式实施，为经理人的职业化提供了法律依据，并对职业经理人的职权做了界定。“中国职业经理人第一案——王维尊案”①在法律的范畴内对职业经理人市场规范做了全面的探索，从此打开了中国职业经理人走向规范化的时代之门。

我国职业经理阶层主要来源有三部分：第一部分是原来国有和集体企业的干部。随着现代企业制度的发展，这部分人逐渐从行政系统脱离出来，成为职业经理人。第二部分来自较大规模私营企业或高新技术产业领域里的民营企业，这些企业在20世纪90年代后期开始出现所有权与管理权分离的趋势，一些企业主聘用职业经理人来为其经营管理企业，另一些业主则通过企业股份化从创业者转变为职业经理人。第三部分是“三资”企业的中高层管理人员。

综上所述，职业经理人的形成是与经济、社会发展相伴随的过程，是现代企业发展的必然结果，是市场经济的产物。同时，我们需要看到，经理人的职业化不仅是社会历史发展的必然，而且有其深刻的理论基础。

## 三　职业经理阶层产生的原因

职业经理人制度是西方市场经济体制下诞生的一种企业制度。职业经理人之所以出现，是因为企业的发展需要更多的专业化管理人才，而企业的所有者由于种种原因难以承担所有的管理职能。职业经理人阶层的出现，是企业管理高度专业化的结果，也是企业管理成熟的标志。

在英文中有两个词可以翻译为经理人，一个是Executive，译为总经理、董事、商社社长等；另一个为Managing Director，译为经理、经营主管。由此可见，经理人的范围是非常广泛的。有关经理角色的研究可以追溯到早期企业家成长的理论。

### 1. 社会分工论

社会分工是与人类社会进程伴随而产生的社会现象，被认为是推动社会发

---

① 在这一诉讼案中，广西北海喷施宝有限责任公司王维尊等职业经理人被控虚设“直销部”，并通过“直销部”的账目私分公司财产，构成了职务侵占。王维尊等人还被控告窃取了公司的账单和产品配方等商业机密资料，并交给了日本野村公司，换取了野村公司的好处。

展的基础动力。分工现象很早就为社会学者所关注,早在2300多年前,柏拉图就在其《理想国》中谈到了社会分工。我国古代学者孟子也提出了自己关于社会分工的理论。近代以来,亚当·斯密的《国民财富的性质及其原因的研究》、马克思的《资本论》、涂尔干的《社会分工论》等著作都从不同的层次对分工问题做了系统的分析。从历史角度看,分工是随着社会的发展而发展变化的。分工使得各种专业人才的出现成为可能,职业经理人作为管理专门人才,其出现也是分工的结果。

2. 委托代理理论

委托代理理论是在现代公司制条件下产生的,是揭示企业委托代理关系的形成、发展和协调机理及其有效性的理论。

我们可以运用委托代理关系理论来分析职业经理人和企业所有者之间的关系。根据这种理论,职业经理人是代理人,企业所有者是委托人。企业所有者与职业经理人之间的“委托—代理”关系是对立统一的关系。所有者希望通过选聘机制、激励机制、约束机制来对职业经理人进行“激励”和“约束”,希望能够使职业经理人成为“忠诚有效”的“代理人”。可是,由于信息不对称和职业经理人是具有自身利益和行为目标的经济人,这就使职业经理人的行为目标与所有者的利益目标不可能完全一致,使得代理过程中存在损害和侵蚀所有者利益的道德风险和逆向选择问题。

3. 经理人员职能理论

切斯特·巴纳德(Chester I. Barnard)在《经理人员的职能》一书中,对经理人员的职能作了阐述。巴纳德认为,经理人员的作用就是在一个正式组织中充任系统运转中心,并对组织成员的活动进行协调,指挥组织的运转,实现组织的目标。他认为经理人员的职能是维持组织运转这一种特殊的工作。经理人员的职能在于维持一个协作努力的系统,这些职能是非个人的。

职业经理产生的根源在于生产力的不断发展,企业规模的快速扩张,管理的复杂化、技术化和专业化。概括起来,主要有以下几个方面的原因:

(1) 生产力的高度发展及专业分工的不断加强:18世纪以来,随着产业革命的发生和发展，机械化大生产的普遍应用，企业规模越来越大，家族式的管理方式逐步暴露其弊端，公司制企业走上历史舞台，为职业经理的产生提供了客观条件。

从管理的角度看，自泰勒首创“科学管理”之后，随着实践的发展，管理日趋复杂化、技术化、专业化。管理成为一门科学，一门专门技术，需要有专门从事管理工作的专业人员，管理人员从其他岗位上分离出来，成为专职人员。

（2）企业所有权与经营权的分离：产业革命以后，企业的所有权与经营权分离，企业所有者为了企业的更好发展，将企业交给更有经营管理能力的经营者，职业经理凭借自己的经营管理才能，取得对企业经营控制的权力，即发生了所谓的“经理革命”。职业经理得到不断发展，职业经理人作为一种人力资本，不仅取得了劳动报酬，而且拥有剩余索取权。

“经理革命”的实质，只是改变了企业的控制者，使得职业经理人走上前台，成为推动企业发展和技术进步的生力军。“经理革命”实际上是管理的革命，其结果是具有经营管理技能的职业经理取代了资本所有者成为企业的控制者。所有权和经营权的分离以及经理更换机制是“经理革命”产生和发展的基本条件。

（3）现代企业制度的形成和完善：现代企业制度是以公司制为代表的企业组织制度，其主要特征是有一套完整、科学的法人治理机构，即所有者、经营者、生产者之间，通过公司的权力机构、决策和管理机构、监督机构，形成各自独立、权责分明、相互制约的关系。这些关系以法律和公司章程的形式得以确立和保证。正是因为有完善的现代企业制度做保证，职业经理才有存在和发展的制度基础。应该说，是先有以股份为主的公司制，才有了职业经理的迅猛发展，而职业经理的壮大又推动了现代企业制度的完善和发展。

## 第三节　创业者与企业家

创业者与企业家是工程管理者中具有特殊重要性的类型和群体。虽然企业家并不必然同时是创业者，但有时确实又把创业当作是企业家特征的一个重要表现。

本章以下着重对他们在工程共同体中的地位和作用、他们与工程共同体其他成员的关系等问题进行一些分析和讨论。

一般地说,创业者和企业家这两个术语之间既有某些重叠关系,又有一定的区别。可是,考虑到二者的密切联系以及目前许多人都在使用"二次创业"这种把创业过程加以延伸的说法,本章论述中也就采取既承认创业者和企业家的区分同时又不刻意强调二者区别的态度,把他们放在一起进行论述了。

## 一　创业者与企业家在工程共同体中的地位和作用

所有企业都是通过创业过程而创立或出现的。从这个角度看,没有创业者就没有企业的创立,自然也就谈不上任何其他后续的发展了。

从字面看,创业者(nascent entrepreneur)是初步进入工程共同体的管理者,企业家(entrepreneur)则是工程共同体成熟的管理者。创业者的创业活动可能成功也可能失败。从初出茅庐的创业者到成功的企业家需要经历一种社会角色的转换。

最早提出"企业家"一词的是法国经济学家萨伊(Jean Baptiste Say)。他在1803年出版的《政治经济学概论》中指出,企业家是将一切生产手段(劳动、各种形态的资本或土地等)组合起来的经济行为者,是能够在使用生产手段的结果(产品的价值)中发现可供扩大总资本,可用于支付工资、利息或地租以及归属自己的利润的人。企业家需要兼有那些往往不可得兼的品质与技能,即判断力、坚毅、常识和专业知识。萨伊区分了企业家和资本家,指出了企业家的精神品质和特殊才干,但却忽视了企业家的两个重要特征:创新精神和承担风险的勇气。

在现实经济和技术发展中,资本持有者(投资者)与资本需要者(创业者或企业家)也逐渐有了明确区别。随着工业革命的发生及其在整个世界的扩展,大量新发明涌现出来,许多发明者都迫切需要足够的财力来支持其工程上的科技应用和创新活动。例如,大发明家爱迪生从私人手中筹集资金,用来支持他的灯泡试验。从这个角度看,爱迪生是一个资本的使用者,而不是一个资本的供给者。

直到20世纪,新的企业家概念才得以建立。著名经济学家熊彼特认为,企业家是创新者,推动经济变革和发展的行动者。他甚至把“企业”一词的含义限定为创造各种要素的“新结合”,进而把“企业家”一词的含义界定为引进“新结合”的经济人。对于工程共同体来说,这种“新结合”表明了企业家作为管理者的角色地位。实现工程要素的新结合的企业家在工程共同体中起着中心作用。为数不多的有天赋的企业家率先开发新技术、新产品和新市场,从事工程创新活动,而其他大多数管理者只能是模仿者和追随者。要实现上述“新结合”的各项具体创新,不仅要具有创新思维能力,而且还要具有把握经济、社会、政治和文化环境脉搏的预见能力。在企业层面,还必须具有建立新的组织结构来实施和推销新工程产品和服务的能力。在一定意义上,这种组织上的管理创新同技术创新一样具有相当高的难度,组织创新对企业家来说是更为基本的管理职能。

创业者与企业家是工程共同体的“灵魂”。创业者与企业家在工程共同体中的位置和作用可以概述如下:

第一,在工程共同体中,企业家具有工程创业的首创精神。在这种意义上讲,企业家就是创业者。创业者与企业家作为工程共同体的重要组织者或管理者,能为工程共同体注入创新活力,建立新的组织秩序。

第二,在工程共同体中,创业者与企业家代表一种管理行为,既能将资源、劳动、原材料和其他相关资产组织起来创造更大的工程价值和财富,又能组织或重组经济社会机制,将资源转化为可获得的工程利益。

第三,在工程共同体中,创业者与企业家是典型的被工程事业的动力驱使的人,是为了获得某种工程利益、为了进行某种工程实验和为了实现某种工程目标的人,因此创业者、企业家往往成为一个既竞争又合作的工程创业群体。

第四,在工程共同体中,创业者与企业家敢于承受工程实施带来的各种风险或失败。工程创业是创业者与企业家在一个企业组织内部追踪、捕获工程机会的经济社会过程,其中涉及工程投资、工程实施和工程影响的各种风险。他们既要善于捕捉各种工程机会,又要敢于承受各种风险。也就是说,创业者与企业家是集创新性、商业机会把握、组织管理、财富创造和风险承担于一身的工程实践组织者或管理者。

## 二　创业者与企业家同工程共同体其他成员的社会关系

目前,在创业研究方面,人们越来越重视从外部社会环境来研究创业现象和创业问题,①许多学者将社会资本与社会网络的相关理论和方法应用于创业活动研究,②强调社会资本在创业者与企业家成长中的作用分析。对于创业企业而言,诸如权力、地位、财富、资金、学识、机会、技术、信息等社会资源在创业者与企业家活动中起着非常重要的作用。但这些资源是嵌入社会网络之中的,因此创业者与企业家的社会交往必不可少。当各种社会资源在特定的企业和社会环境中变得稀缺时,创业者与企业家可以通过两种社会联系获取之:③一是经由团体资格获得,也就是作为社会团体或组织的成员,与这些团体和组织建立稳定的联系,通过这种稳定的联系从社会团体和组织获取稀缺资源;二是通过人际社会网络获得,它是随着人们之间的接触、交流、交往、交换等互动过程而发生和发展的。按照这种框架来分析创业者、企业家的社会关系,将涉及非常复杂的社会网络,如权力性社会网络、市场性社会网络、智能性社会网络、经验性社会网络等。以下将仅在工程共同体范围考察创业者或企业家与工程师、投资者、员工(包括工人)之间的社会关系。

### 1. 与科学家、发明家或工程师的关系

从创业起源和创业过程来看,创业者或企业家本身往往就是科学家、发明家或工程师。科学家、发明家或工程师成为创业者、企业家,中间经历了一个较长的历史发展过程。18 世纪末,随着工业革命的发生,资本主义经济得到空前发展,进而

① 林强、姜彦福、张健:《创业理论及其架构分析》,《经济研究》2001 年第 9 期,第 85—94 页。

② B. Honig, P. Davidsson. The Role of Social and Human Capital Among Nascent Entrepreneurs. Paper Presented at the Annual Meeting of the Academy of Management, Toronto, 2000.

③ 那瑛:《企业家社会网络资本的作用分析》,《内蒙古民族大学学报》(社会科学版)2006 年第 1 期,第 82—86 页。

引起了观念更新。冒险精神、创业意识在西方主要资本主义国家成为主流的意识形态，为发明家兼企业家的诞生奠定了思想基础。例如，大发明家诺贝尔就出生在一个发明家兼企业主的家庭里，家庭环境的熏陶使得他从小就崇尚创新与创业。那时专利制度也开始普及并得到完善，专利制度使发明家们得到了转让收入，为他们日后的创业活动准备了资本，从而使发明家兼企业家的出现成为可能。随着新航路的开通和新市场的扩大，那些靠冒险与掠夺发财的资本家希望更快地聚敛资本，以发展铁路、矿山、钢铁、航运等产业，股份有限公司这种极富生命力的企业组织方式应运而生，为解决发明家研究开发经费和创业资金不足提供了可能。诸如爱迪生、马可尼、贝尔等大发明家都曾利用招股方式，为自己筹集到了部分创业资金。随着股票的发行和资本的扩大，在股份有限公司这种新型组织形式中，企业所有权与经营权得以分离，一个专门从事企业经营管理的职业经理阶层逐步形成。在这一阶层或群体中，那些敢于冒险、勇于创新和善于管理的经营管理者，领导所在企业按照市场经济规则参与各种工程实践，开拓大量新型工程领域，成为第一批现代意义上的企业家。

在资本主义世界，工业革命催生了以道尔顿、门捷列夫、达尔文、奥斯特、麦克斯韦等为代表的一批自然科学家，以及在造船、蒸汽机车、钢铁、采矿、机械制造、化工、电力、通讯、内燃机等工程领域作出一流贡献的一大批发明家，同时一批现代企业家开始成长起来，出现了以爱迪生、诺贝尔、贝尔、威斯汀豪斯、马可尼等为代表的一代发明家兼企业家。发明家兼企业家在企业取得成功之后，都成了企业的大股东。他们主要是以个人的技术取得企业的股权，并以自身在技术与管理上的双重优势对企业产生重大影响。就在这时，出现了另外一种趋势，那就是19世纪末，钢铁、矿山、铁路、造船、汽车等传统产业中的大企业与金融资本融合，逐步转变成了跨国垄断集团。这些庞大的垄断集团依赖其巨大的资金实力，为了增强自己的竞争实力，大量增加科学研究投入，特别是应用科学研究以及技术开发的经费。新一代发明家和技术专家所创办的中小企业只能利用自己独有的新产品或技术诀窍、生产经验和灵活的经营方式在垄断资本的缝隙里顽强地生存，当然也有的发展成为大型企业。

第二次世界大战之后，科学和建立在科学基础上的新兴技术获得了空前发展，科学研究的组织方式由小规模的集体研究转变为大企业级、国家级以及国际间的大范围、大规模合作。在这种背景下，发达国家的产业与企业结构发生了重大变化：曾带来巨大财富的钢铁、汽车、造船等工程领域已经衰退，以微电子为先导的新兴产业和工程领域迅速崛起。工业社会长期以来形成的企业规模越大越好的观念发生了重大改变，许多大公司、大企业纷纷分解为许多小的利润中心。同时由于产业结构调整，产生了一批对高技术潜在市场有着深刻洞察力、擅长指导高技术专家创业的风险投资者阶层。高技术的发展与风险投资者的出现，迎来了一个由科学家创办高技术企业的新时代，为工程共同体拓展新型工程领域注入了活力。

以上是从创业角度说明了作为创业者的科学家、发明家和工程师的复杂身份，但在更为广泛的工程共同体意义上，他们只是企业家群体的一个组成部分。在工程共同体中，更多的科学家、发明家或工程师及其他专业技术人员虽然拥有丰富的知识与技术资源，追求工程设计的优越、技术的高超和科学的尖端，但由于缺乏管理思想和经营哲学，导致其经营和管理取向较弱，因此一般要受雇于企业家，以自身的科技知识和工程经验效力于企业。一般的企业家虽然缺乏工程师的那种专业智力资源，但能凭借其经营权和管理权，将工程师的专业知识整合到自己的管理模式中，如聘任企业内部的资深工程师或技术人员做基层干部或经理层的技术顾问，使企业在工程实施中达到效率最优化。

2. 与投资者的关系

没有投资是不可能创业的，于是，创业者与企业家就必须与相关的投资者密切结合起来。工程投资者属于工程投资的运作主体，创业者与企业家属于工程投资的需求主体。在工程共同体中，创业者与企业家作为投资需求主体，与投资者是一种代理人与委托人的经济社会关系。创业者与企业家不仅掌握着技术及其相关知识产权，而且还直接经营和管理企业，对企业拥有较大的决策权和控制权。相对于投资者而言，创业者和企业家明显地占有信息优势。他们可能会利用这个优势，不惜损害投资者的利益来谋求自身利益的最大化,因此在信息不对称的情况下,创业者与企业家同投资者的理想交易关系应该是:在信息最大化和信息成本最小化的前提下,既能给创业者与企业家足够的自由来管理好企业,又确保他们从股东利益出发来使用这些自由,让投资者有足够的信息去判断自己的期望能否得到实现;如果不能实现,投资者应该有果断行动的权利,通过充分自由地买卖股票确保资金的充分流动。

3. 与其企业内部员工(包括工人)的关系

就企业创建来说,所谓创业者是指创立了公司或自身拥有该公司的最高管理者。创业者可能为原始创业者,也可能为其替代者。企业在创立初期由于缺乏经验,其风险几乎全部由创业者承担,创业者只有通过亲身体验才能积累经验。随着公司业务的扩大,创业者意识到自己已经不可能事必躬亲,需要加强组织管理,开始有了授权的行为。有效的授权可使企业克服经营活动摇摆不定的问题,实现快速、平稳发展。这时创业者把一切工程项目都视为机会,往往盲目铺摊子,冒险进入自己从未涉及过的工程行业,并不得不为此付出代价。同时由于没有健全的制度和相关政策,企业专注于一项工程业务的时间很短,工程项目上马的随机性很大,管理人员的工作缺乏连续性和重点。在这种情况下,创业者一方面要多关心成本会计的数字信息,保持头脑冷静;另一方面要通过授权机制完成企业组织化、制度化,尽量做到权力与责任的对等要求,逐步实现由直觉型的经验管理向职业化管理转变,极力避免合伙人与决策制定者之间、管理型与开拓型员工之间发生的冲突。此外,要注意从政治、思想、技术、利益、文化生活等各方面关心员工乃至工人,促进信息交流反馈,增加企业凝聚力。开创型的创业者只有通过有效的授权和分权使企业组织化和制度化,才能转变为管理型的企业家。但这绝不是说管理型的企业家不再需要创业,事实上企业家每承担和完成一个工程项目就是一次创业,只不过这种创业所承受的风险相对于原始创业要小得多。

以上着眼于工程共同体内部关系的考察表明,创业者与企业家在工程共同体中占据重要地位。他们可能是某些工程领域的开拓者,也可能是某个工程行业的领军人物,更是新兴工程实践的掌舵者。因此,立足工程实践,不断培养中国自己的创业者与企业家群体,是推动我国工程共同体进化与发展的一项重要事业。

## 三 在工程实践中促进我国创业者与企业家群体成长

在工程共同体中,创业者与企业家作为一个群体显然具有较之工程师、投资者和工人更强的竞争意识。中国作为发展中国家,其工程共同体与其他国家工程共同体相比较是否具有竞争优势,一个关键点就是要看中国的创业者与企业家群体有什么样的竞争能力。改革开放以来,我国创业者与企业家队伍日益成长壮大,使中国工程共同体发展迈上了一个新的台阶。鉴于我国的改革与发展仍在逐步深化,商品、劳动力和资本市场尚未成熟,市场秩序亟须规范,法律法规有待完善,这些都制约着我国创业者与企业家群体的快速成长,也制约着工程共同体经济社会功能的发挥。我国必须在工程实践中通过持续深化的体制机制创新大力促进我国创业者与企业家群体成长,切实增强我国的竞争实力。

我国应该把握工程发展趋势,加快体制创新步伐,促进创业者与企业家群体实现跨越式发展。美国自20世纪90年代中后期以来,产生了以网络为平台的智能化大规模定制生产方式,这种生产方式对创业者与企业家群体的发展起到了深刻的导向作用。美国正在努力走出传统的创业者与企业家培育体制,在新的风险投资模式下摸索快速批量培育创业者与企业家的道路。我们必须从中国的国情和自身的经济发展阶段出发,借鉴美国培育创业者与企业家的新经验,认清形势,大力推进经济结构调整和产业升级,尽快实现从工业工程时代向信息工程时代过渡,推动创业者与企业家队伍从产业工程型向信息工程服务型转变,从而大幅度地提升中国创业者与企业家在国际上的竞争能力。

随着中国经济的飞速发展,各种大小工程不断上马,对外承包工程项目不断增多,这就要求我们必须在较短的时间内造就出一支优秀的创业者与企业家队伍,并培养出一批世界级的创业者与企业家。我们必须科学地整合各种社会网络资源,努力建立起一个可以持续地、大批量地培育优秀创业者与企业家的创新系统。

我们必须利用一切社会网络资源,在工程共同体中形成有利于创业者与企业家成长的文化、市场和法律氛围。创业者与企业家的价值观影响了他们对事物的判断,从而在一定程度上决定了他们思考工程计划和工程实施行为的方式。据国外有关调查资料显示,中国创业者与企业家在权利追求、成就追求方面同美国创业者与企业家有相似的价值观,但美国创业者与企业家更为强调快乐感、全局观、善行、一致性、安全等因素,而中国创业者与企业家则更强调激励、自我指导和传统等因素。这是中美两国民族文化以及社会环境等因素影响的结果。在这种意义上讲,创业者与企业家是特定文化、市场与法律制度的产物。培育中国的创业者与企业家,必须把中国传统文化的精髓与现代先进的经营文化、管理文化相结合,形成适合中国创业者与企业家成长的文化氛围。应在全社会形成尊重、爱护、帮助创业者与企业家的良好环境,营造倡导创新、鼓励冒险、宽容失败、崇尚竞争的文化氛围。现代法律制度、完善的市场体系、完备的市场规则以及规范的政企关系,都是培育中国创业者与企业家的重要条件。

# 第七章
# 其他利益相关者——工程共同体构成分析之五

工程是综合性的社会实践活动。工程活动涉及技术、资源、生态、环境、经济、社会、历史、文化、政治等许多方面，涉及对特定区域土地资源的规划与利用，人口的迁移与安置、经济转型与产业重组等等，工程活动会改变不同利益主体间的利益关系，可能导致利益相关者之间的矛盾与冲突。在分析工程共同体的构成或成员时，不但必须关注工程师、工人、投资者和管理者，而且必须关注“其他利益相关者”，本章即把分析的着力点放在“其他利益相关者”上。

本章的主题和目的不是一般性地介绍和研究“利益相关者”理论，而是要分析和研究作为工程共同体组成部分或“成员”的“利益相关者”——特别是“其他利益相关者”。当不得不把众多的“其他利益相关者”都纳入视野时，人们会发现：在共同体错综复杂的利益关系、利益诉求、利益网络中，像其他许多共同体的成员结构一样，工程共同体的各种成员结构（包括工程师、工人、投资者和管理者等成员在内）中，也是既有“核心成员”又有“边缘成员”，甚至还有“松散、游离的关联成员”（在某些标准下，他们甚至不能算作是共同体的“成员”）；既有对共同体活动“一心一意”的成员，也有对共同体活动“半心半意”，甚至“离心离德”的成员。

在利益相关者理论的视野中，工程共同体成员结构的复杂性、全面性、整体性、错综性、网络性得到了突出的表现和反映。

## 第一节　利益相关者理论

利益相关者理论认为，任何一个公司的发展都离不开各种利益相关者的投入与参与，工程活动也是如此。工程项目是众多契约的集合体，每个契约方都可以看作是该工程项目的利益相关者，每个利益相关者的利益都应该得到切实的保护，包括社会利益相关者。这就要求在工程活动中，在工程设计、实施、运行、监督与管理等多个环节，除了前文中对工程师、工人、投资者和管理者等工程的直接参与者进行分析外，还应当对工程的其他利益相关者进行分析，了解他们的目标与需求、了解工程对他们的多种影响以及他们对工程的态度等。对工程的其他社会利益相关者的分析应贯穿工程活动这一系列过程的始终。

### 一　利益相关者理论的提出

利益相关者理论是20世纪60年代左右，在美国、英国等长期奉行外部控制型公司治理模式的国家中，围绕公司治理模式逐步发展起来的。与传统股东至上的企业理论不同，该理论认为，任何一个公司的发展都离不开各种利益相关者的投入或参与，比如股东、债权人、雇员、消费者、供应商等，企业不仅要为股东利益服务，同时也要保护其他利益相关者的利益。①

---

① 苏鹏：《西方利益者相关理论发展与评述》，《当代经理人》2006年第4期。

利益相关者的理论基础之一是契约说。该理论认为,企业是一组契约的组合和委托代理关系。这一组契约包括管理者、雇员、所有者、供应商、客户及社区等之间的契约,"(企业)是所有利益相关之间的一系列多边契约"①。每一个参与订立契约的人实际上都为公司作出了个人的贡献,为了保证缔结契约的利益相关者之间的公正和公平,契约各方都应该享有平等谈判的权利,以确保所有相关者的利益至少都能被照顾到。

产权说也是利益相关者理论的理论基础。马克思指出,人们所奋斗争取的一切,都同其利益有关。② 当人们围绕物质利益形成财产关系时,产权就成为一个永恒的话题。社会经济发展到今天,产权关系发生了重大变化,产权不再是单一主体的权利,一种物品的产权在现实社会中经常是分化的,权利人也是分化的,权利人和物常常是分离的。例如,所有者、占有者、使用者、受益者等的财产权利可能都是面向一个物品的权利,它们都是不同层面上的产权。这些围绕一个物品产生的不同的权利人相互之间事实上是利益相关者。

企业是利益相关者契约化的组合,物品产权体现了利益相关者的社会契约的组合,工程也是利益相关者的组合。利益相关理论是分析工程活动的重要的理论工具。

## 二 利益相关者的界定

### 1. 利益相关者概念

利益相关者有广义和狭义之分。广义的概念能够为企业管理者提供一个全面的利益相关者分析框架,而狭义的概念则指出哪些利益相关者对企业具有直接影响从而必须加以考虑。

对于利益相关者整个概念,弗里曼认为,"利益相关者是能够影响一个组织目标的实现,或者受到一个组织实现其目标过程影响的团体或个人",他强调利益相关者

① [美]弗里曼、欧文:《公司治理结构:一种相关利益者的解释》,《行为经济学学刊》1990 年第 19 卷,第 354 页。

② 《马克思恩格斯全集》(第 1 卷),人民出版社 1972 年版,第 264 页。

与企业的关系，股东、债权人、雇员、供应商、顾客、社区、环境、媒体等对企业活动有直接或间接影响的都可以看作利益相关者。① 克拉克森认为，“利益相关者在企业中投入了一些实物资本、人力资本、财务资本或一些有价值的东西，并由此而承担某些形式的风险；或者说，他们因企业活动而承受风险”。这个表述不仅强调利益相关者与企业的关系，也强调了专用性投资。② 国内学者贾生华、陈宏辉认为，“利益相关者是指那些在企业中进行了一定的专用性投资，并承担了一定风险的个体和群体，其活动能影响企业目标的实现，或者受到该企业实现其目标过程的影响”③。这一概念既强调专用性投资，又强调利益相关者与企业的关联性，有一定的代表性。

2. 利益相关者分类

只有对利益相关者进行科学分类，才能对它进行科学分析与管理。弗里曼从所有权、经济依赖性和社会利益三个不同的角度对利益相关者进行分类。他指出，所有持有公司股票者是对企业拥有所有权的利益相关者；对企业有经济依赖性的利益相关者包括经理人员、员工、债权人、供应商等；与公司在社会利益上有关系的则是政府、媒体、公众等。④ 不仅企业如此，所有的投资项目都具有这一特征，其利益相关者都可按所有权、经济依赖性和社会利益三个不同的角度分为三类。在以往的研究中，人们往往只关注前两类利益相关者，对社会利益相关者的分析较少。20 世纪 60 年代，利益相关者理论的提出，尤其是社会利益相关者概念的出现，弥补了股东利益至上理论的缺陷，契合了知识经济时代“人”的地位提高的趋势，符合可持续发展、以人为本的理念。

## 三　利益相关者的分析范式与工程中的社会利益相关者分析

国际上，利益相关者分析（Stakeholder Analysis）或利益相关者方法

---

① Freeman R. E. *Strategic Management: A Stakeholder Approach*. Boston: Pitman, 1984, p. 25.

② 王唤明、江若尘：《利益相关者理论综述研究》，《经济问题探索》2007 年第 4 期。

③ 贾生华、陈宏辉：《利益相关者的界定方法述评》，《外国经济与管理》2002 年第 5 期。

④ 付俊文、赵红：《利益相关者理论综述》，《首都经贸大学学报》2006 年第 2 期，第 16—21 页。

(Stakeholder Approach)已发展为非常流行的分析工具,该理念及方法对于战略管理、企业组织发展研究、工程项目研究、可持续发展问题研究、社区资源管理和冲突管理研究、城市建设和发展项目研究都有重要意义。①

工程项目的实施与控制是在诸多限制条件下进行的,对工程项目利益相关者关系处理的成败,往往会影响整个工程项目的成败。工程项目的决策者和管理者应该考量工程利益相关者对工程及其产物和影响的态度,在此前提下进行工程的规划、设计、建设和运行,并将工程项目利益相关者的态度作为检验项目成功与否的重要标准。这就要求在工程实施过程中让利益相关者积极参与进来,共同实现工程建设的目标。

能对项目施加影响或受到其影响的人或组织都是项目的利益相关者。工程活动是在众多复杂的利益关系中进行的,其中包括工程投资者与工程用户、公众的利益关系,工程建设与生态环境的关系,工程受益者与损害波及者的利益冲突,不同的投标人(方案设计者和施工承担者)之间的利益竞争,工程管理的内部关系等方面,还有工程项目所在地区的行政部门及流动人口的关系,如图 7－1 所示②。当然并不是所有利益相关者对工程项目的影响都是等同的,工程的性质、规模、类型不同,其利益相关者的具体类别、产生影响的方式和程度都会有很大不同。

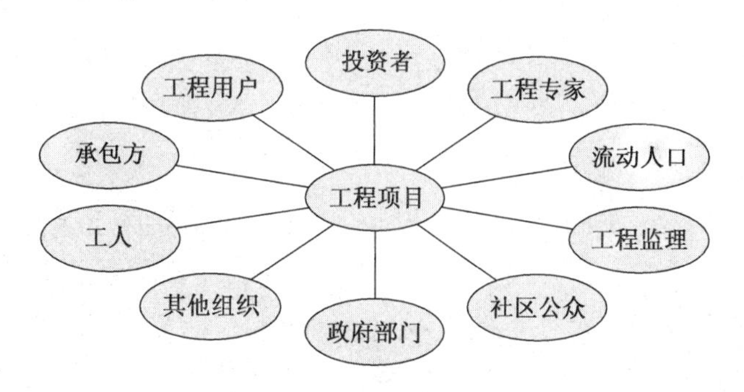


**图 7－1　工程利益相关者**

① 朱东恺:《投资项目利益相关者管理探析》,《理论与改革》2004 年第 1 期,第 92—93 页。

② 姚巍、黎庆、成虎:《面向利益相关者的工程设计过程分析》,《基建优化》2007 年第 6 期,第 140—143 页。

根据利益相关者理论，工程项目是众多契约的集合体，每个契约方都可以看作是该工程项目的利益相关者，每个利益相关者的利益都应该得到切实的保护，包括社会利益相关者。这就要求在工程活动中对社会利益相关者进行分析，了解他们的目标与需求、了解工程对他们的多种影响以及他们对工程的态度等。这一思想反映出工程项目治理结构扁平化、网络化的趋势，以及协同合作、实现共赢等未来要求和特征。

工程活动是一个系列过程，包括工程设计、实施、运行、监督与管理等多个环节，社会利益相关者分析应贯穿这一系列过程的始终。如工程设计在工程建设过程中起着承上启下的作用，它既是工程理念的具体化，也是后续施工建设的依据。在工程设计中，仅考虑规划、建筑、结构、景观、工艺①等技术性要素是远远不够的，而是要同时考虑工程用户、当地政府及相关职能部门、居民、公众、媒体乃至环境保护组织等其他利益相关者的需求、态度与意见。这是现代工程设计发展的要求，也是工程顺利实施、运行的前提。

## 第二节 工程活动其他利益相关者

我们生活在一个真实的工程社会中，工程活动直接、间接地影响着每一个人的生活。根据工程规模和类型的不同，利益相关者的具体类型和层面非常多，其需求和目标也各不相同。本书前面几章已经对工程师、工人、管理者、投资者等工程活动重要利益相关者进行了专题分析，以下仅是对工程其他利益相关者的分析和讨论，这是需要再次加以说明的。

一般地说，工程的其他利益相关者主要包括以下机构、团体和人群。

### 一 政府及其有关职能部门

广义地讲，政府可以泛指国家政权机构，包括立法机关、司法机关、行政机关及

① 姚巍、黎庆、成虎：《面向利益相关者的工程设计过程分析》，《基建优化》2007 年第 6 期，第 140—143 页。

其他一切公共机关。对于绝大多数工程项目来讲,无论是国家大型公益性工程,还是地方政府、集体或者企业的工程项目,政府都是重要的利益相关者。各级政府及其各职能部门在工程规划立项、投资建设、审查监督、运行评估等方面都发挥着极其重要的影响,甚至有些工程本身就是由政府及其职能部门主导的。政府通过多种方法和手段,在环境、土地、资源等问题上对工程项目活动产生重要影响。对于那些由政府出资建设的大型、公益性工程项目,政府更是主导性力量。对于那些非政府投资和主导的工程项目,政府也发挥着重要影响。

立法系统对工程活动有其独特的功能和作用。我国各级人大通过行使有关立法权和监督权而深刻影响着工程活动,对那些影响国计民生的特别重大的工程项目的立项和建设享有集体决策权和监督质询权。例如,制定关于工程项目建设与环境承受力评估的有关法律,制定关于工程项目建设与移民、拆迁补偿、安置等方面的法律条例,等等。

司法系统是承担各类纠纷和利益的判断、裁决及执行的专门部门,也是将立法部门制定的法律在现实生活中执行的部门。在工程建设活动中不可避免地会产生不同利益部门和利益主体之间的纠纷和矛盾,作为代表国家行使司法裁判权的职能机关,法院时常要去处理和裁决工程活动中的利益和纠纷。例如,工程项目建设中的土地征用及补偿纠纷,工程项目对区域生态环境的负面影响引发的矛盾,城中村改造中的拆迁补偿和安置纠纷(钉子户现象),等等。在工程相关利益者利益纠纷的处理中,司法系统是代表国家权威和公正的形象,应当充分维护工程利益相关者的合法权益,尤其是弱势群体的合法权益。例如,我国工业化进程中一批大规模的工程项目的建设和实施使得部分当地居民因工致贫,进而引发部分后果严重的群体性事件,这在相当大的程度上影响了社会的稳定和谐,各级司法机关在处理工程利益相关者的利益纠纷时,要注意加强保护弱势群体生存权。

在工程项目建设活动中,政府作为重要的利益相关者之一,其职能和角色应当更加专业化和规范化,政府应当推动工程项目建设的市场化程度,弱化政府的经营性角色,强化规划、监管等行政的职能。

## 二 工程用户

工程用户是工程项目最基本和最直接的利益主体，工程用户的现实需要构成了工程项目存在的依据。在人类工程建设史上，只存在工程用户特定和不特定的工程项目，而不存在没有工程用户的项目。一方面，工程用户的实际需求决定了工程项目的目的和运行；另一方面，工程项目本身的功能和属性也决定着工程用户的规模及其需求的满足程度，后者直接决定着人们对工程项目的评价和工程的生存状态。

根据工程项目的特点和属性，工程用户的类型有所不同。大型综合性工程项目功能比较全面，对应不同的功能，可以划分出不同类型的工程用户。从是否直接受益于工程项目角度出发，工程用户可分为直接工程用户和间接工程用户；根据工程用户是否特定，可以分为特定的工程用户和不特定的工程用户；根据使用周期长短，还可以有短期用户和长期用户之分。例如，三峡工程兼具发电、蓄洪、通航和旅游等功能，针对不同的功能，就有不同类型的工程用户。三峡发电厂每年发电 840 多亿度，整个华中、华南和华东电网的用户都是三峡工程的用户；三峡工程建成后，万吨巨轮可直接从宜昌到长江口，长江上的货运巨轮和其他使用三峡船闸的船只都会成为三峡工程的直接用户；三峡大坝蓄水至 175 米，能有效防御百年一遇的长江洪峰，那些曾经因为长江水患饱受损失的个体、集体和组织也都会成为三峡工程的用户；三峡工程建成后，库区成为重要的旅游景区，库区周边地区改变了原有的产业和就业结构，依靠这些新的产业和新的机遇谋生的人，可以说是三峡工程另外的用户。

工程用户是工程项目最直接的利益相关者。工程的立项建设就是为了满足用户的愿望和要求，工程的设计和功能也是对工程用户需求的反映。由于与一项工程发生利益关系的工程用户有很多种，不同类用户的利益诉求会有差异，这就使得不同工程用户之间可能会存在利益的矛盾和冲突。工程项目给所有用户带来的并非都是利益和方便，有些工程同时也会给用户带来风险、造成损害，比如环境风险和运行风险。前者是指工程项目的建设和运行会妨扰甚至破坏环境，也殃及工程用户;后者是指随着时间的流逝,工程项目由于自身设计、质量或者其他方面的原因产生问题,从而有损工程用户的利益。因此,工程项目在设计和建设过程中应当充分考虑不同工程用户的知情权、话语权和选择权,在工程决策和建设中建立用户利益的合理表达和参与机制。

## 三　工程项目建设区域的居民

工程项目都是特定时空条件下的存在物,一般都要建立在一定的物理空间中,这就不可避免地要与该空间内的居民发生联系。这些居民不一定是工程用户,但是工程项目的建设与运行却真切地影响、甚至完全改变了他们的生活。这种影响主要表现在两个方面:一是工程改变了原住民生存的自然环境,也改变了他们生活的社会空间环境,甚至因此变革了当地居民的生产和生活方式。二是出现了新的风险,包括社会风险和环境风险。如在三峡工程建设中,有数百万人口要迁移,离开他们熟悉的生活家园,必须重新安排生产、生活。

任何工程项目都是嵌入在一定时空区间之内的,一方面,工程项目的建设及其运行建构着特定时期和区域内人们的认识和行为,大型工程项目甚至会改变区域产业结构、经济结构,进而改变区域社会结构;另一方面,项目区域居民的态度和行为也影响着工程的建设和运行,这是一个持续的双向互动过程。由于有关居民是工程的重要的利益相关者,因此,任何工程都必须切实关注并妥善处理工程活动对相关区域居民的各种影响问题。

## 四　社会公众

随着人类社会的发展,公众的地位和作用日益凸显。针对这种情况,1998 年,美国工程院首先提出了"公众理解工程计划"①;2004 年,在上海召开的世界工程

① 胡志强、肖显静:《从"公众理解科学"到"公众理解工程"》,《工程研究》2004 年第 1 期,第 163—170 页。

师大会也响亮地提出让公众理解工程。让公众理解工程首先体现在公众有工程知情权。任何工程,无论是社会法人工程、公益投资的大型工程和公益工程,还是企业法人投资的商业性工程,公众都应享有知情权。同时,公众还享有以适当方式参与工程的权利。公众参与工程一方面有利于各方利益的权衡,另一方面可为工程提供更广泛的智力支持,建立有效的监督约束机制,减少工程中的腐败行为。

公众对工程的影响常常是和媒体结合在一起的。据新华网报道,2007 年 5 月 30 日,厦门市常务副市长丁国炎在厦门市人民政府举行的新闻发布会上宣布,厦门市政府决定缓建海沧 PX(对二甲苯)工程项目。① 该化工项目总投资额达 108 亿元人民币,选址于厦门市海沧台商投资区,投产后每年的工业产值可达 800 亿元人民币。这个工程项目停建(也可能迁建)的政府决策,正是公众压力和媒体参与的结果。公众对该工程项目的巨大争议使得厦门市政府启动公众参与程序,厦门市广大社会公众积极参与听证、环评,通过市长电话、邮件、短信等多种途径参与讨论,最终使政府放弃了精心筹划的工程项目。

## 五 社会组织与社会团体

社会组织、社会团体是为了执行一定社会职能、完成特定社会目标而结成的社会群体,区别在于前者相对来说更加正式。对于工程活动来讲,社会组织、社会团体在某些情况下也可以发挥十分关键的作用。20 世纪 70 年代末期以来,世界范围内的环保组织数量不断增加,一些重要的环保组织如“绿色和平组织”等在全球范围内的活动对许多工程活动已经产生了直接的影响。

## 六 新闻媒体

媒体是当今社会重要的信息传播渠道之一,也是有力的宣传与监督主体之一。媒体通过它特有的方式和传播渠道,能大大影响、改变人们的判断和行为。媒体既

---

① http://www.news.xinhuanet.com/fortune/2007/05/30/content_6172872.htm.

不是敌人，也不是朋友。它是一种力量，一种反映民情民意，可以改变决策和人们的行为，可以善加借用的力量。

工程活动不是独立存在的，它具有社会性，工程活动常常受到媒体的不同程度、不同方式的影响。一方面，工程活动的立项决策和顺利展开，往往需要借助媒体宣传，通过媒体宣传，让公众了解工程，支持工程决策和工程建设，为工程项目的成功和发挥作用营造舆论与群众基础；另一方面，借助媒体的参与、报道和评论，公众会形成对工程活动的监督和评价，使工程运作透明化，从而保证工程决策的科学性和有效性。对于不恰当或者暗箱操作的工程决策，媒体和舆论甚至可以使之发生改变。在改革过程中，我国许多地方的“不当工程项目”，正是在媒体的介入和导向所形成的公众与社会舆论的巨大压力下才不得不下马的。网络化的现代社会中，媒体有了更大的影响力，它正以其特有的方式和魅力对各类工程活动产生多种多样的影响。

### 七　流动人口

现代社会是一个开放的社会，流动性极强。当前中国社会转型的特点表明，中国社会正处在阶层分化和流动加速时期。虽然一般地说，许多不同职业和不同文化水平的人都可能成为流动人口，但当前中国人数最多的流动人口是每年近1.5亿的在城乡之间和城市内部流动的农民工，他们处在社会的边缘，他们的利益经常受到侵害。在工程活动中，不仅要考虑本地居民，还应该考虑大量流动人口；避免工程项目在造福一方的同时，又对另一方造成损害。

## 第三节　从具体案例看工程的其他利益相关者

在社会科学领域，案例研究是一个重要的分析和研究方法。通过案例分析和研究，不但可以深化对有关理论或原理的理解，而且往往其本身还有独立的价值和意义。

以下我们就以城中村改造工程为例，对工程的其他利益相关者进行一些更具体的分析和阐述。需要强调指出的是：这里分析这个案例的主要目的和用意不是直接分析和研究"城中村改造工程本身"，而是要着重分析和研究"城中村改造工程的其他利益相关者"。

## 一 城中村的产生与城中村问题

城中村，或称"都市里的村庄"，是我国城市化过程中大量出现的社会现象，几乎所有的城市发展都会涉及城中村的拆迁改造问题，而城中村拆迁改造的难点就是要处理城中村各社会利益相关者的利益协调问题。

城中村是我国改革开放之后，在城市的快速发展和扩张中形成的。顾名思义，城中村是都市中的乡村，城中村内的人员构成、社会关系结构，乃至居住结构都非常复杂，形形色色的人一起混杂居住在城中村这个具有都市社区和乡村社区双重属性的、带有过渡性的社会空间中，围绕城中村也形成了多种不同的社会关系和利益结构。从城中村人员构成和职业构成看，它是具有高度异质性的社会空间，是城乡混杂和相互渗透的社会单位。在城中村居住的人中，一般主要有三类人和城中村利害直接相关：一是原住民，即没有城市户口的，却一直在此地居住和生活的本地人。二是在城中村居住的市民。他们因为无房或出于工作、学习方便等原因暂时或者短期在城中村居住（如居住在大学城周边城中村中的大学生）。三是流动人口。随着劳动用工制度的开放、户籍制度的松动，规模庞大的农民工群体在城乡之间流动，这些人一时融入不了正式城市社区，但又是城市发展和运行很需要的劳动力，只好栖身于城中村这个兼具城乡二元特色的地方，以此作为他们进入城市的跳板。除此三种类型外，还有城中村周边的正式城市社区和单位，不在城中村居住，但经常出入于城中村，并靠城中村承载其部分生活功能的人等，也都是城中村的利益相关者。

任何人都要生活在一定的空间之中。从社会学角度看，空间可以是社会等级结构的表现，处于相同社会阶层的人往往居住在具有相同性质的空间中，因为相同阶层的人具有相似的消费方式与休闲方式；同时，空间也是社会结构的生产要素之一，空间就像货币、商品、资本一样，是一种生产要素。也就是说，一方面，空间表现为社会的产品，不同的社会关系、社会结构会产生出不同的空间结构；另一方面，社会关系、社会结构的改变，也需要空间的支持，空间对社会结构具有建构意义。①

城中村是城乡不同社会阶层混杂居住的结构在空间上的集中体现。城中村空间的布局、变化对于其利益相关者影响甚大。例如，城中村改造使原住民依赖对原有空间的经营来谋生和获益（他们经营店铺、出租房屋）失去了依托，在拆迁和安置过程中，住户与开发商、甚至政府之间矛盾时有激化，"钉子户"现象已成为城中村改造中的热门话题。城中村改造也使外来人口失去了合适的栖居地与继续社会化的场所，城中村给外来务工者提供的区位功能、文化功能、社会福利功能、社会整合功能也随着改造而消失。这也是对城市流动人口生存空间的挤压和伤害，需要有新的替代结构来解决这个问题。

总而言之，城中村是我国城市化过程中大量出现的社会现象。"城中村改造"是一个涉及众多利益相关者利益均衡的社会问题，不仅涉及城市环境的整治问题，也包括完善基础设施，治理土地资源浪费、治安混乱等问题。进行城中村改造，不能只注重城市规划和建设的某个或某几个方面，而是要从城中村涉及的众多社会利益相关者入手，从根本上解决问题，尤其要注重城中村改造工程对原住户和外来务工人员的影响。实践也证明，进行城中村改造，如果不解决相关的、而且是更为根本的社会问题，很难获得成功。

## 二　城中村改造工程的众多利益相关者及其复杂的利益关系

如果说在普通的建筑工程中已经出现了众多的利益相关者和复杂的利益关系，那么，在城中村改造工程中众多利益相关者的利益诉求和利益关系就更加错综复杂了。

---

① Henri Lefebvre. *The Production of Space*. Blackwell, 1991.

1. 当地政府

政府是城市化进程的推动者，也是城中村改造的有力推动者。在城中村改造中，政府出于全局利益的考虑，其花费的成本主要包括征收土地的补偿金、房屋拆迁的补偿或安置支出、村域内基础设施的建设维护资金、医疗卫生等社会保障体系的投资；政府的收益包括政策目标的实现、土地储备资源的增加、潜在的土地拍卖出让等带来的经济收益，社会面貌和生态环境的改善所附着的一系列社会效益。

2. 开发商

以利润最大化为目标的开发商，在城中村改造中往往是与开发项目绑定在一起的。开发商的最终目的是获取高额利润。在城中村改造工程中，开发商为了获取高额利润，有时会采取许多不正当的方法和手段，如向地方政府官员行贿，等等。

3. 村委会与村干部

“村委会”改制为“居委会”是城中村改造中对村集体机构改革的一种普遍方式。代表村集体行使权力的村干部，成为村集体改革的直接受影响人。由于农村集体土地征收和建设用地出租经营等因素，村集体积累了可观的农村集体资产。城中村改造后，村集体将被取代，村干部必须面对被淘汰出社区管理层的可能以及由此而来的原有工资、福利等利益消失的问题。集体资产在更多情况下将被股份化并由某个经济实体进行管理运作，新成立的社区的行政事务费用将由地方政府来承担。也就是说，对于村集体与村干部来讲，城中村改造会给他们的既得利益造成较多负面影响。

4. 村民

城中村改造带给村民的是并存的机遇与挑战。一方面，村民将获得土地征收补偿、房屋拆迁补偿、可能的集体资产量化后的折现，卫生、治安等环境的改善，公共基础设施的完善，纳入社会保障体系等；但另一方面，生产和生活方式的转变将带来生存成本的增加，以宅基地为基础的私房出租可能断流，征地及房屋拆迁的利益补偿无法保持公正，以上因素也是城中村改造的最大阻碍。加之大多数城中村村民文化素质较低，很难进入首属劳动力市场，失去房屋租金就意味着失去最为主要的生活来源，因此对城中村改造有所抵触。

5. 外来人口

城中村的外来人口主要是承租私房进行经营或居住，其对城中村现状的形成具有一定的诱导作用和隐性的经济贡献。城中村改造，外来人口面对的是居住成本的增加和在村域内的中低档服务业收入的中断，可能还有因子女转学而遭遇城市和农村学校之间的教育费差别。在没有妥善解决外来人口生活工作的情况下，其微观流动将成为新的城中村壮大的源泉。

综上所述，城中村改造会给社会利益相关者带来影响，村集体、村民是近期的受益者、远期的受损者；地方政府是近期的受损者、远期的受益者；开发商是远期的受益者；而外来人口则往往是全程的受损者。

## 三　城中村改造工程的不同模式对不同利益相关者"组合关系"和"利益诉求渠道"的影响

由于工程活动中不同的利益相关者有不同的利益诉求，这就使工程活动的进行过程不可避免地要成为利益博弈的过程。在这个博弈过程中，为了自身的利益，各不同的利益相关者不但往往会利用种种不同的利益诉求渠道，而且往往会以种种不同的方式相互组合、相互"联盟"、相互排斥、相互抗争、相互妥协。

值得注意的是，工程活动的不同模式必然会对不同利益相关者的"组合关系"和"利益诉求渠道"产生重大影响。

目前城中村改造主要有三种模式：①村集体主导型改造模式，政府主导型改造模式和引入房地产开发商参与改造的模式。各种利益相关者群体都会感到：这三种不同的模式，不但会严重影响"自己"的利益诉求渠道的"畅通程度"，而且会深刻影响自己在不同利益相关者之间应该采取的联合、抗争和妥协策略。

①张洪波：《西安城中村更新发展的规划策略研究》，西安建筑科技大学2007年硕士学位论文。

## 四　不同利益相关者的利益矛盾和城中村改造工程困境

20 世纪 90 年代以来，虽然城中村改造工程一直在持续，但由于不同利益相关者的利益矛盾难以解决，许多地方的城中村改造工程都遇到了许多困难和困境。

第一，资金不足。城中村改造需要大量资金，在以政府或者村集体为主导模式的改造中，往往有巨大的资金缺口，与改造工程涉及的利益相关者难以达成利益均衡，因此，很难按照预想实施改造。

第二，社会支持率低。城中村改造是一个涉及政府、村民及广大外来人口等多方因素、利益的事情，它并不是政府、开发商一厢情愿就可以成功解决的，必须有多方面的全心支持与通力合作。但事实并非如此，据调查，城中村改造面临的直接困难就是作为最主要利益相关方的广大村民有抵触情绪，他们害怕既得经济利益得不到合理的补偿，今后的生活失去保障。由于很难得到他们的支持，工程在实施过程中会遇到种种障碍。

第三，文化缺失。城市与农村是两种截然不同的生活状态，有不同的文化性质。城中村改造过程实质上是城中村由"非城非农"的状态向城市状态转变的过程，是实现村民向市民转变，农业化生产方式、生活方式向非农生产方式、生活方式转变的过程。①

因此，城中村改造不仅仅是改变原来的建筑环境、居住方式，不仅仅涉及对村民的补偿与安置，在这背后更为重要、也更为困难的是帮助人们建立新的生活方式、行为方式、思维方式，使人们"城市化"。城中村人口绝大多数受教育程度不高，文化素质低，即便是住在了现代化的高楼里，他们在某些方面也难以适应城市生活。但是在现行改造方案中，这一方面的内容基本是缺失的。所以，往往会出现这种情况：一些城中村在改造之后，村民都住进了标准城市社区中，但其生活方式却并没有改变。

---

① [法]伊夫·格拉夫梅耶尔：《城市社会学》，徐伟民译，天津人民出版社 2005 年版。

第四,外来人口的利益难以保障。改革开放后,农村剩余劳动力大量出现,大量人口涌入城市,在城市就业、生活。但由于我国传统二元社会制度的存在,大多数从农村融入城市的人口因文化素质较低而很难进入首属劳动力市场;加之他们缺乏经济积累,为了节约生活成本,降低文化冲击的强度,不得不将城中村作为居住、生活的首选。而在目前的城中村改造工程中,无论是政府主导的模式,还是村集体、开发商主导的模式,都较少考虑到这部分人群的需要,这部分农民工及其家属的居住仍然是无保障状态。这一做法的直接结果就是城中村不断向城市周边蔓延,新的城中村不断出现。

面对城中村改造工程困境,要想从困境中寻求出路,就应该思考和寻求解决问题的正确原则、态度和方法。为了恰当地处理和解决这些问题,应该坚持以下一些原则:利益均衡协调与社会公正原则;注重社会评价与公众参与原则;综合解决环境、经济、文化及社会问题原则等。

总而言之,对于不同利益相关者的利益矛盾,应该正视而不能闭目塞听;应该根据正确的原则认识和处理矛盾,而不能武断专横地压制矛盾,非法地伤害或损害某些利益相关者;应该努力妥善协调利益关系,讲求互谅互让,互利双赢,而不能损人利己,激化矛盾,害人害己。

# 第八章 工程职业共同体——工程共同体类型分析之一

本书绪论已经谈到了工程职业共同体这个概念，本章是对这个问题更具体的分析和讨论。为此需要先简单介绍一下英文中 profession 和 occupation 之间的区别。我国社会学者林聚任在为默顿《社会研究与社会政策》一书“编者导言”所写的注释里说，英文 profession 一词主要是指医生、律师、科技人员等具有较高的专业知识、提供专门化服务的一类专门职业领域，不同于一般性的“职业”（occupation），在汉语中很难找到一个对应的词，有时我们把它翻译为“职业”，有时又翻译为“专业”。① 可见，profession、professionalism 等，对我们中国人来说都是比较陌生的。而国外对 profession 的社会问题、伦理问题已有大量的研究成果，我

① [美]默顿：《社会研究与社会政策》，林聚任等译，三联书店 2001 年版，“编者导言”，第 13 页。

们很有必要吸收和借鉴。例如,"工程师"在英语和其他西方语言中是一种profession,而"工人"则不是一种profession。可是,在汉语里,却可以说工程师和工人都是一种"职业",不能说工人是"无业"人员。本章在以下的分析和讨论中,在不同的语境中可能分别依据英语profession或汉语"职业"的含义,进行具体分析和讨论,这是需要事先加以申明的。

在工程共同体中,企业、公司、项目部等是直接从事工程实践活动的共同体,而工会、工程师协会、雇主协会等则是不直接从事工程实践活动的共同体。前者由不同职业的成员组成,其目的是从事和完成工程实践活动;后者由"同职业"的成员组成,其目的不是直接从事工程实践活动,而是要维护"本职业人群"的"利益"。

工会与雇主组织,最初是由于他们之间的阶级对抗而产生的(尽管随着时代的变迁,工人阶级与资产阶级之间的阶级对抗程度在减弱),所以,工会与雇主组织常常是以一对概念的形式出现。总体来说,工会主要是一个利益组织,对会员切身利益的关注胜过对整个社会利益的强调;而雇主协会组织,其对利益目的的关注也是显而易见的。相对而言,作为职业组织的工程师协会,在关注职业群体利益的同时更加重视其成员的职业伦理和社会责任。①

以往在我国,政治学、社会学等学科对于工会与雇主组织的研究和介绍比较多,而对于工程师职业组织的介绍则要少得多,人们常常把工程师笼统地归于知识分子或专业技术人员群体,没有突出出来加以专题研究。

基于以上分析和考虑,本章以工程为纽带,对职业作广义理解,将工程师、企业主和工人等工程共同体成员都纳入"职业"范畴。一方面,主要从profession(专门职业)的角度,对工程师职业组织作稍微详细一些的介绍和理论探讨;另一方面,对工会和雇主协会则主要立足历史和实际,参考劳动社会学等领域的已有研究成

---

① 美国学者贝里斯(M. D. Bayles)说,专门职业组织一般来说不同于工会。工会几乎仅致力于会员的经济利益,谁都不指望看到汽车工人工会为争取设计完美和结构完善的汽车而举行罢工;但公立学校的教师却为了缩小班级或争取学生的其他利益而罢课,医生或护士为改善病人的条件而罢医。参见[美]米切尔·贝里斯:《职业伦理学》,郑文川等译,学苑出版社1989年版,第12页。

果，在对“职业”作广义理解的基础上，也承认其为“职业共同体”，重点对其起源、功能、类型等作一介绍。

## 第一节 职业和“职业共同体”

上面已经谈到，中文的“职业”和英文的“profession”不是完全对等的词汇，以下就对这个问题进行一些更具体的讨论。

### 一 职业与专门职业

职业，是指人们由于社会分工和生产内部的劳动分工而长期从事的、具有专门业务和特定职责的、并以此作为主要生活来源的社会活动。由于科技进步和生产力的发展，社会分工不断深化，人们的需求多样化，经济活动和社会活动的内容日趋复杂，新的职业不断出现，同时有的职业也相应消失。当今社会，职业总数已达近万种之多。

在众多的职业当中，社会学一般区分出一类特殊的职业，即 profession（以下翻译为专门职业），给予特别的关注。

对于专门职业的特点，以及哪些职业属于专门职业，学术界的意见并不一致。根据韦伯斯特词典，专业应该具有以下要求：(1) 专门化的知识；(2) 长期和强化的准备，包括学习技能、方法以及作为这些技能和方法的科学的、历史的和学术的原理；(3) 靠组织或一致的意见维持高水平的成就和表现；(4) 接受继续教育的义务；(5) 以公共事业服务为基本宗旨。①

美国学者贝里斯认为，广泛的训练、包含重要智能内容的训练、提供一项重要的社会服务，这三方面特征是大多数专业所共有的、必需的；而以下三方面则不是必需的，尽管许多专门职业具有这些特点：取得文凭和执照的过程，一个组织的存

---

① 王沛民编校：《工程师的形成：挑战与对策》，浙江大学出版社 1989 年版，第 318 页。

在,在履行所要求的服务中实行自治。①

美国工程伦理学家哈里斯等人引述格林伍德的观点,提出了专门职业的以下五个特征:(1)进入(专门)职业通常要求经历一段长时期的训练时期,这种训练具有理智的特征;(2)职业人员的知识和技能对广大社会的幸福是至关重要的;(3)对于职业准入制度的规定,(专门)职业通常具有垄断性或近似于垄断性;(4)在工作场合中,职业人员通常有一种不同寻常的自主权;(5)职业人员声称他们通常受到具体化到伦理规范中的伦理标准的支配。②

美国著名社会学家默顿注意到,专门职业在人们心目中的地位要远远超过其他类别的职业。他从职业价值角度强调,专门职业植根于人类三方面价值的组合:求知(knowing)的价值、实用(doing)的价值和援助(helping)的价值。③

属于专门职业的典型职业包括:医药、法律、大学教育、牧师、建筑、会计等。学术界一般认为,工程也属于专门职业。据估计,1900年,美国的专业人员不超过劳动力的5%,而到了1990年,他们占劳动力的15%或者更大的比例(而与此同时,劳动力基数也大大增加)。所以,有人提出,"专业人员"已经成为一支可与"工人"和"资本家"相抗衡的重要的社会力量。④

从以上不同的定义中可以看出:一方面,从从业人员个体角度看,专业人员掌握高深复杂的知识和技能,为社会重要价值服务;另一方面,从社会方面看,由于专门职业的特殊性,专门职业人员同行组成一个共同体,与社会建立一种特殊的关系,对社会承担特殊的责任。

---

① [美]米切尔·贝里斯:《职业伦理学》,郑文川等译,学苑出版社1989年版,第11—12页。

② [美]哈里斯等:《工程伦理学:概念和案例》,丛杭青等译,北京理工大学出版社2006年版,第7—8页。

③ [美]罗伯特·默顿:《社会研究与社会政策》,林聚任等译,三联书店2001年版,第130—131页。

④ C. Mitcham and R. Shannon Duval. *Engineer's Toolkit*, *A First Course in Engineering*, *Engineering Ethics*. Upper Saddle River, New Jersey: Prentice Hall, 1999, p. 48.

在前一个方面，即专门职业人员（专业人员）与一般职业人员的区别，在职业划分中有明确的反映。根据国际劳工组织《1988年国际标准职业分类》，专业人员是指从事科学理论研究、应用科学知识来解决经济、社会、工业、农业等方面的问题，以及从事物理科学、生物科学、环境科学、工程、法律、医学、宗教、商业、新闻、文学、教学、社会服务及艺术表演等专业活动的人员。他们对所从事的业务均具备专门知识，通常受过高等教育或专业培训，或经过专业考试合格者。一般要求达到《国际标准教育分类》（ISCE）中规定的第4级教育水平，即具有硕士研究生或博士生学历或同等学历水平。而技术人员和助理专业人员是指在专业人员、行政主管或政府官员指导下，应用科学研究知识，解决物理、工程科学、生命科学、环境科学、医学、社会科学等方面的问题，或应用技术方法及技术服务，从事教学、商业、财务、行政助理、政府法规及宗教事务等方面的工作，或应用艺术手段，从事艺术、娱乐、体育等相关活动的人员。他们在技术等级和专业技术能力上低于专业人员，要求达到《国际教育标准分类》中规定的第3级教育水平，即具有四年大学学历、并有两年以上理论研究和实际工作经验。① 而在后一个方面，即专门职业的社会特点，则突出地表现在其职业组织上。

## 二　专门职业共同体

由于专业服务涉及高深的知识，需要复杂的技术训练，局外人难以评价专业成员的业务水平究竟如何，因此，在专门职业与社会之间就暗含了这样一种社会契约关系：一方面，社会赋予专门职业界决定其成员资格、确定职业行为标准和规范、处理职业内部事务的很高程度的自治（autonomy）；另一方面，社会也同样期望他们能够公正地做出这些决定，并且期望专门职业界的行动不仅是为了增益他们自己的利益，还要增进全社会的整体利益，也就是期望他们具有很高的行为标准。所以，正如默顿所总结的，历史上，对专门职业的社会控制权主要归属于专门职业共

---

① 汪辉勇主编：《专业技术人员职业道德》，海南出版社2005年版，第22页。

同体。①

专门职业共同体对外代表整个职业，向社会宣传本职业的重要价值，维护职业的地位和荣誉；作为压力集团游说政府，为制定有关职业发展的政策提供咨询和建议。对内，制定执业标准，通过研究和开发促进职业发展；通过出版专业杂志、举办学术会议和进行教育培训，增进从业人员的知识和技能，提高专业服务水平；并且协调从业人员之间的利益关系（例如，美国工程师协会曾经规定不允许工程师参与竞争性招标，不得批评同行的工作表现）。

从社会学的角度看，职业共同体包括各种专业的协会，如律师协会、医师协会、工程师协会等，在专业人员社会化方面发挥着重要的作用。我们知道，性别、子女（相对于父母）等社会角色是先天决定了的，个人无法改变；而职业则不同，它是个体后天习得的。通过社会化的过程，个人才学会如何承担社会角色，实现与其特定的社会地位相称的社会期待。举例来说，医生这个社会角色包括了一系列的行为，而无论每个医生的意见和观点如何，个性如何，这些行为是他们作为医生所共有的。因为所有的医生共享这一角色，所以才有可能在一般意义上讲医生的职业角色行为，而不必去管占据这些位置的具体个人的行为。要使个人适合职业角色的要求，除了学校教育外，职业组织是一支重要力量。职业组织不仅能帮助其成员增进专业知识和提高专业技能，更为重要的是它还在促使专业人员达到职业行为标准方面起着重要的作用，其表现就是制定和实施职业伦理章程（code of ethics）。

就工程职业共同体而言，除了制定伦理准则，工程学会还在成员中宣传和执行伦理准则，处罚严重违反伦理准则的工程师，具体措施包括私人劝戒、正式谴责、在一定时期内吊销会员资格直至开除。20 世纪 70 年代中期以后，工程协会开始采取措施积极支持工程师以合乎道德的方式履行其专业的权利。美国职业工程师协会（NSPE）设立伦理评议委员会，听取和讨论案件，提出书面意见并公开出版。电气电子工程师学会（IEEE）设有公共利益杰出服务奖项，奖金为

① [美]罗伯特・默顿：《社会研究与社会政策》，林聚任等译，三联书店 2001 年版，第 141 页。

1000美元。①

当然，不同的专门职业，其职业组织化程度也不同。例如，在美国，律师和医生都有统一的专业组织，几乎所有的医师和律师都分别是这两个专业学会的会员。由于工程知识被分为各个学科或分支学科，造成工程师组织也非常分散，工程职业整体缺乏一个普遍接受的伦理准则，对其成员的行为缺乏有效的同行控制。例如，不要说各个学科专业如土木建筑、化学、机械、电气电子等各有自己的组织，就拿计算机工程师来说，在电气电子工程师学会（IEEE）和计算机学会（ACM）中就都有计算机工程部分。② 我们国家工程师的专业组织性就更加薄弱了。工程专业组织支离破碎、互相竞争，影响了工程作为一个专业整体的形象和力量。

此外，医生、律师等典型的独立从业模式也不适合于工程师。绝大多数工程师（超过95%）在或为机构工作。他们对大机构的依赖已经被证明是对完全的专业人员地位的一大障碍，因为这意味着组织而不是客户是工程师服务的消费者，工程师的表现是由其所在组织里的上司而不是同事来评价的。有研究发现，工程师不怎么重视诸如同事导向、专业共同体意识以及获得知识等传统专业价值观。③

## 第二节　工程师协会和工程师的职业认证

国外学者对作为一种职业共同体的工程师协会已经有许多研究，而国内对这个问题的研究还很薄弱。

---

① Stephen H. Unger. *Controlling Technology* (Second Edition). New York: A Wiley-Interscience Publication John Wiley & Sons, Inc., pp. 136 – 152.

② C. Mitcham and R. Shannon Duval. *Engineer's Toolkit*, *Engineering Ethics*. Upper Saddle River, New Jersey: Prentice Hall, 1999, p. 47.

③ James H. Schaub and Karl Pavlovic (eds.). *Engineering Professionalism and Ethics*. New York: John Wiley & Sons Inc., 1983, p. 92.

## 一　工程师对其社会责任的自觉

工程师组织所制定和实施的伦理章程，其中都有关于工程职业的使命和责任的内容，它反映了工程师群体对自身社会责任的认同。这里结合国外工程师职业组织伦理准则内容演变的历史来讨论工程师群体对其作用和职责的自觉。

按照美国著名技术哲学家米切姆的观点，自从19世纪工程作为一种专门职业诞生以来，工程伦理中关于工程责任的思想主要有过三种观点，第一种强调公司忠诚，第二种强调技术专家领导，第三种则强调社会责任。①

"工程师"（拉丁文 ingeniator）一词本来是指设计军事堡垒或操作诸如弩炮等战争机械的士兵。直到18世纪末以前，工程主要都是军事工程。在这种军事背景下，工程师重视服从的义务就不足为奇了。在当时，不管工程师的技术力量多么强大，都不如他所从属的军队的组织力量强大。与军队里的其他成员一样，工程师最主要的责任是服从命令。

在创建专业工程学校的同时，18世纪在一些公共设施（如道路、供水与卫生系统和灯塔等）的设计中，土木工程逐渐兴起。这种与军事工程相对的民用工程的出现，起初也并没有改变关于工程责任的基本意识——土木工程只不过是和平时期的军事工程。工程师仍受忠于其雇主的义务的约束，这些雇主常常是政府部门。后来，陆续出现了机械、化学和电气工程等领域，但由于其活动仍囿于已有的企业体制框架，还是没有明显地改变工程隶属于其他社会体制的事实。19世纪初叶，第一批专业工程学会成立了。1818年在英国成立的土木工程师学会（Institution of Civil Engineers），是最早的工程师专业组织②。到了20世纪初叶，这些组织开始制定正式的伦理准则。如同医生和律师的准则规定了他们对患者和客户的基本义务

① Kristin Shrader-Frechette（ed.）. *Ethics of Scientific Research*. Lanham: Rowman & Littlefield Publishers, Inc., 1994, pp. 153－168.

② Robert A. Buchanan. *The Engineers: A History of the Engineering Profession in Britain, 1750－1914*. London: Jessica Kingsley Publishers, 1989, p. 212.

一样，早期的工程专业伦理准则，如1912年美国电气工程师学会（AIEE，即后来的电气电子工程师学会IEEE的前身）以及1914年美国土木工程师学会（ASCE）所提出的伦理准则，都规定工程师的主要责任是做雇佣他们的公司的"忠实代理人或受托人"，为公司的利益服务。当时AIEE的主席惠勒（S. S. Wheeler）认为，工程师对客户的忠诚是最基本的，"如果出现任何（义务）冲突，所有其他的方面都必须服从于它"①。

工程师接受服从和忠诚等有关标准无疑具有其正当性的一面，特别是忠诚在许多场合下被认为是一种美德。但是，服从的伦理，其问题在于，它为外部力量的支配敞开了方便之门，而这种支配未必就是正当的。例如，"二战"期间，纳粹德国工程师研制、修建大规模屠杀犹太人的毒气室、焚尸炉，从人的尸体中回收贵重金属（如从金牙里回收金子）。② 这种行为无疑是惨无人道的。但是按照服从的原则，工程师可以为自己辩解说他们是在执行上司的命令、是奉命行事。所以，经过"二战"尤其是战后对纳粹战犯的审判，现在甚至在军队等传统重视忠诚价值的社会建制里关于忠诚的观念也在发生变化。③ 人们开始意识到：只应执行合法的或正义的命令，而不能对所有的命令都一概盲从。20世纪前30年风靡一时的"技术统治运动"，就是试图克服忠诚和服从原则缺点的一种努力。

19世纪末20世纪初，随着工程师掌握的技术力量开始增强，工程师人数增加，加之第一次世界大战等社会危机的降临，工程师作为下级同他们上司之间的关系越来越紧张。特别在美国，这种情况更加突出。莱顿称这种发生在工程与商业之间的紧张关系为"工程师的反叛"④。在这种背景下，技术统治论思想风行起

---

① Edwin T. Layton, Jr. *The Revolt of the Engineers: Social Responsibility and the American Engineering Profession*. Baltimore and London: The Hopkins University Press, 1986, pp. 84－85.

② [美]乔治·萨顿：《科学和传统》，《科学与哲学研究资料》1984年第4期。

③ Carl Mitcham and Rene Schomberg. The Ethics of Engineers: From Occupational Role Responsibility to Public Co-Responsibility, The Empirical Turn in the Philosophy of Technology. *Research in Philosophy & Technology*, Vol. 20, Elsevier Science Ltd., 2000, pp. 167－189.

④ [美]卡尔·米切姆：《技术哲学概论》，殷登祥等译，天津科学技术出版社1999年版，第88页。

来。它与从前隐含的服从准则和明文规定的对公司忠诚等准则相对立，主张技术效率是工程实践内在的价值，是工程师追求的最高目标，要通过追求技术效率的理想来实现在技术进步方面的领先作用从而实现社会的进步。1895 年，美国著名的桥梁专家莫里森（George S. Morison）在美国土木工程师学会（ASCE）的主席致辞中表达了这个思想。他大胆地指出，工程师是技术变革的主要促进力量、因而是人类进步的主要力量。他们是不受特定利益集团偏见影响的、超越（无产阶级与资产阶级之间的）阶级对抗的、合逻辑的脑力劳动者，所以也是有着广泛的责任以确保技术变革最终造福于人类的人。①

在 20 世纪的前三分之一时间里，这种扩大工程活动的范围、拓展工程师的领导作用的思想催生了技术统治运动和认为工程师应当拥有更大的经济权利和政治权利的观念。在第一次世界大战期间和 20 世纪 30 年代初，在西方国家尤其是美国出现的技术统治思想和专家治国运动使这样一个扩大工程责任的梦想达到了顶峰。例如，经济学家凡勃伦（T. Veblen）在《工程师与价格体制》（1921）一书中提出，将工程师从商业利益的奴仆地位中解放出来以使他们能够执行他们自己的关于善恶、对错的标准，这将产生更强大的经济和更好的消费产品。②

首先，在技术统治论和追求效率的论据中存在一些合理的成分。确实，将生产服从于短期的商业牟利的目的，为了眼前的经济利益而不顾产品质量的好坏，这种做法不足取，只会导致假冒伪劣产品盛行，最终危害企业生存，破坏经济秩序，损害消费者的利益。其次，与有效率或高效率地利用资源相比，无效率或低效率以及浪费当然是一种恶。再次，在高度复杂的技术世界里，一般公民常常难以了解什么技术或产品对他们最有利，而技术专家比别人更了解技术发展对人、对社会的影响情况。

---

① Edwin T. Layton, Jr. *The Revolt of the Engineers: Social Responsibility and the American Engineering Profession*. Baltimore and London: The Hopkins University Press, 1986, pp. 58 – 59.

② 转引自 Kristin Shrader-Frechette (ed.). *Ethics of Scientific Research*. Lanham: Rowman & Littlefield Publishers, Inc., 1994, p. 155.

但是，将技术目标上升为人们追求的最高目的，试图以技术价值取代其他价值或者作为决定其他价值取舍的判断标准，这种做法也是错误的，是与一般的人类福利原则相违背的。首先，技术不是万能的，不能把一切社会问题都还原、归结为技术问题来解决。其次，技术也不是恒善的。事实上，它既可为善，也可作恶。再次，为了技术本身的缘故而追求技术完善未必总是能够最佳地利用有限的社会资源。日本技术论学者星野芳郎就曾经对那种不顾人和社会因素的限制、一味追求技术纪录的工业技术至上主义提出强烈的批评。① 此外，效率的理想还要求假定工程设计要有清楚的边界条件，这样就容易排除其他不容易量化的因素，如合理的心理和人文的关怀等。

在"二战"期间，纳粹德国的科学家和工程师制造毒气室和威力更大的杀人武器，以及美国用原子弹轰炸日本广岛和长崎，这些事实粉碎了技术统治论的幻想。此后，科学技术的负面效应日益昭彰：核武器、生化武器和远程导弹等军事科学技术的发展，人类竟将自己高度智慧的结晶用于自相残杀的毁灭性目的；科学技术和工业的极度扩张，大大威胁了生态环境的安全。所以，在"二战"后以及 20 世纪五六十年代爆发了反对核武器的和平运动，在 20 世纪六七十年代兴起了消费者运动和环境运动。这些运动促使一些工程师对国家目标、企业商业目标及其工程自身的价值进行反思。这种反思与著名的民权运动对民主价值的关注浪潮相结合，导致新的工程伦理责任观念产生了。在美国，这种转变的序幕是 1947 年美国工程师专业发展委员会（ECPD，即后来的工程和技术认证委员会 ABET 的前身）起草了第一份跨各个工程学科领域的工程伦理准则，它要求工程师"关心公共福利"。1963 年和 1974 年的两次修改又进一步强化了这一要求。现在，这份伦理准则的"四条基本原则"中的第一条就要求工程师利用"其知识和技能促进人类福利"；其七条"基本守则"中的第一条就规定，"工程师应当将公众的安全、健康和福利置于至高

---

①［日］星野芳郎：《工业技术至上主义的破产》，《科学与哲学研究资料》1980 年第 5 期。

无上的地位”。①

确实，虽然工程师受雇在工厂里工作，但是他们的工作结果（无论是产品还是生产工艺过程），其作用和影响绝不仅仅局限于工厂内部。社会上的消费者、广大公民才是工程产品的最终使用者。而且，现代工程的结果绝不仅限于正面的、预期的效果，它还往往伴随着负面的、超出预期的效应。所以，现在工程伦理准则要求工程师把对公众负责放在首位是很有道理的。可以说，工程伦理的第三个重点即社会责任，解决了针对忠诚和技术统治这两个重点所提出的许多反对意见，同时保留了前两个观念中最可取的成分。例如，工程师当然还应当保持忠诚，但必须在一个更有包容性的框架之中来保持忠诚——现在对雇主或公司的忠诚必须以对公众整体的福利负责为限；同样，在技术发展方面的领先作用也得到了保留——它现在必须服从于公共福利，特别是在与公共健康和安全有关的方面，更是如此。现在社会责任观念已经被工程专业团体广泛接受和采纳，成为广大工程师的共识。

## 二　国外工程师组织概况

美国工程师没有一个单一的职业社团来明确地代表整个工程职业。这一点与医学和法律不同，美国医学会代表整个医学界，美国律师联合会代表整个律师业。对于工程职业组织形式，工程师中间意见并不一致：一方面，具有很强职业倾向的工程师们总是喜欢有一个单一的社团；而另一方面，那些具有较强产业倾向的人则希望有一个关注他们职业利益的较小的社团。所以，美国的实际情况是以上两种张力的折中：存在着80多个职业组织，大致可分为三大类。②

第一类称作伞型组织，它吸收所有的工程师或所有的工程社团。这样的伞型

① Kristin Shrader-Frechette (ed.). *Ethics of Scientific Research*. Lanham: Rowman & Littlefield Publishers, Inc., 1994, pp. 155 - 156.

② [美]哈里斯等：《工程伦理：概念和案例》，丛杭青等译，北京理工大学出版社2006年版，第210—211页。

社团主要有两个：一是美国工程社团联盟（AAES），1980年成立，有17个社团成员（包括化学、电子、机械和土木工程方面的主要组织）、8个伙伴社团和3个地区性社团；二是全国职业工程师协会（NSPE），1934年成立，特别关注工程师的职业发展，促进工程注册及其他与工程职业化（professionalism）相关的事业。NSPE的成员都是工程师个人，而不是社团，现有会员6万人。

第二类工程社团是那些代表主要工程学科的社团，这类社团有以下组织：美国土木工程师协会（ASCE），1852年成立，包括学生会员在内有会员11万多；美国机械工程师学会（ASME），1880年成立，包括学生会员在内有会员14万多；电气与电子工程师协会（IEEE），1884年成立，1963年美国电气工程师学会与无线电工程师学会合并后改称IEEE，包括学生会员在内有会员30多万；美国化学工程师学会（AIChE），1908年成立，包括学生会员在内有会员15万。

第三类工程社团是更加专业化的社团，会员人数更少。与第二类社团（它们偏重学术和研究领域，主要关注他们各自工程领域内的技术知识的进步）不同，这类社团更注重于工程知识在产业或制造业中的应用。例如：美国环境工程师学会（AAEE），成立于1913年，有会员约2500名；美国汽车工程师协会（SAE），1905年成立，包括学生会员在内有会员37.5万；美国供暖、制冷与空调业工程师协会有限公司（ASHRAE）。

德国工程师协会（VDI）成立于1856年，是德国最大的工程师协会和工程技术的权威机构，也是欧洲最重要的工程与工程师组织之一。目前有会员12.6万，其中1/4以上会员是在校大学生和33岁以下的年轻工程师。VDI的主要职能有两项：（1）通过1.2万多名义务服务人员以各种专业委员会、专家小组或者协作人员的形式向工程师们（无论是从业工程师还是在校学生）传递工程技术知识，通过培训课程、国际会议、专业论坛等形式向工程师介绍广泛的专业知识，并提供专业发展等方面的信息咨询；（2）VDI在工程技术领域促成了无数重大研究开发项目，包括技术监督、制定各项规则和标准、工作调查报告，产权保护以及专利法等领域的研究，应德国政府之需提供有关德国自然科学与技术发展方向的咨询。①

德国工程师协会的一大特点是重视与哲学人文学科的合作，培养工程师的人文素质。它下设哲学与技术委员会，组织工程师和哲学家合作，起草技术评价等方面的文件，提出技术评价的有关理论和方法，受到工程师的欢迎并得到采纳。实际上，VDI早在1950年就发表了《工程师专业责任手册》，在20世纪50年代初召开过一系列技术哲学主题的学术会议，1956年在其成立100周年期间，建立了一个特殊的“人与技术”研究组，下设教育、宗教、语言、社会学和哲学工作委员会。② 2002年又通过了一个关于工程师特殊职业责任的文件——《工程伦理的基本原则》，要求每一位工程师都要按照该基本原则提出的标准来规范自己的行为。③

在其他国家，工程职业化组织通常具有不同的体制结构，组织程度也不同。一般来讲，各国工程师职业组织，都是工程师自愿参加的组织，很少强制性。它们通过举办博览会、召开技术会议、出版专业杂志、进行教育培训等，促进会员职业发展（主要在两个方面：一是专业知识和技能，二是职业道德）。而工程师通过加入学会，参加学会活动，为社会提供各种服务，来加强职业精神和意识，为职业整体的荣誉和发展、其社会地位的维护和提高作贡献。

## 三　工程师注册制度

我们常常把工程师放在“科技人员”甚至“知识分子”这样总的概念之中，很少把他们与科学家或其他与技术有关的人员区分开来，对他们进行单独的研究。其中一个原因可能是，对什么人是工程师的认定是一件很困难的事情。在美国，对工程师人数的统计，不同部门（如统计部门或科技部门）由于标准不同

① 清华大学考察组：《德国工程教育认证及改革与发展的考察报告》，《高等工程教育研究》2006年第1期。

② ［美］米切姆：《技术哲学概论》，殷登祥等译，天津科学技术出版社1999年版，第10页。

③ 杜澄、李伯聪主编：《工程研究》（第2卷），北京理工大学出版社2006年版，第156页。

给出的数字也不相同。在理论上，曾经有人提出过以下几方面的标准来判断什么人是工程师：①(1) 从所受的教育、获得的学历方面看。例如，在经过权威部门认证的学校里的工程专业学习、毕业并获得工程学学士学位。(2) 从实际从事的工作的性质看。从事通常被认为是工程师所干的工作，如承担研究、设计、监督、管理、试验等职能的人是工程师。(3) 从法律程序上看。向国家有关部门正式登记注册为职业工程师(Professional Engineer，缩写为 PE)的人才是工程师。(4) 从职业道德角度看。在从事工程活动时必须以道德上负责任的方式行动，这样的人才能称得上是一个工程师。如果一个人道德败坏，那么，不论他在工程实践中多么有创造性，也不能算作是工程师队伍中的一员。

工程师注册就是从法律上确认工程师身份的制度。首先需要指出，从实行工程师注册制度的国家的实践看，并不是所有工程师都需要注册。一般地，注册工程师制度是对从事与人民生命、财产和社会公共安全密切相关的工程的从业人员实行资格管理的一种制度。它包括专业教育认证、职业实践、资格考试和注册登记管理四个部分。②

在美国，工程师注册事务由各州分管。1907 年，美国怀俄明州通过了美国第一部规定申请职业工程师执照(或注册)所必须满足的标准的法案。该法案的动机在于，试图减少怀俄明州银矿发生的致命事故的数量。自从 1907 年以后，美国每个州都颁布了类似的法律。州注册委员会负责管理该法案的实施。各州议会就本州工程师的注册和工程业务问题立法，并成立州工程师注册局负责执行有关法规，包括依法执行工程师的注册事宜，并对工程师业务进行管理。法律要求，在所有 50 个州和 5 处美国领土上，那些影响公共福祉和安全的工程设计，如涉及基础设施和建筑设计的工作，必须由注册工程师来签署。而从事工程项目并不要求持有注册工程师(PE)执照，所以在美国大多数工程师是没有注册过的。此外，在美

① Mike W. Martin and Roland Schinzinge. *Ethics in Engineering*(Third Edition). New York: The McGraw-Hill Companies, Inc.,1996, p.26.

② 张志英等：《专业认证与工程教育体制改革》，《高等工程教育研究》2006 年第 2 期。

国几乎所有的州和领土上都实行产业豁免,即在大的工程公司工作的工程师不必参加 PE 执照考试。据估计,在美国的工程师中,大约有 18%(在 1992 年时为 37.8 万)是经过注册的工程师,其中 44% 为土木工程师、23% 为机械工程师、9% 为电机工程师、8% 为化学工程师。① 就是说,在美国,工程师注册要求与专业领域(对土木工程要求最严格)、从业形式(独立开业还是在企业中工作)有关。

英国的注册工程师分三种类型:特许工程师(Chartered Engineer,缩写为 CEng)、联合工程师(Incorporated Engineer,缩写为 IEng)和工程技师(Engineering Technician,缩写为 EngTech)。

英、美两国都对申请者的注册要求作出了相似的规定,即申请者要想申请成为一名注册工程师,必须完全符合三方面的注册要求——教育要求、专业工作经验要求和考核要求,而且两国规定的教育要求中都规定申请者必须从通过指定机构认证的工程专业毕业。②

随着经济全球化不断深入,工程发展的国际化趋势也越来越突出。为适应这一要求,1989 年,美国、澳大利亚、爱尔兰、新西兰、英国、加拿大等国的认证机构共同签署了华盛顿协议,承认签约国在工程教育的认证体系及水平上的等同性,承认彼此的工程专业评估的结论,相互交换评估文件、观察评估过程、列席评估会议。1997 年,又专门设立了有关工程师流动问题论坛(Engineer Mobility Forum, EMF),以促进彼此的注册工程师执业资格国际互认,为推动工程专业教育、注册工程师的国际互认、走向国际化奠定了基础。亚太经合组织(APEC)也设立了 APEC 工程师制度,目前已有澳大利亚、中国香港、韩国、马来西亚等 11 个国家或地区的 8 个专业领域参加。

为了适应经济改革和进一步开放新形势的需要,我国自 20 世纪 80 年代末从

---

① [美]丹尼斯·L. 巴布科克等:《工程技术管理学》,金永红等译,中国人民大学出版社 2005 年版,第 366 页。

② 李茂国等:《工程教育专业认证:注册工程师认证制度的基础》,《高等工程教育研究》2005 年第 4 期。

建筑类专业的认证开始，在高等工程教育专业认证上已经进行了20多年的探索，建设部下属的各个专业的认证和执业资格注册以及相关职业的国际认可已取得了积极的成效。我国目前正在开展工程师制度改革工作。2004年4月以来，中国科协组织下属12个行业协会开展了工程师技术资格认证工作。中国机械工程学会是中国科协试点工作单位之一，机械工程师资格认证工作从正式启动以来已经经历了一个完整的周期，积累了丰富经验，取得了一定成效。

中国机械工程师资格认证（ACME），坚持资格认证与职业发展教育和继续教育紧密结合的原则，实行“培训——考试——认证”三分离的工作机制。认证的分类分为：机械工程师、高级机械工程师、专业工程师（含见习专业工程师）、杰出贡献机械工程师。其中，申请机械工程师的认证条件为：①

（1）具有良好的职业行为，自觉遵守《机械工程师职业道德规范》。

（2）自然条件：中国机械工程学会会员；工科大学毕业，大学以下学历必须满足实际工作年限及经历中第四条要求；工程师外语水平达标；计算机应用技术达标。

（3）实际工作年限及经历：机械类专科毕业，4年以上（非机械类工科需6年）机械工程方面的工作实践经历；机械类本科毕业，3年以上（非机械类工科需5年）机械工程方面的工作实践经历；工科研究生毕业2年以上，从事本专业相关工作2年以上；大学以下学历人员，年龄在35岁以上，须有15年以上的机械工程工作实践经历。

（4）全国统一的机械工程师“综合素质与技能”考试成绩合格。

（5）满足《机械工程师技术能力要求》。

（6）用人单位对个人专业技术经历和能力的认可。

（7）申请前须参加中国机械工程学会系统组织的机械工程师继续教育课程培训并达到要求。

---

①《中国机械工程学会机械工程师资格认证工作暂行办法》。

## 第三节 工 会

工人虽然是工程共同体成员中人数最多的群体,但却又是合法利益最容易受侵害的群体。由于在劳动社会学这个学科中已经对有关工会的许多问题进行了研究,这里仅对这个主题进行简要介绍和讨论。①

### 一 工会的概念

工会(trade union)这个词从字面上看,是指具有共同技艺或技术的劳工的结合。最早的技术手艺人工会实际上是通过限制产量来控制市场。它们尽力保护特定的职业领域,排除外人进入。可见,这个定义反映了工会最初形成时的环境及其组织特征。在工会及工人运动的历史长河中,作为市场经济体制下劳资关系矛盾运动的产物,工会因其特定的组织和斗争形式而被赋予了不同的含义。人们对工会提出了不同的定义,从不同角度表述了对工会性质、职能、作用、地位的不同理解。

著名的工联主义者韦伯夫妇给工会下的定义是:"工会者,乃工人一种继续存在之团体,为维护或改善其劳动生活状况而设者也。"劳动经济学对工会的定义为:"工会是一种集体组织,其基本目标是改善会员货币和非货币的就业条件。"《牛津法律大词典》的定义为:工会"是现代工业条件下雇佣工人自我保护的社团"。我国工会法专家史太璞教授的定义为:"工会系工资工人以维持改善劳动条件为主要目的所组成之永续的结合团体。"

马克思主义者往往更强调工会的社会政治作用。恩格斯指出:"通过工会使工人阶级作为一个阶级组织起来。而这是非常重要的一点,因为这是无产阶级的

① 本节和下一节主要参考了常凯主编的《劳动关系学》(中国劳动社会保障出版社 2005 年版)的有关内容。

真正的阶级组织。"①列宁指出：工会是"无产阶级在阶级范围内的最广泛的组织"②。中国共产党领导下的中国工会一直强调，"工会是职工自愿结合的工人阶级的群众组织"。我国2001年修改的《工会法》在此基础上明确规定，"中华全国总工会及其各工会组织代表职工的利益，依法维护职工的合法权益"。

由上述不同层面、不同角度的定义可以看出工会组织的一般要义在于：

（1）工会因劳动关系冲突而产生。工会是市场经济中劳动关系矛盾冲突的产物。工会是作为与资本相对抗的组织和力量而产生和存在的，其作用正在于平衡劳资关系双方的力量，目的在于使冲突的解决走向制度化。

（2）工会以维护会员利益为首要职能。工会是一个利益团体，是为其会员群众谋取利益的权益维护团体。这些权益包括经济权益，也包括社会政治权益和人身权益。正因为工会是会员权益的维护团体，工会存在的基本目的便定位在劳动者劳动和生活条件的改善上。工会的首要职能在于其为会员谋求工资、就业、安全保障等经济利益的经济职能。

（3）工会以集体谈判为基本手段。雇员因为需要与雇主进行有组织的交涉而建立工会，工会成立后大多以集体谈判作为谋取雇员利益的基本手段。集体谈判也因此成为以工会为主体一方的集体劳动关系的核心运行机制。

（4）工会由雇员自愿结合而成并代表会员意志。几乎所有国家的法律都刻意强调工会组织是由雇员自愿结合而成的。自愿性一般理解为特定工作场所的雇员自主地建立或选择某个工会作为自己的代表，但当存在需要或不需要以及选择此工会还是彼工会等分歧时，往往要依照一国相关法律规定，通过工会承认程序以保障大多数雇员在工作场所的民主选择权利。

综上所述，可以一般地认为，工会是市场经济条件下，雇员为改善劳动和生活条件而在特定工作场所自主设立的组织。③

---

①《马克思恩格斯选集》（第3卷），人民出版社1972年版，第29页。

②《列宁全集》（第28卷），人民出版社1988年版，第397页。

③ 常凯主编：《劳动关系学》，中国劳动社会保障出版社2005年版，第180页。

## 二　工会的类型

历史上曾经有过形形色色的工会，其目标、性质、职能各不相同，因此就有不同的工会类型。西方工会运动的古典理论区分了工会的四大类型及功能：①(1) 经济工会(economic unions)，主要功能是争取会员的经济权益；(2) 福利工会(welfare unions)，除经济利益外，还争取福利(雇主买劳工保险、政府提供社会保障)，提供诊所、学校、文娱等服务；(3) 全面工会(life-embracing unions)，全面照顾工人生活，包括所有需要，一如社区照顾其成员一般；(4) 意理工会(ideological unions)，主要争取超乎经济利益的社会目标，要改造社会。这种工会倾向于变成政党，争取通过政治的手段去实现理想。

这里按照工会运动的宗旨及工会组织模式，对现行的工会类型进行大致的划分。

### 1. 以工会运动的宗旨作为划分标准

工会的目标是只求现实经济利益的增加，还是推翻现存社会制度，求得阶级的根本解放，或者是在现行制度框架内求得一定的政治、经济、社会地位？对这个问题的不同回答表明了工会运动不同的价值取向，并将现实的工会运动大致划分为三极：

一是强调阶级革命的马克思主义工会运动。强调工会运动应当以阶级冲突和社会政治动员为特点的激进社会民主运动或共产主义工会运动。在马克思看来，甚至包括集体谈判等工会运作机制也不过是在供给和需求法则的基础上寻求与雇主的相互理解。

二是经济主义工会运动。强调工会是职业利益代表的组织，核心观点是集体协商优先，刻意追求经济主义，避开政治纠缠，更反对革命的和改革的社会主义介入工会运动。

---

① 刘创楚：《工业社会学》，台湾巨流图书公司1989年版，第304页。

三是作为社会整合载体的工会运动。从社会功能主义和有机主义出发，对抗社会主义的阶级敌对主义观点。1897年韦伯夫妇呼吁，工会应当成为追求逐步工业民主化的机构。目标在于以逐步增进社会福利和社会凝聚为优先事项，并因此成就一种作为社会利益代表的自我意象。

以上三种类型并不是相互割裂的。海曼(Hyman)指出，经济性工会锁定市场，整合性工会关切社会，激进反抗性工会重视阶级。然而，工会是社会的一部分，工会要存活，就必须与其他机构和利益群体(包括那些与工会处于敌对状态的群体)共存。实践中，工会的本质特征和意识形态通常是上述三种理念的混合体。

2. 以工会的组织结构形式作为划分标准

工会的组织结构是指工会组织构成和组建的形式和原则。不同组织结构的选择有着特定的社会经济政治环境及历史过程的渊源。依组织结构形式，可把工会分为职业、产业、企业、区域等不同类型。

职业工会。即以相同或类似职业作为组建工会的依据或条件，由同一职业的技术工人或工人组成。据此，一个企业中可以有几个不同的职业工会，或同一职业工会中可以包括不同企业的工人。

产业工会。依产业原则形成的工会要求将属于同一产业系统的同一企业、机关内的劳动者，不分职业、工种、职务、技术熟练程度，组织在相应产业的基层工会内，进而组织起该产业的地方委员会和全国委员会。

企业工会。依企业原则形成的工会以企业为单位，将企业内所有的会员都组织在一个工会内。它与产业工会的区别在于，这类工会不受产业工会的直接约束，享有组织和活动的完全自主权。

区域性(或地方性)工会。依地域原则形成的工会，将同一地域范围内不同职业、产业类型的会员组成为一个基层工会，或以基层工会为会员的联合会。

粗略地看，美国的工会是职业结构与产业结构并存；英国的工会以职业结构为基本形式，也有少量产业结构形式；法国的工会以职业原则为主；德国的工会以产业原则为主；日本的工会则以企业原则为主。

## 三　工会在市场经济体制中的作用

工会与产业革命发展的历程伴生并成为现代经济社会中的基本构成，这一事实表明了它在社会经济发展中的积极作用。工会的作用是一种社会结果，是一个动态的过程。总的来看，工会在市场经济体制中的作用可以归纳为以下几点：

（1）工会在总体上提高了劳动者的工资福利水平。工会为其会员争取较非会员要高的相对工资优势，经验数据显示，工会在提高会员收入水平的同时，也在整体上促进了收入分配的公平性。因为工资谈判机制不仅将谈判单位的工资增长与员工要求相统一，并形成了关于工资的合理预期和稳定的增长机制，对相关企业组织也形成一定的工资压力，从而有利于工资水平的普遍合理增长。并且，除了提高工资，工会还调整了整个报酬的构成，提高了福利尤其是保障性的福利在报酬中的比重，这些调整促进了社会福利化程度的提高。

（2）工会推动了产业民主的进步，同时也促进了企业管理水平的提高。工会化工作场所，往往建立固定的申诉渠道来解决工作场所工人的抱怨。在非工会化企业中，雇主可能随心所欲地对待工人，但在工会化企业中，如果雇主要处分一个工人，他就必须遵循既定的程序并给出合理的理由；如果某个工人对雇主有不满情绪，他可以向工会倾诉并通过工会要求雇主做出相应的调整。

工会也成为工人参与工作场所决策的重要渠道。通过与雇主进行集体谈判签订集体合同，工人可以有机会在包括工资、工时、工作条件等广泛范围内参与工作场所政策的制定。工会与管理方共同制定工作规则，确定劳动标准，限制了管理方在裁员、晋升等方面的随意性。

（3）工会为企业生产效率的提高提供了可能。工会组织作为雇员的心声表达机制，为劳资冲突提供了一个有效的释放渠道，从而代替了以往工人不得不采取的出走机制。这样就强化了工人的工作动机，降低了员工的离职率，使企业的招聘与培训成本降低，并且减少了工作程序的中断，进而提高了生产率。

（4）工会在维护社会公正方面发挥了积极作用。工会使劳动者真正感受到自己的力量,感受到应得到的尊重。团结在工会的旗帜下,劳动者所能够改变的不只是工作条件,还包括自己的整个生活。很多学者指出,工会运动的一个主要贡献在于改善工人在工作场所和社会当中的自由程度,工会的社会作用要胜过它所能起到的经济作用。

## 四 中国工会

中国工会运动在中国共产党领导下经历了从革命到建设,从作为推翻旧的社会制度的革命力量到探索社会主义市场经济体制下中国特色社会主义工会工作新路子的发展过程。

中国最早的产业工会产生于1840年鸦片战争后的外国资本企业中。辛亥革命后开始出现以职业或产业结构为基础的现代工会组织,如上海的"制造工人同盟会"、广东的"广东省机器总会"、汉口的"租界车夫同益会"等。1924年8月,孙中山领导的广州政府颁布了中国历史上第一个正式承认和保障工会权利的单行法规《工会条例》。1928年,国民党政府颁布《工会法》,强调工会"以增进知识技能,发达生产,维持、改善劳动条件及生活为目的",一批宣扬阶级调和、标榜劳资合作的改良主义工会及其他非中共领导的工会成为国民党统治区的主要工会力量。

新中国成立后,工会把组织和动员职工参加国家建设作为第一位的工作。1950年,《中华人民共和国工会法》规定中国工会的性质是工人阶级自愿结合的群众组织,指出:"凡在中国境内一切企业、机关和学校中以工资收入为其生活资料之全部或主要来源之体力与脑力的雇佣劳动者,均有组织工会之权。"1953年,中国工会制定了"以生产为中心,生产、生活、教育三位一体"的工会工作方针。这一时期的工会体制在组织群众性生产运动中曾经发挥过积极作用,但也存在许多缺点和缺陷。

与中国由高度集中的计划经济体制向社会主义市场经济体制为核心的社会转型背景相适应,中国工会也同样面临一个由行政化的工会向市场化运行的转型的历史过程。1988年召开的工会十一大,提出了工会的维护职能和工会的改革设想。这次代表大会提出了工会具有维护、建设、参与、教育四项社会职能，第一次将“维护”明确规定为工会的职能，改变了计划经济时期工会“以生产为中心，生产、生活、教育三位一体”的工作指导方针。2001 年《中华人民共和国工会法》的修订，在法律意义上界定了中国工会的基本职责是维护职工合法权益。修改后的《工会法》在工会性质的规定中，第一次明确提出“中华全国总工会及其各级工会组织代表职工的利益，依法维护职工的合法权益”。

在当前中国的社会发展和社会现实中，社会各界都需要进一步深入认识工会的性质和作用，应该采取有力措施发挥工会在社会发展中的作用。

## 第四节　雇主协会

雇主组织是由雇主依法组成的组织，其目的是通过一定的组织形式，使雇主形成一种群体力量，在产业和社会层面通过这个群体优势同工会组织抗衡和协调，促进并维护雇主的利益。

### 一　雇主组织的起源

在西方，雇主组织是随着工会组织的不断发展壮大而建立和发展的。早期的雇主组织是一些自发性的“俱乐部”或“行会”，一般称“贸易协会”，其主要关注的是贸易和关税之类的问题。19 世纪 90 年代，开始出现现代意义上的雇主组织，有的将贸易协会的职能合而为一，有些只处理雇主事宜，即协调雇主与工会之间的活动。19 世纪末 20 世纪初，工会运动空前高涨，加上许多国家的社会立法日益加强，英国、法国、荷兰等国家的雇主纷纷采取闭厂等行动并成立雇主组织，以平衡与工会之间的力量对比，对抗工会对资方的冲击。

第一次世界大战结束后，尤其是 20 世纪 30 年代，西方国家普遍面临经济困难。这时雇主组织在发展经济方面起到了积极的作用。雇主协会在与工会的斗争中也取得了很多的经验，使雇主组织内部和外部环境发生了有利的变化，特别是雇主组织在与工会的协商、合作工作方面取得了很大的成效。在此期间，劳资双方之间的集体谈判走上了正轨，许多基本的劳资关系法规和社会立法也是在这段时间内完成的。

在第二次世界大战中及战后的一段时间里，许多西方国家的雇主协会得到了稳定的发展。英国、荷兰、瑞典、澳大利亚的雇主协会都得到了很大的加强。尤其是20世纪六七十年代，各国普遍加强了政府在协调劳资关系和经济生活中的作用。在这种情况下，政府更希望与具有权威性的中央一级的雇主组织打交道，这极大地加强了全国性雇主协会作为雇主发言人的地位，同时也要求各级雇主协会为其成员提供更多的、范围更广的服务，了解、掌握企业的需求，以便更有效地处理与政府和工会的关系。

20世纪末开始，各国雇主组织又呈现出新的发展趋势，即雇主组织不仅开展劳动关系等方面的社会性事务和活动，而且也逐步开始关注经济事务，并在国家的政治、经济和社会生活中逐渐发挥重要的作用。

从西方国家雇主组织的起源和发展历程，以及对社会的价值观来看，雇主组织不像工会组织有相对统一的对未来社会的构想，而是普遍对现存的政治和社会制度感到满意。在政治领域内，雇主协会普遍支持第二次世界大战以后形成的政治和政权制度；在经济领域里，它们信奉经典自由主义的观点，即自由企业、私有制、竞争性市场和个人主观能动性。因此，它们反对政府干预、国有化、被管制的市场和集体主义。但在实践中，它们也在坚持原则和维护物质利益之间寻求平衡；在社会政策领域内，它们在对待保护性的劳动立法和社会福利法规方面一直采取一种保守的、甚至反对的态度，因为它们认为这些法规将对企业生产成本、利润和国际竞争力产生消极影响，而且这些保护性的立法会助长公民的依赖性、惰性和浪费的风气；在产业关系领域，它们赞成限制政府的作用，只让其扮演程序规则制定者和公正仲裁人的角色，它们比较赞同自由的集体谈判、保护管理人员的管理权和限制工会权力的过分膨胀。

## 二　雇主组织的形式和特征

### 1. 形式

雇主组织的形式有多种多样，主要有以下三种：

一是行业协会。由某一行业企业组成的单一的全国性行业协会。在许多国家，这种组织被视为“经济”组织，因为这种行业协会不处理劳动关系，而主要负责行业规范、税务政策、产品标准化等事宜。但在其他一些国家，行业协会作为地区和国家级雇主组织的中间环节，直接参与劳资谈判，确定行业性的集体协议框架。

二是地区协会。由某一地区的多种企业组成的地区性协会，代表该地区雇主的共同利益。这种协会一般与全国性雇主协会一样负责处理劳动关系等涉及雇主利益的事宜。

三是国家级雇主联合会。由全国行业和地区雇主协会组成，也是通常所说的国家级雇主组织。它主要负责处理劳资关系各个方面的事务，包括与工会的关系、劳工政策、参与劳动立法、行政管理和仲裁，其中与工会协商劳资关系是它的主要工作。

### 2. 特征

学术界往往对雇主组织不太关注，主要是因为雇主组织相对于工会而言往往是防御性的组织。雇主组织的成立，主要是为了应对不断壮大的工会力量。早期的雇主组织，就其职能而言，主要是为了平衡与工会之间的力量对比，对抗工会对资方的冲击。随着工人运动的发展和劳资关系的法制化，雇主组织的职能也随之发生了变化，雇主组织同工会进行对抗性的活动减少，而与工会在劳动关系方面的协商、谈判成为其主要职能。因此，雇主组织从一开始就具备一些明显的特征，具体表现为：

(1) 雇主组织的出现在时间上一般晚于工会组织的成长，其典型例证是英国和德国。此外，雇主组织的建制大都参照工会组织的建制并随后者变化相应调整，从而在产业、地方和全国不同层面成为工会的对手。这种情况在各国基本相同。

(2) 从组织性质上看,雇主组织是由雇主成员依照结社自由的原则自愿结合组成。这一自愿特点,不仅表现在雇主个人对参加组织的选择上,而且还表现在某个行业或产业雇主组织对是否参加全国性雇主协会的选择上。

(3) 从地位上看,雇主组织独立于政府和其他党派团体而存在,其主张和行动方略完全遵循雇主成员或基层雇主组织的意愿要求,并按照一定程序形成内部成员遵守的章程和规范。在雇主组织同政府和工会组织的关系方面,彼此既存在着对立的一面,也存在合作的基础。对立,表现在雇主组织对政府的主张持不同政见,或同工会发生直接冲突(如闭厂与罢工);合作,表现为三方在社会经济与劳工政策上形成共识和一致立场,使劳资双方友好相处。

(4) 从雇主组织的组织率看,西方各国情况表明雇主的组织率大都高于工会的组织率。例如,1993 年,德国雇主的组织率约为 80%,而工会的组织率仅有 38.4%。

## 三 雇主组织的作用

雇主组织最主要的作用是在劳动关系中代表雇主的利益,这种代表作用的表现形式随着经济和社会进步,其内容和方式也在不断变化。从传统上看,雇主组织的主要作用是协调雇主之间的内部利益,以便同工会进行集体谈判,从而维护雇主的整体利益。随着经济发展和劳动关系趋向规范化和法制化,雇主组织的代表作用也在不断发生变化,转向以立法参与和为会员提供所需要的服务为重点。特别是在经济全球化、国际技术进步、转轨国家向市场经济靠近,以及日益剧烈的商业竞争环境的变化情况下,为会员提供多方面的服务,已成为雇主组织的重要内容。温德姆勒(J. P. Windmuller)曾将雇主组织的作用概括为:通过彼此协议调节贸易和竞争事务,寻求贸易上的法律保护,确立针对工会的统一战线,提供劳动关系和人事管理方面的服务,争取社会和劳工立法等。

总之,维护雇主利益、建立协调的劳资关系、促进社会合作,是世界各国雇主组织建立的基本宗旨和目标。但在具体的内容上,不同国家的雇主组织稍微有一些差别。一般认为,雇主组织的任务主要是以下七项:(1) 积极为雇主服务,提高雇主适应事业挑战的能力;(2) 促进和谐、稳定的雇主—雇员关系,即劳动关系;(3) 在国家和国际上代表和增进雇主利益;(4) 提高雇员的工作效率和工作的自觉性;(5) 创造就业机会及更好的就业条件;(6) 预防劳资纠纷,并以公平迅速的方式解决产生的争议;(7) 为其会员达到发展目标提供服务。

当前,经济发展水平的不同决定了企业需求的不同,世界各国雇主组织的角色和定位也就不同。一般来说,可以分成三种类型:

第一,发展中国家的雇主组织。发展中国家的雇主组织大多建立时间不长,首要的工作是取得雇主信任、发展足够的企业会员从而增强雇主组织在国家或地区内的代表性。对于一个新建立或建立时间不长的雇主组织来说,只有有了足够的会员,才能有会费支持,再通过一些收费性服务和赞助,才能维持正常运转。另外,发展中国家的雇主组织还亟须建立起一条较有影响的反映雇主声音的渠道,能够使政府听到雇主的声音,认识到雇主声音的重要性。

第二,经济转型国家的雇主组织。这些国家的私有经济发展历史不长,雇主组织中的私营企业会员较少,所能提供的服务也相对较少,同时这些国家中的工会力量较弱,政府干预较多,因此如何适应市场经济发展,及时转变观念,吸引更多的非公企业加入雇主组织以及如何提供持久、有效的服务是这些国家的雇主组织需要解决的问题。

第三,发达国家的雇主组织。这些国家的就业关系变化快,集体谈判方式多样化,雇主组织所提供的传统服务已不能适应企业发展的要求。企业频繁的兼并和相互融资使得很多雇主组织之间的服务范围和内容重叠,竞争激烈。如何降低成本、提高工作成效是这些国家雇主组织所面临的挑战。

当前,雇主组织的发展空间和提供服务的领域还非常广阔。各国雇主组织在企业竞争、企业道德建设、环境保护、市场发展、产业政策的制定、劳动力市场改革以及劳动关系的立法方面都能发挥更大的作用。各国雇主组织都注意努力发展会员,注重提高工作人员的素质和能力,加强与社会各界的联系。

## 四 国际雇主组织

国际雇主组织是目前国际上在社会和劳动领域代表雇主利益的国际组织，成员由世界各国国家级的雇主联合会或其他形式雇主组织组成，现有成员126个。

在西方国家，雇主组织由于在促进雇主之间的相互协商与合作，推进行业标准规范化，加强劳资关系和人事管理方面的服务，参与社会和劳动立法，共同管理雇主有关事务等方面发挥了重要作用，因而获得了稳定发展。到第一次世界大战时，许多西方国家都建立了稳定的全国性和行业性雇主协会。由于雇主组织在战争中起到了积极的作用，因此战争使雇主组织获得了法律地位和稳定的发展。在20世纪初，西方国家普遍面临经济困难，雇主协会积极与工会组织开展劳动关系的协调工作，对于发展各国经济也起到了积极的作用。

为了更好地发挥各国雇主组织的作用，在各国雇主组织之间建立和保持永久的联系，共同协商和讨论社会和经济发展问题，需要建立一个国际性的雇主组织来协调各国雇主组织共同参与国际事务。特别是随着1919年国际劳工组织的成立，需要在国际劳工组织的机构和活动中，统一各国雇主组织的立场和观点，在国际上代表雇主组织来协调与工会的关系，因此，最终在1920年建立起了国际雇主组织，以加强各国雇主组织的联系，推动雇主组织的发展，维护雇主利益，促进经济和社会发展。随着国际劳工组织的地位和影响的扩大，国际雇主组织在国际劳工组织中的作用也越来越大。目前，在国际劳工组织中的雇主组织活动皆由国际雇主组织控制，非国际雇主组织的成员在国际劳工组织中的活动受到一定的限制。

可见，国际雇主组织的建立主要有以下动机和目的：(1) 在国际上协调各国雇主组织的立场，共同维护各国雇主的共同利益；(2) 参与国际劳工组织活动，作为三方机制的一方，代表雇主组织及雇主立场，参与有关活动；(3) 与国际工会组织协调、合作，就共同关心的劳工等方面问题，开展协商和合作，维护各自的利益主体；(4) 加强各国雇主组织的交流与合作，特别是在有关的立法、政策和信息上加强交流与合作；(5) 与各国政府建立积极的良好关系，为各国雇主组织的建立和活动开展创造良好的条件;(6) 指导各国雇主组织开展维护雇主利益活动,使雇主组织成为雇主利益的代言人。

国际雇主组织的主要任务有四项:(1) 在国际上维护雇主利益;(2) 促进企业自主发展;(3) 帮助建立和加强国家级雇主组织;(4) 促进雇主组织之间的信息交流和雇主之间的经贸合作。

在社会学领域,对有关工会的许多问题已经有了相当深入的研究,而对雇主协会问题的研究就显得很不足。雇主协会也是一种重要的职业共同体,对于与其有关的许多问题,人们也是应该给予足够重视和关注的。

# 第九章

# 工程活动共同体——工程共同体类型分析之二

本书绪论已经指出工程共同体有两个基本类型——工程职业共同体和工程活动共同体,第八章分析和讨论了工会、工程师协会、雇主协会等工程职业共同体,本章将分析和讨论有关工程活动共同体的一些问题。

应该强调指出:工会、工程师协会和雇主协会等工程职业共同体都不是、而且不可能是具体从事实际工程活动的共同体。

首先,从目的和性质来看,这些职业共同体在组建的时候都没有把从事具体的工程活动当作自己的目的。其次,从结构和功能方面来看,这些职业共同体人员成分单一,没有能力完全依靠自己而从事具体的工程活动,完成具体的工程任务。

那么,什么样的共同体才可以具体从事工程活动呢?

从人员结构看,能够具体从事工程活动的共同体必须由异质人员组成。一方面,没有工人、工程师、投资者,就无法从事工程活动;另一方面,如果仅仅有工人,或者仅仅有工程师、投资者、管理者,都是不可能从事具体工程活动和完成具体工程任务的。

与工程活动的集成性和工程构成要素的异质性相适应,工程活动共同体必须是由不同类型的成员合作构成的异质共同体,工程师、工人、投资者、管理者等不同类型的人员是一种都不能少的。

在现代社会中,一般地说,只有那种由工程师、工人、投资人、管理者、其他利益相关者等不同类型的成员所组成的共同体(集体),如企业或项目部才是能够从事具体工程活动的共同体,我们把这种从事实际工程活动的共同体简称为“工程活动共同体”。

在工程职业共同体和工程活动共同体这两种类型的共同体中,工程活动共同体发挥着更基本的作用,占有更基础、更基本的位置,而工会、工程师协会、雇主协会这些工程职业共同体则是派生性的共同体①。

由于工程活动共同体是更基础和更基本的工程共同体,它们在工程社会学乃至一般社会学领域中理所当然地应该受到更多的关注。关于工程活动共同体,亟待研究的问题很多。在本章中,我们将集中分析和阐述如下几个重要问题:工程活动共同体的社会本性,其维系纽带,以及其形成、动态变化和解体问题。

## 第一节　企业或项目共同体的本质

工程活动是人类社会存在和发展的物质基础。工程发展史是整个人类发展史的一个基础方面和一项基本内容。从原始社会到农业社会再到近现代社会,工程活动的规模、类型、特征、组织方式、运行方式以及其对自然和社会的影响等都发生

① 所谓派生性的共同体,绝不意味着它们是不重要的共同体,绝不意味着可以轻视它们的作用和意义。

了巨大的变化，工程活动共同体也经历了一个发展的过程，出现过不同类型、具有不同表现形式和不同特征的工程活动共同体。本章以下将把项目共同体和企业作为现代工程活动共同体的典型代表，进行一些简要的分析和讨论。

## 一 “社会活动”和“社会活动主体”

“项目”(project)是表示活动、过程的概念，它是进行工程活动的基本单位。一般来说，企业和工程活动共同体在从事工程活动时都是以项目为单位的。例如，三峡工程、青藏线工程、宝钢二期工程、改造工程、小区的建设工程等，都是一个一个的工程项目①。

与项目这个概念相对应，我们可以把从事项目活动的主体称为项目共同体。从管理学和管理实践方面看，许多不太大的项目的管理机构常常被称为项目部。但在本书中，为了叙述和分析的方便，我们把项目部解释为包括从事该项目活动的全部人员的项目共同体。由于任何一个项目都是在有限时间内、为达到某个具体目标（或目标群）而从事的活动，于是，在这个意义上，任何具体的项目共同体都是一次性的，在有限时间内存在的、“暂态”的工程活动共同体。

从工程社会学和共同体分析的角度看，与项目共同体不同，我们可以把企业解释为比较稳定的、持续承接或从事某些类型或某些范围的工程项目的，在较长时期存在的、“稳态”的工程活动共同体。

总之，企业和项目部是表示主体的概念，而项目和工程则是表示活动的概念，二者有联系又有区别。具体到现代社会，一方面，工程活动就是企业的生命内容和

---

① 应该注意和必须特别指出的是：出于不同的考虑和根据不同的标准，不同的人有可能在如何划分和确定“一项工程”的范围时，有不同的看法和得出不同的结论。例如，有人可以仅仅把“基本建设”活动划在“工程活动”的范围之内；也有人从“更大的时间尺度”和“工程全过程”的观点看问题，认为“完整的”工程活动过程中还必须把“工程运行”和“工程的最后终结”（如核电站的“关闭”）包括在内。虽然在表面上，这两种看法有很大区别，但在实质上，这两种看法是可以“统一”在后一种观点之中的。在本书中，为了分析和叙述的方便，有时也采用第一种观点，但总体上仍以第二种观点为基本观点。

生命线，企业的使命就是要从事特定的工程活动，没有工程活动可干就意味着企业生命的终结；另一方面，在许多情况下，没有相应企业或项目部（或其他类型的工程活动主体）的承担，工程活动就不可能进行或实施，所谓工程项目就只能是一座空中楼阁。

在现代社会中，企业常常是承接和从事工程项目的主体。许多企业常以项目部的组织形式来具体从事和完成某个工程项目，于是，项目部就成了常见的直接从事具体工程活动的一种共同体的组织形式。

必须注意：企业与项目之间并不存在一一对应的关系，项目部和企业的关系是复杂多变的。例如，既存在一个企业包含多个项目部的情况，也存在一个大项目由一个大企业进行管理、有许多小企业共同参与的情况。虽然在某些情形下也存在某一个项目完全由一个企业来完成的情况，但更常见的是各个企业和项目之间部分重叠，同时多重交叉的情况。

企业和项目共同体作为最常见的进行工程活动的主体形式，二者有重要的区别又有密切的联系，本章把企业和项目共同体当作分析现代工程活动共同体的基本组织形式和基本制度形式。

## 二　西方主流经济学理论中企业坍缩成了“黑箱”

在现代社会中，企业是进行现代工程活动和生产活动的常见主体和基本组织形式。现代经济生活中的这个基本事实，经济学家自然是一眼就看到了的，于是，企业这个术语也就自然而然地进入了现代经济学家的视野，成为现代经济学中的一个常见词汇。可是，令人费解的是：许多西方经济学家却不关心企业究竟是什么这个根本问题，没有把企业的本性当成一个重要问题加以研究和思考。有复杂结构的企业在许多经济学家的理论思考中被简化为没有内部结构的“原子”，成了一个空虚的“黑箱”。

正如《企业的经济性质》一书的主编普特曼所指出的：“工商企业（business enterprises）或企业（firms）在经济理论中处于核心地位。但是，直到最近，主流经济学对它们的描述还是相当不完整的。虽然很多经济学分析把个人作为分析单位，但企业自身被看作是经济中的'原子'，几乎没有人深入到企业内部了解它们的构成方式。"①

青木昌彦说："尽管对于什么是新古典企业理论有各种不同的看法"，但它们有着共同的特征，"企业被看作一个黑箱，它将市场上的各种生产要素组合起来［包括企业特质性资源（firm-specific resources）］"。②

对企业坍缩成了黑箱的现象，著名经济学家德姆塞茨非常感慨地说："在新古典理论中，企业不仅仅是一个'黑箱'，而且是一个专业化的黑箱。在企业内所做的事可能不止一件，但无论做什么都是为了外部人使用，而不是内部人使用，而没有注意到管理生产的复杂性。"③

在很长的一段时间中，几乎没有什么经济学家感受到和认识到打开企业这个黑箱的重要性和必要性，很少有人认真地从理论上提出和研究企业理论的各种问题。德姆塞茨说："自1776年现代经济学问世以来，直到1970年的近200年间，改变企业理论专业视野的文章似乎只有两篇：奈特的《风险、不确定性和利润》（1921）和科斯的《企业的性质》（1937）。"④虽然《企业的性质》一文后来被"追认"为经典论文，可是在当时的学术思潮包括"企业黑箱论"的影响下，这篇论文在发表后的大约30年中都受到经济学界的冷遇。

为什么会出现这种现象呢？

首先是经济学内部的原因。对此，已有许多经济学家进行了分析和阐述。例如，杨瑞龙说："自从亚当·斯密提出'看不见的手'的著名论断以来，西方经济学家致力于研究价格机制的最优资源配置问题。他们将企业视为纯粹的投入产出转

① ［美］普特曼、克罗茨纳编：《企业的经济性质》，孙经纬译，上海财经大学出版社2000年版，"中文版序言"，第2页。

② ［日］青木昌彦：《企业的合作博弈理论》，郑江淮译，中国人民大学出版社2005年版，第11页。

③ ［美］德姆塞茨：《企业经济学》，梁小民译，中国社会科学出版社1999年版，第10页。

④ ［美］德姆塞茨：《所有权、控制与企业》，段毅才译，经济科学出版社1999年版，第177页。

换器，没有任何制度内涵，因而是忽略企业内部组织关系及其所有参与人员利益协调和分配关系的‘黑箱’。”①

钱颖一指出：“传统的新古典微观经济学，无论是‘局部均衡’理论，还是‘一般均衡理论’，都是研究市场均衡的理论，其主题是研究价格在平衡供求关系中的作用。为了这一目的，企业则被简化为一个假定，即‘使利润最大化’，正如消费者使效用最大化一样。在这种研究传统下，企业本身是一个‘黑匣子’。”②

德姆塞茨也认为，企业之所以被看成一个黑箱，“基本上是经济学家价格机制先入为主的观点造成的。对价格机制的研究，以马歇尔（Marshall）的企业代理人理论和瓦尔拉斯（Walras）的拍卖者理论为代表，破坏了把企业作为解决制度问题｛的手段｝的思考”③。

其次，我们还可以从经济学外部，特别是从经济学与社会学的关系中寻找导致西方经济学家把企业看作黑箱的原因。

斯威德伯格在《经济学与社会学》④一书中回顾了经济学与社会学之间相互关系发展的曲折历程。他说：“19 世纪经济学在欧洲作为一门现代科学诞生的时候，经济学和社会学相处得非常融洽。这一点可以用卡尔·马克思和约翰·斯图亚特·穆勒的著作为证。然而，一个世纪之后，它们却朝完全不同的方向走去。经济学的重心脱离了社会的其他方面而专一地集中在经济利益问题上，更一般地说，经济学的重心脱离了社会的结构。社会学则只处理留给它的一隅之地：用强调社会结构的方法，分析非经济的论题。双方的漠视甚为严重，借用熊彼特的一句挖苦话，经济学家现在正构建自己的粗浅的社会学，社会学家现在也在构建自己粗浅的

---

① 杨瑞龙：《企业理论：现代观点》，中国人民大学出版社 2005 年版，第 30 页。

② 钱颖一：《现代经济学与中国经济改革》，中国人民大学出版社 2003 年版，第 81 页。

③［美］德姆塞茨：《所有权、控制与企业》，段毅才译，经济科学出版社 1999 年版，第 177 页。

④ 斯威德伯格的这本书出版于 1990 年，书中包括了作者与 17 位经济学家或社会学家的访谈。被访谈者中包括了著名社会学家贝尔等人和索罗、阿罗这样的已经获得诺贝尔经济学奖的人物。该书出版后，被访谈者中又有四人——贝克尔、森、阿克罗夫和谢林——先后获得了诺贝尔经济学奖。由此我们不难看出这本书的内容所具有的权威性和可信性。

经济学。”①

正是在经济学与社会学相互漠视、相互分离的背景下，许多西方主流经济学家认为经济学的任务就是要进行“纯经济学”的研究，“从论证价格机制有效性的角度，企业内部组织及其活动方式是无关紧要的，只要把它假设为一个向市场提供产品的、充分有效的专业化生产者就足够了。因而，在新古典经济理论中，企业不仅仅是一个‘黑箱’，更重要的是一个完全同质的从事专业化生产的‘黑箱’”②。

在现实社会中，企业的经济本性、社会本性、法律本性、管理本性等多方面的性质是内在地结合在一起、合而为一、难以人为分割的，企业理应同时是经济学、法学、社会学、管理学等不同学科共同的研究对象和研究主题。不同学科的研究可以有分工，可以各有侧重，但却不能画地为牢，不能化面为点。

## 三　从不同进路协力打开黑箱

“黑箱”是一个控制论术语。研究者仅仅从对象的“输入”和“输出”关系中研究其功能，而不剖析、不研究对象的内部结构和内部关系，这个对象就被当作一个黑箱。

一般来说，当一个对象被当作黑箱来研究时，研究者仍然承认该对象实际上是具有一定内部结构和内部关系的“白箱”，把对象看作黑箱仅仅是一方法论上的假设和研究方法的选择而已。可见把企业当作黑箱绝不等于承认现实生活中的企业本身就是黑箱，当研究者决心面对“实事本身”的时候，他们就必须努力打开黑箱，分析和研究企业的内部结构和内部关系。

科斯于1937年发表的《企业的性质》是一篇开创性的论文。“在这篇开创性的论文中，科斯指出，‘交易费用’（transaction costs）概念的引入，使我们获得了一把锋利的‘解剖刀’……用经济学特有的成本—收益分析法来思考包括企业在内

---

① [瑞典]斯威德伯格：《经济学与社会学》，安佳译，商务印书馆2003年版，“中文版序言”，第1—2页。

② 刘刚：《企业的异质性假设》，中国人民大学出版社2005年版，第11页。

的社会组织和制度的本质、内在关系等。这无疑是经济学发展中的一次革命，并且一个新的研究领域——'企业理论'（the theory of the firm）和'新制度经济学'也由此兴起。"①

后来，许多经济学家沿着科斯开拓的方向继续前进，他们修正和发展了科斯的观点，继续深入研究投资者和经营者的关系、雇主和雇员的关系、委托人和代理人的关系、剩余索取权问题、不完全契约关系问题，等等，"探讨如何设计契约和制度来约束和激励代理人的信息经济学和委托代理理论由此兴起，并且成为研究企业内部关系的主要工具，企业的契约观从此开始得到了普遍认同"②。

新制度主义经济学和契约理论（特别是不完全契约理论）正代表了在经济学内部打开黑箱的尝试和努力。当经济学家不再把企业看作黑箱，而是要剖析和研究企业的内部关系的时候，他们的研究对象也就不再是纯经济学性质的主题，而往往是同时具有社会学意义的综合性主题，例如，委托代理关系问题、剩余索取权问题、道德风险问题、"谈判"问题、"防止敲竹杠"问题，等等。经济学家在研究这些问题或主题时，其经济学特征主要是表现在其研究传统和研究方法上。在新制度经济学兴起和企业经济学形成后，企业就不再被看作是一个黑箱，经济学的风向标和前沿所在都发生了深刻的变化："对企业'黑箱'的内部机制的研究一度被认为是对经济学的背叛。现在，这样一种研究构成了经济学前沿研究的一部分。"③

上面已经指出：企业不但是经济学研究的对象，而且是管理学研究的对象。在企业的管理学研究中，20 世纪 80 年代之后，"能力理论"逐步发展起来，引起了很多人的注意。"该理论框架强调企业在本质上是一个生产性知识和能力的集合。与新古典经济学和契约理论根本不同，企业能力理论主张企业竞争优势的内

---

① 杨瑞龙主编：《企业理论：现代观点》，中国人民大学出版社 2005 年版，第 2 页。

② 同上，第 3 页。

③［美］普特曼、克罗茨纳编：《企业的经济性质》，孙经纬译，上海财经大学出版社 2000 年版，"第 2 版序"，第 45 页。

生性，强调企业成长的根源是内部知识和能力的积累。”①

企业契约理论原属微观经济学范畴，企业能力理论原属战略管理理论范畴，二者在打开企业黑箱这个方向和进路上汇合在一起。随着分属于经济学的企业契约理论和属于管理学的企业能力理论的相互融合，一片被称为“企业理论”的学术领域逐渐形成。

在使用黑箱方法进行研究时，学科界限常常是比较明确的，当人们打开黑箱，进入黑箱内部研究对象的内部结构和内部关系时，学科界限常常就不那么明确了——学科渗透和融合的趋势就要势不可当地出现了。已有学者指出：在现代企业理论中，出现了“经济学与管理学相互融合的大趋势”②。容易看出，打开黑箱对于现代企业理论的形成具有关键意义。

## 四　工程社会学视野中的企业定义

企业是一种复杂的社会现象和社会存在。尽管现代企业理论的两个流派——契约理论和能力理论都已经涉及企业的社会学问题，但这并不意味着不需要再对企业进行社会学——特别是工程社会学——的研究。目前，对企业和各种工程活动的社会学研究还是非常薄弱的，甚至可以说是短缺的，这种状况是应该尽快改变的。

众所周知，西方主流经济学的基本理论体系是建立在“方法论个人主义”的理论假设基础之上的。如果说这一理论基点在考察消费活动时还未出现大的问题，那么，在考察生产时就要出现大问题了。因为在现代社会中，进行生产活动的基本主体不是单个的个人而是团体性的共同体。在方法论个人主义假说的束缚下，西方主流经济学家难以承认生产活动的主体是集体性的共同体，于是，作为工程活动共同体的企业便坍缩成了原子性的个体。

---

① 杨瑞龙主编：《企业理论：现代观点》，中国人民大学出版社 2005 年版，第 146 页。
② 同上，“内容简介”。

应该强调指出：西方经济学方法论个人主义假设的错误在于它否认集体性的共同体也可以成为社会活动主体。

在工程社会学视野中，可以把企业看作是由作为微观行为主体的个人联合而成的中观共同体（“中观团体”），是一种中观的社会组织形式和制度形式。①

关于企业本性的纯经济学观点的主要内容是：经济人假说，方法论个人主义立场，以价格利润为导向，黑箱模式和“原子化”的企业观，“自然人实在”观点。与之相对，关于企业本性的工程社会学观点的主要内容则是：（1）社会人假说；（2）方法论团队主义或集体主义立场；（3）以生存发展为导向；（4）制度模式和“共同体”的企业观；（5）企业（工程活动共同体）“社会实在”观点。

在以上认识和分析的基础上，我们可以把工程社会学视野中的企业观归纳如下：企业是由异质的个人所组成的、持续合作从事工程活动的、制度化的社会共同体，其直接目的是创造一定的社会使用价值。

这个定义从社会学的角度把企业定义为一种特殊类型的和有特定功能的社会共同体，这就体现了独特的社会学视角。

在企业研究中，经济学观点和社会学观点都是不可缺少的。经济学观点和经济学方法特别强调、突出效率、产权、交易和经济价值，而工程社会学观点和方法则是以分工合作观、团队实在观和工程使用价值创造观为基本特征。

由于本书以后的章节中还将论及分工合作观、团队实在（制度实在）观方面的问题，这里只对工程使用价值创造观进行一些简要的分析。

马克思在《资本论》中首先区分了商品的使用价值和交换价值。马克思说：“资本主义生产方式占统治地位的社会的财富，表现为‘庞大的商品堆积’，单个的

---

① 应该注意，所谓微观和宏观都是相对的概念。如果从生产和工程的观点看问题，我们也有理由在一定意义上把“项目”看成是“微观的工程活动单位”，与这个观点相对应，“项目部”或“企业”也就可以相应地被看成“微观”的工程活动主体了。在这种观点或视野下，“项目部”或“企业”被看作“微观”的社会活动主体，而“行业”、“产业”和“区域”才是“中观”的社会现象，至于所谓“宏观”社会现象则是指国家（甚至世界）整体的经济活动（社会活动）现象了。

商品表现为这种财富的元素形式。”“商品首先是一个外界的对象，一个靠自己的属性来满足人的某种需要的物。”“每一种有用物，如铁、纸等，都可以从质和量两个角度来考察。”“物的有用性使物成为使用价值。”“不论财富的社会形式如何，使用价值总是构成财富的物质内容。”而“交换价值首先表现为一种使用价值同另一种使用价值相交换的关系或比例”。“作为使用价值，商品首先有质的差别；作为交换价值，商品只有量的差别，因而不包含任何一个使用价值的原子。”

马克思又指出，商品使用价值和交换价值的二重性是由劳动的二重性所决定的：作为人的具体劳动，它生产出使用价值，而作为抽象劳动，它形成商品的交换价值。①

应该特别注意和强调指出的是：经济学所研究的主要是交换价值和抽象劳动方面的问题，它不研究商品的使用价值和形成这种使用价值的具体劳动方面的问题，这就是经济学的学科性质和学科定位。

马克思说：“商品的使用价值为商品学这门学科提供材料。”②对此，我们还可以而且必须再补充一句话：使用价值的生产和创造是工程学研究的内容和对象。无论是计划经济还是市场经济，工程活动的本质和意义都在于它是创造使用价值的活动。

如果说经济学视野中的价值创造观主要是交换价值创造观和抽象劳动的价值创造观，那么，工程社会学视野中的价值创造观就主要是使用价值的创造观和具体劳动的价值创造观。一方面，这两种创造观各有侧重、各有所见，各有其自立和不可被取代之处；另一方面，这两种创造观又各有所短、各有所蔽，人们不应犯一叶障目的错误，而应该使它们互相补充、互相渗透、互相配合。

当前，经济学中对于交换价值和抽象劳动的价值创造问题的研究已经取得了非常丰硕的成果，而工程社会学领域中对使用价值的创造问题和具体劳动的价值

---

①《资本论》(第1卷)，人民出版社1975年版，第47—60页。

② 同上，第48页。

创造问题的研究简直可以说还没有真正被提出,更不要说对其进行深入的研究了。在这种状况下,明确提出并逐步加强对使用价值的创造问题和具体劳动的价值创造问题的研究实在已经是一件刻不容缓的事情了。

## 第二节 工程活动共同体的维系纽带

从理论角度看,在研究以企业和项目部为主要表现形式的工程活动共同体时,有一个重要的理论问题是必须研究和回答的,这就是关于工程活动共同体存在的必要性和可能性的问题。

由于工程活动共同体存在的必要性问题几乎可以说是一个显而易见的问题,并且在本章开头处已经论及①,本节以下就以分析和论述工程活动共同体存在的可能性问题为重点了。

为什么不同职业的、“异质”的个人可能联合成为一个工程活动共同体进行工程活动呢?这是一个复杂的问题,以下仅从两个方面进行一些简要的分析。

第一,从认知和心理方面看,个人和社会可以对一个工程活动共同体产生内部认同和外部认同。

共同体是由个人组成的,如果个人对某个共同体没有某种形式的最低限度的认同,那么,这个共同体是无法形成和存在的——这是共同体的内部认同问题。

此外,共同体又只是整个社会的一个组成部分,这就出现了整个社会对该共同体的外部承认或认同的问题。如果没有社会的外部认同(可以具体表现为法律的、社会习惯的以及其他社会团体的认同等),一个共同体也是无法在社会中“存在”的。

第二,从经济、组织、制度等方面看,由于人们可以在工程活动共同体中建立起

---

① 工程活动是人类社会存在和发展的基础。在现代社会中,由于单个的个人不能从事工程活动,而“职业共同体”也不可能成为从事具体工程活动的共同体,于是,不同职业的“异质”人群就必须组成企业、公司、项目部等形式的共同体来从事工程活动了。

维系“本共同体”存在的纽带，运用这些纽带的力量和关系把不同的个人维系在一起，组织起工程活动共同体；如果这些联系和联结的纽带断裂了，那么，这个工程活动共同体就要解体了。

对于企业、公司、项目部等工程活动共同体来说，其维系纽带主要是：(1) 精神和目的纽带，更具体地说就是某种形式或类型的共同目的，它有可能仅仅是一个共同的短期目标，但也可能是长远的共同目标，甚至是共同的价值目标和价值理想。(2) 资本和利益纽带，所谓资本不但是指货币资本（金融资本），更是指生产资本（特别是指机器设备和其他生产资料）和人力资本，而这里所说的利益则是指经济利益和其他方面利益的获得和分配，等等。(3) 制度和交往纽带，包括共同体内部的分工合作关系、各种制度安排、管理方式、岗位设置、行为习惯、交往关系、内部谈判机制，等等。(4) 信息和知识纽带，包括为进行工程建设和保持工程正常运行所必需的各种专业知识、知识库、指令流、信息流，等等。

如果这些纽带的功能发挥得好，共同体就会处于优良状态，成为一个“好”的共同体；否则，这个共同体就会处于不同程度的病态之中，在极端情况下，还会导致这个共同体的瓦解和终结。必须特别注意，工程活动共同体由于项目完成而正常解体的情况更是可以经常看到的。

工程共同体是依靠和运用一定的纽带把分立的个人或“亚团体”结合成一个集体或团体的。有了一定的、必要的纽带，工程共同体才可能成为一个有适当结构和功能的“社会实在”或“社会实体”。

## 一 精神和目的纽带

工程活动不同于自然过程。自然过程是因果性的过程，而工程活动是有目的的活动和过程。我们甚至可以说，目的性就是工程活动的灵魂所在。①

马克思说：“蜘蛛的活动与织工的活动相似，蜜蜂建筑蜂房的本领使人间的许

① 李伯聪：《工程哲学引论》，大象出版社 2002 年版，第 101 页。

多建筑师感到惭愧。但是,最蹩脚的建筑师从一开始就比最灵巧的蜜蜂高明的地方,是他在用蜂蜡建筑蜂房以前,已经在自己的头脑中把它建成了。劳动过程结束时得到的结果,在这个过程开始时就已经在劳动者的表象中存在着,即已经观念地存在着。他不仅使自然物发生形式变化,同时他还在自然物中实现自己的目的,这个目的是他所知道的,是作为规律决定着他的活动的方式和方法的,他必须使他的意志服从这个目的。”①从马克思的这段话中,我们可以深刻体会到,对于工程活动来说,目的性确实是具有灵魂意义的。

任何工程活动都是为了达到一定的目的而进行的活动。在汉语中,目标、任务和目的是几个含义相近的词汇。它们之间的主要区别是:目的一词不但使用范围最广泛,而且可以作为一个哲学范畴来使用;目标一词常常用于表示比较具体和比较近期的目的;任务一词常常在政治、管理或其他工作性语境中使用。应该注意,除了“目的可以作为一个哲学范畴使用”这一点是具有排他性的用法之外,以上的其他区分并不是绝对的。本节以下主要使用目的一词②。

目的可以根据不同的标准划分为不同的类型。例如,依据时间性的不同,可以划分出短期目标和长远目标;依据主体性的不同,可以划分出个人目标和共同体目标;依据复杂目标中的不同方面,可以划分出经济目标和社会目标、直接目标和理想目标,等等。

一般地说,社会活动的目标不可能是单一指向或单一维度的,而必然是多维度的,即组成了一个目标群;但为了行文的方便,我们常常并不使用目标群一词,而是仍然使用泛称的目标一词。

工程活动共同体不是乌合之众,不是一盘散沙。工程活动共同体是为了实现一定的共同目的而组织、结合起来的有特定内部结构的团体或集体。如果没有一定的目的——工程活动共同体的目的——作为活动的导向,这个共同体就必然要

---

①《资本论》(第1卷),人民出版社1972年版,第202页。

② 在英文中,可以表达目的含义的词汇有 purpose , end, objective, aim 等。

走向崩溃和瓦解。

目的是一种精神性的存在。正像人不但是一种身体性的存在，而且是一种精神性的存在一样，工程活动共同体也不但需要有物质性的维系纽带，而且要有精神性的维系纽带。

在维系工程活动共同体的精神纽带中，对该共同体目的的认同具有基础性的意义和核心性的地位。实际上，对于一个工程活动共同体的目的如果没有某种最低限度的认同，一个人是不可能加入这个共同体的。另一方面，一个工程活动共同体也不能把那些完全不认同本共同体目的的人吸收到本共同体中来。

应该承认和必须正视：工程活动共同体的不同成员，在加入工程活动共同体之后，他们在对“共同体目的”的认同程度上必然是存在差别的，尤其是这种认同还可能发生程度和性质上的动态变化。

虽然本书强调了必须承认集体或团体也可以成为社会活动的主体，但这并不意味着我们否认个人必然是社会活动的主体。

实际上，作为个人的主体和作为团体的主体的复杂的相互关系问题，无论在理论上还是在实践上都是社会学（还有哲学、经济学、伦理学等）领域的一个核心问题。本书不可能过多分析这个问题。我们在此仅限于提出和简单讨论“工程活动共同体目的”和“个人目的”的相互关系问题。

工程活动共同体目的和个人目的的相互关系非常复杂，其中特别重要的，除了上面谈到的后者对前者的认同方面的关系之外，还有前者对后者的容纳关系。

一般地说，个人目的的具体内容可以是形形色色、千变万化的。在认同工程活动共同体目的的前提下，个人目的中的一部分内容可能是和共同体目的一致的、相容的，或可以作为共同体目的的副产品而存在的；同时，个人目的中也可能有另外一部分内容与共同体目的是关系不大，甚至可能是有一定矛盾的。

对于优秀的工程活动共同体来说，精神和目的纽带强大有力，合理的“工程活动共同体目的”能够得到有力的内外认同，其成员能够齐心协力，“工程活动共同体的目的”和“个人目的”的关系处于“优良”状态；反之，如果“工程活动共同体的目的”不当，或由于其他原因使其成员处于离心离德状态，工程活动共同体也就可能因为缺少或丧失精神纽带而四分五裂，甚至名存实亡。

工程活动共同体目的和个人目的的关系不但有一致的方面，而且也有矛盾的方面，对于这方面的问题这里就不多谈了。

所谓精神目的纽带，其内容不但是指发挥维系作用的目的纽带，而且还包括发挥维系作用的其他内容的精神纽带，以上仅着重分析了目的纽带方面的一些问题，对于精神纽带方面的许多问题这里就不再具体进行分析和论述了。

## 二　资本和利益纽带

俞吾金教授在一篇研究“资本哲学”问题的文章中说：“一进入马克思哲学的视域，立即就会发现一个有趣的现象：马克思在1858年11月—1859年1月完成了书名为《政治经济学批判》（第一册）的著作，而第一册的标题则是‘资本’。然而，耐人寻味的是，他没有按照原来的设想写出第二册、第三册等，而是在1867年出版了书名为《资本论》（第一卷）的著作，并把‘政治经济学批判’这个短语调整为全书的副标题。在这里，发人深省的是，为什么马克思要把‘资本’一词提升到他一生中最重要著作的书名中，而把‘政治经济学批判’这一短语放到副标题的位置上？这是因为，随着研究活动的深入，马克思发现，无论是对政治经济学的批判还是对现代社会的考察，都会不约而同地聚焦在‘资本’，这个现代社会的内在灵魂和核心原则上。换言之，资本乃是解开现代社会秘密的一把钥匙。”①另一位学者吴晓明也认为：“资本是现代世界的本质根据之一，在这个意义上可以说，现代世界乃是以资本为原则的世界。”②

对于这里所讨论的主题“工程活动共同体”而言，资本无疑地也是最重要的维系纽带之一。

---

① 张雄、鲁品越主编：《中国经济哲学评论：2006·资本哲学专辑》，社会科学文献出版社2007年版，第3页。

② 同上，第125页。

从资本的数量方面看，一般地说，资本的数量与工程活动共同体的规模具有某种正相关的关系：少量的资本可以成为维系一个规模较小的工程活动共同体的纽带，中等数量的资本可以成为维系一个中等规模的工程活动共同体的纽带，而如果没有大量的资本作为维系纽带，那就不可能形成一个规模较大的工程活动共同体。

在经济学领域中，资本这个概念是多义的，尤其是资本的内涵和外延还是不断发展的。

资本可以有多种不同的形态和存在形式。虽然目前许多人都接受了“人力资本”这个概念，但本节讨论资本问题时仍然按照传统观点主要把它局限在“货币资本”（金融资本）和物质形态的“资本品”（实物资本）的范围之内。

有人说：“资本是‘历史向世界历史的转变’，世界历史的到来是由资本推动实现的，这是由资本运行的本质规律所决定的。《资本论》中马克思给资本下的定义：资本是能带来剩余价值的价值。这句话看起来有点拗口，实际上它要表达的意思很简单，通俗一点讲，资本就是能够带来额外价值或者收益的东西，而它的形式并不是固定的，可以是机器、厂房、汽车、施工机械这类实物资产，也可以是股票、债券、基金之类的金融资产。”①

在现代社会中，没有一定数量的资本金作为前提和基础，工程活动共同体就无法形成，工程活动也不可能开始和进行。

如说金融资本或货币资本衡量的是资本的数量方面，那么，机器、厂房、汽车、施工机械这类实物资产所表现的就是资本质的方面了。在工程活动过程中，仅仅有货币形态的资本是不够的。如果不能及时地把货币形态的资本转变为实物形态的资本品——即具体的厂房、生产设备、生产线等，就不可能进行实际的工程活动。

容易看出，所谓实物形态的资本品，实际上也就是许多人常说的生产资料。

从工程活动共同体维系纽带的角度来看，实物形态的资本品——生产资料——正是维系一个共同体成员（特别是直接生产者）的强大的物质纽带。

---

① 宋斌：《资本是什么》，人民日报出版社2004年版，“前言”，第1页。

从汽车生产线、电视机生产线等实物资本的典型存在形态中,我们容易看出实物资本的物质纽带作用突出地表现在四个方面:(1)它在很大程度上规定了共同体成员的劳动分工关系;(2)它同时又体现了共同体成员的合作关系;(3)它在很大程度上决定了共同体的规模(“量”);(4)由于工程活动共同体是创造不同性质的使用价值的社会共同体,因而,生产线等实物资本又成为确定共同体的性质的决定因素。如果说前两个方面是实物资本在维系共同体成员内部相互关系方面所发挥的作用,那么,后两个方面就是实物资本在形成和决定一个共同体的规模和性质方面所发挥的作用了。

本书第一章已经指出,工程共同体是利益共同体。不同的成员之所以愿意和能够组成一个共同体,一个根本原因是他们之间存在着一定的“利益关系的纽带”。对于资本家和投资者来说,如果他们找不到劳动者和职业经理人进行合作,他们的资本就不可能增值,就不可能获得利润形态的利益;对于劳动者和职业管理者来说,如果他们找不到投资者进行合作,他们就没有工作岗位,他们就不可能获得工资形态的利益。应该强调指出:在这种利益关系中,合作互利的方面和矛盾冲突的方面是同时存在的。

对于工程活动共同体来说,生产中的分工合作关系、价值创造关系与生产之后的价值实现关系、利益分配关系都成为维系工程活动共同体存在和发展的不可缺少的纽带。

## 三　制度和交往纽带

工程活动共同体是一种制度性的社会存在。

在很长一段时间中,“制度”(institution)没有成为社会科学的基本概念。这种状况在经济学中的新制度主义经济学崛起后,发生了重大变化。许多经济学家、历史学家、哲学家、政治学家、社会学家陆续关注了对制度问题的研究。

布罗姆利说:“制度这个词没有仔细、严密地定义过。”虽然他认为应当把制度定义为“确定个人、企业、家庭和其他决策单位作出行动路线选择集的规则和行为准则”，但他又承认“学校、医院、教堂经常被称作 institutions”。①

也有许多人认为应该明确区分组织与制度这两个概念。例如，新制度经济学的重要代表人物之一诺斯在《制度、制度变迁与经济绩效》一书中就说：“本研究的一个重要特点是将制度和组织区分开来。”“制度是一个社会的游戏规则”，“组织是一种有目的的实体，创新者用它来使由社会制度结构赋予的机会所确定的财富、收入或其他目标最大化”。②

卢现祥说：“制度和组织是不相同的。制度是社会游戏的规则，是人们创造的、用以约束人们相互交流行为的框架。如果说制度是社会游戏的规则，组织就是玩游戏的角色。组织是由一定目标所组成、用以解决一定问题的人群。经济组织是企业、商店等，政治组织是政党、议会和国家的规制机构等。”③

我们赞成后一种观点。在本书中，制度主要被解释为行动的规则或习惯，而共同体或组织则主要被解释为进行一定活动的主体。

由于一定的组织就是一定的社会活动共同体，于是，制度成为“维系社会共同体的纽带”就成为一个普遍性的社会学观点或命题。在组织社会学这个学科中，关注的重点是一般组织的一般性规则或习惯；在劳动社会学中，特别关注的是工会这样类型的组织的作用、功能等问题；在经济学中，关注的重点是企业的效率、经济收益最大化等行为方式和原则问题；而在工程社会学中，关注的重点应该是各种类型的工程共同体及其有关的制度安排、制度环境、交往关系——特别是社会学方面的制度安排和交往关系——问题。

对于工程活动共同体来说，制度安排是形形色色、多种多样的，如管理方式、岗位设置、行为方式、运作程序、内部谈判机制、权威关系、不服从关系、信任关系、呼

---

① [美]布罗姆利：《经济利益与经济制度》，陈郁译，上海三联书店、上海人民出版社 1989 年版，第 46、49 页。

② [美]诺斯：《制度、制度变迁与经济绩效》，刘守英译，上海三联书店 1994 年版，第 3、5、100 页。

③ 卢现祥：《西方制度经济学》，中国发展出版社 1996 年版，第 19 页。

吁关系、协调关系、怠工关系，等等。工程活动共同体中的制度安排可以是成文的制度安排，但也可能是不成文的“习惯”。

作为一种群体性存在，工程活动共同体中存在着复杂的内部交往关系。对于这些方面的许多问题，本书将在下一章中进行一些具体分析，这里就不再多谈了。

## 四　知识和信息纽带

工程活动是有预先计划、事先设计的人类活动。工程活动的过程在一定意义上可以说就是制定计划和执行计划（不排除在执行过程中在必要时对原先的计划和设计进行适当的修改）的过程。而这个制定计划和执行计划的过程，从信息和知识的角度来看，就是一个信息和知识的搜集、加工、交换、流动的过程，于是，信息和知识就成为工程活动的一项基本内容和一个基本要素。

对于知识的类型或分类的问题，许多学者曾经从不同的角度、依据不同的标准、为了不同的目的进行过多种多样的分析和研究。本节的主旨是研究工程活动共同体的纽带问题，从这个角度看知识类型和分类问题，值得我们特别注意的是以下几个方面或类型的知识：（1）专门知识和程序知识；（2）协调知识和共享知识；（3）制度安排和制度环境知识。

在工程活动共同体中，每个人都有一个特定的工作岗位（可以是技术岗位、管理岗位、服务岗位或其他类型的岗位），为了完成本岗位的工作，他（她）必须具有适应该岗位工作任务要求的专门知识。由于工程活动是一个系统性活动，工程共同体是一个系统性的整体，工程共同体中的每个成员还必须具有一定的关于工作程序的知识，这样，不同的专门工作才能够相互连接、相互配合而形成一个系统性的整体，完成整体性的任务。

在以往传统的认识论研究中，特别注意研究的是普遍性的知识，而在工程活动共同体中，在工程活动过程中，在许多情况下，那些关于各个具体岗位、各个具体时刻的工作状况的信息和知识往往具有更加重要的意义。一个正常的工程活动共同体必须有能力在工程活动的全部过程中都保持工作步骤的协调一致,为此关于内部协调和外部协调的知识就是必不可少的了。经验告诉我们,每个工程活动共同体都有其特定的共享知识,没有一定的共享知识,工程活动共同体就不可能步调协调地工作。

虽然以上所谈到的知识都不是完全局限于技术范围或技术类型的知识,但其核心内容或主体部分属于技术范围却是不容否认的。由于工程活动共同体不但是一个技术活动的共同体,它同时还是一个制度性的存在,因此我们有必要把关于制度安排和制度环境的知识列为有关知识的一个单独类型。

在工程活动过程中,有许多信息在流动和传输,如指令流、实时感知信息流、反馈信息流、监察信息流、协同信息流等,如果没有良好的"信息管道"和信息传输、加工机制,工程活动就不可能顺利进行,工程活动共同体就不可能紧密地维系在一起,而是可能患功能紊乱症,甚至要由于信息堵塞而瘫痪了。

以上从四个方面对维系工程活动共同体的纽带进行了一些分析。工程共同体正是依靠和运用这些纽带把分立的个人或亚团体结合成一个集体或团体的。

"纽带"是一个比喻性的词语,一方面,它可以是一个表示结构性含义的隐喻;另一方面,它又可以是一个表示功能性含义的隐喻。对于不同的共同体、对于共同体的不同时期或阶段,其维系纽带可能处于不同的状态。它可能发挥着把共同体成员维系成一个有机整体的作用,也可能处于无法抗衡该共同体内部离心力作用的状态。在有些共同体中,各种不同的维系纽带常常出现力量不均衡的状况,有的纽带强,有的纽带弱。此外,维系纽带还可能出现断断续续和时强时弱的现象。

在共同体研究中,维系纽带问题是一个大问题。我们在此仅仅初步触及了这个问题,更进一步的研究,当俟诸他日。

## 第三节　工程活动共同体的形成、动态变化和解体

人类活动的主体可以划分为两大类型：个体主体和团体主体。在社会生活

中，每个人都是一个独立的主体，这就是个人主体（个体主体）；同时，一定数量的个人也可能以一定的方式组织、结合起来而形成一个集体性（团体性）的主体，这就是团体主体。

无论个人主体或团体主体，都是历史进程中的一个"有限性"的存在。

西方存在主义哲学家曾经强调"每个人"——每个个体——都是一个独特的、有限的"存在"。在研究工程活动共同体时，我们完全可以把这个观点推广到对工程活动共同体这种团体形式的"存在主体"的认识上。

正像每一个体都要经历一个独特的"出生——成长——死亡"的过程一样，作为团体主体的工程活动共同体——无论是项目共同体还是企业——也要经历一个类似的过程。

与人的寿命相比，工程活动共同体的寿命可能更短（一个人一生中可以参与或经历多个工程活动共同体），也可能更长。①

本书前面章节中已经指出，工程共同体有两个基本类型：一是由同一职业的人员所组织起来的工程职业共同体（包括工会、工程师协会或学会、雇主协会等）；二是由不同职业成员组织起来的工程活动共同体（包括企业、公司、项目部、指挥部等），二者在目的、性质、功能和成员组成上都有根本区别。在此我们可以顺便讨论二者之间的另外一个显著区别——在共同体的"持续时间"、"常规寿命"、"生老病死"的"一般过程"方面的区别。

一般地说，工程职业共同体是持续时间比较长——换言之就是"寿命"比较长——的共同体，而工程活动共同体则是持续时间比较短——换言之就是"寿命"比较短——的共同体。

许多工会、工程师协会都有百年以上——甚至更长时间——的"常规寿命"，而作为工程活动共同体的企业、公司、项目部、指挥部——特别是后一种组织形

---

① 极少数以企业为存在形式的共同体有可能存在或延续上百年甚至更长的时间，但在长期的时间历程中，该企业所从事的工程活动（生产活动）的具体内容常常会发生巨大的变化。

式——往往就只有比较短的“寿命”了。如果说工程职业共同体的“平均寿命”(或“预期寿命”)——尽管还缺乏翔实具体的统计数据——大概要超过一二百年,而工程活动共同体的“平均寿命”(或“预期寿命”)——尽管也缺乏翔实具体的统计数据——大概不会超过一二十年①。二者的“寿命差距”大概可以达到十倍以上,甚至可能是百倍以上。

如果说在现代社会中“百年寿命”的“工会”和“工程师协会”都是“常规现象”,那么,不但项目部都是“短命”的,而且许多公司的“寿命”也不长,虽然现代社会中也有延续百年以上的“长寿公司”,但那些都是公司中的“例外现象”,而不是“常规现象”。

为何形成了这种区别呢?其根本原因在于这两类共同体有着大相径庭的性质、功能、目的和“组织原则”。如果说工程职业共同体以“职业的同一性”和“维护本职业人员的职业伦理与集体利益”为自身的存在基础,那么,工程活动共同体就是以工程实践的“当时当地的特殊性”和“从事与完成具体工程实践活动”为自身的存在基础了。只要该种职业仍然继续存在并且其职业人群有组织起来的要求,则相应的职业共同体就会继续其“常规寿命”。而对于工程活动共同体来说,由于具体的工程实践活动是“当时当地”的“个别性”的存在,不但项目完成之后该项目共同体就必然面临解体的命运,而且由于多方面的原因,一个公司的“寿命”常常也不会太长。

由于从现象方面看,工会与工程师协会的解体是社会中的罕见现象,而企业和项目部的诞生与解体是社会中的常规现象,这就迫使我们不得不认真研究工程活动共同体的“生命周期”问题了。

鉴于本节将要讨论的现象过于复杂,在以较短篇幅讨论这个问题时,显然不得

① “据有人研究,中国企业的寿命很短,平均只有6—7年,而民营企业寿命更短,平均只有2.9年。”(张维迎:《竞争力与企业成长》,北京大学出版社2006年版,第3页。)如果我们把“项目共同体”作为工程活动共同体的典型形式进行寿命研究,那么,工程活动共同体的“平均寿命”就要更“短”了。

不在进行分析时对“问题情景”进行很大的简化，这是需要事先加以申明的。

工程活动共同体的生命历程可以粗略地划分为三个阶段：(1) 酝酿和诞生阶段；(2) 发育和存在阶段；(3) 解体阶段。本章以下就按照这个顺序对其进行一些简要分析和讨论。

## 一　工程活动共同体的酝酿和诞生

从生理学的角度看，我们可以认为人的出生是一个自然过程。可是，工程活动共同体的产生却绝不是一个自然过程，而只能是一个有目的的社会性过程。

工程活动共同体是在社会环境（背景）中以个体为前提和基础而形成的。

如果我们把一项工程活动比喻为一台戏剧，那么，一个相应的工程活动共同体就是演出这出戏剧的演员集体。剧情有一个发展变化的过程，演员出场也要有一定的先后顺序。如果说酝酿和诞生阶段是剧情发展的第一阶段，那么，倡议者、委托者和领导者就是工程活动舞台上最初的出场者。

### 1. 倡议者、委托者和领导者

正像在胚胎阶段，从严格意义上说，还不能认为一个新生命已经诞生一样，在酝酿和诞生阶段，在严格意义上，工程活动共同体还没有正式形成。

虽然这个酝酿和诞生阶段仅仅是工程活动这出戏剧的序幕或导引，可是，这个序幕或导引阶段的重要性是无庸置疑的——正像胚胎阶段的重要性无庸置疑一样。

在这个序幕或导引阶段，其基本任务和活动内容就是要为未来的工程活动确定活动目标（共同体目标）和确定剧情大纲（操作方式和操作程序）。

自然过程是没有目的的过程，而工程活动却是有目的的过程。工程活动的目的是满足人的某种需求。

人是什么？有哲学家把人定义成为“有需求”、“有欲望”的动物，因为人从本性上看只能是和必然是具有一定需求的“存在”。

如果说刚出生的婴儿还仅仅有吃、喝等天生的生理需求，那么，在现代社会中，人的需求就绝不仅仅是那些天生的生理需求了。①

《现代汉语词典》中把"需求"解释为"由需要产生的要求"，又把"需要"解释为"对事物的欲望或要求"，把"要求"解释为"提出具体愿望或条件，希望得到满足或实现"。由此可见，"需求"与欲望或愿望的满足有密切的联系。

人的需求、愿望（或欲望②）可以划分为"当前有可能实现的愿望"和"当前没有条件实现的愿望"两大类。那些"当前没有条件实现的愿望"可以成为"理想"的对象、艺术创作的对象，而不能成为工程活动的目标；只有那些"当前有可能实现的愿望"才能够成为工程活动目标。

哲学分析和思考告诉我们：任何工程活动的目标和工程活动共同体的目标都必须是"可能世界"里的存在，而不是"现实世界"的存在，因为任何现实的存在状况都不能成为工程活动的目标。③

工程活动的第一步就是要在"可能世界"中"发现"（一个更确切的术语应该是"想象"）与确定一个合适的工程活动目标。

如果说发现或"看到""现实世界"的存在物需要运用人的"生理眼睛"，那么，发现或"看到""可能世界"里的"存在物"或"存在状态"就需要运用人的"精神之眼"了。

正如我们应该承认不同的人有不同的"生理视力"一样，我们也必须承认不同的人有不同的"精神视力"。

在工程活动中，有一个必须注意的重要现象就是：由于多方面的原因（包括有不同的"精神视力"），社会中不同的个人在"可能世界"中看到的图景是有很大差别的，因而，不同的个人所能够"发现"或提出的工程活动目标也是非常不同的。

---

① 即使是吃和喝这样乍看起来似乎是"天生"的需求，在人类超越了"茹毛饮血"阶段后，也变成"社会性"——"非自然性"——的需求了。

② 这里不区别欲望和愿望这两个词在含义和用法上的某些差别，而是把它们当作含义相同的词汇。

③ 李伯聪：《工程哲学引论》，大象出版社 2002 年版。

在某些情况下,有人可能异于常人而看到了某个可能的工程活动目标,换言之,他能够在其他人没有想到的时候首先提出某个工程活动目标。例如,法国工程师 Albert Mathieu-Favier 于 1902 年首先提出兴建英法海底隧道工程,于是,他就成为这个工程的“倡议者”①。

工程活动是必须在组建起一个一定规模的集体后才能完成的活动。工程活动的倡议者虽然先于其他人“看到”了——或更准确地说是“发现”了——某个工程目标,但倡议者知道仅仅依靠自己的力量是没有可能实现这个目标的,于是,他就必须采取下一个步骤:努力寻找和说服一个工程活动的“委托人”。

所谓工程活动的委托人,就是不但拥有“资本”——包括“权力”和“特定能力”在内的广义的“资本”,并且愿意并决心利用和投入相应的“资本”(包括金融资本和权力形式或其他形式的“社会资本”)委托他人进行相应的工程活动的人。

在许多情况下,工程活动的委托人是拥有“货币资本”的人(投资者、资本家),但也可能是拥有其他必需的“社会资本”的人。可是,对于英法海底隧道工程来说,这个委托人就不能单纯是某个大资本家,而必须是国家统治者了。于是,Albert Mathieu-Favier 就向拿破仑提出了这个“工程倡议”。起初,拿破仑批准了这个倡议,后来,他又否决了这个倡议。

在随后的一百多年中,维多利亚女王、拿破仑三世、撒切尔夫人、密特朗总统都曾经面对是否批准以某种方式委托兴建英法海底隧道工程的问题。1980 年,英国政府宣布不反对私人公司修建跨英吉利海峡的隧道。1985 年,多家公司参加英法海底隧道工程的投标。1986 年,英国的隧道集团和法国的欧洲隧道公司关于英法海底隧道工程的设计中标。

Albert Mathieu-Favier 最初的倡议是修建一条通行马车的隧道(那时火车还没

---

① 应该注意:提出任何一项工程活动“倡议”——如首先“倡议”需要在某个国家或某个地区兴建第一个乃至第二个甚至第三个纺织厂——的人都是这里所说的“倡议者”。

有发明出来)，而1985年的工程方案已经是要修建一条双向的火车隧道了。

具体的工程活动形形色色，多种多样。相应地，对于不同的工程活动来说，其具体的倡议者和委托人的出现方式、表现形式和具体特点也是多种多样的。①

在某些情况下，倡议者和委托人是不同的个人。但也常常出现倡议者和委托人“合而为一”的情况：倡议者同时就是委托人，委托人同时就是倡议者。

从所发挥的作用和具体功能上看，倡议者和委托人是两种不同的社会角色，二者分别代表和发挥着不同的作用和功能。即使是上述倡议者和委托人“合而为一”的情况，也不妨碍我们把倡议者和委托人看成是两种不同的社会角色。

委托人是工程活动的委托者，而不是工程活动的行动者、实行者、操作者。

当工程活动必须由一个团体来实行的时候，委托者不能直接同未来“全体的”“工程活动实行者”进行关于委托条件的谈判，而只能同未来的工程活动的领导者进行谈判和约定。

在现代社会中，这个委托环节或委托过程往往是通过招标和投标的方式来进行的。通过招标环节而中标的“那个人”，一般来说，就是要实际完成该项工程活动的“领导者”或“领导者”的“代表者”。

2. 领导者和“工程实施共同体”的设立

上面已经指出：委托者常常并不是工程活动的实际行动者(实施者、操作者、完成者)，一般地说，实际进行工程活动的“行动者”是另外一个“接受委托”的“共同体”，以下将其称为“工程实施共同体”。

需要说明：对于所谓“工程活动共同体”，不但在理论上常常难以准确界定其确切范围，而且在现实生活中不同的人在不同语境中对其常常有不同的理解和解释，其内涵和外延不但非常模糊，而且常常发生游移和变化。例如，在进行广义解释时，“工

① 应当申明，本节不可能具体分析和说明千变万化的各种社会现象，本节的有关叙述只能是一种极度简化的叙述和说明。可是，在进行适当的“变形”和“情景解释”之后，可以认为本节的有关叙述在原则上是可以“有效”地说明许多有关的社会现象和过程的。

程活动共同体”应该把各种“工程利益相关者”都包括在内，而在进行狭义解释时，也可能仅仅把“工程活动共同体”解释为“工程实施共同体”。在一定意义上可以认为，这个“工程实施共同体”才是真正的实际进行工程活动的“行动者”①。

现代社会中，工程实施共同体的常见组织形式是企业或项目部。建立工程实施共同体的第一步是选择或确定领导者。虽然也有工程实施共同体的领导者只有一个人的情况，但也常常存在领导者是一个集体——领导集体——的情况。对于后面这种情况，人们也常常称之为一个领导核心②。

对于某些特大型工程来说，在进行工程活动的决策正式通过之后，往往要正式设立或组建一个机构（团体）来承接和完成这项工程。例如，为了实施三峡工程，在全国人民代表大会于1992年通过了有关决议后，正式成立了“三峡总公司”作为实施三峡工程的“行动者”。

一般地说，在一个公司对某个工程项目投标成功后，如果这个项目的规模不需要该公司投入其全部力量，那么，它往往要设立一个“工程项目经理部”之类的机构来负责完成该项目的工作和任务。

对于一个特定的工程活动共同体的生命历程来说，如果说上面谈到的倡议、委托、招标都是“胚胎期”的活动，那么，工程项目经理部的正式设立或挂牌设立③往往就意味着一个工程活动共同体的“正式诞生”了。

由于从生理学角度看，人的诞生是一个自然过程，所以，自然人的自然出生是不需要“出生证”的；可是，对于一个新社会活动共同体的诞生，为了便于其他社会

---

① 在经济学和企业理论研究领域，“委托人—代理人”（principal-agent）关系中所研究的对象常常是指企业的“所有者”和“控制者”或“股东”和“经理”的关系，而在本节中，“委托人”和“代理人”关系是指“招标者”和“投标者”的关系。应该指出，agent常常被翻译为代理人，但也有人翻译为“行动者”。从哲学和社会学的角度来看，翻译为“行动者”要更确切一些。

② 本节不讨论“领导核心”可能是逐步形成的和“领导核心”的成员有可能发生变化等复杂情况。

③ 在本节的分析中，“挂牌设立”和“设立”在含义上并没有什么根本性的区别，使用“挂牌设立”这个术语的目的是为了突出“设立”在“形式”方面的特征。但这里的所谓“挂牌设立”，其含义也绝不是单纯指在某年某月某日举行了一个“挂牌仪式”。

主体（包括个人主体和集体主体）正确地进行社会识别，这就需要有一个形式性的“出生证”了。

就工程活动共同体的诞生来说，如果该共同体采取了新公司的形式，那么，它就必须按照“公司法”的要求取得法定的挂牌资格，完成有关的挂牌手续。如果该共同体采取了在一个现有公司的内部设立项目经理部之类的形式，那么，它也必须按照有关的公司制度或其他习惯性要求取得某种形式的挂牌资格和完成与之相应的某种形式的挂牌手续。完成挂牌手续就是取得了新工程活动共同体的“出生证”。而获得“出生证”意味着和标志着一个新的工程活动共同体取得了“社会认同”。取得了这个必须的社会认同之后，这个共同体才能够比较顺利地进行有关的社会活动。

如果没有必须的“社会认同”，一个共同体就不可能在社会中自立和自处，它就无法取得其他共同体的承认和认可。而如果没有其他社会共同体的承认和认可，它在社会中就寸步难行，它就什么事情也干不了。

如果我们把“挂牌设立”作为工程活动共同体的正式诞生，那么，挂牌后的工程活动共同体就可以类比为一个“新生儿”。与“充分发育”的工程活动共同体相比，它可谓是“具体而微”。更具体地说，在这个时候，工程活动共同体的领导核心应该已经成形（当然不排除以后会发生领导核心的变化和改组），共同体的各种维系纽带（见本章第二节）也已经有了某种雏形甚至大体成形。

对于工程活动的实施状况和工程活动共同体的“生命质量”①来说，领导核心和共同体维系纽带具有特别重要的意义，但对这些问题的进一步分析已经不是本节的任务了。

## 二　工程活动共同体“成员网络”的动态变化

正像人出生之后要进入发育期一样，工程活动共同体在正式诞生之后，也要及

① 正像个人有其“生命质量”问题一样，一个共同体也有其“生命质量”问题——既有“优秀的共同体”，也有“病态的共同体”，甚至“严重病态的共同体”。

时地进入它的“发育成长期”。

在发育成长期中,工程活动共同体不但增加了人数,更重要的是其成员结构发生了变化。

随着工程活动发展中不同阶段的推移和变化,工程活动共同体的成员结构也要随之发生相应的变化。

对于工程活动的阶段划分,很难给出一个普遍适用的模式。出于不同的考虑和根据不同的标准,不同的工程可能要经历具体特点差异很大的工程活动阶段。

如果仅从“基本建设”的角度看工程活动(即把工程活动的范围局限在“基本建设”阶段),工程活动可以划分为启动性目标确定和决策、招标和投标、运筹设计、实施、安装、试车、验收等阶段。但如果从更大的时间尺度来看问题,从工程活动的全过程来看问题,就必须把工程运行和工程废弃也考虑进来,于是,工程活动的“全过程”就要包括以下一些基本阶段:“决策”“设计”、“实施”“安装”、“工程运行”、“工程废弃”等。

很显然,在工程活动的不同阶段,为完成相应的任务,工程活动共同体的成员结构必须发生相应的变化,这就是工程活动共同体成员结构的动态变化。

工程活动是实践活动。虽然必须肯定工程活动是有目的、有领导、有管理的活动,并且如果缺少了必需的领导和管理,工程活动就会瘫痪,甚至根本就无法进行。可是,这都不妨碍我们肯定另外一个观点:任何工程任务都是必须通过具体的操作活动才能实现和完成的,任何工程活动都是必须通过操作者的操作活动才能完成的。工程活动的“本体”或“本题”就是“工程操作”。

上面谈到了工程活动的委托者和领导者,但他们都不是工程活动的直接操作者。要想真正开始工程活动的实施,就必须在工程活动共同体中吸收操作人员。

工程活动的操作是系统性的操作。就操作工人而言,不同的工程项目在工种数量、工种配置、每个工种的工人的数量等方面必然有不同的要求。反过来,由于操作人员数量和分工的差异以及工艺流程的不同,这又必然会对不同层级管理人员的“配备”(如高级管理人员、中层管理人员和基层管理人员的数量和比例)提出

“反要求”。

在现代工程活动中，工程师有举足轻重的作用。根据不同工程活动任务的要求，不同的工程活动共同体中，对工程师的人员结构的要求也不可能是一样的。

这就是说，在进行工程活动时，工程活动共同体的规模、特别是内部分工合作（不但是指工人之间的分工合作，而且更是指管理者、工程师、工人等各种不同岗位之间的分工合作）的模式也可能是大不相同的。

在工程活动的不同阶段，由于工作任务的不同，工程活动共同体的内部结构必然也会发生变化，甚至是很大的变化。例如，在建设一个新工厂的工程活动的过程中，在设计、土建、设备安装、试车这些不同的阶段中，其工程活动共同体的具体组成必然是大相径庭的——这就是工程活动共同体的动态变化。

每个工程活动共同体都是一个复杂的、由不同职能和岗位的人员（包括委托者、领导者、管理者、工程师、会计师、工人、勤杂人员、其他人员等）组成的成员网络。所谓“工程活动共同体网络的动态变化”，就是指工程活动共同体的成员网络随着工程活动的进程而在网络规模、内部结构、外部关系、整体和局部职能等方面发生变化的过程。

### 三　工程活动共同体的解体

正像每个人都有其生命的终点一样，每个具体的工程活动共同体在经历了其胚胎期、诞生期、发育成长期后，也必然会有其生命的终结期。

许多工程活动都是有比较明确的“工期”的活动。随着工程活动的完成和工期的结束，工程活动共同体——就其作为一个承接具体项目的共同体而言——也要解体了。

对于企业形式的工程活动共同体来说，其承接的工程活动项目常常是一项接一项的。虽然 A 项工程活动终结了，但 B 项工程活动又开始了，于是，通过这种持续的工程活动，企业的生命力就得到了延续。只有到了没有工程活动项目可干的时候，才是企业需要解体的时候。对于这种现象和情况，从项目共同体的角度来看问题,人们仍然可以说:在从事A项工程活动的项目共同体解体后,又出现了一个从事B项工程活动的项目共同体——尽管这已经是“企业内部”的项目活动共同体了。

与工程活动的过程有“正常终结”和“非正常终结”相对应,工程活动共同体也有“正常解体”和“非正常解体”这两类不同的解体方式。

工程活动的“非正常终结”与工程活动共同体的“非正常解体”之间有着看似简单、实际却并不那么简单的关系。这里既可能出现因为工程活动“非正常终结”而导致工程活动共同体“非正常解体”的情况(例如,由于出现重大事故,导致工程活动“非正常终结”,随后又进一步导致工程活动共同体“非正常解体”),又可能出现由于工程活动共同体“非正常解体”而导致工程活动“非正常终结”的情形(例如,由于工程活动共同体内部发生不可调和的冲突,导致工程活动共同体“非正常解体”,于是工程活动也就不得不“非正常终结”了)。此外,在工程活动过程中由于某种原因也可能出现工程活动共同体“替换”的情况(例如,由于某种原因而中途“更换”施工单位)。

与工程活动共同体的“非正常解体”不同,所谓“正常解体”,就是指由于顺利完成工程活动而“宣布”的该工程活动共同体的结束或解体。

中国有一个成语:善始善终。在判断一个工程活动共同体的优劣时,不但要看它的诞生期和发育期的状况,而且要看它能否有一个良好的终结和解体——让各有关方面都满意或比较满意的结束。这里不拟具体分析和评论什么才是良好的解体,但在很多情况下,工程活动共同体的非正常解体都是不良的解体现象。①

在现实生活中,很多人都看到过——甚至经历过——工程活动共同体非正常解体的情况。工程活动共同体非正常解体的原因和非正常解体的方式可能是多种多样的。例如,经济破产、内部发生不可调和的冲突,等等。

---

① 这里不讨论那种由于某项工程是一项危害社会的工程,从而该工程活动共同体的“早日”“非正常解体”反而是一件“好事”的特殊情况。

既然这种非正常解体的现象是社会生活中难以避免的实际事件或社会情况，这里就有一个一旦出现了非正常解体应该怎么办的问题。

对于上述情况，经济学已经把它作为破产现象进行了许多研究，但从社会学角度看问题，对于这种工程活动共同体非正常解体的现象，显然仍有许多需要继续深入研究的问题。

在“工程共同体研究”这个领域中，对“工程活动共同体”的研究应该是其最重要的内容，或者说是其第一主题。本章对这个主题进行了一些非常初步的、蜻蜓点水式的分析和考察，希望今后能够有机会对此进行一些更深入的分析和考察，当然我们更寄希望于其他学者能够对这个主题有更深入、精到的分析。

# 第十章
# 工程活动共同体内部的人际关系

工程活动共同体是一个复杂的、由多种不同职能和岗位的成员组成的异质性群体，他们之间的合作或协作关系形成了复杂的关系网络。从社会学的观点看，工程活动社会性的最突出的表现之一就是在工程共同体内部存在着复杂的人际关系。本章的基本主题是分析工程活动共同体内部的人际关系，为行文简便，往往也会把工程活动共同体简称为工程共同体。

## 第一节　作为关系网络的工程活动共同体

从网络分析的角度看，以企业、项目部为组织形式的工程活动共同体就是一种特定的人际关系网络。本节以下就着重对这个问题进行一些简要分析和论述。

## 一 工程共同体网络的内涵和特征

社会网络(Social Networking,SN)的概念最初产生于20世纪60年代,是指人与人之间、组织与组织之间由于交流和接触而发生的一种纽带关系。一般把社会网络定义为一群人之间所存在的特定联系,而这些联系的整体特点可以用来解释这群人的社会行为。

以往社会学理论对人类社会行为的研究,多沿用帕森斯的功能主义理论。这种理论认为人都具有来自所处社会地位的某些属性,人是按其属性而分类的,人的社会行为就是用所属的类别来解释的。单纯从社会地位结构看问题显然不足以把握社会结构的全貌,20世纪后期,社会网络理论发展起来。社会网络理论把人与人、组织与组织之间现实发生的联系——通常把它称为"纽带关系"——看成一种客观存在的社会结构。任何主体(人、组织)与其他主体的纽带关系都会对主体的行为发生影响。①

一般来说,社会网络具备以下几个主要特征:第一,社会网络由具有一定特征的社会关系联结而成,既可以看作是一套关系联结在其中,也可以看作是一套以一定模式运行的个体、团体和组织之间的关系;第二,社会网络不是静止不变的,而是在互动中不断地演进、扩展、解体以及重新构建;第三,联结网络的社会关系主要有符号流(信息、观念、价值、规范等)、物质流(生产资料、产品等,也可能是符号,如货币)、情感流(赞赏、信任、尊敬、喜欢等)等,这些关系包含着重要的资源与信息,可以用来创造价值。例如,通过某种形式的关系以及网络模式帮助企业获取资源,诸如技术流动、人员吸引、信息获取、资金筹措、企业合作、业务推广等。社会网络分析就是分析这些关系对个人或组织的影响,试图通过具体的社会关系结构来认识人的社会行为。

从网络学派的角度看,社会行为可以从社会网络结构和个人在网络中的位置

---

① 边燕杰:《社会网络与求职过程》,《国外社会学》1999年第4期,第1—3页。

得到解释。一个人会有这样或那样的行为，取决于他所处的独特的社会关系网络，以及他在关系网络中的位置。网络分析是社会学中的一种极具潜质的方法，从广义上说，组织社会学、社会建构主义的行动者—能动者网络理论等都运用了网络分析方法。例如，社会建构主义把工程看作一种社会化实践，认为要全面把握相关利益群体如何参与工程的社会运行过程，应该进一步研究相关利益群体构想并置身于其中的行动者网络。就是说，在工程的社会运行实践中，作为主体的相关利益群体在采取行动时，必然要对工程所涉及的包括其自身在内的要素有所认识和理解——明确参与的要素，同时又赋予各要素以一定的角色，而这些认识和理解综合起来并在实践中不断调整的结果就产生了行动者—能动者网络。在这里，所有参与和影响工程的社会运行过程的要素都可以称为行动者。网络分析方法抓住了社会结构的重要本质——社会单位（个人或集体）间关系的模式。网络结构理论与其他方法互补，可以为我们研究工程共同体内部的人际关系提供正确的方法。

网络与组织有着某种相似性。网络成员之间有一定的相关性（如利益相关），并通常共享某种认同感和团结的需要，还可能有某些共同目标、期望，因而存在着或强或弱的互动。严格意义上的网络与组织不同，组织是人们通过有计划的协作所组成的为达到共同目标的正式结构，而网络成员之间的关系可以松散得多，且更复杂多样。工程共同体在很大程度上就是一个组织（尤其从内部关系看），可是，我们无意对这两个概念做严格区分——更确切地说，我们要借用网络的概念和方法来研究工程共同体这种异质性的、有着错综复杂关系的社会网络，通过研究它的构成机制、维系纽带、作用者和相互作用的形式、基本关系等，揭示工程活动共同体人际关系互动的特点。

从网络的观点看，个体的人（如工人、工程师等）和群体（或组织）都是作用者，其间存在各种联系和关系，如职能和岗位的分工与合作，利益的一致与竞争，以及情感等。在工程活动共同体中，这几类关系往往是交叉重合的，并且时时在发生变化。不同的人或群体之间的各种联系也有强弱程度的分别。因而工程共同体的社会网络是复杂交错的，动态地交织成一个多层次的社会网络。

工程活动共同体是一个异质性的社会网络。对于所谓异质性，不同学者可能会有不同的理解和解释。例如，有学者将其理解为参与到网络中的各种要素具有不同性质，主要有两种含义：首先，这一社会网络中的要素除了人，还有物（如物质设备）以及知识、信息等①。其次，这里的人可以是个体，也可以是群体。他们来自社会的不同职业、不同阶层，具有不同的社会文化背景，有着不同的利益和需要。如约翰·劳所指出的："所有的工程都是异质性要素及相关内容的产物。"②在本书的理论框架中，特别是在分析共同体内部的人际关系时，所谓工程活动共同体的异质性，其主要含义是指工程活动共同体在成员结构方面的异质性。

在工程活动中，如何使多种类型的主体——投资者、设计者、管理者、工人、工程师、其他参与者——联合成为一个结构合理、功能健全的人际网络，使众多成员能够进行充分的交流，实现有效的组合，使不同的主体在工程活动过程中能够进行合理的统筹协调，按照总体目标协同运作，是工程社会学需要研究的重要问题之一。

## 二　"明""暗"交错的"目的网络"和错综复杂的"价值利益网络"

人类实践活动的根本特征是具有明确的目的指向。任何一项工程都有其本身的"总目标"，工程共同体作为一个有组织的系统，也有一个整体的目的。可是，在工程活动共同体中，目标又是多层次的。工程活动是一个系统集成，工程共同体作为一个复杂的、多元化的有组织的整体，具有复杂系统的一般特征：一个工程共同体有其本身的整体目标，它的各组成部分——包括不同层次和组成成员——也可

① 例如，平奇、比克的技术社会建构论（SCOT）和卡隆、约翰·劳等人的行动者网络理论（ANT）中都提出了"异质性网络"概念。又如，休斯的"技术系统"的组成部分中既包含有技术人工物，如涡轮机、变压器、输电线等，也包含了组织，如制造公司、公用事业公司、投资银行，还包含了科学（知识），如论文、大学教育、研究计划等。

② ［美］希拉·贾撒诺夫等编：《科学技术论手册》，盛晓明等译，北京理工大学出版社2004年版，第133页。

以有自己的目标,于是就形成了一个多重的目标网络。

不同职业角色、不同阶层的人参与到同一项工程中,可以有各自的目的和动机。这些目标、动机与整体的目标可能是一致的,也可能是不一致的。尤其是,工程共同体的许多成员对于自己的某些真实目的往往采取了“隐藏在内心”而“不说出来”的态度,于是,在许多明确表达的目标(如在“设计任务书”中明确阐述的工程整体目标、领导下达的任务目标、个人在应聘时所表达的个人目标等)之外,又存在许多“暗藏”的“部分人群”的目标或“个人”的目标。这些“暗藏”的目标和共同体的“整体目标”的关系,可能是协调一致或大体协调的关系,但也可能是矛盾冲突、甚至具有严重破坏性的关系。

在由许多不同个人所组成的工程共同体中,由于不但存在着共同体的整体目的,而且必然同时存在部分人群、下属层次和各个成员的目的,特别是在明确表达出来的目的之外还存在一些“暗藏”的目的,于是这就形成了一个“明”“暗”交错、关系复杂的目的网络。

在分析和研究工程共同体网络关系时,不但必须注意它是一个“明”“暗”交错、关系复杂的目的网络,而且必须注意它还是一个存在错综复杂的价值和利益关系的“价值利益网络”。

本书前面章节中已经指出:工程活动共同体是一个在“内部”和“外部”关系上存在着多种复杂的利益和价值关系的利益共同体和价值共同体。这里的“利益”既包括物质利益又包括精神利益,这里的“价值”概念不但是指经济价值而且是指广义价值。这些利益和价值关系既可能是合作、共赢的关系,也可能是矛盾、冲突的关系。任何一项工程都是有很明确的经济目的和/或社会服务目标的。以经济利益来说,一项工程总是要盈利,原则上这对共同体中的每一个成员都有好处。但工程共同体各部分不仅有着共同的利益需求,也有各自不同的利益需求。这就出现了如下问题:第一,个体或小团体的利益有时是与整体利益相冲突的。第二,利益分配问题。共同体中的每一个成员都要关心自己(乃至他人)的所得是否为应得,乃至努力使自己的利益最大化,于是便有可能产生认识不一致和矛盾冲突。第三，个人或小团体的利益在一些情况下有可能影响到在专业或职务上做出正确判断，即所谓“利益冲突”。第四，一些在共同体中拥有支配权力的人可能利用这种地位谋求额外利益。

工程活动的利益关系不仅限于狭义的工程活动共同体内部，大型的工程建设项目，其过程和结果要影响到经济、社会的很多方面，包括自然环境。工程项目所带来的利益以及风险和代价的承担也要涉及广阔范围的人群乃至我们的子孙后代，如水利工程中的移民问题直接关系到众多人口的利益。

应该承认，对于工程共同体这个复杂网络，它除了是“明”“暗”交错的“目的网络”和错综复杂的“价值利益网络”外，还有许多其他维度，例如，它还是技术网络、认知网络和感情网络等，其中每一个维度都不可等闲视之。可是，许多人大概还是可以接受以下一个判断：在许多情况下，工程共同体中，技术性难题往往不是真正的难题，如何协调好由于不同的目标诉求而带来的利益冲突才是最大的难题。因此，认识到工程共同体是“明”“暗”交错的“目的网络”和错综复杂的“价值利益网络”，并且处理好这两个维度上的网络关系，不但具有重要的理论意义，而且具有重要的现实意义。

## 三 工程共同体关系网络的凝聚力和沟通途径

### 1. 工程共同体的凝聚力——信念和信任

承认工程共同体是关系网络和强调工程共同体需要有凝聚力二者之间不是矛盾的，而是统一的。如果没有凝聚力，工程共同体这个网络就会“散漫”、“星散”甚至“瓦解”；如果不承认网络关系，所谓“凝聚力”就会异化为“专制”“独裁”的“黑洞”而“崩解”。

凝聚力是成员维持其共同体、并为之奉献的力量，它受思想、信念、集体目标和个人目标一致性程度以及利益分配、组织文化等因素的影响。凝聚的程度影响共同体的运行和成败。其中，信念的因素和力量常常会成为最重要和最强大的凝聚因素和力量。因为，借助于经济力量而形成的凝聚力虽然往往必不可少，但最持久而且最强大的凝聚力量仍然非信念莫属。

在工程活动共同体中,信任作为在社会关系和社会系统中产生并维持团结的整合机制,有着重要的意义和作用。

信任是社会关系的一种性质。一个个单个的信任关系联系起来,便形成复杂的涉及信任(和不信任)关系的网络,或"信任系统"(system of trust)——由于多条信任"连线"的纵横交错、重叠和互动效应,它们获得了新的品质:每一个参与者既是信任者又是被信任者;如果关系要继续下去,他现在有义务达到信任的要求——这造成了一种强大的、相互增强的信任联结。相反的情形是,每一个人在不信任的同时也不被信任,每一个人都使自己远离他人,避免与他人交往,从而又增强了相互威胁的感觉,陷入不断增长的疏远和怀疑的恶性循环。按照组织社会学的观点,团体的动力开始于彼此的信任和合作。

信任有利于唤起他人(共同体成员)的积极性,释放和调动他们的能动性和创造性,激励他们与他人一起参与各种形式的联合,并且以这种方式丰富人际联系的网络,扩大互动的范围,换言之,它增加了"社会资本"或涂尔干所说的"道德亲密性"。而且,信任促进了沟通的扩展,它还是与"领导"密切相连的一个基本要素——"值得信赖"意味着信任领导不会滥用他们的权力,能帮助领导更容易地得到所需的见解、创造性思路和合作。再者,信任鼓励对陌生人的宽容和接受,鼓励把文化和政治差异看作是合乎情理的。由此,信任抑制了群体内的敌对和对陌生人的恐惧,缓解了争执。此外,由于认同意识,信任文化增强了个体与共同体的连接,并导致了强烈的团结、互助、合作的倾向。当信任文化出现时,交易成本显著降低,合作的机会显著增加了。

就工程共同体而言,投资者、管理者、工程师、工人共同参与其中,他们之间的合作是工程顺利进行的保证,而信任是合作的前提。在合作的情境中,目标的实现需要所有人的贡献,每一个参与者都期望其他人有效地完成其份内工作。当代社会日益增长的分工精细化和知识化,以及复杂性、不确定性和风险,更增加了信任的重要性。任何社会秩序和互动、合作的连续性都必须建立在社会行动者之间相互信任的稳定关系的发展基础之上，因为信任增加了“对不确定性的承受力”①。

一般说来，组织关系中有三种信任：威慑性信任、相知性信任和辨别性信任。威慑性基础上的信任是惧怕不遵守其承诺而产生的后果，是一种最为脆弱的信任关系。相知性信任来自于双方交往的历史，使双方对对方的行为有一定的预见性。其存在的基础是有足够的信息从而充分了解对方，能准确地判断其可能的行为。这个层次上的信任有时甚至不一定随着不一致的行为而被破坏。从组织层面上看，大部分成员之间、管理者与雇员之间以及组织之间的关系是（或应该是）相知性的。辨别基础上的信任是双方有感情上的联系，双方都理解对方的意图，而且赞赏对方的想法和愿望，是信任的最高层次。

在一个共同体中，当信任和实现信任的惯例成为人们普遍遵循的规则，便产生了信任文化。信任文化可以为相信他人提供充足的影响，从而激励合作与参与。一定的制度也有助于消除信任的障碍并鼓励一种更开放的信任态度，因为它给信任者提供一种保险，支持或促进了信任。

2. 工程共同体关系网络沟通的重要途径：对话和学习

组成工程共同体关系网络的各个成员不是“孤立的原子”，而是需要经常沟通的“有机要素”。

沟通是互动的过程。在群体或组织中，人与人之间相互交流沟通首先是要传递信息和表达情绪，所以，沟通也主要有两种取向或功能：工作取向的沟通使共同体成员共享信息，接受不同意见，并积极尝试，以做出包括可能需要妥协的决定；关系取向的沟通则集中于同情、关心和积极表达可导致凝聚力的情感。当人们进行有效的沟通时，自我感觉会变得更好，生产效率会变得更高，会产生更和谐的合作关系，也会使共同体成员有更强的归属感。

沟通的基本形式是“对话”。从哲学上看，“对话”不同于“独白”：在对话关系中，人际关系是平等的；而在独白关系中，人际关系是不平等的。在对话中，人际交

① [德]卢曼：《信任》，瞿铁鹏译，上海人民出版社2005年版，第21页。

流最为直接，所获得的信息也最为丰富。坦诚、友好、灵活的对话可以使人们消除隔阂、相互理解和信任，从而导致亲密合作。事实上，对话还能帮助人们学会如何共同思考。相反，缺少沟通、信息阻塞常常是矛盾和冲突的根源。

强调对话是基于异质性——目标、利益、地位、价值观念、文化背景等的差异。对话又是采取和平的、理智的方式来处理矛盾和冲突的最佳手段。人们通过谈判和协商来谋求共识或寻求妥协，以期能够合作共赢。

现实中的人际交流存在诸多潜在障碍。除前述目标、利益、价值观念、文化背景外，语言习惯、专业和职业等的不同也可能成为人们之间交流的障碍，更不要说还有撒谎、扭曲、寻衅等因素了。因而，尽管以承认差异为前提，但对话的成功仍需一定的共同基础，这就是主动寻求合作的愿望，坦诚、理智的态度和开放、宽容的胸怀。此外，人们也需要学习并运用技巧和行为来促进对话，如借助一定的中介、建设性反馈、主动的倾听、适当的展现自我等。

促进工程共同体成员之间（以及工程共同体与社会公众之间）沟通的途径还有学习和培训。学习是获取必要的信息，传播已有知识，创造新知识，以及促进相互理解和合作的基本途径。培训实际上是学习的方式之一。

学习和培训实际上是个大题目。就工程共同体这样的专业或职业共同体来说，获取必要的资质，能够承担一定的岗位职能，学习和培训是必须的。事实上，许多相关技能只能在生产环境中习得，特别是那些生产性技能。这个生产环境，既包括物质的、操作的方面，又包括人际交流这一“社会的”方面。特别是在今天这样一个技术创新、产业重构和竞争日趋激烈的时代，技能与资质的提高与知识更新对提高竞争力和发展——不论是对个人、企业还是国家——都是极其重要的。日益增长的技能需求以及频繁的职业、岗位的变化，不仅要求从业者具有一定的知识训练、掌握熟练的技能、具有较强的创新能力，而且要求他们具有一定的人际沟通能力。

也就是说，我们在这里所讲的学习和培训，其内容既有工程技术知识，也有相关的社会知识，包括帮助共同体成员学会如何确定目标，如何提出合理建议，在团队中如何合作,如何适应环境、更好地与他人相处等。另一方面,培训也不只是一个传授技能的过程,它同时也是一个与员工沟通和帮助他们解决问题的过程。

## 第二节　工程活动共同体中的权威与民主

在工程活动共同体的内部关系中,权威和民主是两种非常重要但又很难正确处理的关系。

工程共同体若想成为一个稳定、持久和高效率的运行系统,就必须考虑管理者与被管理者两个方面的因素。一方面,管理者要正确运用手中的权力;另一方面,圆满完成工作必须依靠每个成员发挥积极性、创造性,相互协调与合作,这就不仅要让共同体成员理解权力的行使过程并认可权力系统,从而降低运行成本,更要尊重每个人的能力和对共同体的贡献,尊重他们参与的权利。

共同体中权威与民主的关系在不同时代、不同的组织结构中有不同的表现。近几十年来,随着管理理论和实践的发展,组织中权力的运用和控制方式发生了很大变化,典型的金字塔形的层级结构如今正让位于更加分权的扁平系统,这一趋势在一些新兴领域如信息产业中表现尤为明显,这对我们的研究有深刻影响。

### 一　工程共同体中的权威关系

#### 1. 权威关系的一般特点

权威是指一个社会群体中具有支配、控制、影响力的人,有时亦用于组织,如“权威机构”,本节主要在第一种意义上使用这一概念,以描述、概括共同体内部的支配与被支配的人际关系。

权威是建立在某种等级系列的权力之上的。权威是一种制度化的或合法化的权力,马克斯·韦伯就认为权威是获得认可的权力。权力有两种：一是由于担任一定职务或具有一定地位而拥有的正式权力;二是由于拥有一定的知识或能力而具有实际的支配、控制、影响力,如培根所说的“知识就是权力”。一般说来,在社会组织中，权威依附于职位，一个人居于某一职位，他就具有该职位的权威，当他离开这一职位时也就失去了相应的权威。但权威与权力并不等同。一个人能成为权威，除了他据有一定的职务，还与他的智慧、经验、道德品质、领导能力、过去的服务等因素有关。权威是有号召力的人，他依靠自身的软实力对他人产生影响。例如，一个领导者可以握有很大的权力，但是他说话却没有权威性；相反，一个没有正式职务的专家，在工程决策中却可以起到举足轻重的作用，可见这两个概念的着眼点不同。权力的着眼点是作用者，重点是发出的指令能否被贯彻执行，是衡量组织成效的重要手段；权威则把着眼点放在作用对象方面，是指在一个互动体系中，由于作用对象的自愿接受和普遍拥戴，作用者获得了无需借助强制力量而成功施加影响的能力。巴纳德把权威定义为"一个正式组织中一种信息交流（命令）的性质，它被组织的成员或贡献者接受来控制自己作出贡献的行动"①，这是"自下而上"的解释。可见，权威是衡量组织内上下级之间关系是否融洽、管理者得到拥戴的程度的尺度。权威一般具有如下特点：

（1）服从性。服从性是权威最基本的属性，离开了服从就谈不上权威。恩格斯在《论权威》中指出："这里所说的权威，是指把别人的意志强加给我们；另一方面，权威又是以服从为前提的。"②只有当意志被服从的时候，不管这种服从是被迫的还是自愿的，权威关系才得以形成与实现。基于工程活动的经济性质，权威的权力属性来自产权，产权的委托使权威具有协调生产、配置资源和监督的权力，而物质资本和人力资本由于专用性和契约关系而被支配，处于服从地位。

（2）以权力为基础。权威与权力是两个既相联系又有区别的概念，权力是权威的基础，它"代表权威"。现实中存在强制服从和自愿服从两种效果不同的服从类型，前者所包含的监督成本等费用可能超过使用价格机制的成本。而权威是一种无抵抗或克服了抵抗的服从，领导者应该把权力建立在服从一方认同的基础上。

---

① 于显洋：《组织社会学》，社会科学文献出版社 2003 年版，第 217 页。

②《马克思恩格斯选集》（第 2 卷），人民出版社 1972 年版，第 551 页。

被领导者们承认领导者的权力，相信这种权力是足够公正和恰当的，这样服从的效果就会更好。

（3）合法性。马克斯·韦伯较早从合法性的角度对权威进行了系统研究和论述，认为权威的本质在于合法性。合法性有三个来源：理性、传统和神授基础；相应地，权威也有三种类型，即法理型权威、传统型权威和魅力型权威。科尔曼则从个体方法论的研究视角出发，提出权威意味着存在一种合法的支配关系，而合法取决于共识。支配关系基于控制自身行动的权利之转让而形成，所以权威起源于权利的转让与分化。

（4）权威产生于共同体对秩序的需要。现代社会的经济发展，无论是工业还是农业，都逐渐表现出由分散活动走向联合活动的趋势。联合活动就是组织起来，而权威的作用就是有秩序地安排团体力量，以便在对共同目标的追求中能有统一的行动，所以权威对维持社会生产和生活的统一、有序是绝对必要的。社会生产越是发展，劳动的社会化程度越是提高，权威就显得更为重要。从企业的角度看，现代企业的科层制结构本身就是理性的秩序结构。企业在市场经济的不确定性的海洋中航行，其生存和发展均有赖于企业家的权威所带来的理性秩序。

（5）制度性。权威决定决策角色的义务，它是角色相互关系的制度化表现。只有凭制度化规范的力量，内部冲突才能控制在可忍受的范围内，社会结构的不同单位才能形成沟通彼此相互支持的关系。

2. 权威的作用

权威的存在可以提高管理效能、降低运行成本，是实现社会统治和稳定的基础，对权威的信任是人们对共同体或社会具有信心的表现。具体来说：

（1）带领被管理者自觉实现共同体的目标。管理的根本任务是实现管理目标，在这一过程中，管理者的权威起着重大的激励作用。有权威的管理者对共同体成员形成强大的向心力和吸引力，从而激发巨大的工作动力，激励员工们积极执行管理者的指示，以实现工程目标。

（2）有利于协调与被管理者的关系。在工程共同体中，管理者和被管理者处于不同的地位，有着不同的社会角色，思考和处理问题的角度与方法也会不同，矛盾和分歧因此不可避免。如果权威和被管理者之间的关系是融洽的，产生矛盾、出现分歧时，往往容易得到解决。此外，由于考虑问题的出发点或视角不同，在被管理者之间也会存在各种各样的矛盾和分歧，权威出面更易于协调和做出合理解决。此外，有权威的管理者更容易招揽人才，也会使下属的聪明才智得到更好的发挥。

（3）有助于管理权力的发挥。没有权威的领导者不会受到下属发自内心的拥护。现实生活中往往会有这样的事情：有的管理者有权力，但他的指示虽三令五申，却难以得到落实，主要原因就是其缺乏权威。相反，如果被管理者认可管理者的权威，他们就会乐意接受管理者的指示，按管理者的要求去做，使管理者的权力得到充分的发挥。可见，如果一个管理者具有权威性，他使用权力的效果会更好。

3. 影响权威形成的因素

在工程共同体中，权威主要包括各级管理者和专家，他们或因学识专长、或因其个人能力和/或魅力（如品行和情感因素）、或因其所处地位等而成为权威。可以从客观和主观两个方面分析影响权威形成的因素。

客观的因素主要和管理者所处的地位有关。权威是建立在权力的基础之上的，由于担负管理工作，管理者相对于共同体的一般成员有着更为广阔的活动舞台，他的知识水平、管理能力、工作业绩和缺点都容易为其他一般成员所关注，从而比一般人更容易成为权威，当然也更容易失去自己的权威。

主观的因素主要包括管理者自身的学识专长和个人魅力。学识专长，是指管理者的知识、经验和才能。知识和经验是管理者非常宝贵的精神财富，它可以帮助管理者有效地处理各种问题，在群众中赢得威信。如果一个管理者知识面狭窄，对新的知识一无所知，经验不够丰富，在处理问题时缺乏决断，他在群众中就无从建立威信，就难以成为权威。所谓专家型权力就是来源于专长、技能和知识。与职位相比，学识专长更能形成权威。人们总是尊敬和追随那些知识丰富、博学多才的人，不管这些人是否担任管理职务。相反，如果管理者没有真知灼见，即便身居要职，也很难成为权威。今天，科学技术已成为推动我们时代发展的基本力量，知识已成为最重要的财富，专门的知识技能也由此成为权利的主要来源之一。工作分工越细，专业化越强，活动目标的实现就越依赖于专家。这一点在工程共同体中表现尤为明显。

个人魅力包括了管理者的品行和情感等因素。管理者的道德、品行、人格、作风等是权威形成的重要基础。管理者品行如何，是否公正，能否全心全意为群众办事，会直接影响其威信。管理者优秀的品格可以增强被管理者对他的信赖和爱戴，并为人所模仿。管理者的情感因素对其权威的形成也有很大影响。平等待人，尊重和体贴关心下属，与群众关系融洽，容易使下属对管理者产生亲近感，有利于形成权威。

4. 权威和权力的冲突

工程共同体兼有职业和产业的双重性质，这决定了在工程共同体内实际存在着技术方面的与管理方面的两种基本的权威和权力。工程学与管理学是两种不同的专业知识，工程师与管理者是两种不同的职业，他们以不同的方式服务于工程。工程师运用他们的技术知识和技能创造对企业或项目有价值的产品和工艺，管理者的任务则是指导组织的活动，他们更多地是从经济方面来考虑问题。从根本上说，工程师和管理者的目标是一致的，而且，在很多大型的工程项目中，工程师同时也是管理者。

同时，很多工程问题与管理问题常常交叉在一起。什么时候应当由工程师决定？什么时候应当由管理者做出决定？这在许多情况下并不是很清楚，有时会发生冲突，尤其是围绕制定决策的权力问题方面更是如此。一些人甚至认为："因为教育背景、社会环境、价值观、职业利益、工作习惯和见解的不同，管理层与职业层存在着天然的冲突。"①

一般认为，在涉及那些需要工程专业的技术事务，尤其是安全和质量方面，应当由工程师做出决定，或者说服从工程师的权威；而在涉及那些与组织的生存状况

① [美]哈里斯：《工程伦理学》，丛杭青等译，北京理工大学出版社2006年版，第144页。

相关的因素，诸如成本、计划、员工士气、福利等方面，则应当由管理人员来做出决定，即服从管理人员的权威。

异质性的工程要涉及大量的复杂因素，让某一个或一部分权威把所有的问题都弄清楚再去做的想法是不现实的，这就要求在工程活动中发挥共同体所有成员的力量和积极性，以达到工程方案和实施效果的最优化。就是说，在工程共同体中，一方面要强调权威的重要性，同时也要突出民主参与的作用，保障共同体中大多数成员的民主权利。

## 二　工程共同体中的民主

### 1. 民主在现代管理中的发展

民主，从词源学来说，指人民的统治或权力。按照卢梭和密尔的观点，参与制民主能促进人类发展，强化政治效率，弱化人们对权力中心的疏离感，培养对集体问题的关注，并有助于造就积极公民。现代社会的多元民主理论认为社会中的权力不是等级制的，而是竞争式的，是代表不同利益的许多集团之间“无休止的讨价还价过程”的必然组成部分。民主参与不仅是个人权利的行使，而且有助于造就一种信息通畅的、负责任的和学习型的、自我进化的组织和社会。但民主并不以价值的意志为先决条件，它只是为把价值相互联系起来以及把价值冲突放到公开参与公共过程之中提供一种方法。

与工程活动相关的民主理论和实践的发展，主要存在于一个多世纪以来的管理学和组织社会学等领域中。20 世纪初管理思想最重要的进展是泰勒的科学管理思想的确立，但正像 D. 贝尔等人所批评的，科学管理建立的是一种无视任何组织的单面的、机器式的结构。20 年代起，“产业民主”和职工代表治厂问题被提出，人开始被看成企业的重要资产，但关心职工福利是为了提高劳动效率，强调点也多半放在工会上。此后，一些管理学家进一步提出，对于工人来说，金钱只是所需满足的一小部分，他们需要的还有社会承认和安全感；个人对其伙伴和团体的责任也往往被看得比管理当局的控制更为重要。工人通过社会结构而被承认，获得安全和满足，从而愿意为达到组织目标而协作和贡献力量。还有一些学者认为，在工业组织中人们"对决定自身生活条件的积极参与"和"集体地解决问题"，"是每一个人对其工作环境中涉及他的事有机会参与"的一种途径。人们通过同其他人的关系而获得其基本的一致性感觉，工业生活的意义可以通过社会关系而得到恢复。① 当然，这种观点（它的一个典型代表是所谓"梅奥主义"②）也遭到了批评：它太过理想主义化。梅奥主义假定在工人和管理当局之间利益可以是共同的，而事实上，社会在各个阶级和利益集团之间的冲突要复杂得多。某些紧张和冲突在每一种人类环境中都是不可避免的。

值得注意的是，在上述管理学家看来，深层的则是这样一个问题："如果文明社会不能明智地理解什么东西能促进协作，什么东西会阻碍协作……它将毁灭自己。"③丽·弗莱特还特别主张，民主使"多个成员的社会生活得以显现"。权力或权威是由职能所产生，应当理解为"共享权力"而非"统治权力"，共同行使权力就是共同行动而不是强制。另一方面，责任同样是职能所固有的，专注于权力的争斗使人们看不到共同利益和责任，权力应该以获得协作的社会技能为基础。通过由小团体组成大团体，以获得协作为基础来进行领导，将能恢复社会团结而保存民主。④ 在组织和管理实践中，从倡导一种"自下而上的管理"到与等级制相对的"扁平化"组织的出现，一个日益显著的趋势是向更为灵活的方向发展，由注重形式或结构转向关注过程及相互作用，尽可能地实现管理分权化，包括权利与责任的广泛授予；促进横向的、跨越职能部门的交流与合作，鼓励人们自下而上地发挥主

① [美]丹尼尔·A. 雷恩：《管理思想的演变》，孙耀君等译，中国社会科学出版社1986年版，第362—364页。

② 为了消除"经济人"假设理论的不良影响，美国哈佛大学教授梅奥进行了著名的"霍桑实验"，并在其实验结果的基础上提出了"社会人"假设。"社会人"假设认为：人的行为绝不仅仅为了追求金钱，人还有一系列社会的、心理的需要，社会需要的满足对人的行为具有更大的激励作用。循着这一思路，梅奥的追随者们采用行为主义的研究方法，从不同的角度、层次对管理中的行为进行了研究，并由此形成了有关个体行为、团体行为和组织行为（包括组织同环境的关系）方面的理论。

③ [美]丹尼尔·A. 雷恩：《管理思想的演变》，孙耀君等译，中国社会科学出版社1986年版，第362—364页。

④ 同上。

动性、创造性。参与决策和管理被看作是行动中的民主。

2. 工程活动中的民主

工程活动中的民主主要涉及内部和外部两个方面的问题，它对应了工程共同体狭义和广义两层含义：前者是指在工程决策、设计、施工的过程中，鼓励员工积极参与，扩大共同体内部人与人、上下级之间的交流，以充分发挥每个人和每个团体的积极性和创造力；后者是指在工程决策、设计、施工乃至使用过程中，委托者（投资者）、设计者、施工者、政府管理部门、用户和其他利益相关者的对话和公众的积极参与，开展对话和交流，使工程能反映更多人的利益，避免可能出现的风险和失误，实现社会公正。

在工程活动中实行民主，目的首先在于使共同体中的各种力量都能发挥积极作用并且协调合作，以最大限度地使工程目标合理化，降低工程成本，提高工程质量和工作效率。鼓励员工参与就是激发员工所具有的潜力、激励员工对组织成功做更多努力的一种方式。以主人身份参与能使员工提高个人责任心和主动性。通过员工参与影响他们的尤其是与其利益相关的决策，增加他们的自主性及对他们职业生活的理解和控制，员工的积极性就会更高，对组织更忠诚，对工作更满意，也更好地同他人合作和发挥自己的想象力、创造力，以及对组织目标承担更多的责任。但是，这并不意味着只是把人看作资源。民主参与的目的绝不单纯是功利的，它是对共同体成员权利的尊重和对其能力的承认。相信不是少数人，而是大多数人都具有解决问题的想象力和创造力，是整个社会广泛民主的一个部分。工程共同体的制度和文化应当充分体现这种民主，开辟有效的信息交流渠道、开展更自由的信息交流，积极支持员工参与，培养他们的参与能力，为个人创造性的发挥和自我的发展提供条件。

工程活动中的民主有广泛的内容，如权利与责任的广泛授予和自我管理，员工参加决策和管理，工作场所的民主等。民主参与的形式除直接参与外，还有代表参与，以及其他非正式的、更灵活的方式。代表参与实际上是在组织内重新分配权力，并把员工的利益放在与管理层、股东的利益更为平等的位置上，最常见的两种形式是工作委员会和董事会代表。

工程直接关系到公众利益和福祉，并且可能对自然环境、对人类的生存和发展带来长久的影响，因而工程决策不是一个简单的技术决定或经济决定，也不能为少数人（政府官员或投资者，乃至专家）所垄断，工程应该是、实际上也是众多参与者共同协商的结果。公司的所有者、工程技术人员、消费者、政府官员等，都应该成为参与技术建构的社会角色。公众作为重大工程项目的利益相关者，有权参与和监督有关工程项目的决策、实施和评价过程，并使自己的利益得到表达。实行重大工程决策的民主化、科学化，有利于将未来可能发生的利益冲突尽量解决在工程实施之前，将可能产生的负面影响尽量消灭在萌芽状态。参与和监督不能等同于批评和限制，而是一个对话和共同寻求积极解决问题的过程。工程活动必须得到公众的理解，也必须有公众的有效参与。

总之，实现工程民主，在工程共同体中采取民主决策与管理，尊重所有人的权利和能力，不仅有助于发挥所有人的积极性和创造潜能，群策群力，高质量地完成工程目标，而且能够在共同体中形成一种和谐友好的气氛，使所有的人与人之间能够密切交流与合作，上下级之间关系融洽，从而形成很强的凝聚力。特别是，它能够使员工产生一种主人的感觉，增强自觉性和责任心，主动关心工程的整体利益，也使他们更容易理解和接受管理者的意图，在执行过程中既能坚持原则，又能根据具体情况灵活处置。民主参与还会大大减少决策和管理的失误，对决策和规章制度的执行起到一定的监督作用。

从更广泛的意义上说，参与民主决策是公众的一项基本权利。让人民知情并参与决策，可以使工程建设体现最广大人民群众的根本利益，也是落实科学发展观的要求。工程的建设与管理过程既是一个社会发展和公共利益实现的过程，也是一个社会利益的重新配置和调节的过程。这里存在着复杂的利益关系，既有公共利益与私人利益的矛盾，也有局部利益与全局利益以及眼前利益与长远利益的矛盾。如果对各种利益关系处理不当，不仅会影响工程项目的建设，而且会影响社会稳定。实施重大工程民主参与，有助于畅通群众利益表达渠道，协调社会利益关系，保障弱势群体的合法权益,促进社会和谐。让公众参与到重大工程的决策中来,还有助于进一步促进和规范公众对社会生活的参与,形成政府和公众之间的一种良性互动的关系,实现决策的科学化与民主化,增强公众对党和政府战略决策的理解和信任。

### 3. 工程活动中民主参与的有效途径

工程活动中的民主参与主要有以下一些原则:(1)充分参与。重大工程项目民主参与要有广泛性,不仅包括专家学者、利益相关者,而且包括共同体中的普通成员。同时,这种参与应当是全过程的,不仅局限于工程项目实施与管理阶段的参与,更应重视工程项目实施前的立项、规划、设计阶段的民主参与,加强工程项目必要性与可行性的评估论证,以减少决策失误,提高决策科学化与民主化水平。(2)有序参与。重大工程的民主参与必须依照法律规定、按照规范的程序、理性合法地表达和维护各方面的正当权益。(3)社会参与。在城市重大工程建设与管理过程中,充分发挥各种中介机构、社会组织、民间团体在利益代表、利益协调、利益互动,以及在增强政府与社会互信方面的积极作用,以节约社会成本、减少社会摩擦,提高民主参与的有效性。

在政府官员、企业家、工程师、公众以及其他的利益相关者之间进行充分的对话和协商,是工程活动中民主参与的有效途径,有人称之为“协商民主”(deliberative democracy)。所谓协商是指这样一种讨论,它包括认真和严肃地衡量支持和反对某些建议的理由,或者是衡量支持和反对行为的过程。20 世纪 80 年代起,一些国家发展起了“共识会议”(consensus conferences)这种公众按照协商民主的原则参与重大社会工程讨论的形式。丹麦技术委员会(DBF)率先把共识会议从专家小组会议转变成公众参与工程决策的民主会议。丹麦的共识会议主要由公民小组、专家小组和咨询计划委员会等组成,其运行主要包括选定议题、组成咨询/计划委员会、组成公民小组、预备会议、组成专家小组和正式会议等关键步骤,最后形成一个“共识性结论”。在我国,2005 年围绕“圆明园防渗工程”举行的听证会,2006 年厦门 PX 项目的环境评估,也都是公众民主参与、协商的成功实践。

#### 4. 民主参与工程活动的影响因素

虽然经济发展的程度与公民参与的程度不存在简单的对应关系，但从长期来看，一般而言，经济发展程度越高，公民的参与程度也越高。民主参与也与一个国家或地区的政治、文化环境密切相关。民主的社会制度和自由、宽容的社会文化环境可以为公民的参与提供合法的渠道、方式和场所，从而鼓励公民的参与热情，并且在公民的参与行为受到非法侵害时，保护公民的正当权利。相反，遏制公民参与的政治文化则会导致公民对参与持冷漠态度。没有民主、自由和宽容，就难以有真正的公民参与。

公众的参与程度跟其受教育水平正相关。受教育的程度越高，公民的参与积极性也越高；反之亦然。

可见，要使工程共同体的成员和公众能够有效地参与到工程的决策、管理中去，必须建设一个民主、宽容、和谐的制度文化环境，包括规范民主参与程序，加强和完善民主参与的支持手段，创新民主参与的方式方法。从国外的经验看，重大工程项目民主参与的方式方法有许多，如社区听证会、专家咨询委员会、公私合作、市民团体、意见调查等。在现阶段国内工程民主参与实践中，社区听证会、专家咨询委员会是运用较多的两种民主参与方式，而在发挥社会中介组织和市民团体的作用，以及开展公私合作、意见调查等方面还比较滞后。现代社会的工程项目中知识含量很高，专业性极强，其中多数问题很难为公众理解和把握。在全社会广泛开展“公众理解科学”、“公众理解工程”的活动，提高公民的科学和道德素养，是民主参与的一个必要条件。

## 第三节　工程活动共同体中的分工与合作

把工程活动共同体看作一种异质的社会关系网络，这不仅包含了其内部权威和民主向度的权力分层结构，而且也包含了专业化和社会化的分工与合作关系。事实上，有关工程活动共同体内部的任何异质因素都可以看作与分工密切相关，而工程分工本身又必然意味着工程合作。合作来自工程活动共同体的集体意识，分立的个人工程实践只有通过渗透集体意识的合作途径才能变成共同体的集体力量。下面首先考察分工理论的发展及其对讨论工程活动共同体分工与合作问题的意义，然后分别讨论工程活动共同体的专业、组织和国际分工与合作。

## 一　工程共同体分工与合作问题的理论考察

工程共同体分工既是社会分工的现代产物，也是社会分工的重要组成部分。一般来说，所谓分工是指“把一个过程或一种就业分为若干部分，每一部分由独立的个人来完成”①。分工作为一种劳动分离、职业分化和社会分割的经济—社会概念，结合了描述性和规范性两方面特征。社会个体总是要承当某种结构性角色，如职业角色，即隶属于某种分工，并在集体性合作中彰显自身独立承接某一工作任务的社会地位。对于这种合作性分工概念，这里并不试图在一般意义上来加以讨论，只是想从工程共同体视角给予一定考察。

进入现代社会以来，随着工业革命的发生和广泛影响，工程实践在机械、采矿、钢铁、化工等各个工程领域发展起来，其较高的技术水平和组织化水平促进了古典分工与合作理论的不断深化。其中18世纪的亚当·斯密在工厂组织的工程实践意义上说明了工厂必须要通过分工才能取得适当的工程合作效果：一是每种工程职业的技巧因业专而日进；二是分工使工程活动个体节约了由一种工作转到另一种工作所损失的劳动时间；三是许多简化劳动和缩减劳动的机械发明使一个人能够做许多人的工作。斯密的这种分工理论对于分析工程共同体分工与合作的直接意义在于，工程共同体主体的工人群体在工程项目实施过程中存在着细致分工，但却未能注意到整个工程共同体分层意味着各种工程实践和企业组织之间的社会分工。马克思为此批判了斯密的分工理论，认为工厂体系内部分工源于社会分工，又对社会分工起到反馈作用并促进社会分工发展，在此基础上进一步指出两者的明

---

① Peter Groenewegen. Division of Labour. In *New Palgrave's Dictionary of Economics*. London: Macmillan, 1987, p.901.

显区别:“社会内部的分工以不同劳动部门的产品的买卖为媒介;工场手工业内部各局部劳动之间的联系,以不同的劳动力出卖给同一个资本家,而这个资本家把它们作为一个结合劳动力来使用为媒介……工场手工业分工以资本家对人的绝对权威为前提,人只是资本家所占有的总机构的部分;社会分工则使独立的商品生产者相互对立,他们不承认任何别的权威,只承认竞争的权威,只承认他们互相利益的压力加在他们身上的强制。”①马克思在这里对社会分工与工厂分工之间的明确区分,显然源于它们各自不同的协调机制:后者以分散的市场商品交换或社会交往为媒介,前者则以就业关系为特征的集中性劳动分配为媒介。这种具有广泛社会视野的分工理论为以后的韦伯、迪尔凯姆等社会学家所发展,对于从社会学上分析工程共同体的分工与合作问题具有如下三点意义:

第一,在社会分工和合作意义上,任何工程实践均可以由实践共同体来加以界定。这种实践共同体源于工程实践传统,即常规工程共同体及其实践传统能够在其现有实践体制中解决工程问题。在美国工程历史上,涡轮喷气发动机、燃气涡轮系统、大型民用飞机、飞机活塞引擎、汽车制造等均是由多家企业分工合作完成;同样地,在今天的中国,诸如三峡大坝工程、青藏铁路工程、航空航天工程等也都是由许多企业分工合作完成。这一事实表明,任何工程实践均由社会中的各种企业组织主导,并借助市场交往机制形成高度同质的、清晰可见的工程共同体。与此同时,职业水平的工程师、投资者(如资本家)、管理者甚至技术或非技术工人均有着共同的教育背景和经验价值(如严格的试验、试验的可重复性、成本—利润核算的可行性、社会风险承受力等),从而借助职业关系的集中机制共同成为工程共同体成员。

第二,工程共同体内部的分工与合作除了结构分层的同质特征之外,也具有大量角色分化的异质特征。工程实践的功能或任务包括从一般的研究、开发、设计和建设发展到生产、操作、管理和销售等各个方面,这种多重工程任务必然意味着工

①《资本论》(第1卷),人民出版社1975年版,第392—394页。

程共同体的多样职业角色。工程师、投资者、管理者和工人分担的工程角色完全不同,即使他们作为个体本身也可能承担不同角色或地位。在现代社会中,这种角色分化已为各种社会制度分化所强化,科学、工程、经济、教育、政治等的差异在很大程度上决定了工程职业角色的功能发挥。工程共同体的这种异质特征除了具有专业化的分工与合作意义之外,也会表现为利益和责任方面的冲突与协调。

第三,从社会整体分工来看,工程共同体内部的分工与合作至少包含专业化、组织和地理空间三个层面。工程共同体作为社会分工发展的历史产物,不仅包含科学技术方面的智力因素,而且包括各种经济和社会因素。在工程实践中,技术因素基本上决定了不同工程共同体的专业化差异,如机械工程共同体与化学工程共同体就存在着明显边界。但这并不意味着工程共同体没有经济、社会甚至地理上的差异或不同,这一点可以从两个方面来加以说明:一是工程实践的不同民族风格,这与其国家地理因素密切相关。例如,德国与美国就因为地理因素不同而在电力传输网络方面,分别表现为集中和分散的不同特征。二是不同企业组织较之专业化工程共同体,体现了工程实践的不同社会角色和背景。从工程实施和最终用户来说,实现工程功能最为重要的社会实体是相关企业组织。企业组织为了发挥其工程实践功能,需要成功地综合各种技术、经济和社会因素,这往往取决于其各种组织要素,如社会声誉、可靠性、工程完成绩效、发展潜力、服务能力等。因此从理论上讲,考察工程共同体的分工与合作问题至少要在专业化、组织和地理空间三个层面上展开。

## 二　专业化分工与合作:工程职业化和任务多样化

工程共同体作为一个整体上的分层结构,虽然在历史上并不是从一开始就存在着,但其当代分工和合作情形作为一种历史的积累,却带有人类社会分工发展过程的许多痕迹。

在人类历史上,最初的分工完全是自然产生的,只存在于男女两性之间。自然分工促进了生产发展,推动了以血缘关系为基础的氏族共同体的形成。从野蛮时代中期以后，人类历史发生了两次社会大分工：畜牧业和农业、手工业和农业的分离。第一次分工与第二次分工相比，在性质上有很大不同：如果说第一次社会大分工只是简单的氏族内部和氏族间的物品交换的话，那么第二次大分工则使交换产品成为社会普遍的必要手段。这种分工与合作使人们实际上长期过着不同的职业生活，从事着不同的职业实践，承担着不同的职业责任，于是就形成了与氏族共同体不同的职业共同体。以后随着生产力发展，剩余物品逐步增多，社会中已能养活一部分专门从事艺术、科学、商业活动和公共事务的管理活动者，从而出现了以农业和商业以及脑力劳动和体力劳动分离为特征的第三次社会大分工，出现了诸多行业性职业共同体。那时的工匠共同体分工情形非常接近于今天的工程师共同体的个别分工，但真正具有现代意义的工程共同体分工则是伴随工业革命发生的工程职业兴起之后才出现的。

在社会学意义上讲，分工开始于各种职业的分离，而一种新的职业的出现又是开始于巨大的社会变革。工程职业的诞生与工业革命及其伴随的社会变革密切相关，从而出现了工程师这样一种与政治家、牧师等不同的新型职业角色。工程职业的诞生和发展有四个阶段，这四个阶段当然也表明了工程共同体内部的分工过程：

第一阶段，在工程教育方面创立了各种专业化学校，其中以法国国家桥梁和公路学院（1747）、巴黎多种工艺学院（1795）和美国西点军校（1804）为代表。由于当时所有工程均属于国家实施或为军事工程，因此分工仅仅表现为军事工程和民用工程的区别。

第二阶段，独立于军事工程创立了许多职业工程学会和机构，包括英国民用工程师协会（1828）、英国机械工程师学会（1847）、美国民用工程师联合会（ASCE，1852）、美国机械工程师联合会（ASME，1880）等。工程职业学会的不断形成也伴随着各种工程专业化机构的产生，如美国电气工程师研究院（AIEE，1884）、美国无线电工程师研究院（IRE，1912）、美国计算机器协会（ACM，1847）。其中 AIEE 和 IRE 两个机构后来合并成美国电气和电子工程师研究院（IEEE，1963），成为世界上最大的工程职业学会。这些最早的工程职业学会的目的在于，促进非军事工程师培养自身的技术能力和增强共同体的凝聚力量。在民用工程与军事工程分离之后，职业工程师进入到一种新的民用环境，迫切需要确认自身的职业角色地位和发展自己的技术能力。职业工程师借助相应组织不仅能够交换各种工程技术信息，而且反过来还能强化自身的社会角色地位。

第三阶段，随着工程职业的规模扩大和不断分工，工程职业行为规范逐步形成。到20世纪初，工程职业学会采用相应的职业行为规范，包括职业角色责任、对职业和雇主的忠诚、维护工程知识和技艺进步及避免利益冲突，等等。例如，美国电气工程师研究院、美国民用工程师学会、美国机械工程师学会等早期都制定有自身的职业行为规范和义务。当然工程职业行为规范之形成，反过来说明了分工中合作的必要性。

第四阶段，跨学科的工程共同体合作日趋明显。第二次世界大战之后，正如科学已成为"大科学"一样，工程同样也变成了"大工程"。同时，随着环境污染问题日益受到世人关注，工程发展也开始受到广泛的社会批评。其结果是工程共同体在致力于强调工程角色责任的同时，也开始对工程之外的社会问题给予关注。1947年，美国工程师专业发展大会(ECPD,1932)起草了第一份跨学科工程伦理规范纲要，同时推动工程师们团结一致关注公共福利问题。20世纪60年代以后，这种倡议更加明确，要求工程师们利用自己的知识和技能来增加人类福利或确保公共安全、卫生和利益。

从工程共同体分工与合作来看，欧美国家工程职业化发展过程至少包含四个方面内容：一是工程共同体是随着工业革命出现的工程职业化的历史产物；二是工程职业最初来自军事领域，以后才出现了民用工程；三是机械工程、化工工程和电气工程等的一般分工，是在工业革命不断深入发展过程中产生的；四是工程共同体内部虽然存在着诸多分工，但总是可以通过相应的职业行为规范凝聚为一个整体。如果进一步从工程职业的专业化发展及其日益渗透来讲，那么工程共同体可以按照如下三个层次来分类：

第一，以大类来分，工程共同体可以分为工业工程共同体、建筑工程共同体、农业工程共同体、服务业工程共同体等，这叫一般分工。

第二，上述这些大类中又分为种，如工业工程共同体可以分为电气工程共同体、化工工程共同体、机械工程共同体、核物理工程共同体等，建筑工程共同体分为民用建筑工程共同体、桥梁建筑工程共同体、公路建筑工程共同体、铁路建筑工程共同体等，这叫特殊分工。

第三，以上每种工程共同体还包含多重任务并存在着职业化趋势，如功能专业化方面包括研究、开发、设计和建设以及生产、操作、管理和销售等；内容专业化方面则意味着同一工程方向的不同分支，如生物工程就有生物遗传工程、生物机械工程、生物医药工程、生物化学工程、生物纳米工程等，这些叫作个别分工。

工程共同体分工越是具体，其专业化程度越高。但无论何种分工，都是合作性分工，正如马克思认为的那样，“社会分工是由原来不同而又互不依赖的生产领域之间的交换而产生的”①，工程共同体分工也必然是以产品交换、资金流通、信息交流、知识和技术共享等为特征。如果说一般分工主要以产品交换为媒介的话，那么特殊分工则主要以工程教育机构和行业部门为载体，至于个体分工则主要是以工程专业化的生产组织为其社会运行机制。

## 三　组织分工与合作：工程公司化及其关系

工程共同体的个体分工只是表明了通过技术建构的各种不同工程职业角色和任务，它们的合作性关系只有通过其社会组织才能表现出来。也就是说，工程实践实际上是一个由技术规定的一系列工程任务组成的“长链”组织。这样，如果在功能上把工程实践看作是一种组织活动的话，那么工程共同体的分工与合作就是一个有组织的社会过程。康斯坦特（Edward Constant）曾以航空共同体为例把工程技术群体描述为一种经济社会分层系统：“如果对航空共同体进行明确区分的话，那么它的构成至少应包含如下机构或组织：制造商、民用和军用用户、政府和共同体

---

①《资本论》（第1卷），人民出版社1975年版，第390页。

性机构(如与机场相关的官方和非官方机构),工业、政府和私人非盈利机构,以及与大学相关的航空科学技术组织。进一步说,制造商还包含诸多专业化实践共同体,通常来自机身、电厂、辅助系统等方面……其他高度专业化的供应商和转包商,则为制造商提供精密零件和原材料。因此,航空共同体是一种包含大量亚共同体的多层次分层结构。"①

在上面的引文中,康斯坦特按照库恩的常规科学来描述航空共同体的常规技术实践,认为这种常规技术实践可能会遇到两个非常规困难:一种非常规现象是技术系统(如飞机)的"功能失灵"(如传统机身无法在喷气发动机推动的速度下飞行),它由常规技术实践在新的条件(如更高的海拔)下操作或其他技术系统改进导致新需要而引起,其非常规现象源于不同技术组织活动;另一种非常规现象源于外部纯粹科学,即科学上的新进展表明传统技术系统无法使用或者关键系统不能更好地工作(如1920年航空动力学理论研究表明航空器可以在每小时400英里飞行,而为了获得这一速度就需要设计新的飞机发动机系统)。这意味着工程共同体作为一个实践共同体,其常规实践无论遇到何种非常规现象,均需要通过组织之间的分工与合作来加以解决。这里谈到的工程共同体的组织分工与合作,既包含组织之间的分工与合作、竞争和博弈,又包括组织内部的分工与合作。

在当代工程实践中,工程共同体的社会活动或过程首先是从合理解决工程问题开始的。这包含两种知识的工程应用:科学知识(一般由工程教育来执行,如麦克斯维方程应用于电气工程和简单运算法则运用于工业工程等)和经验知识。现代航行器设计就体现了这两种知识应用的相互结合。首先要使用先进的科学方法,把功能设计要求转译为物理规格、系统和亚系统,然后由一个工程师小组使用世界上最先进的计算机来分析航行器的结构特征以及机身和机翼等的空气动力学性质。但这种科学方法得到的仅仅是一种近似的设计方案,因

---

① Edward Constant. *The Origins of the Turbojet Revolution*. Baltimore: John Hopkins University Press, 1980, p.9.

此还要运用 Namier-Stokes 方程为航行器提供一种三维空间设计方案,同时需要综合各种因素获得完整的工程设计。这种综合一般由被称为模型制造者的熟练机工完成,他们如何运用其相应知识和经验来建造试验模型成了航行器设计成功的关键因素。

当代工程实践的知识要求,决定了工程共同体在工程造物过程中的组织分工情况。例如,化工工程的产品开发周期就是由如下四个不同组织阶段构成：研究实验室、开发实验室、中试工厂和完全商业化生产部门。研究实验室从事科学理论和新化工产品生产研究①,其操作模式一般是科学研究,实验室中的技术规模小,化学反应试验仅仅依靠试管、烧杯等设备进行。这些工作同样存在于大学和政府实验室中,因此这里实际上存在着大学、企业和政府的分工与合作。开发实验室承担三项任务,即评价研究实验室工作的科学性、发展规模性化工生产方法和中试方案起草。中试工厂的任务包括进一步提高生产规模的开发、试验和评估化学反应的技术经济质量：技术质量评估是指评估从原料到最后产品的转化率、化学合成物的纯度和稳定性以及化学反应副产品的特性;经济评估则主要是针对新产品的商业可行性,通常要表明深度研究开发的巨大商业价值。从中试到商业生产,还有一个步骤是对新技术和产品进行关键的经营决策,这里要通盘考虑和评估新技术的经济和商业因素。如果决策通过,那么一个化工生产循环也就进入最后一个阶段,这时一支专业团队利用中试阶段的报告和指南,经过试错和大规模实验直到在商业规模上生产出新产品,然后进入正常的管理阶段,包括管理者和工程师培训、生产人员学习监督和服务等。上述经验描述表明,工程共同体分工与合作在组织层面非常复杂,工程技术成长周期一般要经历很长时间。从组织上为技术提供投资需要一定的连续性,工程造物周期的每个阶段均需要不同的组织来加以实施,因此存在着跨部门或跨组织的分工与合作。

---

① 研究实验室的工作模式大量地存在于大学或政府实验室中,因此工程共同体组织分工与合作的另一向度乃是大学、政府和产业的所谓“三螺旋”结构。关于这种结构可参阅[美]亨利·埃茨科威滋：《三螺旋——大学·产业·政府三元一体的创新战略》,周春彦译,东方出版社 2005 年版。

在工程共同体活动中,各种分工或操作往往由其组织形式来进行整合,但以何种组织形式来管理分工则与社会结构有关。在这方面,斯丁康贝(Athur Stinchcombe)认为:“在历史上,特定时期发明的组织形式,有赖于当时相应的社会技术。如果以组织的可能社会形式有效达到某些组织目标,那么这种组织必定是在社会允许的特定时期建立的。当这种组织以其相应形式发挥有效作用并倾向于形成制度时,其组织的基本结构便也能够保持相对的稳定性。”①围绕不同工程实践建立起来的组织,显然存在着成员技能程度、规模、垂直和水平上的诸多差异。例如,汽车制造组织倾向于成为一种大型、垂直综合和分层的官僚机构,固体电子工程组织倾向于小型的非正式组织。同时,有些工程组织形式一旦建立起来,由于市场、法律和其他因素作用,便具有相当的稳定性和长期性。例如,当代城市建设工程共同体,包括各种熟练工人、转包商、工艺同业工会和建设企业与消费者之间的契约关系等,其组织形式与城市居民聚集程度提高、法律契约关系兴起、职业角色与家庭角色相分离、自由工资劳动力市场发展等因素密切相关。这些条件在前工业社会根本无法想象,城市建设工程组织形式发展必然是伴随契约关系、劳动力市场等社会因素出现才能得以发展。也正是因为这些社会因素的长期存在,使得城建工程组织形式自在欧洲城市建立后,便一直维系至今。

以上强调社会结构因素对组织形式的强烈影响,但这决不意味着要忽视技术发展、分工等因素对工程组织形式变化的直接影响。关于这一点,可以从工程企业组织形式的如下发展得到说明:

第一,从18世纪末首先在英国兴起的机械工具制造工程领域,其组织形式的主要特征是规模小、不同分支联系紧密(新企业常常是已有企业的分企业,且专业化程度较高,每个企业的经营环境完全由其产品和消费者决定)和师徒传授方式(这在当时是获得技术教育的重要手段,今天尽管工程师可以在工程学校学习相

---

① Arthur Stinchcombe. Social Structure and Organization. In James G., March (ed.). *Handbook of Organizations*. Chicago: Rand McNally, 1965.

应机械设计,但机械工具制造领域本身仍然采取以边干边学为主的技术发展模式)。

第二,19 世纪中叶开始出现了大规模的综合性钢铁企业,其中美国皮兹堡铁厂(后来变成穷斯和劳林钢铁公司)是一个典型。该企业工程师劳林计划将原先由一些独立小企业完成的操作步骤集中到大金属制造企业中,结果使该铁厂很快从仅仅只有 200 名雇工发展到拥有 2000 多名员工,实现了一次技术和管理上的巨大创新;1914 年福特为了抓住大众消费市场需求,在自己的汽车公司中引入新的生产转配流水线这一新的组织形式。

第三,1920 年通用汽车公司的斯隆(Alfred P. Sloan)发明了所谓现代公司模式,该模式包括对各个分立部门进行代理操作决策、中央财务控制和新型全体职工法人结构长期筹划。例如,通用汽车研究实验室就具有法人地位,其活动可以列入公司计划过程。

第四,第二次世界大战之后,工程任务群的矩阵组织形式(直接围绕产品开发组织技术改进,其分工和单位规模相对较小,以便于保持技术开发柔性和水平开发周期管理)兴起,这时有计划的技术变革直接影响到组织变化,大多数电子和计算机企业适合于这种组织形式。例如,惠普和德克萨斯仪器等公司的分工就非常细密,它们围绕不同工程任务分设大量部门,是为了保持一种小规模的柔性管理优势。

上述这些例证具有如下共同特征：一个在技术和组织上实现创新的企业组织,往往会为整个工程行业树立标准或样板,组织规模变化有赖于技术和组织创新,工程实践主体在各自分工领域表现的技术和经验程度与组织形式直接相关。在这里,流水线作业及其极端的仔细分工形式往往会剥夺大多数工人的技能,而非集权化操作决策却为管理者和工程师自由运用各种经验知识留下了巨大空间。正因如此,目前工程共同体的组织形式日益表现为柔性、民主的学习型组织形式,尤其是软件工程、生物工程等方面的共同体,在组织意义上更是以小规模、灵活管理为重要特征。

## 四　国际分工与合作：工程全球化与地方化

国际分工是指两个或两个以上国家，将原来一个国家在生产活动中所包含的不同职能的操作分开进行。它是国民经济内部分工超越国家界限发展的结果，也是国际贸易和世界市场的基础。随着以市场经济为基础，以先进科技和生产力为手段的经济全球化在制造业领域日益流行，工程共同体也呈现出一种不同于以往的国际分工与合作发展趋势。在经济全球化过程中，工程共同体以发达国家为主导，通过分工、贸易、投资、跨国公司和要素流动等，进入了各国市场分工与合作的相互融合过程。

工程共同体的国际分工与合作除了与不同国家的自然条件（如采矿工程只能在拥有大量矿藏的国家进行）、生产力或者科技水平（它决定了不同国家在工程共同体国际分工中的地位）以及人口多寡和市场大小有关外，也与工程生产规模相关。工程劳动规模或生产规模一旦扩大到一个国家的厂商无力单独负担研究开发和成批生产费用的程度，就必然走向国际分工与合作的道路。18 世纪末工业革命开始，在工程刚刚完成其职业化之后，工程共同体的国际分工主要表现为西欧国家工业工程与其他国家农业工程或采矿工程之差异，其合作表现为工业国家进口来自农业国家的原材料和农业国家接受来自工业国家的工业产品。进入到 20 世纪后，这种国际分工由强减弱。特别是二战后，随着发展中国家工业和科技的进步，新兴工业化国家削弱了农业和工业工程的分工力量，开始向工业工程内部分工过渡。WTO 成立后，特别是进入 21 世纪以来，随着科技革命和跨国公司的兴起，工程共同体的国际分工逐步表现为发达国家和发展中国家的高精尖工业工程与一般工业工程、资本密集型工程与劳动密集型工程的不同。

工程共同体由于其国际分工与合作，实际上可以称为全球性工程共同体。这种情况与如下因素相关：一是随着信息技术发展和渗透，电子商务一方面带来了工程共同体的国际分工再调整，开拓了工程贸易体制和产业工程结构变革的新局面以及高科技产业工程相关的知识产权国际贸易活动，工程咨询服务贸易更是加大了工程领域的国际分工步伐，使得工程分工种类日益细化，工程贸易名目繁多；

另一方面，电子商务借助网络跨越时空的特性和优势，将政府、企业以及贸易活动所需的其他环节链接到网络信息系统上，增加了工程贸易机会，降低了技术交流和劳务国际流动的成本，简化了工程贸易流程，带来了工程贸易方式的全新改变。二是现代化物流能够使最优的工程国际分工在提高专业化的经济发展与降低交易成本之间做出取舍，迅速崛起的现代物流企业既为工程国际分工提供了配套服务，又大大降低了工程活动所需原材料的流通成本，跨国公司的采购体系和销售网络遍布全球，为工程材料的大进大出提供了便利。三是产业转移推动了工程共同体的国际分工与合作。二战前工业制成品生产国与初级产品生产国间的分工居于主导地位，二战后以自然资源为基础的分工逐步发展为以现代化科技为基础的分工，工业工程内部分工增强，由工程产品领域向科技和服务工程发展。各个工业国家在冶金工程、化工工程、机械工程、造船工程等之间的分工越来越细，以国内市场为界限的工程生产领域已不能符合规模经济要求，因此国内各个工程部门之间的分工走向世界，形成国际间的工业工程和服务工程的内部分工与合作。

在经济全球化的今天，在 WTO、世界各个地区之间的国际合作协议以及各国法律框架允许下，配以诸如世界工程组织联合会①这类国际组织活动，工程共同体活动已经成为跨国界的社会流动或活动。这不仅包括各种国际性商务活动，而且也包括各国工程师的合作和交流以及各种途径的劳务人口流动。这种国际流动必然依照互相信任基础上的国际标准，包括技术认可、信息交流确认和工程实践资格认同等，在工程领域展开广泛合作，在实践中推动适应跨国界的世界性工程共同体形成平等、信任的国际工程合作模式。

## 第四节　工程活动共同体中的冲突与协调

工程活动共同体各种层面的分工构成了工程实践多样化和达到工程效率的重

① 参阅李大光：《工程界的奥林匹克——世界工程组织联合会及世界工程师大会》，载杜澄、李伯聪主编：《工程研究：跨学科视野中的工程》，北京理工大学出版社 2004 年版，第 137—143 页。

要基础,也表明了合作是工程共同体合理地成为一个社群的重要条件。但分工也有其另一方面的消极社会结果。尽管多数经济学家在讨论分工的正负效应时会将分工的经济意义与其社会后果分离开来,但社会学家、哲学家和政治学家却常常把分工纳入社会批判范畴。马克思使用“异化”这一概念,对资本主义机器大工业的工厂分工情形进行了观察分析,认为这种分工包含了工人的“无力”、“孤立”和最具哲学意义的“自我异化”(劳动者的人道的自我分离)。也就是说,工程共同体本身的复杂社会分工实际上意味着某些责任、利益等方面的社会冲突。由此我们便从工程共同体中的分工与合作问题,进入到讨论工程共同体中的冲突与协调问题。

冲突关系的对立面是协调。实际上,正是因为存在冲突,所以需要进行协调。如果只有冲突没有协调,冲突就会引向“同归于尽”的“爆炸”。所以,对于必然存在冲突关系的工程活动共同体来说,正确、合理、恰当地认识和处理冲突和协调的关系具有头等重要的作用与意义。

## 一　多元价值负荷及其相互冲突问题

工程共同体之所以在社会学意义上有着重要的组织特征,显然与其动力因素相关。由于工程共同体是一种实践共同体,其地点性或本土化特点非常明显。这种地点性明显表现为其动力要素的多元性:除了科学和技术的知识与技能向度之外,还存在着经济、政治和文化的多重动力向度。

从非技术动力因素来看,工程共同体的首要动力因素来自经济激励对工程实践的压倒性影响。也就是说,成本考虑作为一种普遍参数必然进入工程项目决策过程,并决定了一般的工程设计过程。在这种意义上讲,与科学共同体强调发现真理的优先权和技术共同体强调拥有专利的独占权不同,工程共同体着重于经济标准的优先权或占有权,其基本原则不是“尽可能优”而是“必须要优”,包括诸如耐久性、速度、效率和劳动负荷等方面的成本最优。这种经济激励通过市场得以制度化,市场尽管并不直接决定新的工程技术开发,但却成了工程项目选择(接受或拒绝)的最重要机制。在一个特定的工业领域中,工程师、管理者、工人、市场营销人员等依照市场上的成本—利润比例原则，围绕某个工程造物形成一个巨大的社会交往网络，在这种社会交往网络中，公司是标志经济激励因素的重要制度，也是识别工程机会、开辟工程市场和提供工程资本基础的制度结点。显然同类公司之间存在着竞争，这种竞争一般通过市场来加以规范，其失范也可以通过国家法律得到纠正。但工程毕竟已经成为一个公众问题，工程实践的社会影响一旦超越某些职业规范，就会导致市场失灵和法律失灵，从而形成与其他动力因素的社会冲突。

工程共同体社会运行的第二个动力因素来自政治导向，有时与经济因素相关，但有时则排斥经济因素。工程实践的政治导向最早在军事工程中形成一定制度传统，它既不是什么市场刺激（和平时期的武器出口例外），也不是什么成本核算，而是国家利益的反映。工程政治导向还常常在“技术评估”或“项目评估”中以特殊方式表现出来。改善工人工作条件或使工作条件人性化则是工人群体的一种政治呼声，但往往却与公司的经济标准存在部分冲突。也就是说，工程职业在将公共管理的政治导向转译为工程技术标准时，既有一致性，也存在着一定冲突或矛盾。

文化作为工程共同体活动的第三个动力因素，往往包含美学、宗教和意识形态等标准。法国路易十五时期，凡尔赛皇家花园使用当时的先进技术安装了喷水装置，其工程设计就是为了娱乐。在功利主义占据主流地位之前，西欧艺术家兼工程师和建筑师设计钟表模型、气筒、喷泉和其他新颖机械均反映了当时封建主阶级对机械力学及其与装潢、美学和快乐主义目的相融合的偏爱和迷恋。意识形态导向也对建筑工程产生重要影响，法国大革命时期的许多建筑师曾在他们的工程设计中体现了意识形态原则，我国十年“文革”时期的诸多建筑（如南京长江大桥）也都打上了深深的意识形态烙印。在这里，美学目的与经济激励有时存在一定冲突，意识形态也会时常地与经济激励和工程原则发生矛盾，有时甚至非常激烈。

从以上多重动力因素分析可以看出，工程共同体远没有科学共同体和技术共同体那样的自主性，它实际上是在政府、产业和科学技术的界面上形成的一种社会结构，可以称之为“杂交共同体”。这种社会结构整体上是由各种社会亚系统构成，而各种社会亚系统由于其功能各不相同，如政治导向的亚系统以权力为媒介组织而成,经济导向的亚系统以货币为媒介组织而成,至于科学和技术机构则强调真理的发现及其应用。工程共同体这种与传统学术共同体不同的杂交性格,绝不是简单地处于分工与合作中,而是存在着各种价值导向和目标认同。陈昌曙先生曾概括工程价值的非中立特点,并说明了工程价值的多重导向,①由此实际上揭示出了工程实践包含的不同层次的价值冲突。

对于工程活动共同体来说,需要特别注意合理处理工程价值负荷中以下几个方面的冲突和协调关系。

第一,人与自然的冲突和协调。工程项目是强对象化的,其特殊对象是"唯一对象"或"一次性"对象,如青藏铁路工程、西气东输工程、三峡大坝工程等。这类工程与资源和能源利用密切相关,因此自然资源利用就成了工程的基础和目的。在这里由于环境保护已经成为人类一项基本价值事业,因此存在着人与自然的冲突或矛盾,所以合理利用自然资源乃是工程实践活动的核心问题。

第二,各种分工之间的冲突和协调。工程通常均有较大的规模且耗费时间较长,围绕明确目标存在着不同子目标的细化分工。这种细化分工在不同步骤和阶段中必然存在着不同程度的冲突和矛盾,因此需要以一定的组织系统或社会化系统来加以规范,如指挥中心或指挥部来制定规划、决策、管理和协调。

第三,不同参与主体之间的冲突和协调。工程实施需要相应资金投入作保证,要求对工程进行充分的成本效益核算,充分估计到财力、人力、物力条件,因此必然会有许多企业和公司参与进来。但这些公司和企业为了逐利而相互竞争,这种竞争对于一般工程来说可以依照市场规律得到制约,但它对有些大工程来说则往往由政府部门来实施,特别是重大工程项目,更是要由国家首脑部门确认,并由国家组织实施和协调。

第四,同一工程项目的多个方案之间的冲突和协调。工程实践往往受到社会

① 陈昌曙:《重视工程、工程技术与工程家》,载刘则渊、王续琨主编:《工程·技术·哲学》(2001年技术哲学研究年鉴),大连理工大学出版社2002年版,第27—34页。

经济(如工业发展水平)、社会文化(如社会心理、宗教信仰)、自然条件(如地理、气候)和政策法律等诸多因素制约,因此工程规划和数据方案往往有多个,有些方案甚至完全相反。如果说科学和技术分别存在着唯一解和最优解的话,那么工程项目方案则只有"妥协解",即相互冲突的方案在不断协商中互相做出让步,最后形成折中方案。

第五,工程目的与结果之间的冲突和协调。工程是为了满足人的需要,有利于社会运行和人们生活的改善。工程实施过程在很大程度上以考虑人的生理和心理特点为前提和目的,因此具有明显的人文价值。但这只是工程的初衷和目的所及,而工程实施过程和结果是不确定的,工程有或然性或风险性。从工程结果来看,所谓工程风险是指它可能危害人和危害环境,这就形成了工程目的与结果之间的冲突。关于这一点,也可以从工程技术的价值意义看出。所有技术都可以在工程中应用或都可能有工程性,但并非一切技术都是同样的工程技术。基于技术对象化程度不同,可以把一般工程技术或把工程技术一般称为"基本技术"(或称弱对象化技术、弱专业性技术),把强专业性的工程技术称为"专业技术"(或称强对象化技术)。既然工程是强对象化的,那么工程技术也必是强对象化技术。强对象化技术不仅有工艺价值,而且也具有社会价值(经济价值、环境价值、人文价值)。强对象化技术的研制、改进和运用首先是为了满足和更好地满足人们的需要,这是工程目的;但其利用又有可能出现始料未及的消极后果或因被误用滥用而导致技术的非人性化效应,这是工程负面结果,这样便形成了目的与结果的相互冲突。现在人们已经认识到这一点,试图在制定工程方案和工程实施过程中尽量减少工程实施对人的伤害和对环境的破坏。

总的来说,工程并不是价值中立的,而是负荷多重价值的实践,其不同层次的价值冲突和协调必然在由不同价值主体形成的工程共同体内发生。这些价值冲突和协调显然存在着密切关系,可以进一步区分为两大类:一类是工程共同体不同主体面对工程的实际负面影响(如非人文效应和环境破坏)形成的责任冲突,另外一类是共同体不同主体之间的利益冲突。以下将对这两种冲突做进一步分析和讨论。

## 二　工程师与管理者之间的责任冲突与协调

工程共同体作为一个整体，尽管在任务、能力、知识、意识认同和责任等方面拥有许多共同的规范约束，从而与其他实践共同体（如艺术共同体、行政共同体等）存在着职业上的明显社会差别，但其内部包含的各种不同主体由于分工或分层不同，承担着不同的经济责任、社会责任、技术责任、岗位责任、道德责任，存在着异质主体责任之间的相互冲突，其中工程师与雇主或者管理者之间的责任冲突尤为明显。

对于工程师的职业自觉和工程师与雇主或者管理者之间的责任冲突问题，工程伦理学家已经进行了许多分析和研究。

在20世纪之前，工程师以忠诚于雇主为职业伦理的基本原则，因而，工程师与雇主之间不存在什么大的伦理冲突问题。

可是，随着工程师队伍的壮大，特别是由于工程师的职业自觉和伦理自觉的深化，工程师要在社会中为自身寻求新的职业责任定位和社会责任定位。工程师与雇主之间的重大冲突，出现在工程师取得明显的社会职业地位之后。在这一过程中，工程师群体一直试图追求一种自主的职业责任标准。1895年，莫里森（Gorge S. Morison）在担任美国土木工程学会主席的就职演讲中宣称，工程师是技术变迁和人类进步的主要力量，他们不受利益集团（政治集团和商业集团）偏见影响，对确保技术变革最终造福人类负有广泛责任。军事工程家普劳特（Henry Goslee Prout）在1906年康奈尔土木工程协会的一次会议上也认为，工程师能够指引人类进步，并肩负人类面对的一切工程责任。这种新的职业责任的宣示与定位不可避免地要引起工程师与雇主关系出现尖锐的冲突。这场冲突在美国演变成为所谓“工程师反叛”①。米切姆认为，这场反叛的意识形态基础在于工程师开始从追求

① Jr. Edwin T. Layton. *The Revolt of the Engineers: Social Responsibility and the American Engineering Profession*. Baltimore: The Hopkin University press, 1986.

自由科学理想转向基于经验知识应用的工程职业责任意识。① 在这样一种意识形态支配下，从19世纪初就逐步兴起的职业工程学会在20世纪初开始制定了正式的职业伦理规则，其主要内容涉及工程师与雇主、同事以及个人对工程专业的关系。工程师群体扩大工程责任的这种梦想在20世纪30年代初的美国曾经达到了顶峰，并掀起了一场并非一帆风顺的技术专家治国运动。

由于多种原因，技术专家治国运动和技术专家至上思想没有而且也不可能取得胜利。也正是在这种背景下，进入20世纪70年代以后，工程师出身的学者在工程伦理学名下开始从"无限责任"（对人类进步负责）转向"有限责任"（即对自身、雇主和公众负责）。② 这种转变虽然是从分析工程职业行为准则出发，但却反思性地提出了增强工程实践伦理向度、重建职业组织以更好地支持工程职业相对自主性和参与跨学科教育计划等具体要求。这可以说是工程师群体在遭到来自外部因环境污染和公共安全等问题而对工程本身提出的批评之后，不但努力为工程的学术自由做道德辩解，而且要在现实层面考虑如何与其他力量进行协调。

工程师与管理者之间的责任冲突与协调不但涉及伦理维度，而且涉及管理维度、技术维度、社会维度、心理维度、制度维度等不同维度和不同层次的问题，尤其是不同性质和维度之间的复杂的渗透、交叉和矛盾关系问题。

这里的许多问题都是难分难解的。例如：管理者在实现新的带有风险的工程任务过程中是否应该为了获得最大利润而遵从某种管理和经济战略？为了他人和技术的安全，应该避免某些风险吗？安全应该优先于经济发展成本和最大利润而

---

① [美]卡尔·米切姆：《技术哲学概论》，殷登祥、曹南燕译，天津科学技术出版社1999年版，第88页。

② 米切姆在谈到这种转变时列出了 Stephen Unger（*Controlling Technology*：*Ethics and the Responsible Engineer*，2nd. New York：John Wiley，1994），Mike W. Martin and Roland Schinzinger（*Ethics in Engineering*，3rd. New York：McGraw-Hill，1996），Charles Harris、Micheal S. Pritchard and Michael Rabins（*Engineering Ethics*：*Concepts and Cases*，Belmontc，CA：Wadsworth，1995），Aarne Vesilind and Alastair Gunn（*Engineering*，*Ethic*，*and the Environment*，New York：Cambridge University Press，1998）等人的工作，他们从汽车推动、计算机、航空和结构等工程领域出发，强调工程伦理学应该承担对工程实践中的正误和善恶的概念分析任务，对工程经验的伦理向度进行深刻反思，同时要对职业伦理准则、训令步骤和道德教育策略进行跨学科合作研究。

得到评价吗？一位处于中间管理层的工程师是否应当就可能出现的风险向公众做出提示或警告呢？对企业、雇主和事业的忠诚是否高于对公共安全的道德责任呢？就在道德上必须守法来说，如果合同具有一定的道德意义，那么道德责任是否一定要优先于合同责任呢？在经济或技术问题上，各种道德责任是等同或重叠还是彼此相互矛盾呢？

一般情况下，经济方面的伦理问题确实远比技术方面的伦理问题重要，因为经济管理和工作任务分配等过程有许多问题并不直接与技术因素相关或受技术因素影响。但问题是经济与技术毕竟存在着很大的重叠区域，就经济决策包含的技术实现来说，经济和技术的相关伦理问题处于紧密联系之中，只是这种密切关系在有关安全管理的道德责任分析中经常被人们忽视。学者们对 1986 年美国“挑战者”号发射后爆炸事件的分析和研究①表明，责任问题的解释和分配存在着较大的模糊性，即技术与经济的伦理关联是如此密切以至无法分开，管理者的决策与工程师的决策存在的冲突只能通过在伦理方面对决策和事实判断进行综合考虑，对涉及技术与经济的控制和责任进行统筹处理。

第一，与工程相关的生产、消费和交换过程以及一般的技术和经济发展都是大量组织或机构互动、共同作用和平行行动的社会过程。这些复杂的行为和互动相互重叠和交叉，包含诸多技术、经济、文化和政治等因素，因此有着综合的跨学科的多元特征。在工程共同体意义上，绝不能将经济和技术看作是自主的领域或亚系统，它们都会受到相应机构、群体和制度的控制和塑造。在这种复杂背景下，无论是个体还是集体都必须为自身的工程行为承当某些责任，包括开发责任、维修责任、生态系统维系责任等。

第二，相关工程机构、单位或企业都具有社会经济的特征，属于工程行为的社会技术系统和制度化形式，受到相应规范和价值标准约束。任何技术或经济行为，

---

① [美]哈里斯等：《工程伦理：概念和案例》，丛杭青等译，北京理工大学出版社 2006 年版，第1—2 页。

包括企业行为，首先是一种社会行为并要按照社会道德责任标准获得评判。特别是技术和经济的伦理问题，尽管在分析意义上各有侧重，其相应角色和责任也各不相同，在特定的责任方面甚至存在着价值冲突，但两者的密切关系提醒人们，在解决技术伦理问题时必须考虑经济伦理方面的复杂因素。

第三，在工程技术方面，其价值和规范基本上可以表现为可行性、安全导向和实际可操作性，相比之下经济方面的价值则主要是获利性或市场接近性，两个领域当然也可以把可行性、效率和能源消耗当作共同的价值导向。例如，德国工程师协会就是既强调可行性、功能性、效率性和美观性等技术价值，又强调获利性和财富性等经济价值。至于诸如安全、卫生、环境质量、个性发展和社会品质等其他价值，也都融合了经济和技术两方面的价值标准，能够在处理经济与技术的价值冲突方面起到重要作用。

第四，鉴于经济与技术之间的伦理模糊性，不可能完全依靠责任分配来协调所有的工程责任问题，如交通堵塞、环保运动等都很难在工程共同体的责任范围内加以解决。这类问题涉及更大范围的公众问题，需要在更大的社会乃至政治方面加以协调。

## 三 工人与投资者之间的利益冲突与调停

工程共同体作为一种异质的实践共同体，包括工资分配、就业机会、财政预算和政府规制等一系列利益关系因素。这些因素与工程共同体的关键主体——工人密切相关，工人群体自然也成为工程共同体中利益冲突的焦点之一。在工程共同体中，如果说围绕工程师这一主体，人们主要关注的是横向的责任分配问题的话，那么围绕工人这一群体则更加关注垂直的利益分配问题。“工人是工程共同体的一个不可缺少的基本组成部分，是一个处于弱势的群体。”①工人群体在工程共同

① 李伯聪：《工程共同体中的工人——工程共同体研究之一》，《自然辩证法通讯》2005 年第 2 期，第 64—69 页。

体中的这一弱势地位，来自技术进步对工人技能的挑战、工作环境恶化以及就业机会可能丧失的压力，工人与工程投资者、管理者发生利益冲突，有时直接表现为对机器、厂房和产品等工程造物的破坏。

在工程技术的发展历史上，“鲁德运动”就突出地反映了工程共同体中的利益冲突问题。鲁德运动的实质在于，试图把工业资本主义的掠夺降为从属地位。即使鲁德运动经常被解释为“工业化模式尚不完整的社会”特有的原始对抗形式，我们也应该和必须把鲁德运动适当地、积极地看作现代工程共同体围绕技术和自由开放政策开展的一种政治伦理博弈或利益调停。

值得注意的是，虽然鲁德运动已经“隐退”到以往的“历史”之中，但“新鲁德分子”又在20世纪的“现实”中“露出头角”了。相对于19世纪罢工和捣毁机器的暴力形式，20世纪初的新鲁德分子采取了工业怠工方式。工业怠工被认为是福特主义条件下工人的伦理应对。欧洲工团主义运动和美国世界产业工人协会正是使用怠工这一对抗策略来反对科学管理和福特主义工业纪律的残酷侵蚀：机智怠工（反对不公平的日工资）、口头怠工（向消费者说明产品的低质以损害资本利益）和采珍珠式怠工（缓慢而低效工作以削弱企业管理能力或奚落雇佣者）。这些策略多数都不包含有暴力因素，作为一种伦理应对或利益协商，只是通过社会性怠工来达到妨碍工业机器运转或以牺牲少数人利益来换取多数人利益的斗争目标。工团主义的怠工保持一种人性道德姿态，而绝不发展成为一种完整的政治策略。

一般来说，工程共同体中的工人控制和赋予劳动以技能有两种方式：一是工人以劳动为骄傲，一是通过技能使自己的劳动很难替代或者从劳动本身获得益处。但为了消解主观的因素（如工人的个性和自身控制等），资本需要对劳动力进行控制，以避免工人个性参与或其与资本拥有者权威进行对抗。从20世纪80年代早期以来，人们一直认为这种情况已经获得重大突破，尤其是信息和知识的开发和工业化则标志着从工业社会向后工业社会的时代转型，其前景是人类智能和理性力量通过新的技术（先进的计算机、机器人和通信卫星等）将在工程实践中超越工人的任何技能。必须强调，信息资源的利用在今天人们所说的信息技术出现之前就已成为工程实践的一个构成部分。泰勒制的科学管理模式有力地削弱了工人在“生产现场”的“独立操作者”地位。福特对科学生产管理作出了重要贡献，他不仅使信息和知识适合于生产过程，而且还将信息和知识并入其生产线，并取得了对劳动过程的工程控制。福特之后的资本主义工业发展加深和扩张了信息的收集和监督程度，以便达到工程计划和控制的综合目标。可以肯定的是，这种技术进步的确使工人生活获得了很大改善，其异化程度看上去也有所降低，但这并不意味着资本增值目的的改变或者资本控制强度的降低，也并不意味着工程共同体中的利益冲突的消解。按照诺伯尔的考察，在自动化头 30 多年中，美国制造业的资本库存价值相对于劳动力增加了两倍，反映出了机械化和自动化趋势；与此同时，工人每小时的实际收入也增加 84%，但这种增长幅度相对于每人每小时的绝对产量增长 115% 和法人税后利润增长 450%（是工人实际收入增长的五倍还多），不是增加而是减少了。[1] 其原因在于，如果自动化对工人有着明显的影响的话，那么它对管理和管理者也存在显而易见的影响。劳动力的所失即是管理者的所得，劳动力在工资一定的情况下生产了更多使用价值（产量）。

自 19 世纪初以来，由于鲁德运动的发生和广泛影响，工人的生活不断得到改善。19 世纪末，资本家或投资者转向泰勒主义和科学管理的重大管理创新正是对熟练工人控制劳动和劳动环境的伦理回应。而从 20 世纪初以来，随着泰勒制的逐步确立，工厂工人在工业领域创造了一种崭新的工人阶级权力结构（新型工会组织），并在许多不同国家获得发展。直到 20 世纪 60 年代以来，工人仍然通过自身的组织直接在工厂底层试图控制劳动和劳动条件。与技术和工厂组织的新发展相应，工人也总是能够找到诸多不同的对抗形式，而这反过来又刺激了管理的强化发展和选择利用相关的技术。在这种意义上讲，技术开发及其利用（或滥用）实际上是异化和反异化斗争的产物，是工人为自由而战的产物。某一新技术一旦获得应

① David Noble. *Progress Without People: in Defense of Luddism*. Chicago: Charles H. Kerr Publishing Ltd., 1993, pp. 92 – 93.

用，工人或雇员很快就能学会使用它来对抗其老板，而这反过来使技术改造再次成为必要，以便让老板获得提升。实际上，整个信息技术的开发和使用，特别是利用互联网络来组织、处理信息、对抗和斗争，正表现出这样一种权力关系①。鲁德分子实际上从来都没有对抗一切技术进步，他们反对的是“对公民有害的全部机器”，以避免自身附属于机器的命运。自工业革命到信息革命，这种努力总是能够取得一定成功，从而能够在一定程度上舒缓工人或雇员的异化生存状态。

既然工程实践的资本逻辑无法改变，在工程共同体中，工人与投资者和管理者之间的利益冲突就会存在下去，因此关键的问题就成了如何达成一定的利益调停机制。为此，后福特主义者提出了工人自我管理方法，以便确立后工业时代的新型工人形象。所谓“工人自我管理”是指工人不仅要对工厂组织和纪律、收益分配负责，还能就技术开发、生产工艺、生产什么和生产多少做出民主化选择。作为后福特主义主要母体的丰田生产方式，最早出现在制造加工领域，其真正要点是“准时生产”（最为直接的目标是消除浪费），全面质量管理和团队合作正是由这种新组织方式而来。但丰田的本质不在于经济民主，而在于其新的生产要素组织方式。日本企业中之所以能有效地采用团队合作和全员参与，既和日本文化有关，同时也主要和早期日本企业普遍采用的年功序列的人事制度②有关。

西方资本主义企业借鉴日本管理经验时，几乎从来都没有照搬照抄，特别是克服了丰田生产方式中内含的很多所谓完美主义倾向。西方的后福特主义提出了“工人自我管理”，但其实质并非强调以人为本，所谓全员参与和团队合作也根本无法实现，但它毕竟在重组工程共同体内工人与投资者或管理者以及共同体与外部世界的关系方面迈出了一大步，适应了工人要求提高工资待遇、享有自由、民主、休闲、非集中和个体创造力的呼声。

---

① Jason Wehling. “Netwars” and Activists Power on the Internet. *Scottish Anarchist*. No. 2, 1995. Internet Resource: http://www.cpsr.org/cpsr/nii/cyber-rights/Library/OpEd-Articles/Wehling-NetWars.

② 这一制度安排的一个非常重要的特征是，所有职员从一开始加入企业到40岁左右其地位相当平等，到了40岁前后企业再根据员工以往表现选拔部分人员逐步进入企业高层。

西方企业管理模式发展的最新趋势显示：工程共同体的集体文化必然是克服技术或管理精英的绝对治理，强调工程实践以人为本，确立起当代工人的工程主体形象，形成民主化利益协商的整体工程实践模式。

## 四　走向多重主体因素的综合协调

工程共同体的集体活动已经使得当今社会无处不受到技术的广泛而深刻的影响或渗透，也大大提高了人类生活的品质，但其内在的责任冲突和利益冲突也表明了它超越工程学科界限和生产领域的社会、政治和文化特征。应该说，工程共同体活动的思维基础在很大程度上来自笛卡尔哲学方法，按照这种方法，必然把工程实践这一整体分割为若干学科领域，将工程共同体分成若干群体，其中工程师和科学家群体被公认为是知识应用和技术创新的大师或领袖。在这种意义上讲，工程师群体随着自身的日益分化或专业化，不仅变成了应用科学家，而且也成了笛卡尔式的应用哲学家。笛卡尔的思维方法作为牛顿力学、工业革命和工程实践的哲学基础，大大地推进了工程共同体的分工与合作，但正是这种专业化分工，通过狭窄的技术教育过程和单纯技能实践，足以使他们处于一种相对封闭的责任或利益渠道。目前人们不会怀疑工程师和科学家以其高度专业化的知识和技能而在工程共同体中享有崇高的社会地位，但却无法接受如下解决责任冲突和利益冲突的伦理方案：工程师和科学家承当一切与工程有关的社会责任，一切与工程技术影响有关的利益冲突可以依靠针对工程师和科学家而形成的技术应对机制来得到解决。

上述情形要求我们采取一种整体论方法，把工程共同体置于社会中进行系统考察，对其中存在的各种冲突问题进行综合协调。从整体论思维方法来看，工程共同体主要包含诸如投资者、管理者、工程师、工人等个体与诸如工程师群体、工人群体等的细分共同体两类要素。按照工程共同体这一社会结构，所谓综合协调就是要尊重工程主体的个人精神、心理气质、责任意识、意义体验和利益驱动要求，以鼓励个体通过科学、理性和伦理途径进行创造和创新，追寻工程造物的物理结构和功能的统一及其与生态环境之间的协调，在不断完善工程标准、机构组织和制度、相关法律法规的过程中,尽量避免与工程相关的任何风险发生或利益冲突出现,促进共同体的社会良性运行。

第一,通过公共领域,推动公众进入工程决策。美国技术哲学家唐·伊德(Don Ihde)曾指出,工程技术在文化方面存在多种意向,他称此为“多重稳定性”(multistability)。所谓多重稳定性不仅是指工程造物在不同文化背景中意义各异,也意味着同一工程目标可以在技术上以不同的方式来实现。在这种意义上,他认为每种技术都有多个维度而无法还原为单一工程设计意向,因此有可能建立一种新的富有活力的工程伦理方法,它不仅能够应对技术发展的各种社会和道德后果,而且可以积极地参与新技术的研究开发。伊德称这样一种新的工程伦理方法为“研究开发定位”①:(1)应该避免某些不适当的意识形态性价值,因为“没有一种技术是中性的,一切技术总可以预期其某些消极的(和积极的)效应”;(2)“一旦开始出现某些负面效应,就要向公众宣传这些负面效应的严重性,并立即仔细着手调查其中的错误”;(3)“开辟多种渠道,增加选择的可能性”;(4)“设计由非专家人员和不同用户参与的技术使用实验”。这些指导性伦理原则确是粗糙和带有某种应急性,在实践上实施这些原则是否有效也许还存在许多问题,但它们毕竟在理论上把工程技术决策问题开放给了整个工程共同体,甚至开放给了具有社会交往特征的公共领域。

由于工程实践可能带来的公共风险具有相当的不确定性,让诸如科学家和工程师的任何个人对工程共同体的技术行动的负面后果负责不一定是道德的和合理的。在这种意义上讲,工程决策绝不再是企业法人和政治领袖的精英集团的问题,而是已经成为涉及每个公民的大事情,让每个人出于特定的道德义务参与公共争论为工程共同体决策提供相应的理由已成为必然的道德合理要求。

第二,在公共压力之下,企业或法人追求利润和公共效益之间的权衡机制。公共领域的制度及其同职业化亚系统的互动,使每个公民对技术可能带来的公共风

---

① Don Ihde. Technology and Prognostic Predicaments. *AI and Society*. 13, 1999, p. 50.

险做出共同反应成为可能。但公民这种普遍的道德意识在很多情况下并不足以解决工程发展面临的挑战或并不总是导致某些公共政策的贯彻，因为它在很大程度上要受到企业组织或法人目标的制约。

事实上，围绕工程风险责任和利益分配形成的各种道德判断主要来自法人或业主、工程师、企业组织等私人领域，这种格局在西方发达国家虽然受到民主政治、国家法律和政府管理的影响，但工程决策很大程度上仍是出于法人之手。一般来说，大多数企业或法人都会在工程安全、卫生、环境、资源可持续利用和人权方面采取同法律一致的伦理规范，但当企业强调市场和利润原则（这是企业的金律）时，这种行为规范遵循就会大打折扣。只要看一下温室效应、臭氧层耗损、环境化学污染以及各种涉及工人生命和利益的矿难事故等事实，企业遵循相应的伦理规范是否有效就可见一斑。但这种情况并非铁板钉钉没有弹性，随着公共压力及其同企业协商渠道的开辟，政府法律手段的强化，特别是市场需求对绿色商品和工人利益要求的强劲反应，自然资源的日益短缺，企业不尊重安全、卫生、环境、资源可持续利用和人权等方面的伦理规范的产品成本和社会成本就会增加。显然企业自觉建立自身的伦理秩序与从市场中获得最大利润之间并不是什么"囚徒困境"，从长远来讲，在公民和消费者日益要求环保和人道的持续发展要求下，企业或法人的行为需要从自然生态、经济部门、技术开发和股东利益群体之间寻找某种伦理界面和规范，这不仅有利于自身降低社会成本和产品成本，也有利于赢得市场需求，从而取得企业最大收益。

第三，政府针对工程发展的公共制度调整。强调公民公共争论和企业市场原则以及技术标准，并不否定政府的作用，因为如果缺乏企业和公民违背工程技术伦理规范的惩戒机制，这在社会心理上就会暗示不遵循工程伦理规范是允许的。只有在法律上坚决禁止、惩治、消除不道德行为，才能创造一种良好的社会道德环境。政府既需要借助工程技术立法和执法来规范工程师和企业的技术行为，促使他们对社会负责，也可在财政和法律意义上以工程设计和发展在安全、卫生、环境和可持续利用资源方面的严格赔偿责任为基础，推动工程师和企业同可持续发展和工程风险责任管理相一致的技术行动，还可以鼓励建立公民和企业、公民和政府、企业和政府之间的技术协商渠道，确保技术选择的公开性，加强和完善工程技术伦理的道德安排，保证将工程风险降低到最低程度。

总而言之，面对工程活动共同体的复杂关系，人们应该努力建立起合理的多重主体因素的综合协调机制，努力在权威与民主、分工与合作、冲突与协调的对立统一中为建设和谐的工程活动共同体而不懈努力。

# 第十一章
# 工程活动共同体与“社会实在”

工程活动共同体是由个人组成的“集体”或“团体”。上一章着重讨论了工程活动共同体内部的不同个人之间的相互关系，本章将着重讨论工程活动共同体——主要是以企业为典型代表的工程活动共同体——与组成这个整体的个人之间的相互关系问题。

就许多人的直觉而言，承认企业、项目部等形式的工程活动共同体是一种社会性的“整体”或“实体”，似乎应该是一个不成问题的问题。可是，对于理论思维来说，却不能跟着“感觉”走，我们不能直接以“感觉”为立论的基础。

从理论方面看，这个关于是否可以承认社会群体（工程活动共同体也是一种“群体”）也是“社会实在”（social reality）的问题，直接涉及了关于“方法论个人主义”和“方法论整体主义”论争的问题。

为了在理论上辨明企业等不同形式的工程活动共同体也是一种“社会实在”

或“社会实体”①,本章不得不首先对方法论个人主义和方法论整体主义的争论进行一些简要的分析和评论,然后,着重分析和讨论为何和应该在什么意义上承认工程活动共同体是社会实在的问题。最后一节将讨论“岗位人”的“出场”、“在场”、“退场”以及岗位人和本位人的关系问题。

## 第一节 两种不同的社会实在:个人实在和“集体实在”

在西方哲学中,“实在”(reality)是最基本的概念之一。本章不涉及有关“自然实在”的分析和讨论,本章关注的焦点是“社会实在”(social reality)问题。

社会实在是一个牵涉到经济学、社会学、法学、哲学以及其他许多社会科学学科的基本理论问题。② 尽管许多人都会认为这是一个哲学问题,并且实际上也确实是如此,但它绝不是一个纯哲学性的问题,其本身已经成为一个直接嵌入社会学基本理论和社会学基本范畴体系的问题,所以这里不得不对它先进行一些必要的分析和讨论。

### 一 方法论个人主义和方法论整体主义的争论

是否可以和应该承认企业等形式的群体(社会群体、社会团体、社会集体)是一种社会实在,这在西方的经济学、社会学、法学、哲学乃至整个社会科学学科领域中都是一个长期争论的基本理论和基本方法论问题。

如果说,在中国文化传统中,承认群体是实体性存在并不是一个困难或严重问

---

① 本章的观点和分析原则上也适用于认识“工程职业共同体”,但为了分析和叙述的方便,本章将“集中于”对“工程活动共同体”(特别是以企业为组织形式的工程活动共同体)的分析。

② 有关外文文献可参考:(1) Searle, J. R. *The Construction of Social Reality*. London: The Penguin Press, 1995. (2) Schmitt, F. F. (ed.). *Socializing Metaphysics: The Nature of Social Reality*. Lanham/ Boulder/ N. Y. Oxford: Rowman & Littlefield Publishing, Ing. (3) Lagerspedz, E. , Ikaheimo, H. and J. Kotkavirta. (eds.). *On the Nature of Social and Institutional Reality*. SoPhi: University of Jyvaskyla, 2001.

题,那么,在西方,情况就截然不同了。由于西方文化中存在着一种只承认个人是实体的强大思想传统,于是,是否可以承认群体也是一种社会实体性存在就成了一个有激烈争论的理论问题。落实到本章所关注的主题,这个问题就成了是否可以承认工程活动共同体是一个社会实体(社会整体)或一种社会实在的问题。如果使用一些学者惯用的术语,那就是在方法论个人主义和方法论整体主义的争论中站在哪一边的问题。

应该承认和指出,在法学领域,某些特殊类型群体的社会实在性或社会实体性问题已经得到了某种形式的解决。其具体表现就是:在法学和立法领域,目前无论在理论上还是在实践上,人们都不但承认自然人的主体地位,而且承认公司、企业等机构也可以拥有主体地位。

张瑞萍说:“虽然罗马法即已开始承认社团的某种法律人格,但一般性地赋予以营利为目的的公司组织以完全的法律人格,仍然是法律史上的一件大事。德国民法典关于法人的权利能力的创设无疑具有重大的法学价值,美国历史上对公司人格的确认也是具有里程碑意义的事件。美国宪法中没有关于公司的规定,美国宪法修正案关于人权的规定在19世纪80年代以前被认为只适用于个人,即自然人。1886年,在审理 Santa Clara County 诉 Southern Pacific Railroad 一案中,美国最高法院才明确宣布,公司就是一个人,并被授予宪法所提供给任何人的法律权利和保护。”“在信奉个人权利的美国人眼里,承认公司的人格是会有一定的障碍的,因为公司属于股东,如果公司也是一个人,那么,它就是一个由他人所拥有的一个人。但不管怎样,通过判例的积累,公司的法律人格逐渐被确定。”①

应该指出:法学和法律领域中的法人问题和工程社会学领域中的工程共同体(包括“工程活动共同体”和“工程职业共同体”)问题虽有密切联系,但它们并不是完全等同的问题。在工程社会学领域中,由于工程活动的规模和特点的不同,工程活动的主体(工程活动共同体)既可以是法人团体也可以是并不具备法人资格

---

① 张瑞萍:《公司权利论》,社会科学文献出版社2006年版,第91—92页。

的集体。

从学科范围和学理的角度看问题，虽然可以认为法学领域中法人理论的确立有助于社会科学哲学和社会学领域中方法论个人主义和方法论整体主义争论的解决，但这里显然无人可以认为由于有了法学中的法人理论，社会科学哲学和社会学领域中方法论整体主义就同时自然而然地取得了对方法论个人主义的胜利。

在西方经济学、社会学（主要是指社会学基础理论领域）和西方社会科学哲学领域，是否可以和应该承认社会群体也是一种社会实体，至今仍然是一个悬而未决的基本理论问题。尤其是，许多现象表明：那种不承认企业等社会群体的整体性存在也是社会实体或社会实在的观点还占据着某种优势地位或主流地位。

在分析和研究方法论个人主义和方法论整体主义争论问题时，必须注意：个人主义是一个多义词。我们必须区分三种不同含义的个人主义：方法论个人主义、政治个人主义和道德个人主义。

著名学者布劳格在《经济学方法论》一书中说，熊彼特不但于1908年首创了方法论个人主义这个术语并且还首先区分了方法论个人主义和政治个人主义。“前者规定的经济分析方式总是从个人的行为开始，而后者表达的一项政治纲领则以维护个人自由权利作为政府行动的试金石。”①

在我国的日常语言中，许多人还常常把个人主义解释为一种损人利己的道德立场或处世方式——这就是道德个人主义。本书在讨论个人主义问题时，不涉及政治个人主义和道德个人主义，而仅讨论与方法论个人主义有关的一些问题。

方法论个人主义的对立面是方法论整体主义。对于社会科学和社会哲学来说，方法论个人主义和方法论整体主义的论争涉及社会科学和社会哲学的最基本的理论基础、理论观点和理论假设问题。

卢瑟福曾经在其他学者有关概括的基础上，对方法论整体主义和方法论个人主义的基本观点进行了如下的概括——

① ［英］马克·布劳格：《经济学方法论》，石士钧译，商务印书馆1992年版，第54—55页。

方法论个人主义(MI)的关键假设可以概括为三项陈述：(1) 只有个人才有目标和利益；(2)社会系统及其变迁产生于个人的行为；(3) 所有大规模的社会现象最终都应该只(着重号原有)考虑个人，考虑他们的气质、信念、资源以及相互关系的理论加以解释。①

而方法论整体主义(MH)可以总结如下：(1)社会整体大于其部分之和；(2) 社会整体显著地影响和制约其部分的行为或功能；(3) 个人的行为应该从自成一体并适用于作为整体的社会系统的宏观或社会的法律、目的或力量演绎而来，从个人在整体当中的地位(或作用)演绎而来。②

应该特别指出，从实质上看，方法论个人主义和方法论整体主义的争论绝不仅仅是方法论层面的争论，而是深入到了本体论领域和事关本体论问题的论争。实际上，有些学者径直使用了"本体论个人主义"这个术语，由于在经济学领域中，方法论个人主义这个术语使用得更加广泛，人们对它更加熟悉，所以在本书中，我们仍然继续使用方法论个人主义这个术语。

长期以来，在方法论个人主义和方法论整体主义的争论中，不但现代西方经济学主流派别坚定地站在了方法论个人主义一方，而且许多——甚至可以认为是多数——西方哲学家和社会学家也都站在了方法论个人主义一方，只有数量相对较少的学者如老制度主义经济学家和社会学家迪尔凯姆站在了方法论整体主义一方。总体来看，方法论整体主义阵营在西方学术界似乎处于下风，而方法论个人主义阵营则处于优势地位。

从西方经济学界的历史和现状来看，凡勃伦等"老制度主义者"(OIE)——西方经济学中的一个异端学派——曾经大力主张整体主义，可是，当"新制度主义"(NIE)崛起后，其方法论主张就皈依方法论个人主义了。卢瑟福说："正像整体主

① [英]卢瑟福：《经济学中的制度》，郁仲莉、陈建波译，中国社会科学出版社 1999 年版，第 38 页。

② 同上，第 33—34 页。

义是OIE公开自称的方法论一样,个人主义是NIE公开自称的方法论。”①这种方法论立场上的变化是耐人寻味的。

## 二 西方学者关于“社会实在”和“我们—模式”的观点

方法论个人主义和方法论整体主义的争论不但表现在经济学领域而且渗透到了社会学和其他社会科学领域中。由于事关整个社会科学,许多学者不得不费尽心机地思考这个问题。

上面谈到,在西方理论界,方法论个人主义是占据某种优势地位的一方。方法论个人主义之所以能够占据某种优势的理论地位,一个非常重要的原因是他们提出了一个看起来似乎无法反驳的论点:只有个人才有目标和意图。

虽然方法论整体主义者在分析和研究群体问题时,普遍承认群体也具有“群体本身”的目标和意图,可是,他们往往满足于径直把这个观点当作一个自明的理论前提,而没有从理论上对其进行精致的论证和阐述,特别是没有直接回答和反驳“只有个人才有目标和意图”这个方法论个人主义论点,而如果不能直接驳倒或应对这个论点,方法论整体主义就只能是基础模糊或基础不牢固的理论。

值得注意的是,在最近一段时间中,一些西方学者在对这个问题的研究中取得了一些重要的理论新进展。以下我们仅简要地对塞尔和图莫拉的有关理论和观点进行一些介绍和评论。

是否“只有个人才有目标和意图”,而不可能存在所谓“集体目标和意图”呢?

在这里,任何人都必须承认的一个基本的语言现实就是:人们在语言交流中已经普遍地使用了“我们的目标”或“我们的意图”这种表示集体目标和意图的话语方式。那么,所谓“我们的目标”或“我们的意图”是什么意思呢?

方法论个人主义认为:所有的“我们的目标”或“我们的意图”都必定是存在于作为个体的“我的大脑”或“我的思想”中的东西,它们可以还原为——而且必须

① [英]卢瑟福:《经济学中的制度》,郁仲莉、陈建波译,中国社会科学出版社1999年版,第52页。

还原为——若干不同的个体的大脑中都存在着"我意想并且相信'你相信我也意想并且相信……'"的想法，这个方法论个人主义的解释可以图示如下①：

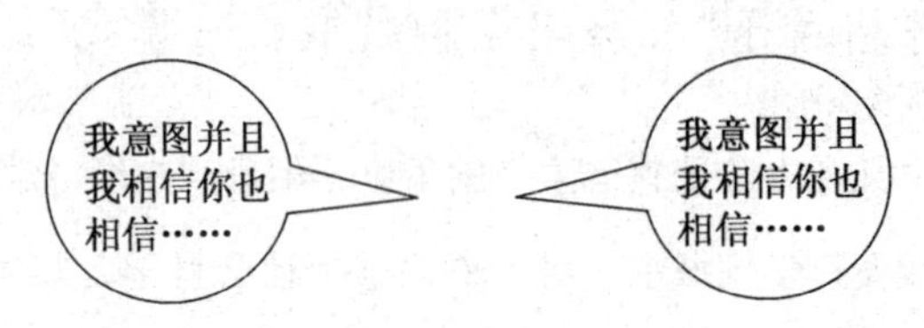


**图 11－1　集体意向性的传统理解模式**

在方法论个人主义者看来，如果不承认这种把集体意向还原为个人意向的方法论个人主义的解释，那就要走向承认存在着某种漂浮在个人精神之上的"超级精神"，而当代的绝大多数学者都不承认存在有某种漂浮在个人精神之上的黑格尔式的世界精神或超级精神。

应该承认，对于方法论个人主义的这个论证方式，方法论整体主义一方一直没有给予直截了当的、有说服力的反驳。

研究意向性问题的著名哲学家塞尔反对上述还原论的观点和解释，在《社会实在的建构》一书中，他提出了一种关于"集体意向性"的新观点和新阐释。他认为，可以把集体意向性图示如下②：

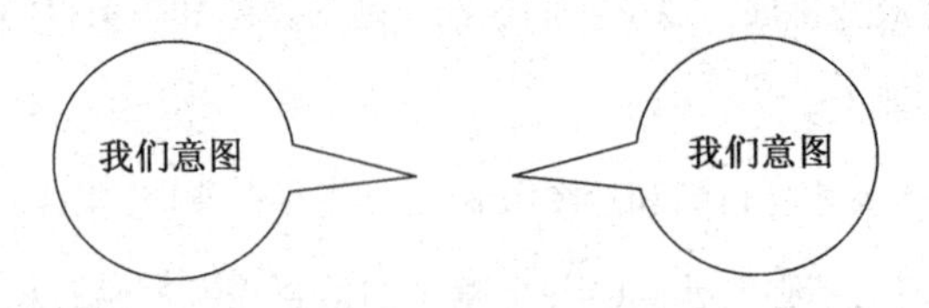


**图 11－2　集体意向性的塞尔理解模式**

塞尔说："在我看来，所有这些把集体意向性(collective intentionality)还原为个人意向性的努力都是失败的。集体意向性是一种生物学上的原始现象，它不可能

① Searle, J. R. *The Construction of Social Reality*. London: The Penguin Press, 1995, p.26.
② *Ibid*.

被还原为其他什么东西或被排除以支持什么其他东西。我所看到的所有那些把‘我们意向性’(We intentionality)还原为‘我意向性’(I intentionality)的企图都是证明还原不成功的反例。”“‘我意识’(I consciousnesses)的集合,甚至再加上信念,并不意味着一种‘我们意识’(We consciousnesses )。集体意向性的关键要素是一种共同做(想、相信等)某事的感觉,而每个人所有的个体意向性派生于他们共同享有的集体意向性。”“在每个个人头脑中存在的意向性具有‘我们意想’(I intend)的形式。”①

塞尔关于存在着“集体意向性”的观点和他反对把“我们意向性”还原为“个人意向性”的论证已经在西方学术界产生了比较大的影响。我们认为,塞尔的这个关于“集体意向性”的观点和理论是西方学术界中有关方法论个人主义与方法论整体主义论争中的一个新进展。

塞尔不但提出了关于“集体意向性”的观点,而且他还提出了关于应该承认“制度实在”也是一种“实在”的理论。如果说塞尔以提出“集体意向性”和“社会实在”概念而使人耳目一新,那么,图莫拉就是以提出必须区分“我们—模式”(We-Mode)和“我—模式”(I-mode)而引人注目了。

图莫拉认为许多社会现象具有集体性的特征。“集体性通过集体接受(collective acceptance)被建构出来。”图莫拉通过集体接受以及与其密切联系的集体目标、集体态度、“我们—意向”等概念指出,在研究和分析社会现象时,存在着两种不同的模式——“我们—模式”和“我—模式”。在前者中,个人是团体的一个成员(a group member);而在后者中,个人仅仅是一个“私人”(a private person)而已。“我们—模式”不能还原为“我—模式”。②

从塞尔和图莫拉等学者的研究中,我们看到,西方学者在对集体性和社会实在

① Searle, J. R. *The Construction of Social Reality*. London: The Penguin Press, 1995, pp. 24 -26.

② Tuomela, R. The We-Mode and the I-Mode. In F. F. Schmitt. *Socializing Metaphysics: The Nature of Social Reality*. 图莫拉、巴尔泽:《集体接受和集体态度: 论社会实在的社会建构》,载[荷]乌斯卡里·迈凯编:《经济学中的事实与虚构》,上海人民出版社 2006 年版。

问题的认识中确实取得了许多新进展。他们的许多认识和观点（特别是“集体意向性”、“集体接受”、“集体承诺”、“集体态度”、“团体成员”、“社会实体”、“社会实在”等概念）对于我们深入认识工程活动共同体的整体性和社会实在性是大有帮助的。①

## 第二节　工程活动共同体：契约制度实在、物质设施实在和角色结构实在“三位一体”的“社会实在”

尽管如上所说，西方学者在对集体性和社会实在的研究方面取得了许多进展，可是，由于多方面的原因，西方学者在认识“集体”方式的社会实在时，大多是从心理、意识方面进行分析和研究的，这就使他们的研究有了很大的局限性。

这里我们不想如同西方学者那样，广泛地或一般性地考察社会实体或社会实在问题，我们在此仅着重分析和考察以企业为典型存在形式的工程活动共同体这样一种“特定形式”的“社会集体”的社会实在问题②。

本章的基本观点是主张必须承认工程活动共同体是一个社会实体，为此，我们不但需要提出正面的主张，而且必须对方法论个人主义的有关责难给出基本理论层面的回应。以下我们以截断众流的方式，直接提出一种对以企业为典型存在方式的工程活动共同体的社会实在性的分析和认识，并且只进行最低限度的说明和解释。

本书第九章已经对工程活动共同体进行了一些分析，其重点是工程活动共同体的性质、特征、具体存在方式和维系纽带，而本章关注的焦点是工程活动共同体

① 本节内容不是对所谈到的西方学者的有关观点的全面介绍，希望读者不要从本章的有关叙述中误以为这几位西方学者都采取了方法论整体主义的立场。

② 受本书主题的限制，我们不能而且也无意讨论“一般性”的“社会实在”问题，我们关心的焦点只是以企业为“典型存在方式”的特殊类型的“社会实在”问题。可是，我们又认为，本书中所进行的有关分析，在经过适当的“变通”或“新解释”之后，在许多情况下也可以适用于分析和说明“其他类型”或“其他存在方式”的“社会实在”或“社会实体”。

的整体性、实在性、实体性。二者有内在的密切联系,可以互相补充、互相渗透,但重点有所不同。

针对那种只承认个人是实在的观点,我们认为:必须同时承认工程活动共同体也是一种特殊形式的“社会实在”——契约制度实在、角色结构实在和相关物质实在“三位一体”的“社会实在”。

## 一　契约制度实在

对于制度——包括各种正式的和非正式的规则、习惯等——在企业中的地位和作用,第九章中已经有所分析和论述,这里不再重复。在此需要强调指出的是:在传统哲学的思路和分析模式中,制度是不被看作实在的,换言之,在传统的哲学理论中,不存在“制度实在”这个概念。

可是,由于塞尔等学者的工作,目前许多西方哲学家已经承认制度实在(institutional reality)也是实在的一种类型了。在社会科学哲学领域中,制度实在甚至可以说已经成为一个比较热门的话题,直接以研究社会实在或制度实在问题为主题的学术著作和学术会议已经不少。由于在一些著作中,如塞尔的《社会实在的建构》①、施密特编辑的《社会化形而上学:社会实在的性质》②、拉格尔皮茨等编辑的《论社会实在和制度实在的性质》③等书,对社会实在问题和制度实在问题已经有了许多具体的讨论,我们在此也就不必要为制度实在这个概念能否成立重复进行辩护了。

既然制度实在已经是一个被确立了的概念,在研究工程活动共同体的实在性问题时,我们便可以顺理成章地承认企业等工程活动共同体也是一种特殊类型的

---

① Searle, J. R. *The Construction of Social Reality*. London: The Penguin Press, 1995.

② Schmitt, F. F. (ed.). *Socializing Metaphysics: The Nature of Social Reality*. Lanham/ Boulder/ N. Y. / Oxford: Rowman & Littlefield Publishing, Ing.

③ Lagerspedz, E., Ikaheimo, H. and J. Kotkavirta. (eds.). *On the Nature of Social and Institutional Reality*. SoPhi: University of Jyvaskyla, 2001.

制度实在了。

塞尔在分析实在问题时，常举的一个例子是货币。与货币形式的社会实在或制度实在相比，以企业为典型代表形式的工程活动共同体的制度实在性有何特点呢？

不同类型的“共同体”（如家庭、企业、国家等）有不同类型的制度特征。在研究企业的制度关系时，有些经济学家特别强调契约制度的作用。

“所谓契约，是由双方意愿一致而产生相互法律关系的一种约定。契约思想有悠远的历史源头，但现代契约思想的产生，则被认为源自罗马法体系。在罗马体系中，契约原则得到了全面的规定。”在现代经济学中，“科斯（Coase，1937）首开企业契约理论之先河，认为企业由一系列的契约构成。科斯也是第一个运用交易费用方法研究企业存在合理性的经济学家。”在企业契约理论的理论框架中，“企业乃一系列契约的联结（nexus of contracts）（文字的和口头的，明确的和隐含的）。”①在企业的契约理论这个基本理论框架中，西方经济学家已经提出了委托—代理理论、交易成本理论和非完全契约理论等具体的经济学理论。有鉴于此，可以认为，与体现血缘关系的家庭制度比较而言，企业制度实在的基本特征就是它表现为一种“契约制度实在”。

在肯定企业是一种契约制度实在时，其具体所指不但包括了经济范围的制度和契约，而且包括了其他方面和范围的制度和契约；不但是指书面的规章制度和许多口头的和隐含的约定，而且包括了成为这些规章制度和口头约定的基础或前提的契约各方的共同目标、共同意图和共同意愿。

应该承认，这个共同目标、共同意图和共同意愿的具体内容、性质功能和表达形式在不同情况下必然会有许多变化，甚至是很大的变化。在有些情况下，它可以表现为企业章程中明确叙述的共同目标；而在另外一些情况下，它也可以表现为默契形式的通过分工、交换、配合而实现的最低限度的目标。有人可能会认为，在后

---

① 王国顺等：《企业理论：契约理论》，中国经济出版社2006年版，第18—20页。

一种情况下，似乎简直没有共同目标可言。但如果我们进行深层次的分析，仍然可以发现，工程活动共同体的成员间必然存在着某种最低限度的共同意愿。实际上，如果没有某种最低限度的共同目标、共同意向或共同意愿，任何制度都是不可能被制定出来的，任何契约都是不可能达成的。

对于工程活动共同体的存在和工程活动的进行来说，契约和制度是不可缺少的。考虑到制度和契约都是常用的和基本的理论概念，并且二者在内涵和外延上都有许多重叠之处，这里就把契约制度实在作为体现企业实在性的第一个方面。

## 二　角色结构实在

企业是由个人（“自然人”）组成的集体，是一种特殊类型的社会共同体。

个人无疑地是社会活动的主体。离开了单个的个人，任何企业都不可能存在。可是，如果仅仅有许多孤立的个人分散地同时存在，即使他们偶然地有了协同性的行动（例如，大街上的许多行人偶然地向同一方向运动），那也并不意味着形成了一个集体性“共同体”的“实在”。

从哲学、政治学和经济学观点来看，“单个的个人”和“集体中的个人”有何区别呢？

一般地说，在没有结合成为共同体的时候，那些不同的个人在发生相互关系时，他们在政治和经济上被认定为“同质”的个人，更确切地说，是具有“异质发展潜力”的“同质”的个人。可是，在形成一个企业的时候，由于企业必须是一个有内部分工的集体，这就出现了必须对不同的个人进行合理分工的要求。在经过分工之后，可以认为，由于原先的“同质”的个人变成了占据“某个特定工作岗位”的个人，于是，不同的个人也就不再是“同质”的个人，而是企业共同体中的“异质”的个人了。

当某个个人进入一个企业共同体时，该共同体必须分配给他一个特定的岗位，赋予他与此岗位相应的岗位责任和权力，享受相应的利益，同时，他也必须“承诺”成为该共同体的一个“成员”，履行与此岗位相应的岗位职责和义务。由于岗位分工的不同，不同的岗位承担不同的岗位责任，这些职责不是来自个人的特质或能力，而是来自企业共同体的整体分工的需要、岗位的设计和岗位契约的规定。

任何企业共同体都必定是具有某种特定岗位结构的社会共同体，企业成员必须有特定的工作分工。不同的个人在一个企业中必定占有一个特定的工作岗位，于是，原来的“同质”的个人在企业共同体中就变成了“异质”的个人，一个具有全面潜力的个人在企业共同体中就变成了特殊的“角色”。

一般地说，对于一个个人来说，他的“个体自性”或“个体本性”在不同环境中是没有本质变化的，“个体自性”或“个体本性”不因他成为不同的企业共同体的不同成员而有不同。可是，在他占据不同岗位、具有不同的角色位置的时候，他的岗位职责和“角色”性质就要发生变化，甚至是翻天覆地的变化了。

造成这种变化的原因不在个人本身，而是来自作为集体实在的企业共同体。对于这种社会现象，社会学中的角色理论和经济学中的分工理论都已经给予了许多理论分析和解释。

如果说“角色理论”和“分工理论”的重点在某种程度上还是放在了个体身上，那么，对于“角色结构系统”和“岗位分工体系”概念来说，其焦点就转移到企业共同体中诸多个人的“整体性”和“系统性”上了。

任何企业共同体都要表现为一定的“角色结构系统”和“岗位分工体系”。如果不能在最低限度上形成一定的成系统、成体系的“角色结构系统”和“岗位分工体系”，而仅仅有一群乌合之众或一群凌乱的个体，那就不可能成为一个有实际工程能力的共同体。如果仅仅存在许多没有一定角色结构的个人，如果那些个人没有进入一定的角色岗位并且形成一个“系统”，那么，那里就只存在着“个人实在”而不存在“集体性的社会实在”。

根据以上认识和分析，我们把“角色结构实在”看作是企业的社会实在性的第二个方面。

### 三　物质设施实在

工程活动共同体绝不单纯是什么“书面上”或“思想上”的“制度实在”。为了进行实际的物质性工程活动,工程活动共同体还必须拥有自己的机器设备。如果没有一定的生产工具、机器设备等生产资料,工程活动共同体是不可能实施实际工程活动的。

正像一支军队必须用武器武装起来一样,工程活动共同体也必须拥有一定的生产工具、机器设备等物质装备。

一般地说,工程活动是人类使用生产工具和工程设施所进行的生产实践活动①。马克思说:“劳动资料的使用和创造。虽然就其萌芽状态来说已为某几种动物所有,但是这毕竟是人类劳动过程所独有的特征,所以富兰克林给人下的定义是‘a tool making animal’,制造工具的动物。”②如果说在古代社会中,工程活动(如建筑长城)中所使用的主要是手工工具,那么,在工业时代,工程活动中所使用的主要生产工具就是各种机器和机器系统了。

在现代社会许多老百姓的眼中,企业的直观形式或直观表现就是具体的厂房、机器设备、流水线、施工工地,等等。这些东西都不是思想性的东西,而是物质形式的东西。在这些物质性的东西中,虽然也不能排除有一些是属于自然形式的物质,但其中的绝大多数属于人工物类型。如果使用马克思主义哲学的术语,这些相关物质或人工物的主体部分或基本内容就是生产资料(包括劳动资料和劳动对象)。例如,在谈到“工地”的时候,人们往往不但联想到一个具体的自然性的地点,而且也联想到了工地上的许多施工设备。在认识和把握工程共同体的实在性的时候,我们可以把机器设备、工地、厂房等统称为“物质设施实在”。

马克思说:“各种经济时代的区别,不在于生产什么,而在于怎样生产,用什么劳动资料生产。劳动资料不仅是人类劳动力发展的测量器,而且是劳动借以进行

---

① 就其基本含义和最初含义来说,工程活动就是生产实践活动,但在目前的情况下,“工程活动”的对象和范围已经扩展到把许多非生产性活动也包括在内了。虽然本节的分析是以对生产活动的分析为基本“对象”和主要“内容”的,但其基本理路却并不失某种一般性,可以适用于分析许多非生产领域的活动。

②《资本论》(第1卷),人民出版社1978年版,第204页。

的社会关系的指示器。"①应该注意：马克思的这段话语不但适用于分析和研究宏观经济学和宏观历史哲学问题，而且这个判断对于分析微观经济学、管理学、各种工程活动和工程活动共同体问题来说，也是适用的。马克思这段话明确地告诉我们，不但必须分析和研究人与人的语言关系、意向性关系，更要分析和研究依赖于"物质设施实在"的人与人的相互关系。

在这里，我们可以把生产流水线的引进和使用当作一个典型事例。汽车并不是福特发明的。在福特之前已经有了生产汽车的工厂。可是，在汽车生产流水线引进之后，企业的制度结构（"制度实在"）与工程活动共同体的岗位设置和岗位结构（"角色结构实在"）就随之必然地发生了巨大的变化。也就是说，整个工程活动共同体——或曰"工程活动共同体的整体"——发生了巨大的变化。

## 四 "三位一体"的"社会实在"及其社会认同和社会识别

社会实在是个内涵复杂的概念。上面谈到了以企业为范例的社会实在的三个"基本方面"或三个"位格"：契约制度实在、角色结构实在和物质设施实在。应该强调指出：这三者绝不是互不联系、互不相关的，相反，它们密切地互相渗透、互相作用、相互影响而形成了工程活动共同体的"三位一体"集体性的社会实在或社会实体。例如，对于使用流水线工艺生产汽车的企业来说，这个作为集体性社会共同体的企业不但意味着一定的意向性契约制度结构（包括各种管理制度在内的"制度实在"）、各种角色岗位设置和一定的角色岗位结构系统，而且意味着一定的物质设施实在（生产流水线等），这三个方面相互渗透、联结一体，于是，企业也就成为制度实在、角色结构实在和物质设施实在"三位一体"的"社会实在"。在这个"三位一体"的"社会实在"的关系和结构中，不但任何一个"位格"都是不可缺少的，而且正是三者的互动关系才形成了"三位一体"的"社会实在"最重要、最本质的方面和最核心的内容。

---

①《资本论》（第1卷），人民出版社1978年版，第204页。

对于这个三位一体的社会实在，我们可以把契约制度实在比喻为该社会实体的“软件”，把相关物质实在比喻为“硬件”，而对于角色结构实在就只能再杜撰一个新词称其为“象件”①了。按照这种比喻方式，工程活动共同体就成为“软件”、“硬件”和“象件”“三位一体”的“社会实在”。

于是，工程共同体的整体实在性就具体表现为：(1) 以理念、目标、规章制度、共同知识、共同意愿、习惯、契约等为表现形式的“软件”；(2) 以生产资料、机器设备、厂房工地、办公处所等为表现形式的“硬件”；(3) 以法定代表人、其他形式的代表人和“岗位人”为存在形式的“象件”；(4) “软件”、“硬件”和“象件”的“三位一体”。

鉴于在港台地区“软件”和“硬件”被习惯性地称为“软体”和“硬体”，如果我们再杜撰一个匹配性的新词“象体”，工程活动共同体就成为“软体”、“硬体”和“象体”“三位一体”的“社会实体”。

对于自然人主体来说，其主体的实在性和实体存在性是自明的，除非在特殊的情况下，一般地说，不会发生对主体（实体）的“身份认同”的问题。

可是，对于集体性的社会存在来说，情况就大不一样了。在这里，对于集体性的社会实体的“社会认同”和“社会识别”成了一个突出的和关键性的问题。

从理论层面看，正像在个人实在问题上，我们主张身心二元统一的实在论一样，在工程活动共同体的实在问题上，我们主张契约制度实在、角色结构实在和物质设施实在“三位一体”的实在论。因此，对于工程活动共同体，人们在对其认识和识别时，便可以通过其三个方面或“三个位格”——特别是通过“三位一体”——的具体表现来认识和识别各个不同的企业共同体了。

所谓工程活动共同体的社会认同和社会识别，究竟是何含义呢？

对于集体性社会实在的社会认同的核心是“集体成员”对“成员身份”和“集体

---

① 所谓“象”既可以解释为“现象”之“象”、“表象”之“象”，又可以解释为“形象”之“象”。例如，个人甲作为一个公司的“经理”、其妻乙作为该公司的“会计”出现时，这个作为经理的甲和作为“会计”的乙就都是该公司的“总现象”、“总表象”、“总形象”的一部分，而甲和乙的夫妻角色和关系则不是该公司的“总现象”、“总表象”、“总形象”的组成部分。

的整体性”的认同问题。而社会识别的实质则是“他人”对“特定实体”的“外部识别”方面的问题——特别是社会中的“其他集体”和“其他成员”对“该集体”的“集体社会身份”或“团体资格”的“识别”或“承认”的问题。

对于共同体内部的成员来说，社会认同问题的焦点是该共同体的成员对该共同体目的、集体意向、制度的“接受”和对于“自身角色分配”的“接受”及“承诺”；而对于其他社会团体和共同体外部的人员来说，社会识别问题的焦点是其他社会团体和共同体外部人员对该共同体作为一个“三位一体的社会实体”及其“角色结构”的“承认”问题。总而言之，对于工程活动共同体的社会认同和社会识别来说，其核心便是对于工程活动共同体的“社会接受”、“社会承诺”和“社会承认”问题。

尽管塞尔、图莫拉等西方学者在“社会认同”、“集体意向”、“集体接受”、“集体承诺”、“集体态度”等问题的研究中已经取得了许多进展，可以帮助我们分析许多问题，但要把这些概念运用或落实到对企业共同体的社会认同和社会识别问题研究上，还有许多深入的工作要做。

在社会认同和社会识别问题上，必须注意和承认：(1) 在其基本含义上，自然人是不需要经过别人的认同就天然存在的，而企业共同体却不是天然的存在，它必须通过“社会承诺”、“社会认同”和“社会识别”才能“取得”自身的实在性和存在性。(2) 在社会认同和社会识别的程度及方式方面，无论是对个人的认识、认同、识别，还是对企业的认识、认同、识别，都可能产生认同程度和识别程度的差异等问题，有关这些方面的问题，这里就不再多做分析和讨论了。

## 第三节 “岗位人”的“出场”、“在场”与“退场”

上面谈到，个人和工程活动共同体是两种不同类型的社会实在或社会实体。本章前两节着重讨论作为集体性社会实在的工程活动共同体，本节着重讨论作为社会实在的个人。

作为个人，他(她)的生存状态可以是“存在于”某个工程活动共同体之内，承担某个岗位的工作;也可以是并不存在于工程活动共同体(或其他的社会共同体)之内,而“独立自在”地生存或生活(如在休假日去游玩)。在前一种状态中,个体仅仅是某个集体的成员,而不是独立的主体;而在后一种状态中,个体是独立的主体,而不是某个集体的成员。为了突出这两种状态的区别,我们权且把个体的前一种存在状态或存在形式称为“岗位人”,把后一种存在状态或存在形式称为“本位人”①。

共同体是由个体组成的集体。个体在共同体中各自占据一个特定的“岗位”。岗位这个概念与社会学中的“角色”概念②基本一致,其主要区别在于“岗位”主要用于工作性场合,而角色则可以广泛适用于一切场合,但这个区分也不是绝对的。为叙述和分析的方便,本节把作为自在、自为个体的个人称为“本位人”,把在共同体中占据一定岗位并发挥相应功能的个体称为“岗位人”。在共同体中,各个个体都是以岗位人的方式存在的。在社会生活中,任何个体都是“岗位人”和“本位人”的统一。

从“来源”或“出现”过程上看,本位人是经过“生育”过程出现的,以企业为主要存在形式的工程共同体是经过“创业”过程出现的,而岗位人则是在“招聘”过程中通过使本位人“换位”而出现的。

亚当・斯密在《国富论》中关于分工问题的经典论述是许多人都熟悉的,③可是,人们往往只从技术和生产力角度对其进行分析和理解,其实,分工便意味着不同的岗位,意味着工程共同体中必然有不同的岗位,它使工程共同体中的成员成为“岗位人”。

---

① 岗位人和本位人的关系是一个非常复杂的问题,这里不可能展开分析和论述。应该强调指出:在“岗位人”状态下,绝不是说“本位人”消失了或不存在了。但为了叙述和分析的方便,本节中不得不简单地把“岗位人”状态和“本位人”状态机械地区分和对立起来,希望读者不要因此产生不必要的误解。

② [美]戴维・波普诺:《社会学》(第十版),李强译,中国人民大学出版社2005年版,第97—99页。

③ [英]亚当・斯密:《国民财富的性质和原因的研究》(上),郭大力、王亚南译,商务印书馆1994年版,第5—16页。

由于本位人是通过生育过程形成的，所以，“我”对于我的“本位(人)”没有选择的权利和选择的自由，①可是，对于“我”的“岗位”，“我”就有选择的权利和自由了。换言之，对于作为本位人的“我”能够成为什么样的“岗位人”，“我”是可以而且必须由“我”进行选择的。

在现代社会中，本位人往往通过企业的招聘过程而“变位”成为工程共同体中的“岗位人”。招聘是工程共同体(作为“本位”的“集体”)和个体(作为“本位”的“个体”)互动和博弈的过程。如果工程共同体和个体可以通过招聘环节而达成协议，双方各自作出相应的承诺，一个本位人便可以“变位”为岗位人而“上岗”。

在工程哲学和工程社会学中，本位人和岗位人的动态关系是一个重要问题。20世纪末以来，塞尔、图莫拉等西方学者在“社会认同”、“集体意向”、“集体接受”、“集体承诺”、“集体态度”等问题的研究中取得了许多进展，②但他们往往仅关注个体和共同体的“结构性关系”而忽略了“动态性关系”。在分析和研究作为集体的工程活动共同体和作为个体的自然人的相互关系时，本位人与岗位人的关系和“换位”问题是特别重要的问题。

## 一 从本位人到岗位人：招聘、应聘和“角色出场”

人的活动可以划分为两类：个体活动(特指原子化的个体活动)和集体活动。在集体活动中，个体不再是独立的个体，而是“集体的一名成员”，占有集体中的一个岗位，承担一定的岗位责任，成了一个“岗位人”，或者说集体中的一个“角色”。

在现代社会中，除“发起人”③之外，一般来说，个体都是通过招聘和应聘的方式进入某个企业的。

---

① 这里不得不对“本位人”作“简单化”的解释，这是需要申明的。

② Schmitt, F. F. (ed.). *Socializing Metaphysics: The Nature of Social Reality*. Lanham/ Boulder/ N. Y. / Oxford: Rowman & Littlefield Publishing, Ing.

③ 本节重点分析和研究的是“集体”与“个体”的关系，由于“发起”活动和“发起人”主要涉及的是“集体”的“创立”问题，本节就不专门分析关于“发起人”的问题了。

在加入企业这个集体之前，个体的存在状态是“本位人”。本位人是未分化状态的、具有多方面发展潜力的、具有全面活动能力的个体。许多社会科学家——例如霍布斯和罗尔斯——在创建自己的理论体系时都假定本位人是同质的——无差别的——个体。

岗位人是处于分化状态的、承担实际的特定岗位工作的、必须与其他岗位人合作才能表现生产活动能力的个体。与同质的本位人不同，岗位人是异质的——差别化的——个体。①

在现代社会中，我们可以把企业比喻为“本位人海洋”（以下亦称为“社会海洋”）中的一艘航船，又可以把它比喻为一个舞台，“工程项目”便是这个舞台要上演的剧目，企业成员是演员（即角色），而其他的本位人就成了舞台下面众多的观众（有关心演出并且和演员产生互动的观众，也有不关心演出的观众）。通过招聘和应聘这个环节，本位人从“社会海洋”中登船成为企业航船上的一名船员，本位人“换位”为岗位人。

成为岗位人就意味着他（她）在工程活动项目这个剧目中承担了一定的演出任务，成了一个角色。

一方面，在许多情况下，由于对任何岗位都有一定的要求和标准，并不是随便任何一个人都能够合乎岗位要求而成为某个特定的角色；另一方面，由于任何岗位都对在岗者有一定的要求和限制，也并不是随便任何一个人都愿意成为某个特定的角色。前者是涉及招聘与应聘双方的条件、可能性和能力方面的问题，后者是涉及双方的自由意志、目的、愿望方面的问题。

由于任何一个岗位都只是整体中的一个岗位，于是，企业在进行岗位招聘的时候，就不但需要针对不同的岗位提出不同的岗位要求，而且还必须同时提出统一的集体目的方面的要求。对于企业整体来说，所有的岗位目标都必须从属于企业的

---

① 本位人和岗位人的关系非常复杂，本节的分析和论述不得不带有很大程度的简单化的成分，但这确实也是无可奈何的事情。对这个问题更全面的分析和论述当俟诸他日。

集体目的或整体目的，如果不能把对不同岗位的要求统一和整合为企业的集体目的或整体目的，企业就会成为一盘散沙，企业也就不是一个整体性的企业。

上面谈到本位人在一定意义上被假定为是同质的、无差别的个体。可是，一旦进入招聘和应聘这个环节或场境，本位人就成了"应聘者"（即"求职者"），"差别化"的"求职者"。不同的求职者不但有不同的能力和潜力，而且必然有不同的个人目的和要求。一般地说，个人目的和集体目的之间、个人能力与企业要求之间不可能是完全一致的，而必然是存在一定的差别、差距甚至矛盾、冲突的。于是，招聘和应聘的过程便不可避免地成了招聘者和求职者互相搜寻、选择、谈判、博弈的过程。

通过谈判，如果个体方的条件、目的和要求与集体方的条件、目的和要求能够互相调和、弥合差距而求得某种契合，招聘和应聘便同时成功，一个本位人便可以与企业签约（书面契约或口头契约）而成为一个岗位人——本位人换位成为岗位人。

应该强调指出：个体与集体双方通过招聘谈判而完全弥合双方在条件、目的、愿望和要求方面的差距几乎是不可能的。在这里，双方通过招聘谈判所达成的只能是某种重叠共识。

从语义分析方面看，任何重叠共识都只是而且必然是部分重叠的共识。而从谈判过程和结果方面看，尽管谈判双方不可能达成意见完全重合的共识，但谈判的成功就意味着双方的认识已经有了一定程度的重叠，否则，谈判就要破裂，应聘者就不可能签约上岗而成为一个岗位人。

应该注意，在就职谈判成功的时候，在不同的情况和场合下，招聘方和应聘方所达成的重叠共识的程度可能是非常不同的，它可能是很高程度的重叠共识，也可能仅仅是最低限度的重叠共识。

招聘和应聘活动绝不仅仅是一个认识性或知识性的过程，它同时还是一个具有经济性、社会性、法律性等多重性质或维度的过程。招聘和应聘谈判的成功不但意味着双方达成了必需的重叠共识，而且同时意味着双方达成了必需的"重叠承诺”和“重叠认同”。所谓重叠承诺不但包括招聘者对应聘者的承诺（岗位委托承诺和其他承诺），而且包括应聘者对招聘者的承诺（岗位接受承诺和其他承诺）。在重叠认同的含义中也同样地既包括招聘方对应聘方的认同，也包括求职者对企业的认同。

如果通过谈判实现了必需的“重叠共识”、“重叠承诺”和“重叠认同”这三大重叠，招聘和应聘便取得成功，求职者上岗，一个角色便“出场”了。

一个角色出场的时候，上述三大重叠的程度可能是多种多样的。由于不可能取得完全重叠就意味着双方在许多方面仍然存在差距和矛盾，据此，三大重叠之外的非重叠部分就是“三大差距”：“共识差距”、“承诺差距”和“认同差距”。

根据“三大重叠”的重叠程度——或者说“三大差距”的差距程度——的不同，角色的“出场”既可能是一个比较完美的出场，也可能是平庸的出场甚至是缺陷明显的出场。在角色出场时，不但大材小用或小材大用的情况经常出现，而且双方都有可能因为采取机会主义态度而为岗位人的上岗埋下不良的伏笔。

## 二　“在场”的岗位人和岗位人的“忠诚”问题

招聘和应聘成功，岗位人上岗，换言之，便是角色出场了。

从招聘和应聘成功一直到解聘或辞职，这是岗位人或角色的“在场”阶段或“在场”时期。

在场的岗位人获得了岗位授权，承担了特定的岗位责任。他（她）承担了做好岗位工作的义务，同时也获得了与岗位责任相应的权力。例如，门卫拥有了根据有关规定检查进出人员的权力，质量检查员拥有了不允许不合格部件进入下一道工序或不允许不合格产品出厂的权力，等等。

在认识岗位权力的性质和来源时，应该特别注意的是：它既不是天赋权力（天赋人权），也不是来自本位人自身能力（虽然具有相应的自身能力是一个前提条件）的权力，它是与岗位相伴随而拥有的权力，是岗位人拥有的权力。

按照伦理学（特别是职业伦理学）和有关制度的要求，岗位人应该敬业爱岗，忠于职守。

“忠诚”是一个重要的伦理学范畴。在中国古代的伦理学传统中，忠诚问题的焦点是对国家的忠诚、对君主的忠诚、对家庭的忠诚和对朋友的忠诚等。在现代社会中，除“对国家的忠诚”和“对朋友的忠诚”之外，另外一个忠诚问题——对企业（“集体”）的忠诚和对岗位的忠诚被突出出来了。

对企业的忠诚问题和对国家的忠诚问题相比，前者的内容更加具体，在日常生活中更常遇到，而且其表现形式更加复杂多样，在现象形态上更加千变万化。

岗位人的忠诚是一个涉及哲学、社会学、管理学、伦理学、心理学等许多学科的复杂问题，以下仅简要分析这方面的两个问题。

1. 岗位人的忠诚度和忠诚的表现形式

在直接的、最初的含义上，忠诚是一个心理和态度方面的问题。由于忠诚的心理和态度必然有所反映和有所表现，忠诚也就成了一种行为。

在严格的意义上，作为内心的思想、感受和态度的忠诚状态是只有本人才能够真正知道和真正体验到的，而他人只能通过其行为或其他方面的表现来间接感受和推知。

上面谈到，岗位人在通过招聘谈判上岗时，必然达成了重叠共识、重叠承诺和重叠认同这三大重叠。这三大重叠就是岗位人忠诚的前提和基础。

由于三大重叠并不否认同时还存在某种程度和某些方面的共识差距、承诺差距和认同差距这三大差距，对于不同的上岗者来说，这三大差距具体状况的不同便导致了岗位人在上岗时对企业和岗位的忠诚程度出现了差别。

不同的岗位人在忠诚的程度上可能是大相径庭的。既可能出现无保留的极端忠诚，也可能仅仅是最低限度的忠诚，甚至出现那种“身在曹营心在汉”的情况，而中规中矩的忠诚则成了一般情况下的忠诚。

忠诚是一个非常复杂的问题，这里不但存在着“忠诚度”可能发生变化的问题，而且存在着忠诚行为的表现形式可能多种多样和相应的忠诚行为能否被认可的问题。

在忠诚问题研究领域，赫希曼的《退出、呼吁和忠诚》是一本富于启发性的著作。诺贝尔经济学奖获得者阿罗评论说：“经济学家一直假定，终止需求可以抚慰人们对某企业产品的不满情绪，而政治家们则倾向于在组织内部采取可能的抗议。赫希曼认为，这两种机制可以并行的发挥作用，并通过分析和举证，完美地论述了二者的交互作用所具有的令人深感意外的含义。这一理论可以清楚地解释很多当代重要的经济与政治现象。赫希曼的通篇论述对很多社会和文化形态都极富参考价值。”①

赫希曼在《退出、呼吁和忠诚》一书中花费了很多篇幅分析和研究消费者对企业产品的“退出、呼吁和忠诚”，这实际上是“组织外部人员”的忠诚问题。对于本节讨论的主题来说，我们更关注的是“组织内部成员”的忠诚问题。

上面谈到，忠诚的一般表现是中规中矩的忠诚。所谓中规中矩的忠诚，实质上就是“思不出其岗”的忠诚。当岗位人出于个人岗位之外的“忠诚心理”和“整体性忠诚心理”而采取“呼吁”类型的行为，这就是特殊形式的忠诚行为了。

如果说中规中矩的忠诚是“在岗忠诚”，那么，呼吁类型的忠诚就是“越岗忠诚”了。

2. 怠工、失职和岗位权力的滥用问题

在现实社会中，并不是所有的岗位人都会遵守对于忠诚的规范性要求，于是就出现了形形色色的忠诚缺乏甚至不忠诚的现象。

如果我们把岗位粗略地划分为管理岗和操作岗两大类，那么，对于操作岗上的岗位人来说，最常见的忠诚缺乏现象是消极怠工；而对于管理岗上的岗位人来说，最常见的忠诚缺乏现象是官僚主义。

忠诚的最基本要求是忠于职守，而消极怠工和官僚主义都损害了这个最基本的要求，成了失职的表现。

每个岗位人都拥有一定的岗位权力，当出现岗位人忠诚缺乏甚至不忠现象时，岗位人便会故意地不行使岗位权力或滥用岗位权力。如果说贪污受贿是管理岗上

---

① [美]赫希曼：《退出、呼吁和忠诚》，卢昌崇译，经济科学出版社2001年版，封底页。

的典型不忠现象,那么监守自盗就是操作岗上的典型不忠现象了。

在许多情况下,导致岗位人滥用岗位权力的原因常常是岗位人的忠心被不忠所取代,规范的岗位心被私利的本位心所取代。

“重叠共识”、“重叠承诺”和“重叠认同”是岗位人上岗的前提和基础,“忠诚缺乏”甚至“不忠”意味着单方面地破坏了“重叠共识”、“重叠承诺”和“重叠认同”这三大重叠——特别是破坏了岗位人的“岗位承诺”。

岗位人处于“在岗”状态时,“本位人”并没有消失而且也不可能完全消失。在本位人、岗位人和作为社会实在的集体这个三角关系中,有许多重要而复杂的关系需要我们深入思考和研究,这里就不多谈了。

## 三　从岗位人回归本位人:“角色退场”

一个人不可能永远占据某一个岗位。本节不讨论转岗这种情况,以下直接讨论岗位人向本位人的回归问题。

岗位人可能以多种不同的方式回归本位人。例如,岗位人下岗,不再具有某个企业或某个项目部成员的身份,“角色退场”,岗位人便回归为本位人。

岗位人回归本位人的原因、方式和路径可能是形形色色、多种多样的。正像工程活动共同体的解体可以分为正常方式和非正常方式两大类一样,岗位人向本位人的回归方式也可以分为正常方式和非正常方式两大类。

岗位人向本位人回归的正常方式是指常规原因或正常原因导致的“下岗”,如在工程活动结束后,由于工程活动共同体正常解体而造成的集体下岗,又如聘期结束而形成的下岗,等等。

岗位人向本位人回归的非正常方式是指以辞职、解职、开除等方式形成的下岗。

一个岗位人的下岗也就是一个角色的“退场”。在中国传统的戏剧理论中,不但讲究“好角色”需要有一个“好”的出场,而且讲究需要有一个好的“退场”和“结局”。对于一个岗位工作来说,理想的状况应该是:由于招聘方和应聘方达成了较高程度的“重叠共识”、“重叠承诺”和“重叠认同”，使得角色有一个好的“出场”；在出场（即“上岗”）后，更重要、更关键的应该是有好的“在场”表现；最后，应该有一个好的“退场”。

要全面达到“出场好”、“在场好”并且“退场好”的要求绝不是一件容易的事情。在很多情况下，岗位人都是心怀某种遗憾（包括“出场遗憾”、“在场遗憾”或“退场遗憾”）而“退场”的。

## 四　对本位人和岗位人相互关系的简要讨论

本章第二节论述了工程活动共同体是契约制度实在、角色结构实在和物质设施实在“三位一体”的社会实在，本章第三节则论述了个人在工程活动共同体中主要是以岗位人而不是本位人的形式存在的。上面曾经谈到方法论个人主义（本体论个人主义）和方法论整体主义（本体论整体主义）的争论，极端的方法论个人主义观点只承认“个人实在”的存在，而极端的方法论整体主义观点只承认“整体实在”的存在。我们既不赞成极端的方法论个人主义观点，也不赞成极端的方法论整体主义观点，我们的基本立场是同时承认“个人实在”和“整体性的社会实在”。在本章最后我们想简要地谈谈对“个人实在”的看法。

如果说可以承认工程活动共同体是一种“三位一体”的“社会实在”，那么，在个人实在问题上，我们想沿用中国古代哲学的阴阳范畴把个人实在解释为“岗位角色实在和个体实在统一”并且“本位人和岗位人合一”的“阴阳合一方式”的“个体实在”。

在中国古代哲学和中医理论中，阴和阳是一对基本范畴。依据阴阳理论考察本位人和岗位人的关系，可以看到以下几个要点：

（1）个体实在是角色岗位和独立个体的统一体，是本位人和岗位人的阴阳统一体。《素问·生气通天论》云：“阴者，藏精而起亟也；阳者，卫外而为固也。”《素问·阴阳应象大论》云：“阴在内，阳之守也；阳在外，阴之使也。”准此，在统一的个体实在中，角色岗位是“阳位”，独立个体是“阴位”；本位人是“阴位”，岗位人是“阳位”。

(2) 在阴阳统一的个体中,阴和阳(即本位人和岗位人)是相互渗透的。《素问·天元纪大论》云:"阳中有阴,阴中有阳。"本位人和岗位人不是两种互不相干、互相排斥的状态,相反,在岗位人状态中,必然有本位人的渗透;而本位人也不可能离开岗位人的"表型"而"抽象存在"。

(3) 如同医学中阴阳平衡的破坏会导致病态一样,在人性和社会领域,本位人和岗位人阴阳平衡关系的破坏会导致"异化现象"的出现。

这里所谓的"异化现象",既包括滥用岗位权力谋取私利和仅仅把岗位人当作工具使用类的现象,也包括由于失业或下岗而"游离"在集体之外或不履行岗位责任等现象。应该强调指出,失业意味着一个人失去了自我的存在价值而成为一个社会中的"游魂",这本身便是一种严重的异化现象。以往学者在研究异化时往往忽视了对失业这种形式的异化现象的研究,这是一个需要弥补的缺陷。在本位人和岗位人的关系上,畸形的岗位人压倒正常的本位人或畸形的本位人压倒正常的岗位人都是由于阴阳失衡而导致的异化表现。

方法论个人主义只承认本位人的存在而否认岗位人的存在,从阴阳统一的人性论来看,方法论个人主义的实质就是把本位人和岗位人阴阳统一的人性错误地解释为"纯阴而无阳"(只见本位人而不见岗位人)的人性。

方法论整体主义只承认集体本位的存在而忽视了岗位人的深处还存在着一个本位人。从阴阳统一的人性论观点看,其实质就是把本位人和岗位人阴阳统一的个体片面地解释为"纯阳而无阴"(只见岗位人而不见本位人)的个体。

人性或个体实在是否可能"纯阴而无阳"或"纯阳而无阴"呢?答案自然是否定的。

人性问题是哲学和社会理论领域的一个重大问题。结合以上分析,我们可以把"本位人和岗位人阴阳统一"的观点看作人性问题的一个新的分析框架。对于个人来说,群体性或社会性绝不是什么外在的或可有可无的性质,而是人性和个人实在中内在的不可或缺的性质。

集体性社会实在不是"同质个体"组成的实在,集体的力量和集体的意义在于分工合作所形成的“新的集体实在性”和“新的集体实体性”。

一方面，个人在集体中的存在形式或表现形式就是成为一个岗位人。虽然我们必须承认岗位人身上必然有本位人的“阴性”烙印或“隐型”烙印，但这并不意味着可以否认岗位人是个体实在的“阳性”（“显性”）表现。

例如，在“华盛顿——美国第一任总统”这个个体实在中，“美国第一任总统”是一个“岗位人”，如果华盛顿没有占据“美国第一任总统”这个“岗位”，“纯本位人”华盛顿就不是“华盛顿——美国第一任总统”这个个体实在了。同样地，在“比尔·盖茨——微软总裁”这个个体实在中，“微软总裁”是一个“岗位人”，如果比尔·盖茨没有占据“微软总裁”这个“岗位”，“纯本位人”比尔·盖茨也就不是“比尔·盖茨——微软总裁”这个个体实在了。

另一方面，一个具体岗位不可能必然与某一个具体本位人联系在一起。我们完全可以设想：在2000年A公司由甲任总裁，B公司由乙任总裁；而在2001年，却是B公司由甲任总裁，而A公司由乙任总裁。A公司总裁和B公司总裁是两个不同的岗位，从2000年到2001年，甲和乙的岗位人身份发生了变化。可是，我们又必须承认甲和乙二人的“本位人”身份保持着连续性。换言之，在上述情况下，“本位人—岗位人阴阳统一”的“阳性”“岗位人”发生了变化，而“本位人—岗位人阴阳统一”的“阴性”“本位人”并没有变化发生。这也就是所谓“阴在内，阳之守也；阳在外，阴之使也”（《素问·阴阳应象大论》）。

应该再次强调：对于一个正常的成年人来说，只有岗位人才是他（她）的正常的甚至是必然的“阳性”生存形式和生存状态。游离在集体之外的本位人（即处于失业状态的“本位人”）是异化状态的“强阴性”“本位人”。

为了解释和叙述的方便，如果我们把走上工作岗位前的状态广义地称为“预备岗”，把退休后的状态广义地称为“退休岗”①，那么，每一个个人的“大全”便都

① 这里的叙述和解释显然有牵强附会的地方，一个更确切的叙述方式是承认“本位人”可以承担不同的“角色”，一个人出生后便进入“家庭的婴儿”这个“角色”，而其晚年则进入“被赡养者”的角色。

成为“本位人—岗位人阴阳统一”的个体实在，在这个“本位人—岗位人阴阳统一”的个体实在中，没有任何一个阶段是“纯阴无阳”的，也没有任何一个阶段是“纯阳无阴”的。

“我”、“你”、“他（她）”都是“本位人—岗位人阴阳统一”的“个体实在”。在“我”、“你”、“他（她）”的相互认识和相互关系中，在个体和集体的相互认识和相互关系中，在认识和对待个体实在时，如果不是从“本位人—岗位人阴阳统一”中认识和对待个体实在，那往往不是出现这样的错误，就是要出现那样的错误。

“我”、“你”、“他（她）”是“个体性社会实在”，“我们”、“你们”、“他们”是“集体性社会实在”。虽然关于社会实在的问题从本质上看是哲学问题，但它们是牵涉到社会学基本理论和基本假设的最基本的理论问题，本书不得不对它们也进行了一些讨论。这些讨论仍然是以工程共同体为基本研究对象和基本研究背景的，而不是普遍性的讨论，这是需要再次加以说明和强调的。

# 第十二章 工程共同体与社会

“工程共同体与社会”这个题目涉及的问题范围很广，本章不可能全面讨论这些问题，以下将仅对“工程共同体与公众”、“工程共同体与政府”和“经济全球化环境中的工程共同体”这几个问题进行一些初步的讨论。

## 第一节 工程共同体与公众

世界已经进入信息时代，知识经济居领导地位，市场竞争剧烈，中国在这个大变革过程中，正在以各种各样的工程来建设和完善社会与人们的生活。在这样一个时代，作为变革自然界、推动社会进步的一个执行者，工程共同体与公众之间的互动非常密切。

在频繁的互动过程中，工程共同体迫切需要树立起自己在社会公众中良好的组织形象。工程共同体的有关组织机构应该意识到与公众建立良好关系的重要性，并进行相应的公共关系活动，来维护与塑造良好的公众形象。从宏观层面而言，这与当前中国和谐社会的建设是一脉相承的，因为构建和谐社会正是当今我国各族人民政治生活中的重要主题和目标。从微观层面而言，处理好与公众的关系，工程共同体就可以为自己创造良好的社会环境和社会条件，树立和维护本组织在社会公众中的形象，提高组织及其组成人员在社会上的美誉度。任何一个组织，要想很好地生存并取得良好发展，在社会以及公众心目中没有良好的形象是绝对办不到的。注重组织形象并塑造良好的组织形象，对工程共同体来说已经是迫在眉睫、势在必行的事了。

## 一 工程共同体的公众形象

### 1. 工程与公众

工程共同体需要对社会、对人类、对未来和对自然负责，但归根结底，这些责任关系的产生都离不开工程共同体与公众的联系。美国土木工程师协会伦理规范的第一条基本准则便是："工程师应该把公众的安全、健康和福利放在首要位置，并在履行他们的职业责任时，努力遵守可持续发展原则。"①曾作为一名工程师的美国前总统胡佛则用如下言语表达了自己对工程师这一职业的看法："这是一门绝妙的职业。人们迷惑地注视着一个想象虚构的东西在科学的帮助下，变成跃然纸上的方案，随后用石头、金属和能源把它变成了现实，给人们带来了工作和住宅，提高了生活水准，使生活更加舒适，这就是工程师的至高荣幸。与从事其他职业的人们相比，工程师责任更大，因为他的工作是公开的，谁都看得见。他的工作需要一步一步地脚踏实地。他不能像医生那样把工作的失误埋藏在坟地里；他不能像律师那样靠巧言善变或谴责法官来掩饰错误；他不能像政治家那样靠攻击竞争对手

---

① [美]维西林、[美]冈恩：《工程、伦理与环境》，吴晓东、翁瑞译，清华大学出版社2003年版，第249页。

来掩饰自己的缺点并希望公众忘掉它。工程师无法否认他所做过的事。一旦他的工作失败了，他将一辈子受到谴责。”①胡佛的描述在以下几个方面揭示了工程共同体与公众的关系：（1）工程共同体以创造价值为公众服务为荣耀，并接受公众的承认；（2）作为工程共同体产品的工程与公众的生活息息相关，并接受公众的审视与监督；（3）工程事故对工程师而言是致命的，公众通常不会原谅工程的失败，由此，工程共同体通常背负着比其他职业更重的责任。

在人类利用技术与工程不断改造公众世界的当今社会，一项与公众绝缘或是对立的工程显然是很有问题的。作为纳税人与利益相关人，公众持有对工程的目的与结果的知情权，其参与决策的强烈愿望也使得工程共同体开始比以往任何时刻都不能忽视公众的意见与舆论。遗憾的是，很多工程与公众之间依旧保持着“谨慎”的疏离。这种状况部分源于公众民主意识的成长状况，部分源于社会民主参与机制的成熟状况，当然这种状况还与科学、技术、工程的专业化性质有关，因为要想让公众去理解并掌握专门化的工程知识显然需要一个逐步的过程；但是不能否认，开展一项工程的目的以及某项工程可能带来的影响是可以被公众知晓并理解的。

通常情形下，工程师比较多的考虑共同体内部的认可，对某项工程的社会价值和广大公众的态度考虑得很不够，由此导致的后果是：工程关乎公众的切身利益，但公众却似乎天然地与工程的目的和后果无涉，公众由于各类工程事故的发生而对工程共同体不断地置疑与产生误会。应当说，对工程而言，公众是一个极其重要的参与要素，公众的支持与理解将是强大的动力，而公众的抗拒与反对则将是严重的阻力。有效的沟通与充分的理解才是去除二者隔阂的正解。我们需要解蔽工程与公众关系的应然状态，为现实中的工程与公众的关系祛魅。

2. 工程共同体的公众形象

美国土木工程师协会是这样来界定工程师这一职业的：“工程师是以一定水

---

① Herbert Hoover. *The Memories of Herbert Hoover: Years of Adventure, 1874 - 1920*. MacMillan, New York, 1951, pp. 132 - 133.

平的专门知识和技能为人类服务的职业名称，创新能力的成功表现和专业指导的应用是这种职业的主要回报。这就意味着这门职业的先决条件是要求具有非常良好的早期教育，并体现在从业人员以后的服务业绩和伦理操行中。"①如果说上述描述表现得过于理性的话，那么，胡佛将工程师这一职业形容为"绝妙的职业"便表明，在工程师自己的眼中，从事工程绝非索然无味，而是令人充满期待与激动的。另外，尽管工程共同体的工作要暴露在公众的目光下接受审视，但工程师却持有令其他职业从业人员羡慕的自由感，塞缪尔·弗劳曼（Samuel Florman）将这种感觉生动地描绘为"工程中的愉悦"，他指出，工程师能够不受金钱和社会舆论的束缚，自由地将精力集中在工作上。例如，工程师用不着决定是否需要建造一座大坝，而只是被要求设计和建造它，因而他们能全身心地投入到接受过训练的技术任务中去，并从中找到最大的乐趣。弗劳曼认为，尽管公众对工程的关注造成对这门职业严格的限制，但事实上在所有的职业中，工程师拥有最高的自由度。②

现代工程塑造了现代社会的物质面貌，创造了古人无论如何也想象不到的许多人间奇迹，在构建现代文明过程中，工程共同体发挥了某种无可置疑的关键性作用，从而也为自己赢得了一定的社会声望和社会地位，这是必须肯定和无可否认的。另一方面，尽管工程师对社会有巨大贡献，但却未能获得其本来应有的社会地位和社会声望，从世界范围来看，整个社会上存在着工程师的社会作用被忽视和低估的现象。在新西兰与澳大利亚举行过的一次投票便集中反映了这一问题。这次投票要求公众评价不同职业群体的道德水平与诚实度，结果"在新西兰只有44%的人把工程师评为'高'或'极高'，虽然大大领先于会计师、律师、房地产经纪人和商业经理，却远远落后于药剂师、警察、医生、中小学教师和牙医。澳大利亚人对工程师的评价则高一些，有56%的人把工程师评为'高'或'极高'，但仍落后于医疗

① C. Nelson and S. R. Peterson. If You're an Engineer, You're Probably a Utilitarian. *Issues in Engineering*. ASCE, Vol. 108, No. ELL, 1982.

② [美]维西林、[美]冈恩：《工程、伦理与环境》，吴晓东、翁瑞译，清华大学出版社2003年版，第31—32页。

卫生服务人员和教师”①。工程共同体在公众之中形象较差,社会公信力不高的现实以及近一半的公众认为工程师的道德水平存在问题的问卷结果,十分值得深思。

工程师常常将工程与科学紧密相联,并视工程科学为科学的纯粹应用。在某种意义上,这种观点可以为工程及工程师争取和维护较高的社会地位和良好的社会声誉。科学家们总会为科学的纯洁性而干杯,然而,在大科学的背景下,纯粹的科学研究往往只能成为科学家们美好的愿望,作为紧密关乎人类物质文明的工程一旦离开了“人”更是丧失了其合法的存在依据。工程无法脱离人而存在,它不可能只是简单地应用科学,它还是一门应用的社会科学。工程师的自我定位如若仅仅是科学的应用者而不是公众的谋福利者,那么工程师无疑误解了自己的职业。另外,把技术说成是科学的应用,把工程说成是技术的应用,工程的独立地位面临被否定的危险,工程成了科学的“二级附属物”,工程活动中的创新性与创造性被严重低估,甚至是几乎完全被否认了。

所谓工程共同体的公众形象,不但是指工程师的公众形象,更是指作为集体的工程共同体的形象。正像其他个人或群体可能有形形色色的不同形象一样,在不同的时期、不同的具体环境下,不同的工程共同体——特别是作为不同的工程活动共同体的不同企业——不可避免地会有不同的公众形象。

值得注意的是,在公众形象这个问题上,既有“群像”问题又有“个别肖像”问题。为了使问题简化,这里仅以作为“群像”的“大庆人”为例做若干分析。在我国公众心目中,“大庆人”是大庆油田建设者(即大庆油田工程共同体)的集体群像。“大庆人”这个形象不但意味着作为大庆油田工程共同体各种成员——大庆工人、大庆科技工作者、各级领导和管理干部乃至大庆工人家属等——的“分形象”,更意味着作为我国工业战线一面旗帜的一个“光辉集体”的形象。

## 二　公众与工程共同体的“分裂”或“隔阂”现象

历史地看,在几千年的阶级社会中,生产劳动的实践活动一直是被轻视和被贬

① *Time*. 31 May, 1993.

低的，传统思想和文化的积淀形成了一种“重理论轻实践”的无形力量。在此影响下，作为生产实践的工程活动和从事工程实践活动的工程师这个职业难免要受到一定程度的轻视甚至是贬低。在许多人心目中，工程活动只是一种因循的、执行性的、缺乏创造性的活动。从现代社会发展的角度来看，工程的作用、影响与意义也在不断变化与发展。在种种不同的具体环境与条件下，工程共同体在对工程后果缺乏正确估计的情形下冒险进行大型工程建设，强行上马具有很大危害性的工程，结果很可能导致巨额浪费、悲剧性事件及对人类生存环境不可逆转的破坏，由此导致了公众对工程的抵制和对工程共同体的敌意。

当今社会，工程共同体部分成员不负责任的行为的确损害了公众的利益，对公众健康与人类环境造成了不可挽回的损害；在信息时代，这些“不良案例”被广泛宣扬，使很多公众认为工程共同体是麻烦的制造者，而不是公众利益的捍卫者，由此造成了工程共同体与公众之间的隔阂与分裂。

由于工程活动不可能有成功的绝对把握，有人把工程师看作是社会性试验者，他们与私人试验的不同在于他们所有的试验是在大庭广众之下进行的。私人试验出错的修正可以是经常性的，可社会性试验一旦出错则往往带来公众利益的损害，甚至是灾难。造成这一现象的重要原因之一便是有些工程师与公众持有的观念有所不同。即便大多数工程师是重视公众的，由于视角的差异、伦理标准的不同，工程师与公众间仍旧产生了疏离与隔阂。

有人认为，工程师与公众往往持有不同的伦理观是二者产生隔阂的重要原因。工程师往往是功利论者，用成本—效益的分析方法来进行各种决策；工程师通常是实证主义者，把社会性的价值因素排除在工程之外；工程师又习惯于以科学的应用者自居，一方面借以提高其社会声誉，另一方面则可以巧妙地推脱社会责任。然而公众并不会以功利论的维度来看待工程决策，不会以实证主义的观点来看待工程知识，同样也不会把工程简单地看作科学的应用。

相比人们对自身以及周围人的关注，成本—效益的分析方法所蕴含的“公平性”总是脆弱的。要解决这种矛盾，一种方法是在公众的教育体系中融入更多的实证主义与功利主义内容。技术统治论思潮的不断萎缩证明了这种成功只能是很有限的。今天,实证主义与功利主义的基础显然遭到了严重的削弱,人类社会的价值追求也不断走向多元化。那么,如果现实确实如此,工程共同体有必要充分重视并仔细思考来自公众的不同意见并对工程定位进行适当修正——工程不仅仅是科学的应用科学,也是社会的应用科学。当然,公众不乐意用成本—效益的分析方法来考量工程并不意味着公众就可以对工程一无所知,毫无理解。倘若如此,工程师与公众间的疏离与隔阂仍将无从调和。工程共同体与公众是相互影响、紧密关联的两个要素,公众对工程的正确理解不仅有利于协调公众与工程师间的关系,有利于增强工程决策的民主性,还可以加强社会对工程共同体的有效监督从而增加工程决策的合理性。

## 三　构建公众与工程共同体的良性关系

工程共同体与公众的良性关系构建要着眼于长期目标,既要使公众理解工程,又要使工程共同体致力于为公众谋福利。工程共同体与公众之间应当加强互动与交流,这种互动与交流是社会性的和公开性的,有面对面的直接交流,也需要利用各种传播媒介与各种传播方式。大众传播媒介是建设工程共同体与公众良性互动关系的重要桥梁,大众传播速度快、覆盖面广、影响大,工程共同体如果要在各种媒体上恰如其分地表现工程建设的意义并借此树立其良好形象的话,应当与信息传播者之间保持友好合作关系,需要学会与媒体进行充分的交流,利用媒体更好地了解公众,通过媒体宣传使公众更好地理解工程,消除公众与工程师共同体的隔阂,构建良好的关系。

### 1. 公众理解工程

对“公众理解工程”①的探讨,离不开对“公众理解科学”这一先驱概念的理

---

① 参阅胡志强、肖显静:《从“公众理解科学”到“公众理解工程”》,载《工程研究——跨学科视野中的工程》(第1卷),北京理工大学出版社2004年版;李大光:《“中国公众对工程的理解”研究设想》,载《工程研究——跨学科视野中的工程》(第2卷),北京理工大学出版社2006年版;罗玲玲、王健:《使用后评估和公众参与设计——建筑设计民主化的新途径》,载《工程研究——跨学科视野中的工程》(第2卷),北京理工大学出版社2006年版。

解。1983年4月英国皇家学会理事会博德默(Bodmer)小组的报告首先将公众理解科学(PUS)作为一个重要的社会政策概念引入到公共决策中。该报告从科学与社会利益的角度强调,公众对科学技术的认识和了解是国家繁荣昌盛的基础,是现代民主制的重要保障:“改进公众对科学的理解是对未来的投资,这种投资能够成为促进国家繁荣、提高公共和个人决策质量、充实个人生活质量的重要因素。”在此,公众理解科学的基本框架得以体现:第一,科学家有必要帮助公众理解科学;第二,公众理解科学的核心是提高公众的科学素养;第三,只有运用国家和整个社会的力量才能使公众具备参与基于科学的社会决策能力。在此,“科学”一词的内涵过于丰富,包括了数学、技术、工程与医学等内容,概念的泛化使用对于理论发展以及实践进步都是不利的。胡志强与肖显静在文章中指出了“公众理解科学”这一概念中的几个缺陷:首先,“科学”概念的泛化模糊了科学与工程技术对社会影响的不同性质;其次,笼统的“科学”以及在此基础上定义的公众科学素养,难以完整地反映出公众对工程技术的理解所需要的特殊知识与能力;最后,笼统的“科学”概念忽视了科学和工程技术与公众关系的差异,无法凸显工程技术直接渗入公众生活的特点。正因为这些原因,“公众理解工程”这一独立、完整的社会政策概念在美国工程院(NAE)1998年12月提出的“公众理解科学计划”中出现了。“公众理解工程”的要旨包括以下两点:第一,提高公众对工程的认识(Public Awareness of Engineering,PAE);第二,提高公民的工程技术素养(Technological Literacy,TL)。

值得注意的是,强调提高公众对工程的理解,努力提高公民的工程技术素养,并不表示公众需要以功利主义、实证主义、工程只是科学的应用等观点来看待工程。如果仅仅如此,那么公众对工程的理解将简单地转换为对成本—效益分析方法的无条件支持。在该种情况下,公众与工程师之间的不同伦理观或许会得到统一,但这种统一无疑是缺乏其合理性的,甚至很有可能对自然环境以及公众的安全健康造成严重的伤害。提高公众对工程的理解,提高公民的工程技术素养,是为了创造公众与工程共同体更好对话的良性平台,而不仅仅是为了让工程师获得社会的充分肯定。问题的关键在于,只有公众更好地理解了工程且与工程共同体更好地"商谈"了,公众才能更民主地参与工程决策,公众的利益与福祉才能得到更好的尊重与保障。始终维护公众的福利必须是协调工程共同体与公众关系的根本目标。

2. 工程共同体关注"公众"

我们看到,所有的工程伦理规范都把为公众谋福利作为工程师的首要职责。作为一门与公众福利紧密相联系的职业,离开了公众,工程师也就消解了。但是,"公众"究竟是谁呢,工程师究竟对谁负有不可推脱的责任?

公众概念的指向是随着工程师职业本身的历史演化而改变的,或者说,公众是随着历史的脚步逐渐进入工程共同体的视野的。

对于工程师的前身工匠而言,他们没有掌握改造物质世界的巨大力量,没有较高的社会地位,仅仅是满足日常生活的最基本需求的手艺人,他们需要负责的只是自己与身边的人而已。

在工程师这一职业刚刚出现的时候,工程指的主要是军事工程,工程师的天职是"服从",工程师眼中的"公众"指向的是国家的军事机构。民用工程出现以后,工程师的活动开始步入机械、化学、电气等诸多领域,工程师逐渐成为雇佣公司的"忠实代理人或受托人",他们的责任在于对雇主负责。公司的利益、雇主的利益成为工程职业道德的核心指向,工程师眼中的"公众"仅仅限于公司与雇主而已。随着科学技术在社会生活中的作用不断放大,对雇主的服从与忠诚已经不能充分体现工程师的责任了。在第二次世界大战粉碎了技术统治论的幻想之后,人们不断认识到"将公众的安全、健康和福祉置于至高无上的地位"①是工程师共同体必须承担的伦理责任。正是在这样的背景下,公众才真正地成为工程师这一职业的核心服务对象。

---

① Kristin Shrader Frechette. *Ethics of Scientific Research*. Lanham：Rowman & Littlefield Publishers, 1994, pp. 155 - 156.

在现实的历史条件下，工程师还应当承载起对保护环境、维护生态系统的责任。哈贝马斯将人与人之间的对话视为交往理性，却把人与自然的关系定义为指向控制的工具理性。面对不可再造的生态系统，倘若工程共同体只强调控制而不讲尊重，只强调改造而不谈对话，人类必将走上海德格尔语境中的悲剧“宿命”。现实中大自然也早以“报复”的方式控诉着对人类的不满，因此，工程共同体与公众关系的调和以及伦理观的统一不仅仅是人与人的关系问题，同样也是人与自然的关系问题，“公众”不应当仅仅指向人，还应该指向我们人类永久的家园——大自然。

## 第二节　工程共同体与政府

工程，特别是近代以来的工程都是在一定社会环境中设计、规划、实施并发挥作用的，因此，都必然与政府有着千丝万缕的联系。

政府是现代社会运行的组织者和推动者。随着生产力的发展、社会的演进、全球化进程的加快，政府的地位、功能也在不断地变化。现代社会中，在工程规划、设计、决策、实施等各个环节中，或者说在工程的预期、工程的过程、工程的结果中，政府都扮演着重要角色，于是，政府与工程共同体的关系也成为一个重要问题。

### 一　工程共同体与政府政策

历史和现实都一再表明：工程共同体——包括工程共同体的各种成员——的历史地位、政治生命、社会作用、工作环境、生活待遇等都与政府的相关政策的制定、变迁、调整有着十分密切的关系。

工人，是工程共同体的基本成员。20世纪70年代末，中国社会进入了从计划经济体制向市场经济体制转变的社会转型时期，这一过程促进了中国劳资关系的市场化和国际化。一方面，国有企业转制，另一些企业，包括集体企业民营化步伐加快，私营企业得到长足发展；另一方面，随着引进外资和加入WTO，国际资本大举进入中国,外资企业比例日益上升,非公有制企业迅速发展,从而形成和积聚了复杂的劳资关系,形形色色的劳资冲突每天都在发生。由于生产关系的调整和改革,工人,包括技术工人,或者专业技能较好的工人一时间似乎不那么受重视,许多工人的切身利益受到了损害。有鉴于此,我国政府在政策选择的过程中,在引导资本家做出投资的决策过程中,充分考虑工人的利益,保障工人的合法权益。

农民工是我国社会一个特殊的群体、弱势群体,是城市建设的重要方面军。作为工程共同体的一个重要组成部分,他们的生产生活环境、他们的工资水平、他们的社会保障、他们的医疗条件、他们的子女上学等问题,关系社会的稳定,体现社会的公平。维护好、实现好、发展好他们的根本利益,是政府义不容辞的责任。工程建筑业是使用农民工最多的产业部门,因此要维护农民工利益。政府政策领导下的各个企业应完善建筑业用工制度、进一步规范建筑业用工管理。所有建筑企业用工,必须执行国家劳动用工法规,办理正规劳动用工手续,签订劳动用工合同。建筑施工企业必须使用成建制劳务,禁止使用没有劳务资质的包工头,只有这样,才能保证农民工的基本利益得到政府的政策支持和保护,农民工的工资才可能得到保障,农民工子女上学才可能有依托,农民工在城市才可能不受歧视,作为“都市外乡人”,他们就可能找到回家的感觉,才可能为城市建设多作一份贡献。

工程师的社会地位受政府政策影响。在这方面,我国工程师社会地位在20世纪后半叶的变迁轨迹就是一个非常突出、非常典型的例子。在一段众所周知的时间中,工程师和其他知识分子一样成为“臭老九”,备受轻辱,“资本家”(投资人)甚至成为专政的对象。在政府政策做出重大调整后,工程师(知识分子)成为“工人阶级的一部分”。政府依法执政,科学执政,民主执政,则工程师在国家重大工程决策上就有话语权。

应该强调指出的是,科学家和工程师是两种不同的职业,是两类不同的社会角色,在严格意义上,他们是不能“互相代表”的。可是,许多政府官员、媒体和普通民众往往把这两类角色混为一谈,并且把科学家作为这两类不同角色的“统一代表”,而忽视了工程师的地位、作用和声音。这种情况是必须改变的。政府不但必须倾听科学家的声音，而且必须倾听工程师的声音，不能想当然地认为科学家的观点和声音就“等同于”工程师的观点和声音。

工程共同体与政府决策，特别是政府对重大工程的决策有着密切关系。过去是这样，现在和将来，随着决策的科学化、民主化进程的加快，工程共同体的参与权、知情权、咨询权会日益得到尊重，政府在重大工程决策方面也越来越自觉采取各种形式，报告会、论证会、听证会以及人大、政协、科协等渠道，充分发挥工程共同体的决策咨询作用。

构建和谐社会本身就是一项复杂的社会工程。政府决策所考虑的各种因素、所追寻的基本原则，必然与工程共同体有着密切关系。现代工程往往要协调人与自然、人与社会等的关系，这就充分表明，现代工程活动并不是以追求经济利益作为唯一驱动力，而且要注意协调人与自然、人与社会等的关系，成为造福子孙后代的创新活动。工程共同体在这类工程决策中的作用就显得更加重要了。

工程共同体及其活动包括工程决策、工程实施、工程评估与工程评论等，往往是一个规模巨大的造物主体，其追求的价值应该是多元化的，有科学价值、经济价值、社会价值、军事价值、生态价值，等等。这些价值可能是协调的，也可能是冲突的，协调价值冲突就成为当代工程决策的关键。工程活动的前提就是要处理多元价值之间的关系，形成价值观的统一。在多元价值协调上，政府政策的作用是巨大的、必不可缺少的。

根据国家劳动和社会保障部2007年初发布的2006年第二季度全国99个城市劳动市场供求情况，我国高中级技能人才依然供应不足，其中高级工程师求人倍率（招聘职位与求职人数之比）最高。这种现象说明，我国持续多年的“工程师荒”现象依然严重。

工程师是工程的设计者、技术指导者、技术管理者与技术操作者。因此，工程师要具有协调各种价值观的能力。这就要求工程师拥有多方面的知识，包括工程设计知识、工程工艺知识、工程研发知识、工程设备知识、工程生产加工知识、工程技术管理知识、工程安全生产知识、工程维修知识、工程质量控制知识、工程产品知识、市场知识和与工程相关的社会知识，等等。这样工程师才能在了解民情、充分反映民意的基础上做出工程决策、正确地处理多元价值的协调问题。

投资者在工程的决策过程中存在对投资风险的预测。这种预测是风险资本家对高科技企业进行投资决策，尤其是对处于种子期和创建期的企业收益的预测。它要求投资者根据产品性质和盈利模式做出决策，无疑投资决策的科学性和合理性至关重要，但利益是其做出决策的唯一驱动力。因此政府要对投资决策进行正确的引导。

民营企业家在现代市场经济发展中是不可或缺的。在20世纪70年代，在“割资本主义尾巴”的呼声中，辽宁省只剩下4个个体户，而浙江省却有2200多户。现在政府决策中把民营经济视为国民经济发展的重要生力军，把民营企业家视为发展生产的重要力量。市场经济条件下，民营企业家在社会生活中的作用日益重要。政府在决策过程中要竭力引导民营企业家正确定位市场战略、产品战略，对企业员工进行正确的管理，这种管理，不是去使唤人、差使人，而是将一群来自五湖四海、原本互不认识的人，按照民营企业发展目标的要求组织和凝聚起来，形成集体的协作力或团队合力，树立民营企业自己的品牌、信誉和形象。

产业工人的劳资冲突每天都在发生，且冲突不断加剧，然而人们处理这些纠纷和冲突的知识和能力又很欠缺，如此下去很可能给社会带来无法控制的动荡和损失，严重破坏稳定的社会秩序。为了维持社会的协调发展，全面强化对弱势群体的保护，进一步规范劳资关系，防止社会矛盾激化应成为社会决策的重点。政府应该引导各个企业在企业内部制定工作制度的时候，考虑以及协调工人与企业的利益关系，这样才能保证工程正常、顺利的进行。在工程建筑活动中，如果有大量使用农民工的，企业就要切实保障农民工劳动生活基本条件，保证农民工基本生产生活，认真落实农民工的产业工人待遇。

政府应当完善深入了解民情、充分反映民意、广泛集中民智、切实珍惜民力的决策机制，推进决策科学化民主化。各级决策机关都要完善重大决策的规则和程序，建立社情民众反映制度，建立与群众利益密切相关的重大事项社会公示制度和社会听政制度，完善专家咨询制度，实行决策的论证制和责任制，防止决策的随意性。这为我们深入改革和完善国家决策的参与制度指明了方向，也为政府的工程决策、协调多元价值指明了方向。这样，才能使政府在改革开放和现代化建设的道路上持续做出符合中国国情和发展规律的科学、合理的选择。

从上述分析可见，政府决策和政府政策的调整对工程共同体作用的发挥、对调整和协调工程共同体中各类成员的社会关系都有非常重要的作用。

## 二 工程共同体与政府服务

政府的权力是公权力，政府的行政是公共行政，政府为公民服务是天经地义的事。工程共同体在社会经济发展中具有十分重要的地位和作用，政府必须做好为工程共同体服务的工作，应该为工程共同体在工程各个环节、各个方面、各个层次发挥作用而提供范围广泛的基本保障条件。

长期以来，人们在经济体制改革中倡导的所谓"政企分开"、"政事分开"，是指政府与企事业单位在职能上分开，政府不能包办企业、事业，政府不能代替企业、事业，但绝不是政府不为企业、事业服务，政府不管企业、事业。实际上，现代社会，政府与企业、事业是息息相关的，政府与工程共同体是息息相关的。无论是工程师、投资者、产业工人，还是管理者，他们都是社会主义事业的建设者，是人民政府的服务对象。工程共同体是社会的宝贵财富，政府应该认真倾听他们的声音。

从近年来的工程实践看，政府对工程共同体的服务已经和正在渗透到工程师、投资者、产业工人和管理者中。这一点人们在国家已经出台的各项制度如人事制度、产业政策、分配制度等方面都可略见一斑。特别是政府在经济上、政治上为工程共同体提供了较好的保障：提高生活待遇，保障参政议政，强化主人地位，规避投资风险。

工人是工程共同体的一个重要组成部分，同时又是一个弱势群体。在我国，工人的"经济地位"、"社会地位"都是比较低的。因此，与工人相关的问题不应再单纯由自由市场的力量来操纵，应该加强政府的统一规划。政府机构应制定最低工资标准，防止拖欠农民工工资；规定加班报酬；保障工人的"施工风险"；制定政策以保障农民工、工人的权益等。

政府提供的公共服务的供应需要采取一种有别于市场的方式,即公众(消费者)以税收或其他渠道将购买公共服务的费用交给作为社会管理组织的政府,由政府负责公共服务的供应。目前我国社会的服务业并不发达。政府为了执行自己的服务职能,组建了一些专门性的组织。其中一部分人运用手中的权力以权谋私,导致决策的非科学化、非理性化,导致公共服务行为的偏误,甚至妨碍和限制了社会组织功能的正常发挥,引起了社会公共关系的扭曲,加剧了社会运行机制的缺陷和混乱,造成社会资源的浪费。因此,消除政府自身缺陷和改善公共服务行为环境,已经成为政府必须深思和切实解决的问题。

政府为工程共同体服务,主要应当体现在以下几个方面:(1) 政府为工程共同体创造优良的社会环境,包括政治环境、法制环境、投资环境,特别是进行审批制度改革,下放行政权限,把本来就应当由市场管理的工程活动交给市场,并简化办事程序,提高审批效率,以保障工程共同体的正当合法权益。(2) 政府为工程共同体提高业务素质创造条件,比如,适当增加对工程共同体,特别是工人的岗前培训,技能培训;比如,改革工人技师制度,让那些虽然没有较高学历,但技能水平很高的技术工人评职称,解决工程师的生活和政治待遇等。(3) 政府为工程共同体,特别是投资者,包括外商投资者提供政治保障,为其工程承包、实施过程创造公平、公正的经济环境。(4) 政府为工程共同体提供必要的基础设施、条件。特别是给一线工人、工程师提供必要的生产生活条件。比如,近年来,许多地方政府投入大量资金,对20世纪四五十年代以前的棚户区进行系统改造,改善了普通工人的居住条件。

## 三　工程共同体与政府失灵

政府失灵是现代社会中的一种常见现象。政府失灵有种种表现,包括公共决策失误,官僚机构提供公共物品的低效和浪费,内部性与政府扩张,寻租及腐败等类型。政府的失灵带来资源的浪费,甚至会引发社会灾难。

上面中已经谈到农民工经常遇到许多不公平的甚至非法的待遇。在这方面有许多触目惊心的事例。可以说,从这些不胜枚举的事例中,我们都可以看到“政府失灵”的阴影。对此,政府应当加大宣传贯彻中央关于农民工问题的文件精神的力度,强化政府职能:(1) 设置指导农民工就业的专门机构,将农村劳动力转移、就业工作纳入统一规范高效的管理轨道。(2) 要建立专门组织、管理、协调农民工的机构或部门,专门负责与农民工相关的技能培训、就业管理及相关合法权益的保障。(3) 清理和调整阻碍农民进城务工的歧视性政策,推进农村富余劳动力向城市和非农业的转移。(4) 建立和完善以劳动合同管理为中心的企业劳动管理机制。应根据当前农民工的实际情况,在法律层面上确定和规范农民工与用工单位的劳动关系,制定实施细则,严格规范用工制度。(5) 采取有效措施,解决拖欠、克扣农民工工资问题。从用工单位与农民工签订合同抓起,严格把关监管,探索建立农民工工资支付基金制度,把拖欠、克扣农民工工资企业淘汰出市场,保障农民工能按时、足额拿到工资。(6) 根据农民工的需求与现实条件,按照分类分层保障的原则来提供对农民工的社会保障,逐步形成健全的社会保障体系。建立健全农民工的工伤保险和医疗保障制度。用人单位要严格按照《工伤保险条例》规定,按时为务工人员交纳工伤保险费,促进工伤预防和职工健康,维护农民工享受工伤保险待遇的权利。(7) 发挥工会组织的作用,帮助农民工维护其合法权益,让现代社会的工程共同体分享现代化建设的成果。

## 四　工程共同体与政府互动

我们从工程社会学视角研究和讨论工程共同体与政府,实际是既要充分认识政府对工程共同体的责任,比如政府决策、政府服务、政府保障等,又要充分认识工程共同体对政府的义务。也就是说,工程共同体与政府在工程过程中是互动的,政府对工程共同体有制约,工程共同体对政府也有责任。既然政府是代表人民行使公权力,那么,在一定程度上可以这么说,工程共同体为政府负责,就是为事业负责,就是为人民负责。因此,对工程共同体而言,这就出现了一个政治责任、伦理责任问题。

从哲学上讲,责任观念是和因果性联系在一起的。责任的最一般、最首要的条件是因果力,即人们的行为,特别是工程共同体的行为都会对工程造成影响;其次,这些行为都受行为者控制;再次,在一定程度上行为者可能预见行为后果。当然,实际工程行为往往比这种逻辑分析要复杂。责任是知识和力量的函数,在现代社会中,工程共同体由于掌握着特殊的知识、特殊的技能、特殊的财富、特殊的权力,其行为可能会对工程,进而对社会、对他人、对自然、对政府带来比其他共同体更大的影响——贡献或者危害。因此,工程共同体应当对人类、对政府负有更多的经济责任、技术责任、社会责任和伦理责任。

如果说本节前三个问题反复强调的是政府对工程共同体的责任,那么在这里我们强调的就是工程共同体对政府的责任。工程共同体"责任",正在起着比以往任何时候都大的作用,已经成为现代社会中最普遍的概念。美国哲学家卡尔·米切姆说:"在当代社会生活中,责任在对艺术、政治、经济、商业、宗教、伦理、科学和技术的道德问题的讨论中已经成为试金石。"①

## 第三节　经济全球化环境中的工程共同体

工程发展与经济全球化呈现出相互作用的关系:一方面,尤其是交通(航空、航运)、通讯(电信、计算机网络)等领域的发展,为全球化的迅速扩大和深化提供了技术条件;另一方面,当今时代,经济全球化浪潮席卷各国,越来越汹涌,各个民族国家之间在经济、政治及文化方面日益相互依存、互相影响,其规模和深度都是前所未有的。所以,经济全球化在许多方面影响到工程及工程共同体。

应当注意,投资者、管理者、工程师、工人这些工程共同体成员对待全球化趋势的态度是不同的。全球化既可能成为造成某些既有工程活动共同体分崩离析的因素,又可能成为促成新的工程活动共同体形成的因素。在工程共同体中,一般来说,工人常常由于多方面原因处于弱势地位,在经济全球化的背景下,发达国家的工人由于工资、福利、人力成本高等因素承受更大的竞争压力,面临失业的危险。

---

① [美]米切姆:《技术哲学概论》,殷登祥译,天津科技出版社1999年版,第72页。

近些年来，对世界贸易组织（WTO）、世界经济论坛、G8 会议等组织或活动的抗议，其中一股主要力量就来自工会，尤其是发达国家传统产业的产业工人及其工会组织。

工程师由于素质要求高，相对短缺，经济全球化为工程师施展才能提供了更为宽广的舞台，而且为了便于工程师跨国流动，各国家和地区也在着力推进工程师职业资格认证的跨国承认。

追求剩余价值、资本的求利性是施行工程的重要动因，也是工程跨国流动的动力因素。在工程共同体中，投资者是经济全球化最为积极的推动者。

当今的工程已经处于全球化的大背景之中，工程活动和工程共同体正在以多种形式参与到国际化、全球化的浪潮之中。

## 一 进出口

工程在一国实施，其造物成果——产品，则输出到其他国家。另一方面，工程建设所需的原材料有时需要从其他国家进口。这是工程参与全球化比较初级的形式，很容易受到许多因素的限制，如产品输入国设置关税壁垒以及非关税壁垒（技术、产品标准等）来限制外国产品的输入。此外，目标市场国家的文化习俗也会影响到工程产品的顺利销售。例如，1997 年，美国一家公司向阿拉伯联合酋长国销售了价值 3500 万美元的桌子，但是这些桌子很快就被退还回来。因为按照伊斯兰国家的习俗，妇女从头到脚都要包裹得严严实实，绝对不能露出她们的脚踝；而且男人也需要包住自己的脚和脚踝。所以，这家美国公司必须全面改造这些桌子，延长前面的嵌板来盖住工作人员的脚踝。①

## 二 技术转移②

技术转移是将技术移置到一个新的环境，并在那里加以运用的过程。这里的

---

① ［美］大卫·H. 霍尔特、卡伦·W. 维基顿：《跨国管理》，王晓龙、史锐译，清华大学出版社 2005 年版，第 254 页。

② 这部分内容主要引述了 M. W. Martin and R. Schizinger. *Ethics in Engineering*（4th ed.），McGraw Hill，2005，p. 244.

技术既包括硬件(机器、设备及装置),也包括技巧(技术的、组织的和管理的技能和程序)。一个新的环境,是包括至少一种新的、影响该技术成败的变量的环境,尤其是不同于本国的国外环境。从事技术转移的主体有许多种类,例如政府、大学、私人自愿机构、顾问公司以及跨国公司等。

大多数情况下,把技术从一个熟悉的环境转移到一个陌生的环境,这是一个复杂的过程。被转移的技术可能是经历了与其社会环境很长时间的相互适应和塑造才最终形成目前的状况的,而现在它却被当作现成的、全新的实体引入到一个不同的环境之中。识别新的环境与熟悉的环境之间的区别,需要跨文化的社会实践者富有敏锐的洞察力和丰富的想象力。

这里牵涉到"适用技术"的概念。适用技术的一般意义是为一种新的条件识别、转移和实施最合适的技术。这个条件一般都包括超出常规的经济和技术工程限度的社会因素。识别这些条件要求注意人的价值观和需要——它们可能对技术如何作用于新的环境产生影响。用海勒尔(Peter Heller)的话说:"(技术转移的)适用性可以用规模、技术和管理技能、材料/能源(假定它们能够以合理的价格获得供应)、物理环境(温度、湿度、大气、盐分、水的可得性等)、资金的机会成本(与利益相匹配)来考察,尤其是用人的价值观(预期的用户从他们的机构、传统、信仰、禁忌和他们认为什么是好的生活的角度,能否接受最终产品)来考察。"

### 三 国际工程承包

许多工程公司都在国外承建工程,负责工程项目的设计、施工、建设等业务。以往狭义理解的工程国际化、全球化,指的主要是这种形式。但是当前,国际工程承包已突破了原来单一的工程施工和管理,延伸到投资规划、项目设计、国际咨询、国际融资、采购、技术贸易、劳务合作、项目运营、人员培训、指导使用、后期维修等涉及项目全过程、全方位服务的诸多领域,成为国际投资和国际贸易的综合载体,而且也从单纯建筑领域扩展到工业领域,矿山、水坝、电力、石化、冶金、交通、通讯等行业大项目明显增多。国际承包工程还从主要为劳动密集型的基础设施逐步转向技术密集型的成套工程和劳动密集型的基础设施并举。

## 四　跨国公司

跨国公司在多个国家做生意,他们打破国界的限制,在国际甚至全球范围内配置和整合资源,获得超额利润。在经济欠发达的国家做生意,对美国这样的发达国家的公司的好处是明显的:劳动力便宜,自然资源丰富,税收政策优惠以及产品靠近最终市场。对于发展中国家的参与者来说,跨国公司带来的好处也是明显的:增加了工作机会,这些工作岗位一般工资比较高并且富有挑战性,转移来先进技术以及由分享财富带来一系列的社会变化。跨国公司是当今世界经济全球化的一支重要推动力量,一些大型跨国公司的年销售额甚至可以与大部分国家的国内生产总值相媲美。跨国公司通过实行全球战略,将设计和销售活动放在市场中心区,研究与开发放在智力密集区,生产则放在劳动力密集区,彼此间通过信息网络密切联系,从而能对各地市场进行最有效的资源配置,并获取最大的利益,实现快速发展。所以,跨国公司在全球背景下组织起了新的工程活动共同体。

## 五　人员流动

随着经济全球化进程的日益深入,人员流动越来越成为工程参与全球化进程的一种重要形式。由于工程活动对不同的人员有不同的素质要求,因此,在工人、工程师、管理人员这些不同的工程共同体成员中,其跨国流动的难易程度也就有很大的不同。因为对工人的素质要求一般相对较低,所以他们的流动相对比较困难,不少国家采取较为严格的措施控制外籍劳务的进入,规定外国公司必须雇佣一定比例的本国工人;而工程师和管理人才则不然,尤其工程师往往是决定跨国工程成败的重要因素,所以其跨境流动成为各方面瞩目的事情。在这方面,工程职业共同体(如IEEE,ASME International)做了大量工作,如扩大吸收外国工程师加入工程师职业组织成为会员,开展工程师资格认证。有关国家及国际组织甚至从法律上支持工程师跨国流动，如美国等国家签署了《工程师流动论坛协议》、《亚太工程师计划》、《工程技术员流动论坛协议》等文件，为推动工程专业教育、注册工程师的国际互认、走向国际化奠定了基础。

工程全球化发展对世界经济技术发展具有重大的推动作用，但是不可否认，它对全人类、各国家也带来新风险，造成一系列全球性问题。例如，环境污染大面积扩散，全球资源枯竭，局部风险可以被迅速放大和扩散造成波及面广、损失惨重的结局。针对现实情况，德国社会学家贝克提出"风险社会"这个概念，指出诸如物种灭绝、致病病毒和微生物、企业经营环境不确定性的增大，会带来全球性的风险。另一方面，跨国公司到国外发展业务，也面临着全球政治、经济等方面的经营风险。全球环境、跨国新环境对工程实践带来的障碍，容易导致工程共同体解体或者共同体不容易结合。在国际背景下，工程活动面临以下几种新的障碍：

(1) 语言障碍，交流受阻。著名的通天塔传说讲的是，由于各国工匠之间语言不通，致使修建通天宝塔的计划落空。这个传说寓意深刻。例如，fortnight 究竟是四天，还是两星期，英国英语与美国英国对此有不同的理解。给产品起名称闹出的笑话也能说明类似的问题。① 美国福特公司向一些西班牙语系国家推出一种名为 Fiera 的低成本卡车，而这个名字在西班牙语中是"丑陋的老妇人"的意思，结果这个名字不可能促进卡车销售；福特公司用 Caliente 这个名字向墨西哥推出顶级车"彗星"时，也曾经销售不畅，因为这个词在墨西哥俚语中是"妓女"的意思。

(2) 文化习俗不同，妨碍产品的生产和销售。例如，伊斯兰民族对饮食有严格的要求，有些食品在这些国家就不会有市场。此外，伊斯兰教徒一般都严格遵守宗教教规，在安息日等法定休息日不会加班劳动，这样就会影响到工艺上需要连续生

① [美]理查德·M. 霍杰茨、弗雷德·卢森斯：《国际管理——文化、战略与行为》，赵曙明、程德俊译，中国人民大学出版社 2006 年版，第 266 页。

产的产品的生产。一家洗衣剂公司所有的广告图案都是左边是脏衣服的图片，中间是肥皂盒，右边是干净的衣服。但是，在中东等某些地区，人们习惯于从右向左阅读，这样的图案给人的含义竟是肥皂弄脏了衣服，这样的洗衣剂怎么能卖得出去！①

（3）价值观念上的差异，也会影响项目的实施。例如，在很多欧洲人看来，基因工程是对上帝权威或自然力量的侮辱。很多左倾的欧洲知识分子似乎表现出一种不同形式却同样根深蒂固的宗教性，即对自然力量的信仰。出于道德、信仰以及安全方面的考虑，欧美越来越多的人开始对生物化学领域的科技创新持不欢迎态度。民众的抵制加上不利的政策环境，成为制约欧美生化领域科研发展的巨大障碍。

（4）不同文化在思维方式以及行为方式上也存有不同。例如，不同国家的文化以不同的方式看待时间：在美国、意大利和德国这些国家里，将来比过去或现在更为重要；在委内瑞拉、印尼和西班牙这些国家里，现在才是最重要的；而在法国和比利时，这三个不同的时段大致同等重要。文化研究者将不同文化看待时间的方式粗略划分为连续的与同步的两种。② 在连续性方式流行的文化中，人们倾向于一个时段里只做一件事，严格遵守约会的时间或地点，对遵循计划显示出强烈的偏爱。而在同步性方式较为常见的文化中，人们总想在一段时间里做几件事情，会面的时间或地点本身就是不精确的，而且常因为一时注意力的改变而改变，进度表总是从属于各种各样的关系。在美国，人们倾向于受到连续性时间导向的引导，人们总是制定一个时间表并严格地执行，而法国人在这方面与美国人形成了鲜明的对照。

此外，由于历史文化不同，尤其是经济发展水平不同，也造成了不同文化在制度规范上的差异，如工资水平、劳动保护、环境保护的标准等方面的差异。

---

① [美]理查德·M.霍杰茨、弗雷德·卢森斯：《国际管理——文化、战略与行为》，赵曙明、程德俊译，中国人民大学出版社2006年版，第266页。

② 同上，第167页。

在全球化的进程中,东和西、古老和现代的不同文化得以相遇,这样就会出现两种(或多种)力量之间的张力:文化霸权 VS 文化多元主义、本土文化 VS 全球普适标准。面对这种形势,应该如何对待和处理呢?

西方有识之士指出,在美国适用的甚至卓有成效的规范(如绩效考核制),不能简单地照搬到其他国家,各种文化需要相互激荡,取长补短。① 所以,这种全球化道路究竟如何走,通向何方,存在着很大的不确定性。这是不是也是一种风险呢?

在进行跨文化道德判断时,人权是一个应用最广泛的伦理概念。人权尤其是基本人权,按其定义,是跨越文化而对所有人都普遍适用的,它将有尊严地、尊重性地对待一个人的义务加于别人或组织。所以,它提供了一个在道德上要求公司及其工程师达到的最起码的正当行为的标准。

对人权的一般理论应该如何加以实际应用,以帮助我们理解在全球化背景下的公司和个人的责任呢?"应当意味着能够",权利不要求不可能的事情。一般而言,人权的具体要求必须结合环境来理解,取决于特定社会的传统和所具有的经济资源。美国学者唐纳德森(Thomas Donaldson)区分了这样两种情况:一类情况与经济发展水平直接相关,如在工作场所的劳动安全标准、环境保护标准等问题上的严格要求程度。经济欠发达国家的工人,常常可以承受比美国工人所能接受的更大的风险。这里,唐纳德森推荐应用一种"合理的移情测试",以决定公司在东道国的做法在道德上是不是允许的:如果母国在经济上的处境与东道国类似,母国的公民发现这种做法时能否接受?例如,在决定美国公司在印度的一个制造厂的污染水平是否可以接受的时候,这家美国公司就要考虑,在美国经济发展处于同样水平的情况下,美国能否接受这一水平的污染。第二类情况则是非常不同的一类问题,并非直接与经济因素密切联系。如种族歧视。这里,唐纳德森坚持,除非跨

---

① [荷]冯·特姆彭纳斯、[英]查尔斯·汉普顿—特纳:《跨越文化浪潮》,陈文言译,中国人民大学出版社 2007 年版,第 5 页。

国公司能够保证既在外国做生意又不参与违反人权的做法，否则，这个公司就只能离开这个国家。①

总而言之，由于不同文化在思维方式以及行为方式上存在许多差异，不但跨国公司，而且更一般地说，各种工程活动共同体及工程共同体的各种成员在经济全球化环境中都正在接受考验和面临挑战。

---

① M. W. Martin and R. Schizinger. *Ethics in Engineering*(4th ed.), McGraw Hill, 2005, pp. 249 - 250.

# 第十三章 工程共同体与环境

没有工程活动，就没有人类的生存和发展。随着科技进步以及人类社会的发展，工程活动的广度、深度和强度日益增加，工程所带来的各种环境问题越来越凸现，一定程度上严重威胁到人类的可持续发展。有鉴于此，需要我们对工程与环境之间的关联进行分析，以保证工程活动的展开有利于节约资源，保护环境，实现可持续发展战略。

工程是由工程共同体组织、实施的，如此，要保证工程活动有利于环境保护，就必须厘清工程共同体、工程与环境之间的关系，也就是说，必须阐明工程共同体的工程理念、工程伦理责任以及工程实践方式对于环境保护的意义。这些就是本章探讨的主要内容。

## 第一节 工程共同体的环保理念

有人说:“工程可以被称作一项社会实验,因为它们的产出通常是不确定的;可能的结果甚至不会被知晓,甚至看起来良好的项目也会带来(期望不到的严重的)风险。”①这种风险的一个重要表现就是环境影响。

不同社会发展时期的工程呈现出不同的特点,由此导致工程对环境的影响也不同。

在原始工程和古代工程时期,人类认识和改造自然的能力非常有限,自然在人类面前显出了它的神秘,人类在自然面前显出了他的渺小。那时的工程活动,是在人类相信“自然是有魔力的、有神性的和有生命的,充满了精神和智慧”的基础上进行的,以敬畏的方式展开,这是有利于环境保护的。而且,那时的工程,无论从规模和强度上都非常有限,由此,工程活动对自然的影响较小。

到了近现代,自然的客体性和人类的主体性得到张扬,主客二元对立思维模式得以确立。在机械论哲学和近代科学的思想观念指导下,自然的历史性和复杂性被简单取消,成了一个没有经验和情感、毫无灵性、呆板单调的存在,不具有自我维护、完善自身的功能。与此同时,人类成了一个神性的、无畏的存在。自然在人类面前失去了它的神秘,人类在自然面前失去了他的虔诚。既然自然界缺乏任何经验、情感和内在关系,缺乏有目的的活动,没有意志、目的,既然动植物只有肉体没有灵魂,不能感受痛苦,那么“自然实在当中亦就不可能存在目的因,对自我决定或目的因而言也就不存在创造力,但若没有某种趋向于理想可能性的目的因,那么理想、规范或价值就不能发生作用。因为从严格意义上说,一切原因都源自过去有效的原因。如果没有旨在实现理想的自决,便不可能实现任何价值。因为自然事

① M. A. Hersh. Environmental Ethics for Engineers. *Engineering Science and Education Journal*, February 2000, Volume 9, Issue 1.

物或活动间的相互作用不涉及价值观问题，所以自然中不会存在内在的价值”①。由于自然客体没有内在价值，只有使用价值和工具价值，因此它就没有资格获得道德关怀，而只是人类按照自己的目的利用、改造、操纵、处理、统治的对象，是人类借以达到目的的工具和手段。这就从实践和价值两方面造成了人与自然的对抗。

近代、现代工程共同体正是在这样的观念指导下，倾向于将工程视为征服自然、改造自然的工具，习惯于用经济的、纯技术的眼光来看待工程。人们普遍认为，自然资源和环境相对于人类的工程活动而言是无限的，能够无限地承载人类无限的工程活动对它进行的无限的改造，人类可以通过工程活动无限地榨取自然界的物质和能量；相对于自然的无限，人类工程活动是有限的，由此，工程上能做的就应该去做，而且应该尽量去做，以创造物质财富，实现经济价值。

在上述思想观念的影响下，工程实践呈现出经济合理性和环境保护的不合理性并行的状况，具体体现在：从工程活动的目的看，是经济主义的——以创造物质财富、发展经济生产为核心，忽视了节约资源和保护环境；从工程活动的方式和工程技术的应用看，是机械的、片面的、线性的和非循环的——没有考虑到大自然的有机整体性和复杂性，而以机械的和线性的方式对其加以作用；从工程活动的进步看，开发利用资源方面和节约资源、保护环境方面呈现出明显的不对称——前者飞速发展，后者进展缓慢。所有这些必然导致一系列冲突：生产过程单向性与自然界循环性的矛盾；工程技术的机械片面性与自然界的有机多样性的矛盾；工程技术的局部性、短期性与自然界的整体性、持续性的矛盾。②

实际上，自然资源是有限的，自然环境容纳人类废弃物的能力也是有限的；自然不仅具有经济价值，而且还具有精神价值、环境价值、生态价值和选择价值。工程共同体在开展工程活动的过程中，应该充分意识到自然的多种价值，将环境保护的理念融入到工程实践过程中，在工程活动过程中不仅要进行要素优选、组合和集

① 吴伟赋：《论第三种形而上学》，学林出版社2002年版，第71页。
② 殷瑞钰、汪应洛、李伯聪等：《工程哲学》，高等教育出版社2007年版，第198—199页。

成优化，追求工程创新与工程美感，构建和运行过程中时—空因素的动态有序化和信息化等，而且还要以人为本，将节约资源、保护环境融入到工程的目标和具体活动之中，以实现人与自然、社会的和谐可持续发展。

这是健康、安全、环保的和谐工程观，是现时代工程共同体所应该具备的工程环保理念——工程生态观。由于现代工程对自然的改造作用更大，同时也造成了比较严重的环境问题，由于工程与环境的关系是和工程理念紧密相关的，因此，为了解决工程的环境问题，工程共同体必须树立新的工程环保理念，必须将环境保护观念融入到工程理念体系中，使工程环保理念成为整个工程理念体系的一个有机组成部分 。

## 第二节 工程共同体的环境责任

工程共同体是工程活动的主体，在工程活动中需要承担各种社会责任。随着全球环境保护的加强，需要工程共同体承担更多的环境责任。由于不同种类的工程共同体及其成员在工程活动过程中的地位和角色不同，其所承担的环境责任——包括环境伦理责任——也应该有所不同。

### 一 工程共同体应该承担环境责任

近现代工程活动主要是一项市场经济活动，参与其活动的工程共同体成员不言而喻都应该是“经济人”。亚当·斯密认为，处于市场交换中的“经济人”“都不断努力为他自己所能支配的资本找到最有利的用途。因此，他所考虑的不是社会利益，而是他自身的利益”①。可以说，很长一段时间以来，工程共同体的许多成员正是在这样的市场经济原则指导下，以追求个人利益为根本目的并以其作为选择行为方式的准则，置环境破坏于不顾，将其造成的损失转嫁给他

① [英]亚当·斯密：《国富论》(下卷)，郭大力、王亚南译，商务印书馆1972年版，第25页。

人及未来的人类,给其他经济主体造成外部不经济,直接影响到工程的社会价值、环境价值的实现。

在这种情况下,工程共同体成员应该意识到:他们不仅是“经济人”,也是“社会人”,在追求个人利益的同时,应该具备工程环境保护理念,尽量减少工程的环境影响,实现工程社会效益最大化,承担起相应的环境保护责任。这样的责任既是群体责任也是个体责任,应该包括以下方面:

(1) 评估、消除或减少关于工程项目、过程和产品的决策所带来的短期的、直接的影响以及长期的、直接的影响。

(2) 减少工程项目及产品在整个生命周期对于环境以及社会的负面影响,尤其是使用阶段。

(3) 建设一种透明和公开的文化,在这种文化中,关于工程的环境以及其他方面风险的毫无偏见的信息(客观、真实)必须和公众有公平的交流。

(4) 促进技术的正面发展用以解决难题,同时减少技术的环境风险。

(5) 认识到环境利益的内在价值,而不要像过去一样将环境看作是免费产品。

(6) 国家间、国际间以及代际间的资源及分配问题。

(7) 促进合作而不是竞争战略。①

可以说,工程共同体中的每一个成员,以及工程职业和工程活动共同体,都应该承担这样的责任。

## 二　投资者和工程活动共同体的环境责任

投资者对于工程活动的决策、实施以及管理起着主导性的作用,一定意义上决定着工程活动共同体如企业的运营目标、方式和结果,在工程的环境影响中应该负有主要的责任。

---

① M. A. Hersh. Environmental Ethics for Engineers. *Engineering Science and Education Journal*, February 2000, Volume 9, Issue 1, pp. 13 - 19.

这种主要的责任具体而言就是，投资者（企业主）不仅对企业生产发展负领导责任，同时也必须对企业的环境保护负领导责任，自觉承担起工程活动共同体的环境责任。如对于企业，投资者应该意识到：企业不仅是一个经济组织，还是一个社会组织，不仅要承担直接的经济责任，还要承担相应的社会责任和生态责任。鉴于此，投资者应该联合并领导其他工程共同体成员，将环境保护融入企业文化之中，引导工程活动共同体在具体的工程活动过程中主动承担环境保护的责任，由单纯地追求利润（profits）转向追求人（people）、星球（planet）和利润（profits）（3Ps）的和谐统一，全面实现工程的经济价值、社会价值和生态价值。

工程活动共同体的生态责任主要包括：对自然的生态责任、对市场的生态责任、对公众的生态责任。对自然的生态责任，要求企业应切实考虑到自然生态及社会对其生产活动的承受性，应考虑其行为是否会造成公害，是否会导致环境污染，是否浪费了自然资源，要求企业公正地对待自然，限制企业对自然资源的过度开发，最大限度地保持自然界的生态平衡；对市场的生态责任，要求企业要不断生产绿色产品，开展绿色营销，建立生态产品销售渠道；对公众的生态责任，要求企业不仅要确立"代内公平"的观念，而且要树立"代际公平"的观念，以使当代人在追求自己利益满足的基础上，也给子孙后代以满足其利益的机会。①

除此之外，企业在经济活动过程中，还应该负有督促其他工程共同体承担起环境保护的责任。有关这方面，环境责任经济联合体原则，即 CERES 原则（The Coalition of Environmentally Responsible Economies Principles）②，可以作为企业的行动依据。其内容如下：

---

① 任运河：《论企业的生态责任》，《山东经济》2004 年第 3 期。

② 1989 年 3 月 24 日，美国埃克森（Exxon）公司的一艘装载 5000 万加仑原油的巨型油轮瓦尔德兹（Valdez）号在阿拉斯加威廉太子湾附近触礁，共泄漏出原油 1100 万加仑。这一事故不仅在原油泄漏数量上，而且就其对生态系统造成的影响上，都是非常严重的。为了回应 1989 年"Exxon Valdez"轮油污案，全球报告倡议组织（Global Reporting Initiative，GRI）于 1997 年提出了环境责任经济联合体原则（CERES 原则）。

（1）保护生物圈：清除污染，保护栖息地和臭氧层，减少烟雾、酸雨和温室气体。

（2）自然资源的可持续利用：约束自己作为签约者以保存不可再生资源，以及保护荒野和生物多样性。

（3）减少和处理废料：责成签约者减少废料，负责任地放置废料并且尽可能地循环利用。

（4）能源保护：签约者应该承诺保存能源和更有效率地使用之。

（5）减少风险：通过使用安全的实践和预警来减少对雇员和公众的健康和安全风险。

（6）安全生产和服务：通过保证产品安全和提供它们对环境影响的相关信息，达到保护消费者和环境的目的。

（7）环境恢复：承担修复环境损害和对这些影响进行补偿的责任。

（8）通告公众：迫使管理者对雇员和公众公开环境损害事件的相关信息，保护雇员在其雇用期间对那些健康和安全的环境方面告密。

（9）管理承诺：约束自己作为签约者提供去实施和监控那些原则的资源。这也意味着 CEO 和海外公司应该将公司操作的所有环境的方面齐头并进。

（10）审计和报告：签约者承诺按照公开的原则做年度评价。①

就目前情况看，大多数企业都希望有一个环境责任方面的好名声，但是，在具体承诺并承担环境责任方面，各企业又有所不同。有学者依据它们承诺的具体情况，划分出了几种不同程度的"绿色"，包括：（1）"淡绿"——遵守法律；（2）"市场绿"——注意到消费者偏好并据此寻求竞争优势；（3）"利益相关者之绿"（stakeholder green）——响应并且培养公司股民的环境考虑，包括供应商、雇员和股民；（4）"黑绿"——创造产物并且使用包括把尊敬自然看作有内在价值的自然

① Grace, D. and Cohen, S. *Business Ethics*. Oxford: Oxford University Press, 2005, p. 154.

的程度或方法。①

在这种情况下，全社会应该行动起来，完善环境立法，加强环境执法，提高公众的环境保护意识，以此引导并鼓励投资人和企业承担更多的伦理责任，做出更多的环境保护承诺，从“淡绿”走向“黑绿”，由初学者（Beginner）转变为关心的公民（Concerned Citizen），再转变为实用主义者（Pragmatist），最后成为赞成行动主义者（Proactivist）。

所谓初学者，就是有一点具体承诺但没有管理策略；所谓消防员，就是当必要时环境问题被强调，经常只在响应法律要求上；所谓关心的公民，就是有一点改变，环境议题成为管理策略的一部分；所谓实用主义者，就是环境管理是一个已经接受的企业功能，并且有充分的改变；所谓赞成行动主义者，就是环境议题有优先，得到很好的积极的领先管理。②

许多年以来，美国化工产业受到了公众相当多的批评。为了回应这些批评，化学制造商协会（CMA）建立了一个称作“责任关怀：对公众的承诺”的规则。在1990年4月11日，170多家CMA的成员公司在《纽约时代》和《华尔街杂志》上发表了一系列的指导性原则，对企业提出了如下的要求：③（1）促进安全地制造、运输、使用和处理化学品；（2）迅速地向公众和其他的受影响者公布有关安全和环境危害后果的信息；（3）以对环境安全的方式从事生产；（4）鼓励就改善化学品对健康、安全和环保方面影响而进行的研究；（5）与政府部门合作制定负责任的法律来规范化学品；（6）与他人共享对促进这些目标的实现有价值的信息。

为了实现“责任关怀”的主要目标以及对公众的担忧做出回应，CMA建立了由

① R. Edward Freeman, Jessica Pierce and Richard Dodd. Shades of Green: Business, Ethics, and the Environment. In Laura Westra and Patricia H. Werhane (eds.). *The Business of Consumption: Environmental Ethics and the Global Economy*. Lanham, MD: Rowman & Littlefield, Publishers, 1998, pp. 339 - 353.

② Hunt, C. and Auster, R. Proactive Environmental Management. *Sloan Management Review*, Winter, 1990, p. 9.

③［美］哈里斯等：《工程伦理：概念和案例》，丛杭青等译，北京理工大学出版社2006年版，第169—170页。

15个非产业的公众代表组成的公众顾问团(PAP),监督企业的环境保护行为,而且CMA还就加入"责任关怀"的会员条件做出了规定。

从目前看,虽然有越来越多的企业倾向于"黑绿"成为赞成行动主义者,但是还是有许多企业出于私利,在环保上不积极,处于环境保护的初级阶段。实际上,在实施可持续发展战略以及建立和谐社会的今天,企业有减少污染、保护环境、维护人民健康的责任,企业的声誉及其业绩与其环境保护的表现紧密相联。一个有着良好环保声誉的企业将得到公众的支持,而一个背负环境保护恶名的企业,必将失道寡助,其发展也将受到很大限制。

这是我们的投资人和企业应该意识到的!

## 三 工程师和工程专业协会的环境责任

工程师在工程活动中的角色比较复杂,有时是以投资者或企业主的角色出现的,有时是以管理者的角色出现的,有时是以技术工程人员——通常意义上的工程师角色出现的,这最后一种是工程师的常态,这里所论的工程师取其最后一种含义。

作为工程师,他们既是工程活动的设计者,也是工程方案的提供者、阐释者和工程活动的执行者、监督者,而且还是工程决策的参谋,在工程活动中起着至关重要的作用,是工程共同体的"发动机"①,在工程共同体中具有非常关键的作用。工程造成什么样的环境影响,以及怎样解决工程的环境问题,或者怎样运用环境工程解决相应的环境问题,都与工程师具体的工程实践紧密相关。在工程共同体中,由于工程师具备相应的工程专业知识,他们最有可能知晓某项工程对生态环境产生的影响,也更有可能从技术层面去规避和解决这种影响。可见工程师在工程与环境问题的关联中处于特别的地位,应该对工程的环境影响负有特别的责任。这一点也与阿尔佩恩所提出的均衡关照原则(principle of proportionate care)相符合:"当一个人处于一个导致更大伤害的职位,或者,对于伤害的发生,处于一个

---

① 李伯聪:《关于工程师的几个问题》,《自然辩证法通讯》2006年第2期,第45页。

比其他人起到更大作用的职位时，他必须给予更多的关照来避免伤害的发生。”①

工程师与环境相关的责任包括两个方面：一是环境法律责任；二是环境伦理责任。② 所谓工程师的环境法律责任，就是工程师在工程实践过程中使工程活动和结果符合相关的环境法律法规；所谓工程师环境伦理责任，就是工程师要用恰当的环境伦理观念指导并规范自己的工程行为，尽量减少工程的环境影响，为环境保护作贡献。对于前一个方面，这里不再赘述；对于后一个方面，1985 年 11 月 5 日在新德里召开的第 6 届年度全体大会上，由世界工程组织联盟（WFEO）下属的工程与环境委员会批准，并于 1986 年由位于布宜诺斯艾利斯的 WFEO 总部出版的《工程师环境伦理规范》给我们以启发。③

事实上，工程师在具体的工程实践过程中会遇到形形色色的环境伦理难题，面临各种各样的环境伦理责任，此时，工程师所持有的环境伦理观念，对于其履行相应的环境伦理责任至关重要。如果工程师持有的是“强人类中心主义”的环境伦理观念，那么他就会为了人类、团体以及个人的利益而置环境保护于不顾；如果工程师持有的是“弱人类中心主义”的观念，那么，他就可以为了人类的利益（可能是长期的利益，也可能是短期的利益）而采取一定措施去保护环境；如果工程师持有的是“非人类中心主义”的观念，如动物权利论、生物中心论、生态中心论等，那么，他就会在工程实践过程中否弃雇主的利益、顾客的利益、自我的利益，而为了人类长远利益和自然利益，采取相应的措施保护动物、生物或者生态环境。一句话，不同的环境伦理观念指导下的工程师将会进行不同的工程实践行为，相应地也将会产生不同的工程活动的环境影响，体现工程师不同

---

① 转引自［美］哈里斯等：《工程伦理：概念和案例》，丛杭青等译，北京理工大学出版社 2006 年版，第 17 页。

② 陈万求：《论工程师的环境伦理责任》，《科学技术与辩证法》2006 年第 5 期，第 61 页。

③ ［美］维西林、［美］冈恩：《工程、伦理与环境》，吴晓东、翁端译，清华大学出版社 2003 年版，第 73—74 页。

的环境伦理责任。①

从目前来看,工程师对相关环境责任的承担并不理想,究其原因主要有两点:

(1) 无论是从学校教育还是从社会教育看,对工程师的环境责任教育很不够,结果是很多工程师并不具备相应的环境法律和环境伦理意识,从而也就无从在这样的观念指导下评价、规范工程的环境影响,自觉地去承担工程的环境责任。

(2) 在工程实践活动中,工程师扮演着多重角色,其中的各种角色都赋予工程师一定的责任。这些责任包括:对职业的责任,对自己的责任,对雇主的责任,对顾客的责任,对团队中其他个别成员的责任,对环境和社会的责任,对其他成员、群体和专业的责任,举报的责任,以及如果准则被打破,要有坚持和服务准则的责任。②这许许多多责任的履行,使得工程师受到多重限制——雇主的限制、职业的限制、社会的限制、家庭的限制等。比如"举报"或者关注潜在灾难或者关注公司的一些不道德的行为,很可能会使工程师失业或者收入下降。已经有研究表明,个体工程师作为"举报者"所付出的成本包括将会带来 3 个月到 7 年的失业,承担一定的法律费用,失去朋友,以及其他的个人损失。在美国,举报者通过 1989 年颁布的举报者法案得到法律上的保护,但是在英国对于有道德的工程师仍然没有政府的法律保护。③

以上种种限制常常使工程师陷入责任困境:是将公司的利益、雇主的利益、自身的利益置于社会利益和环境利益之上,还是相反?这成为工程师必须面对和抉择的问题。

在这种情况下,就需要工程职业共同体如国际性的工程师协会或联盟、国家级的职业工程师协会以及行业工程师协会采取各种手段,加强对工程师的环境责任

---

① 值得注意的是,与工程师的情况相似,其他工程共同体成员所具有的工程伦理观念也会影响到他们在工程实践过程中的保护行为,只是由于工程共同体成员在工程活动过程中所扮演的角色不同,在负荷相应的环境伦理观念指导下的工程实践方式就不同,从而导致工程对环境的影响及意义就有所不同。有关这方面,限于篇幅,不作阐述。

② Simon Robinson, Ross Dixon, Chris Preece, Kris Moodley. *Engineering, Business and Professional Ethics*, 2007, pp. 80 – 83.

③ M. A. Hersh. Environmental Ethics for Engineers. *Engineering Science and Education Journal*, February, 2000.

教育，使他们具备必要的环境法律知识和恰当的环境伦理观念，从而更好地承担起保护环境的责任。不仅如此，更需要上述工程职业共同体或者制定专门的工程师环境伦理规范，或者在原有的工程师伦理规范中加进相应的环境伦理规范内容，以条例的形式规范工程师的工程实践行为，承担起相应的社会责任和环境责任。如在美国土木工程师协会（ASCE）1977 年的章程中第一次包含了“工程师应该负起改善环境以提高人类生活质量的责任”的陈述（第 i 部分 i. f）。而且，在 1996 年修订的规范中包含了更多的涉及环境的条款。其准则一说：“工程师应把公众的安全、健康和福祉放在首位，并且在履行他们职业责任的过程中努力遵守可持续发展的原则。”在这一准则之下，还有四项条款进一步说明了工程师对于环境的责任：

（1）工程师一旦通过职业判断发现情况危及公众的安全、健康和福祉，或者不符合可持续发展的原则，应告知他们的客户或雇主可能出现的后果。

（2）工程师一旦有根据和理由认为，另一个人或公司违反了准则一的内容，应以书面的形式向有关机构报告这样的信息，并应配合这些机构，提供更多的信息或根据需要提供协助。

（3）工程师应当寻求各种机会积极地服务于城市事务，努力提高社区的安全、健康和福祉，并通过可持续发展的实践保护环境。

（4）工程师应当坚持可持续发展的原则，保护环境，从而提高公众的生活质量。

工程师环境伦理规范的意义是重大的。它为工程师在以下领域的伦理决策提供帮助和支持：解决环境与工程其他方面之间的利益冲突；处理工程师对于雇主的责任以及对于整个社会的责任之间的冲突，比如揭发工程潜在的环境危险；提供当风险尚未完全知晓或者没有被完全理解时候的风险可接受水平以及技术可接受标准的相关信息①；保护“组织内部的揭发者”②。

---

① M. A. Hersh. Environmental Ethics for Engineers. *Engineering Science and Education Journal*, February, 2000.

② [美]维西林、[美]冈恩：《工程、伦理与环境》，吴晓东、翁端译，清华大学出版社 2003 年版，第 237 页。

如此,工程师在工程伦理规范的指导和支持下,就可以出于环境伦理责任,在工程实践过程中兼顾工程职业伦理责任和工程环境伦理责任,从"对雇主不加批评的忠诚"走向"批评的忠诚"。所谓"对雇主不加批评的忠诚"可以界定为:"将雇主的利益置于其他任何考虑之上,正如雇主对他们自己的利益所界定的那样。"①所谓"批判的忠诚"可以界定为:"对雇主的利益予以应有的尊重,而这仅在对雇员个人的职业伦理的约束下才是可能的。"②

"批评的忠诚"概念是一个试图同时满足工程职业伦理和工程环境伦理的中间方式。它表明工程师在工程实践过程中可以而且应该为了公众的健康和福祉以及环境保护,采取负责任的不服从组织的行为。其行为方式有三种:③(1)正如管理者所察觉的,从事违背公司利益的活动(对立行为的不服从)。(2)因为有违道德或职业目标而拒绝完成某项任务(不参与的不服从)。(3)抗议公司的某项政策或某个行为(抗议的不服从)。

## 四　工程共同体其他成员的环境责任

在工程共同体的成员中,除了投资人和工程师外,还有管理者、工人和其他利益相关者。他们在工程活动过程中也应该承担相应的环境责任,以使工程有利于环境。

工程共同体中的管理者组成比较复杂,投资者一般而言都是管理者,而且是顶层管理者,其他管理者按照工程组织的等级结构而排列。值得注意的是,在工程活动过程中,除了一般的管理者外还涉及技术、财务、法律等专业人员,他们除完成相应的工作外,常常也是以管理者的角色出现的,而且层次越高的,其作为管理者的角色越明显。

---

① [美]哈里斯等:《工程伦理:概念和案例》,丛杭青等译,北京理工大学出版社2006年版,第152页。

② 同上,第153页。

③ 同上,第154—158页。

工程管理者，理所当然是工程的环境管理者，应该对工程活动进行环境管理，承担起相应的环境责任。具体而言就是管理者不仅要从组织制度上来统筹安排人力、物力和财力，以解决工程活动中的各种矛盾，比如福利待遇和分配上公平公正的问题、劳资矛盾、人际矛盾、人—机矛盾、资金和物资瓶颈等，保证工程的顺利开展，承担起相应的经济责任和社会责任，更要遵循“环境与经济、社会协调、持续发展的原则”，“谁污染谁治理、谁破坏谁整治、谁开发谁保护、谁利用谁补偿的原则”，“预防为主、防治结合、综合整治的原则”，“依靠群众、公众参与的原则”，熟悉并遵守国家制定的相关环境法律和政策，做好相应的环境管理工作。如在中国，工程项目相关管理者应该在工程建设项目开工建设之前给出该项目的环境影响报告；应该在工程项目建设之时实施“三同时”制度，即污染防治设施要与生产主体工程同时设计、同时施工、同时投产；应该在工程项目运行期间采取相应的节能减排措施，使工程活动的环境影响不超过国家现行环境法律法规所规定的环境标准；应该在工程项目运行之后对环境影响进行评价，如果造成了环境破坏，或主动上交排污费，或采取相应的措施给予环境补偿。

理想与现实总有一段差距。从目前看，工程管理者的环境责任意识还比较淡漠。究其原因在于，管理者习惯于把自己看成组织的看门人，对组织的经济利益有很强的甚至是高于一切的关注，很少具有超越他们对组织所认知的责任的职业忠诚，从而认真思考伦理问题。① 如此，加强对管理者的环境责任教育，规范他们的环境保护行为，引导他们从影响公司利益的因素如公众形象出发，应对环境问题对企业的挑战，就是特别重要的了。

工程共同体的另一个组成部分是工人。工人在工程活动中的角色比较单纯，他们不是工程的决策者、规划设计者、工程组织调控者、工程评估者以及工艺流程的制定者，而是工程实施和运行的具体操作者。这种特殊的地位决定了他们一般对工程的环境问题并不负有特别的责任，但是，由于他们的操作规范与否将会直接

---

① Aobert Jackal. *The World of Corporate Managers*. New York: Oxford University Press, 1988, p.5.

导致工程活动的环境影响,因此也应该承担一定的环境责任。工人在工程活动过程中承担这种环境伦理责任的具体体现就是:在工程具体实施和操作过程中,熟悉相关的流程和规定,按照标准操作程序和现行规章进行操作,以避免操作失误引发环境灾难的责任。

实际上,一些工程活动中的环境问题正是由于工人的操作失误造成的。2005年11月13日,中国石油天然气股份有限公司吉林分公司双苯厂硝基苯精馏塔发生爆炸,造成8人死亡,70人受伤,数万人疏散,哈尔滨区段水体受到上游水的污染,直接经济损失达6908万元。国家事故调查组经过调查、取证和分析,认定爆炸事故的直接起因是工人的不当操作:硝基苯精制岗位操作人员违反操作规程,未关闭预热蒸汽阀门,导致预热器内物料气化;恢复硝基苯精制单元生产时,再次违反操作规程,引起进入预热器内物料突沸并发生剧烈振动,导致硝基苯精馏塔发生爆炸,并引发厂内其他装置、设施的连锁爆炸。

不仅如此,"工人在工程活动中,面对工程活动的第一线,是直接'在场'的整个活动实施的操作者"①,这决定了他们对工程实践活动过程中的环境问题往往感受最早、最直接,更易发现工程实施和运行过程中的环境隐患和已经出现的环境问题。因此,他们有义务在履行相应的职业责任时,将公众的安全、健康和福祉放在首位,发现潜在的和显在的工程环境问题,并将此通报给相关人员和部门,防患于未然。

至于工程共同体中的其他利益相关者——除上述主体之外的与工程实施运行的过程及结果相关的个体或团体,在关注工程给自己或他人所带来的经济利益和社会利益的同时,也应该关注工程给自己或他人所可能带来的环境利益,强化环保意识,增强社会责任,力促工程项目更好地服务自身、服务社会、服务环境。

---

① 王前、朱勤:《工程共同体中的工人》,载殷瑞钰主编:《工程与哲学》(第一卷),北京理工大学出版社2007年版,第181页。

## 第三节 工程共同体的环保实践

工程的环境影响与工程决策、实施以及管理紧密相关。要减少工程的环境影响，工程活动共同体就必须在工程生态理念的指导下，主动承担起保护环境的责任，按照国家及地区相关规定，恰当地进行工程决策、实施与管理，实现工程生态化。

### 一 工程共同体、工程决策与环境

"工程决策是工程活动的'发动环节'"①，回答着工程建设中的三个基本问题：为什么？做什么？怎么做？一定意义上决定着工程实践目标的确定和实践手段的选择。

考察传统的工程决策，可以发现，工程决策主体很少甚至不考虑工程的环境影响，而仅关注工程的技术可行性和经济可行性。这种工程决策的偏颇必然导致工程目标以及工程实践的环境保护缺失，是工程造成环境影响的重要原因之一。在工程的环境影响越来越凸现、越来越剧烈、越来越广泛的今天，工程决策应该渗透并体现环境保护的理念，在实现工程技术创新以及经济目标的同时，实现工程的生态目标。

要实现工程决策的生态考量，首先需要投资人或企业主在工程决策的第一个层面——工程活动的总体战略部署上进行决策。其主要内容如下：(1) 培育企业的生态文化，在工程共同体内部形成环境保护的良好氛围；(2) 建立企业内部环境管理相关机构，制定、完善并实施企业的环境管理制度，实施企业内部环境管理并接受政府职能部门对企业的环境管理；(3) 采取相应的有利于环境保护的技术创新战略，如污染综合防治战略、清洁生产、循环经济等。

除此之外，还需要作为工程活动共同体成员的工程师和管理者在工程决策过程中充分考虑到环境影响，制定和选择具体的工程实施方案。

---

① 殷瑞钰、汪应洛、李伯聪等：《工程哲学》，高等教育出版社 2007 年版，第 124 页。

工程具体实施方案的选择,是要对多个可能的实施方案进行综合评价与比较分析,从中选择最满意的方案。它包括三个步骤:针对问题确定工程目的及目标(群);收集和处理有关信息并拟定多种备选方案;评估并选择最优方案。其过程如下图所示:

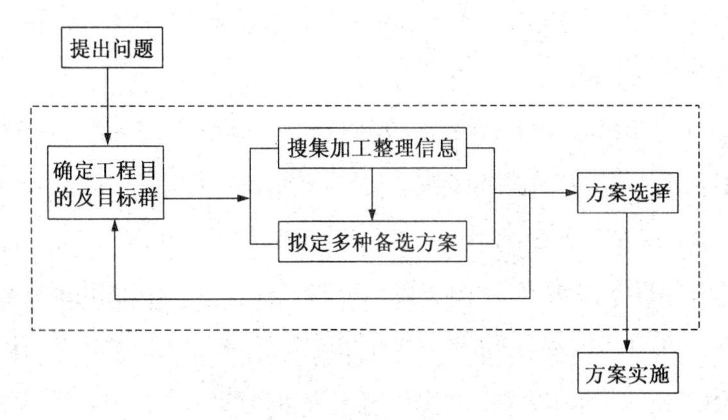


**图 13-1　工程决策的一般过程①**

在图 13-1 中,确定工程目的及目标(群)是至关重要的。可以说,有什么样的工程目的及目标,就会有什么样的相关信息收集加工,也就会拟定出什么样的备选方案,从而也就会对备选方案做出什么样的评价和选择,最终工程实施后就将会产生什么样的影响。

在传统的工程决策中,工程师从工程技术的立场出发,主要关注工程的功能目标和技术目标,对产品的功能和质量问题,诸如设计的效率和经济、不当生产和操作耐受性程度以及最新或最恰当的技术的使用程度,即产品的质量问题,有比较浓厚的兴趣。他们也对安全问题,如公众的健康和安全特别看重。但是,他们一般对工程的经济目标、社会目标、生态目标等兴趣不大。相应地,管理者从管理的立场出发,他们主要关心企业当前的和将来的生存状况,如成本、计划、营销、员工士气和福利等经济目标,对工程的社会目标有一定考虑,而对工程的技术目标、生态目

① 殷瑞钰、汪应洛、李伯聪等:《工程哲学》,高等教育出版社 2007 年版,第 125 页。

标等考虑较少。

在科学、合理、民主的决策过程中，管理者和工程师应该相互协调，密切合作。无论是工程师还是管理者，都应该承担社会责任和环境伦理责任，增强自身各方面的素质，在工程决策过程中，自觉地考虑到工程的社会目标和环境目标，不仅用功能技术效益和经济效益来评价选择工程方案，而且还应该用社会效益和生态效益来评价选择工程方案。

无论从工程决策的内容、方法、程序还是从伦理责任看，工程师和管理者都存在局限性。据此，即使工程师和管理者避免了上面所述的欠缺，一项完善的工程决策还是不能完全依赖于他们，而必须引入其他决策主体，如政府以及公众，包括利益受益和受损群体、非政府组织尤其是环保非政府组织、非施工部门的专家——自然科学工作者、工程技术工作者和人文社会科学工作者、传媒工作者和其他社会公众等，以使工程决策更加完善。要知道，工程是有风险的，工程的立项、设计、实施和验收是存在漏洞的，工程活动的过程和结果是会产生负面影响的，而且这样的影响将直接损害部分或全体公众的生存和发展的权利。要维护公众的合法权利，维护公众的整体利益和长远利益，必须发扬民主，让公众拥有相应的权利，保证他们理解工程的设计依据，理解工程实施的过程，理解工程所要达到的目标以及理解工程所可能或已经造成的正面或负面影响等。一句话，就是要让公众理解工程。在此基础上，通过多重对话和民主调停，对工程决策所涉及的目标、方案进行评价和校正，使工程按规章和规律运行，按市场经济的规律运行，按大多数公众的意愿运行，按可持续发展的方式运行，具有更多的安全性、环境保护性、公正性、经济性，维护人类的权利，真正达到以人为本、保护环境的目的。

需要强调的是，某些工程，如水电工程、基因工程等的决策事关国家命运，对其评价论证不仅要考察工程的技术可行性和经济效益，还要考察工程直接的和间接的、长期的和短期的、确定的和不确定的环境影响，在此基础上综合权衡利弊，在多种方案中进行评价与选择，以形成科学的决策。

要实现科学决策，工程决策的主体不应该只是工程施工部门，还应该包括政府相关部门。政府部门应该制定相应的法律法规,如“环境影响评价法”和“公众参与环境影响评价办法”等,确定决策的对象、范围、主体、方式、程序等,以形成、完善和规范重大工程项目的决策机制。

不仅如此,许多工程项目的社会影响和环境影响是非常复杂的,有些是科学家不能直接感知的,有些是科学家不知道的或不能完全知道的,有些是科学家虽然知道但却不能完全认识或不可量化的,此时,科学家也成了“非专家”。如此,那种根据实验数据得出正确的结论,然后依据科学推理制定合适且无争议的政策的传统科学,在这里已经不再适用,需要发展一种新形式的科学,能够面对不确定的事实、有争议的价值观、高风险、紧迫的决定、典型的复杂性和可能要失控的人为的危险等,在承认不确定性和无知的基础上进行对话,以获得多数支持的合理观点和价值取向,在其基础上做出合理的决策。它包括从科学家进行的与政策相关的研究,到其他公众对该项研究性质的讨论之间的一切内容,是在科学与政策发生争议时的一种研究方式——一种不同于科学的后常规方式。

这就是国外某些学者所提出的后常规科学的内涵,与科学认识不确定背景下的决策紧密相关。可以这么说,面对诸如水电工程、灾害防治工程、环境工程、基因工程等的决策,都需要这样的科学。它能够动员社会各界力量,让公众参与进来,形成部门联动机制,把科学的边界扩展到包括不同有效性知识的过程、前景和类型之中,以填补科学专家、公众关注与政府决策部门之间存在的鸿沟,形成比较完备的相关预测和对策。

对于此类风险决策,“当然可以依据直接后果期望值准则进行概率估算和统计分析,但对于非确定型决策来说,则因无概率可依,不可能运用概率统计方法。只能从‘好中求好’(maxima)、‘坏中求好’(maximin)、‘等可能性’(equal probability)、‘乐观系数’(coefficient of optimism)和‘后悔最小’(minimax regret)等原则中视情况择其一作为决策依据”①。

① 谢明:《公共政策分析》,中国人民大学出版社2004年版,第186页。

## 二 工程共同体、工程实施与环境

工程实施就是工程的具体实践过程，也是工程技术创新的过程。传统的工程技术创新不能说不存在有利于节约资源和保护环境的方面，但是，必须明了，它以经济利益为首要的单一的目标，忽视了环境保护，势必给环境带来许许多多的负面影响。有利于环境保护的工程技术创新与传统的工程技术创新不同，它在追求经济利益实现社会价值的同时，采取相应措施，尽量减少工程的环境影响，实现工程的环境价值，达到工程生态化。这样的工程环境创新典型的有：生态设计、清洁生产、循环经济等。

所谓生态设计，又称环境设计或绿色设计，是以保护环境与节约资源为核心的产品设计理念和过程。它的目标是在某项工程的设计阶段就考虑到工程实施及运行所可能带来的资源消耗和环境影响。

所谓清洁生产，就是将废物减量化、资源化和无害化，或消灭于生产过程之中。它包括节约原材料和能源，消除有毒材料，并在一切排放物和废物离开工艺之前，削减其数量和毒性。对于新产品，战略重点是根据新产品的整个生命周期，从原材料的获取到新产品的最终处理，减少其各种不利影响。

所谓循环经济，是对物质闭环流动型经济的简称。从物质流动的方向看，传统工业社会的经济是一种单向流动的线性经济，即"资源→产品→废物"。线性经济的增长，依靠的是高强度地开采和消耗资源，同时带来的是高强度地破坏生态环境。与此不同，循环经济倡导的是一种与环境和谐的经济发展模式，它的经济增长模式是"资源→产品→再生资源"的反馈式流程，所有的物质和能源要能在这个不断进行的经济循环中得到合理的和持久的利用，使经济活动对自然环境的影响尽量减少，从而达到减量化（reduce）、再利用（reuse）和再循环（recycle）。

不言而喻，工程实施过程中的技术创新都是在作为工程活动共同体的企业中进行的，为此需要企业建立生态文化，实施生态化发展战略，给工程生态化以思想保证；需要管理者树立生态化企业组织文化，改善原有的组织结构，建立追求生态效率的生态化组织结构与管理机制，给工程生态化以组织保护；需要工程师，尤其是环境工程师，积极进行工程环境技术创新，给工程生态化以技术保证……总之，只有工程共同体所有成员行动起来，按照工程生态化的总体战略要求，注重各自工作岗位的环保职责，并在企业内部形成保护环境、创造未来的经营生产氛围，工程生态化战略的实施才能顺利完成。

## 三　工程共同体、工程管理与环境

工程活动从环境中获取资源和能源，生产出产品供给人类消费，向环境中输出废物。如果这种活动超出了环境容量及自然生态系统的调节能力，就必然会使环境的物理、化学及生物特征发生不良变化，改变自然生态系统原来的结构和功能，造成严重的环境问题。这种环境问题反过来也给工程活动带来不利影响。要想使某项工程有利于环境，就必须对工程活动共同体如企业的造物活动进行有效的环境管理。

工程环境管理包括两个方面：一是工程共同体成员，如投资人、管理者、工程师等作为管理的主体，对工程活动共同体如企业活动的环境方面进行管理；二是工程活动共同体如企业作为被管理的对象而被其他管理主体如政府职能部门管理。限于论题的对象限定，这里不谈论第二个方面，而仅就第一个方面加以介绍。

工程环境管理的核心，就是要把环境保护融于工程经营管理的全过程之中，使环境保护成为工程决策的重要因素；就是要重视研究工程项目的环境对策，采用新技术、新工艺，减少有害废弃物的排放，节约资源，生产出“绿色”产品；就是要努力通过环境认证，积极参与环境整治，树立“绿色工程”的良好形象等。

要实现上述工程管理的目标，就需要工程共同体在工程活动的全过程贯彻“经济与环境相协调”的原则：工程项目的领导者同时必须是环境保护的责任者；工程项目的环境管理要同工程生产经营管理紧密结合，要由工程项目的管理者具体实施；工程项目环境管理的基础在基层，应该使工程项目的环境管理在投资人、经理的领导下，通过工程企业自上而下的分级管理，得到有力、有效的保证。

目前来看，企业内部的环境管理主要内容有三：

(1) 参照ISO14000系列标准，建立企业内部的环境管理规章制度体系，建立和实施企业内部环境管理体系。

(2) 坚持预防为主、防治结合、综合治理的方针，对生产过程以及生产过程中产生的污染物和废弃物进行环境管理，减少能源与原材料消耗，用清洁生产工艺，促进资源回收与循环利用，防治生产过程中排出的污染物与废弃物，以达到国家或地方规定的有关排放标准及总量控制要求。

(3) 推行清洁生产，实行清洁生产审计，进行清洁生产评价。所谓清洁生产审计，是一种特殊形式的环境审核，从污染预防的角度对现有的或计划的工业生产活动中物料的走向和转换所实行的一种分析程序，它没有特定的审核准则，目的在于揭示清洁生产的机会。因此清洁生产审计可以广义化为一种发现问题、制定方案、评估方案和实施方案的推行清洁生产的步骤，是一套系统的、科学的和操作性很强的环境诊断程序，这套程序反复从原材料和能源、技术工艺、设备、过程控制、管理、员工、产品和废物八条途径着手开展工作，将污染物消灭在产生之前。所谓清洁生产评价主要是评价一项清洁生产技术，即将其与它所替代的生产技术进行相应的比较，或对不同的清洁生产方案进行权衡比较，从技术、经济和环境三方面进行评价，达到技术效益、经济效益和环境效益的统一。

要做好工程企业环境管理工作，就必须建立工程项目环境管理机构。具体说来就是要在企业内部设立专门的机构，指定专职人员，建立一系列配套的规章制度，从节约资源、减少投入、降低环境污染的角度，采取有效的措施，针对产品的生产、制作、包装、运输、销售、售后服务过程中出现的废品处置和产品使用价值兑现后的处理、处置等全部环节，进行严格的审查、监督。

# 第十四章 工程共同体中的性别问题

工程作为一种公共活动，是性别差异体现得最为明显的领域之一。长久以来，从事工程活动的主体主要是男性，女性即使有所涉足，扮演的也多是辅助性的角色。尽管20世纪妇女运动的两次浪潮推动了女性向公共领域的进军，世界范围内妇女受教育程度也有所提高，但在各国的工程领域里，男女工程人员在比例结构、工资职位、角色地位等方面仍然存在巨大差异。换言之，尽管在世界范围内，从事工程研究和工程活动的女性的人数日益增多，但总体来说，她们在工程界的地位仍然属于边缘人群。此外，随着工程技术在社会生活中扮演了越来越重要的角色，它们对自然、社会和女性造成的负面影响也不断加剧。可以说，合理解决工程发展和工程共同体中的性别问题，已成为实现更大范围内的性别平等，以及促成工程和社会健康发展的关键环节之一。

在学术界，自20世纪70年代第二次女权主义运动浪潮以来，科学技术领域的性别问题便逐渐成为科学技术与社会研究(STS)的焦点之一。晚近兴起的工程哲学和工程社会学研究,同样也开始逐渐重视工程发展中的性别问题。这既是因为工程和科学技术类似,在其领域内部存在诸多的性别歧视、性别偏见以及性别分工的不平等现象,更因为男女两性是构成人类全部活动的两大主体,性别问题是我们从各种角度对这些活动进行思考时,都无法绕开的一个重要方面。

在前述章节中,我们已从不同角度分析了工程共同体的性质、结构和各相关主体,本章主要从“社会性别”(gender)视角出发考察工程共同体中的有关性别问题。本章主要讨论性别问题表现最为集中的几个方面。具体包括:工程共同体中的性别比例与结构、工程共同体中的女工程师、工程共同体中的女工、工程共同体中的性别文化、工程教育与培训中的性别偏见等。如能逐步解决工程活动中的这些性别问题,充分利用女性的智力和文化资源,对于实现性别平等、工程进步以及整个社会的长期发展都将具有十分重要的意义。

## 第一节　工程共同体中的性别比例与结构

工程界的性别问题,类似科技界的情况,它们的共同表现之一在于性别结构分层。科技界的性别结构分层主要包括男女科技人员所占比例的差异,以及他们在科学共同体不同位置、不同层次所占比例的变化。① 工程界的性别结构分层与此相类似,在工程共同体的不同层次,男女工程人员分别占有不同的比例。根据以往的相关研究,在科技领域,女性科技人员人数偏少、职位偏低的现象无论中外都十分普遍,这种现象被称为女性在科技中的缺席现象或女性在科学技术中未被充分代表。这一现象也同样存在于工程领域。这一点可以从世界各国工程人员性别、职位的相关统计数字得到证实。

根据有关研究统计,在英国的工程领域,20 世纪 80 年代妇女所占比例为

① 吴小英:《科学、文化与性别——女性主义的诠释》,中国社会科学出版社 2000 年版,第37 页。

20%，远远低于英国妇女在全部经济领域所占的比例。而在全部40万名女工程人员中，88%从事的是书记员式的工作（clerical jobs），或者在类似流水线的那些常规工作上做半熟练的操作员（semi-skilled operators）；只有不到1%的女性是技术熟练的女技师（skilled craftswomen），而专业女工程师（professional engineers）的比例只是略高于1%。换个角度说，在英国的工程工业（engineering industry）领域就业的专业工程师中，只有4.6%是女性。① 可见，在英国的整个工程领域里，女性所占比例很低，而且在这部分低比例的女性工程人员中，绝大多数又是在从事辅助性或常规性的工作。换句话说，随着职位和工程技术水平的提高，女性所占的比例越来越小。这一点类似于科技领域的金字塔形性别结构，也即女性工程人员大多数位于工程共同体金字塔形社会结构的底层。

在美国的工程领域包括实验室内，也同样呈现出这种工程行业内部的性别劳动分工与结构特征。以美国国家高能物理实验室——斯坦福直线加速器中心（SLAC）为例，1978年在SLAC固定从事物理学研究的222名雇员中，女性只有1名（占0.45%），而在1082名男性雇员中有81人（占7.49%）。实验室雇请的女性职员中有177名从事非技术性和非科学性研究工作。② 而在工厂（工艺、电子学、制造、重型安装、仓库建设）的雇员则几乎都是男性。当研究人员问到女性在这个地方的工作情况时，男员工回答说这里几乎没有常规性的工作，所以不适合女性做。③ 显然，这和英国工程领域的情况十分类似，工程共同体中的大部分女性，都是在从事日常工作和服务性工作。并且，这种性别比例与劳动分工在实验室内的不同活动中，也体现出了差异。其中，从事工厂活动的女性相对于从事类似工作的男性的比例，比从事科技研究的女性相对于从事类似工作的男性的比例还要小

---

① Ruth Carter and Gill Kirkup. Women in Professional Engineering: The Interaction of Gendered Structures and Values. *Feminist Review*, 1990, 35: 93.

② [美]沙伦·特拉维克：《物理与人理》，刘珺珺等译，上海科技教育出版社2003年版，第34页。

③ 同上，第43页。

得多。这一点在很大程度上说明了,工程共同体中的性别差异与女性缺席现象比科技领域甚至更为严重。

到20世纪末,我国已有女工程师988万名,占全国工程师总人数的36.9%,这个比例同样随着工程共同体内职业地位的升高而下降。根据有关资料,在中国工程院中,2003年各学部共增选院士58名,新当选女院士仅2名,占新增总数的3.4%;①2005年,中国工程院在机械与运载工程学部、信息与电子工程学部,化工、冶金与材料工程学部,能源与矿业工程学部,土木、水利与建筑工程学部,农业学部、轻纺与环境工程学部、医药卫生工程学部、工程管理学部再次分别新增了院士,共计50名,其中新当选的女院士为4名,仅占新增总数的8%。② 截至目前,在工程院公布的712名院士名单中,女院士为40名③,仅占总数的5.6%。有趣的是,经过对该名单中各学部的性别比例做进一步分析,我们还发现这40位女院士在不同工程领域的分布也呈现出一定的结构差异。具体情况详见表14-1④:

**表14-1 中国工程院各学部女院士所占比例**

| 学部名称 | 学部院士总数 | 学部女院士人数 | 女院士所占比例(%) |
|---|---|---|---|
| 医药卫生学部 | 107 | 18 | 16.8 |
| 环境与轻纺工程学部 | 37 | 4 | 10.8 |
| 农业学部 | 64 | 5 | 7.8 |
| 化工、冶金与材料工程学部 | 92 | 4 | 4.3 |
| 土木、水利与建筑工程学部 | 96 | 3 | 3.1 |

① 中国工程院新增选院士58人,http://www.edu.cn/20040106/3096881.shtml.

② 中国工程院新增选50名院士6名外籍院士(名单),http://news.xinhuanet.com/politics/2005-12/13/content_3916116.htm.

③ 数据来自中国工程院网站全体院士名单(712人),http://www.cae.cn/swordcms/html/ysxx_qtysmd/index.htm.

④ 在工程管理学部的41人中,有28人为跨学部院士,其中有1名女院士来自化工、冶金与材料工程学部。

**续　表**

| 学部名称 | 学部院士总数 | 学部女院士人数 | 女院士所占比例(%) |
|---|---|---|---|
| 信息与电子工程学部 | 105 | 3 | 2.9 |
| 机械与运载工程学部 | 103 | 2 | 1.9 |
| 能源与矿业工程学部 | 95 | 1 | 1.1 |
| 工程管理学部 | 41 | 1 | 2.4 |

表14－1的数据反映出,我国的女工程院士主要分布在医药卫生学部和环境与轻纺工程学部,而人数最少的则是能源与矿业工程学部。这表明,除了在某具体工程行业内部存在性别劳动分工上的差异外,在不同的工程行业之间也存在着这种差异;并且这两种差异都与传统性别文化中的劳动分工观念相关,甚至可以说是传统文化中"男主外,女主内"、"男耕女织"等观念在现代社会中的某种延伸反映。

总之,从国内外工程领域性别比例与结构的总体情况来看,女性在整个工程共同体中明显属于少数的群体;从她们在工程共同体不同层次上所占比例的变化来看,工程领域的少数女性又大多处于金字塔的底层,这构成了工程共同体的纵向性别等级结构;与此同时,在不同行业,女性所占比例也明显不同,她们相对较多集中在传统上被定义为女性工作的行业领域,这构成了工程共同体横向的一般性别结构特征。导致这种情况和特征出现的原因是多方面的,包括传统的性别文化观念、性别劳动分工观念、工程教育理念、家庭因素等,它们组合在一起构成了整个工程领域内的性别偏见与性别歧视。可以说,不是女性的大脑思维与智力不适合从事工程研究和工程活动,而是这些偏见和歧视从各个角度阻碍了女性的进入与发展。对此,下文将做进一步的讨论。

## 第二节　工程共同体中的女工程师和女工

本书认为工程共同体主要由四类成员构成:工程师、工人、投资者和管理者。上面已经谈到工程共同体中性别比例失衡的问题,本节着重对工程共同体中的女工程师和女工问题进行一些分析。

## 一 工程共同体中的女工程师

女工程师在工程共同体的女性当中属于精英，她们具有丰富的工程知识与超高的技术水平，能同时胜任办公室、实验室和工作场地的实际工作；能够设计、绘图和撰写报告；指导同事和技术工人的工作；参与会议，并做主题发言；能够熟练操作计算机，为单位和客户提供数字模型，做出金融预测和决算；对她们本人与所带团队的全部工作负责。① 这些要求是工程师所必须具备的基本素质，它意味着女工程师所必须承担的基本工作任务和压力。然而，这远非女工程师所承受的全部压力。相对于男工程师，她们还要因为性别而承受更多的压力甚至歧视。工程领域里的性别偏见和歧视不但反映在性别比例与分布结构上，在女工程师的生存与工作状况上也同样有明显体现，尽管她们在工程共同体中处于相对较高的位置。

据《上海市女工程师群体研究报告》针对工程领域企业在考虑工程项目主持者时是否存在性别歧视的调查显示，22.2% 的女工程师明确表示"有"，41.6% 表示不甚清楚。超过七成(72.6%)的被访者认为女性要成为工程师须比男性付出更多。至于今后女工程师队伍是否会扩大的问题，仅 1/4 的女工程师持乐观态度，31% 则认为工程技术领域仍将是男性占主导地位，44.1% 认为女性在该领域发展空间仍然有限。② 而国外学者特拉维克(S. Traweek)在对若干物理实验室为期 15 年的调查访问中也同样发现，这些实验室里的女性的地位始终没有改变，虽然北美和欧洲国家在给予女性的机遇、对待其性别角色的态度方面已经有了巨大的转变，但物理实验室仍然是男人的天下。③ 与此类似，在对因工程科学而闻名的美国里

---

① Ruth Carter and Gill Kirkup. Women in Professional Engineering: The Interaction of Gendered Structures and Values. *Feminist Review*, 1990, 35: 93.

② 沈开艳等:《现状·问题·对策：上海市女工程师群体研究报告》，转引自徐安琪主编:《社会文化变迁中的性别研究》，上海社会科学院出版社 2006 年版，第 114—115 页。

③ [美]沙伦·特拉维克:《物理与人理》，刘珺珺等译，上海科技教育出版社 2003 年版，第 20 页。

海大学(Lehigh University)的学生进行的一项调查中,研究者发现工程专业内60%的女学生和53%的男学生都认为该领域依然存在着性别歧视,并且有50%的女学生认为工程行业领域的性别歧视比绝大多数行业领域里的性别歧视更为明显。①

此外,在工程师共同体内部,传统的性别劳动分工同样产生着影响。例如,女工程师在进入某工程部门或企业之初,总是比男工程师更容易被安排在接待和服务的岗位上。② 此外,这种影响甚至还表现在男女工程师的性别关系上。例如,在一项调查研究中,学者们发现尚在接受高等工程教育的那些女"准工程师"们,常常不得不为她们的男"准工程师"同学提供学业和工作上的照料。换言之,她们一方面在与男性的业务竞争中处于弱势,另一方面却又在工作关系上承担了某种照料者的角色任务,重复着传统的性别劳动分工。③ 甚至,更让女工程师难以处理的是,在男性占绝大多数的空间内,女性往往很容易成为被讨论的话题。她们必须时刻注意自己的性别身份、形象和行为,保持与男领导和同事的适当距离。例如,在调查访问中,很多女工程师就表示自己曾遭遇过此类尴尬,导致她们无法正常地与男工程师一起参与外出调查研究,甚至男工程师们为避免受到猜疑和非议,也拒绝与她们单独就餐。④ 而实际上,很多关于工程技术与活动的讨论往往都是小组成员在就餐时进行的,这使得女工程师的职业生活更为复杂,她们往往会错过很多有价值的讨论,甚至无法正常参与专业交流,这些最终都会反过来影响到她们在共同体中的地位。

尽管如此,还是有很多女性或者是因为期待工程专业的就业机会多、收入水平高,或者是因为家庭成员的影响,或者是仅仅因为兴趣和天赋,进入了工程领域。

---

① Sharon M. Friedman. Research Report: Women in Engineering: Influential Factors for Career Choice. *Newsletter on Science, Technology & Human Values*, 1977, 20: 15.

② Ruth Carter and Gill Kirkup. Women in Professional Engineering: The Interaction of Gendered Structures and Values. *Feminist Review*, 1990, 35: 95.

③ Melanie Walker. Engineering Identities. *British Journal of Sociology of Education*, 2001, 22(1): 81-82.

④ Ruth Carter and Gill Kirkup. Women in Professional Engineering: The Interaction of Gendered Structures and Values. *Feminist Review*, 1990, 35: 95.

尽管受到了不公正的对待，大多数的女工程师对自己的知识水平和业务能力仍然非常自信。在她们看来，无论从思维的缜密程度，还是从反应的速度以及处理问题的果断妥当等方面，自己都不比男性差，甚至比他们更处于优势。实际上，她们也的确在工程领域发挥着举足轻重的作用。据统计，中国女工程师已涉足国家建设、交通、船舶、仪表、机电、纺织、冶金、化学等所有行业。在生物、能源、环境、信息以及新材料等尖端科技工程领域，甚至在火箭、宇宙飞船、导弹等的设计制作及测试中都能频频看到中国女工程师们的身影。①

然而，女工程师在工程领域发挥的作用与她们所获得的待遇在一定程度上仍然是不成比例的。在此方面，有学者曾做过专门的社会学调查与分析，通过对希腊工程师学会在1977年和1987年开展的两次工程师群体状况调查数据进行比较分析，并以“工作经验”、“工作能力”、“婚姻状况”、“工作部门性质”、“家庭背景”等为变量，试图确定影响男女工程师收入差异的诸多因素。结果发现，除上述变量之外，还有很多无法解释(unexplained)的原因导致了男女工程师的收入差异，并且这种无法解释的部分在两次调查相隔的十年间，还呈增加的趋势。② 这种无法解释的部分，在研究者看来实际上就反映了工程共同体内的性别偏见与歧视。虽然这种偏见和歧视并没有在关于男女工程师的收入分配上表现出直接的区分对待，但却是更为广泛、无形的作用因素，它们通过阻碍女性获取受教育权利、阻碍妇女进入公共领域、规定女性在家庭内的角色与责任等多种途径，规定并约束了女工程师在共同体内的角色，因而限制了她们的收入。实际上，在1977年开展的一项关于城市工资水平的调查中发现，导致男女工程师收入差异的生产与工作方面的因素只占11%，而基于性别的歧视因素却占了89%。③

---

① 我国已有女工程师近千万，占全国总工程师36.9%，http://news.sina.com.cn/o/2004-11-03/14574130402s.shtml.

② Harry Anthony Patrinos. Gender Earnings Differentials in the Engineering Profession in Greece. *Higher Education*, 1995, 30: 341-351.

③ G. Psacharopoulos. Sex Discrimination in the Greek Labour Market. *Journal of Modern Greek Studies*, 1983, 1: 351.

可见，尽管女工程师在知识技能、工作能力和工作业绩上都不比男工程师差，甚至做得更好，但却仍然在工资待遇、劳动分工、性别关系等方面遭遇到种种性别偏见和歧视，工程仍然是一个妇女较为悲惨地处于相对缺席（catastrophically underrepresented）位置的领域。① 在这个领域，无论是在大学里还是在工厂里，男性几乎都占压倒性的主导地位。② 面对这些偏见和歧视，女工程师们也一直在积极寻求抗争和解决的方法，其中最主要的一个途径就是建立女工程师自己的组织，加强相互之间的交流与合作。例如，英国女工程师早在1918年便成立了妇女工程学会（Women's Engineering Society, WES），该组织一直致力于不断改善和提高女工程师的待遇和地位。③ 2004年，在中国上海召开的世界工程师大会设有一个特别论坛，那就是女工程师圆桌会议。来自中、美、澳等9个国家的50多位女工程师，在上海科学会堂围绕"女工程师的全球互动"这一主题，进行了愉快的会谈。会上，女工程师们还联合起草了《上海建议》，提议今后每届世界工程师大会都开设"女工程师"论坛，为各国女工程师们搭建一个互相交流、学习与合作的平台，并建议大会设立"杰出女工程师"的专门奖项，以此推动国际社会与各国政府对女工程师群体的重视和鼓励。可以预见，未来女工程师在全球范围内的对话与合作还会不断增多，同时她们也需要和处于工程共同体底层的广大女工人保持更多的联系和合作。

## 二　工程共同体中的女工

从世界范围内来看，工厂女工的大量出现，主要发生在工业革命之后。在工业革命之前，妇女参与的社会生产劳动，无论是农业还是手工业，基本上是在家庭内

---

① Nancy Lane. Women in Science, Engineering and Technology: the Rising Tide Report and Beyond. In Maynard, M. (ed.). *Science and the Construction of Women*. London: UCL Press, 1997, p.41.

② Melanie Walker. Engineering Identities. *British Journal of Sociology of Education*, 2001, 22(1): 77.

③ Carroll Pursell. Am I a Lady or an Engineer? The Origins of the Women's Engineering Society in Britain, 1918 - 1940. *Technology and Culture*, 34(1): 78 - 97.

部或手工作坊完成，其身份主要是作为父亲或丈夫的家庭帮手，其工作往往没有独立的报酬。工业革命的发生和发展使得工作场所与生活场所逐渐分离，公共空间与私人空间的区分，为进一步的性别劳动分工奠定了基础。一部分女性继续守在家庭空间内相夫教子，另一部分女性不得不离开家庭，进入工厂做工。科技进步与工业革命对妇女的职业身份以及她们在家庭和社会中的经济地位产生了极为重要的影响。

在英国，工业革命之后工厂逐渐实现流水线式生产，原来工艺复杂、消耗体力的技术工作被机器分解成简单、单调、对体力要求不高的工作，为此女工和童工可以取代男工从事很多工作；并且女工和童工的工资报酬低，易于控制；这些使得他们成为机器生产资本家首先雇佣的对象。女性正是自这一时期开始大量进入英国工程领域。她们在包括铸铁、建筑、纺织、造纸、化工在内的各个行业领域工作，在玻璃制造车间、陶器制作场所、砖瓦场、煤矿井口、石料场等地方辛苦打拼。据统计，到1839年，在英国419560名工厂工人中，有242296名妇女，占一半以上。① 在我国，工厂女工的出现可追溯到外国资本在中国经营的近代工业和清政府的官办企业。自19世纪70年代起，随着清政府民用工业和民族资本主义的发展，女工队伍逐渐扩大。据1929年8月上海的一项调查显示，2326个上海工厂的全部工人数为285700人，每个工厂平均工人数为123人，其中男工84786人，占29.68%，女工173432人，占60.70%，此外还有童工占9.62%。② 此时，在世界范围内，绝大多数女性依然被排斥在教育尤其是科技与工程教育的大门之外，较之于女性管理者、女工程师，女工是最早进入工程共同体的女性成员。

与此同时，女工也是工程共同体中所占数量最多的那部分女性。据统计，1990年发展中国家女性在劳工队伍中占31%，在经济合作与发展组织（OECD）

① 宋严萍：《论工业革命时期英国工厂女工的状况》，《史学月刊》2003年第9期，第96页。

② 张伟：《近代城市女工状况初探》，《西南民族学院学报》（哲学社会科学版）2000年第12期，第106页。

国家中该比例为 60%，且某些发展中国家的比例还有逐步增加的趋势。[①] 然而，女性参与劳工市场进而成为工程共同体成员人数的增加，并不意味着她们受到性别偏见与歧视的状况得到了相应的改善。在工程共同体内部，从横向上看，女工的行业分布也呈现出类似于女工程师和女院士一样的行业分布特征，她们大部分集中在轻工领域，传统的性别观念是影响女工工作性质和经济地位的重要因素；从纵向上看，女工在从业工种、工资待遇、医疗健康等方面，仍处于整个结构的最底层。

首先，女工就业方向集中于相对较为狭窄的"女性"领域，工程领域的女工主要集中在轻纺领域。有关资料表明，1914 年第一次世界大战爆发前，中国女工总数达到 20 余万人，她们的行业分布见表 14－2：

**表 14－2　工厂职工分业比较（1914 年）[②]**

| 工厂类别 | 男　工 | 女　工 | 总　计 | 女工所占比例(%) |
|---|---|---|---|---|
| 纺织印染 | 122978 | 165234 | 288212 | 57 |
| 机械及工具 | 36997 | 518 | 37515 | 1.3 |
| 化　学 | 104509 | 13557 | 118066 | 11.4 |
| 饮食品 | 91450 | 50116 | 141566 | 35.4 |
| 杂　工 | 26045 | 3957 | 30004 | 13 |
| 特别工场 | 9147 | 14 | 9161 | 0.15 |
| 合　计 | 391126 | 233398 | 624524 | 37.3 |

根据表 14－2 数据可知，我国近代女工主要集中在纺织印染、食品等行业，化工、机械、特别工场的女工人数相对非常少。如今，虽然有越来越多的女性加入劳工市场，但大多数工程从业女性主要集中在医疗卫生和环境轻纺领域，而土木工

① 《社会性别，贫困及就业：化能力为权利》，载中国妇女研究会编：《妇女研究参考资料》（二），2001 年 12 月，第 9 页。

② 孙毓棠：《中国近代工业史资料》（第 1 辑下册），中华书局 1962 年版，第 982—984 页。

程、化工冶金、能源矿冶等领域的女工比例只能维持在20%左右。这一情况与我们在第一节所分析的女院士行业分布是同一问题的不同表现，它们都反映了整个工程共同体的横向性别分工结构。

其次，女工主要集中在劳动密集型工业，一般属于非技术性的简单操作工人。以近代上海为例，女工占半数以上的行业主要是以半技工和粗工为主的行业，包括棉纺织、毛纺织、橡胶、卷烟等。在丝纺织业中，技工人数占60%～80%，多为男工，女工主要负责剥茧、拣茧、清理废丝等不需要多少技能的工作。① 这一方面，可以看成是传统的性别劳动分工在工人群体内部的进一步细分；另一方面，因为女工缺乏平等的受教育机会，尤其是高等技术与工程教育的机会，这导致工程领域的女工的技术面不广，技术能力不高，大多只能从事简单重复性的工作。这样一来，女工获得升迁，成为工程共同体中的高级技工与管理者的机会就很少，拥有土地、资本、技术等资源的可能性微乎其微。

再次，女工的工资报酬处于共同体最底层。在英国工业化时期，工厂女工从事的多为准备性和辅助性的工作，工资收入往往只有男工的1/3，最多不超过一半。即使是从事和男工同样的工作，她们的收入也只有男工的一半。② 在日本明治时代棉纺业领域，同样存在这种工资收入上的性别差异。据统计，自1889—1900年期间，棉纺业女工的日平均工资保持在男工日平均工资的47.7%～60.4%。③ 近代中国工业中的情形也十分类似。据统计，1912—1916年全国25个省市中，男工最高和最低日平均工资为0.33元和0.15元，而女工最高和最低日平均工资则为0.16元和0.12元。④ 进入21世纪以来，世界范围内的工业进步与生活水平的改善已成为不争的事实，女工的收入水平也有了相应的提高，但就整体而言，工业领

---

① 孙毓棠：《中国近代工业史资料》（第1辑下册），中华书局1962年版，第1230页。

② 宋严萍：《论工业革命时期英国工厂女工的状况》，《史学月刊》2003年第9期，第99页。

③ E. Patricia Tsurumi. *Factory Girls: Women in the Thread Mills of Meiji Japan*, Princeton: Princeton University Press, 1990, p. 150.

④ 陈真、姚洛编：《中国近代工业史资料》（第1辑），三联书店1957年版，第22页。

域的工资性别差异依然存在。有关研究表明,我国自从1989年到1997年,随着经济转型和市场化水平的提高,在职女性和男性劳动力的工资差异拉大,对女性的工资歧视有扩大的趋势;并且性别工资差距的扩大主要表现在初中以下文化程度、40岁以上年龄组、非国有部门和“蓝领”职业的人群中。①

最后,工程领域女工的工作环境令人担忧。在近代机器大工业发展初期,英国工业城镇奥尔德姆25~35岁死于肺结核的妇女人数是全国平均数的3倍。② 即使是进入21世纪,重工业领域的女工工作环境与健康问题仍没有得到充分的重视。以印度为例,仍然有很多煤矿女工得不到基本的医疗服务保障。这些女矿工主要负责采石、切割、分拣和装卸,长期在灰尘和污染的环境中工作,为了生计,在怀孕和哺乳婴儿的期间也必须坚守岗位,而且她们中的大多数是合同工,缺乏基本的经济保障和健康保障;肺结核、白血病、关节炎、生殖疾病等普遍存在,而能得到的经济补偿却十分有限。③ 在我国,由于女性特殊的生理特点,国家规定妇女享有特殊劳动保护的权利。例如,不允许让女工从事矿山井下作业、建筑业脚手架的组装与拆除作业、电力电信行业的高处架线作业等。但经济转型期间,大量的农村女性进入城市,她们在矿冶、化工、机械、建筑等传统的“男性”工作领域谋生,工作环境和健康状况堪忧,需要引起重视。

综上观之,在工程共同体内,女工在从业范围、工资报酬、健康医疗等方面,均处于相对弱势的地位,性别差异在工程共同体的工人层面表现得同样突出。究其原因,可以从女工必须承担的繁衍后代的家庭职责、教育受限制、工作价值被轻视或贬低、社会就业政策不完善、社会监督体系和保障制度不健全等多个方面来解释。然而,这些并非导致女工处于工程共同体底层的深层原因,它们在某种程度上都是社会性别文化与劳动分工观念在工程领域的体现。这些因素在女工的工作实

① 张丹丹:《市场化与性别工资差异研究》,《中国人口科学》2004年第1期,第32—41页。

② 宋严萍:《论工业革命时期英国工厂女工的状况》,《史学月刊》2003年第9期,第96页。

③ Background Paper by Mines, Minerals and People (MMP) for the Indian Women and Mining seminar, Delhi April 2003, http://www.minesandcommunities.org/article.php? a=1817.

践中相互影响，从总体上反映了工程领域的父权制结构与文化。因此，要解决女工在争取就业权利、寻求价值认可、争取权益保护，乃至维护生育健康、争取受教育机会等多个方面遭遇到的比男性更多的结构性社会障碍，就必须从全方位入手，既要积极建立健全妇女劳动权益的法律保障，又要努力扩大就业机会，提高女性就业质量，还要建立有效的劳动力市场监督机制，更要推进工程领域的性别主流化。最后，最为重要的是必须逐渐变革社会性别文化与劳动分工观念，只有如此，才能从根源上解决工程共同体内部的性别不平等问题。

## 第三节　工程共同体中的性别文化和性别偏见

性别问题牵涉面很广，本节以下就对工程共同体中的性别文化和性别偏见问题进行一些简要的分析和讨论。

### 一　工程共同体中的性别文化

工程领域的性别比例与结构、女工程师和女工在工程研究与活动中遭遇到的种种基于性别造成的困境或者禁忌，从整体上都是工程共同体内部性别文化的内容和表征。这一文化既是共同体外社会性别观念的延伸，同时也为这些性别观念在更一般的社会语境中发挥作用提供了加工与强化的场所，它们往往经由媒体和教育，不断得到相互的交流与复制。

首先，工程共同体内的性别文化直接体现在工程师与工人的工作环境上。工程人员的办公室、实验室，与艺术和文化工作者的办公室相比，除简单的家具和基本的实验仪器设备之外，无关的摆设和装饰都是多余的。在工程人员看来，充满感性和人文气息的工作环境似乎与工程研究、实验工作需要的严肃认真、冷静客观的气质相互冲突。甚至，在基本的办公家具和仪器设备的材质与色彩上，也必须体现出与工程气质类似的厚重和冷感。正如特拉维克在 SLAC 所观察到的那样，实验物理学家的办公室的家具装备，包括桌子、椅子、书架和计算机等，都是灰色金属的，甚至图书馆的所有家具也都是灰色金属的。① 对于工人而言，面对的更是庞大、复杂、精密和厚重的机器设备，在工厂中不可能具有温馨感性的物质环境。一方面，这种物质环境的确与工程活动的性质相符合，是后者的客观要求；另一方面，在可以进行环境美化的工程办公室中，工程师还是愿意选择上述环境，原因并不是他们更喜欢那种环境，更多的还在于他们不希望被认为是不严肃认真工作的员工。问题的关键就在于，人们常常认为工程文化与人文文化在某些方面存在必然的冲突，前者是理性、冷静、客观、实在的，而后者则是感性、主观、虚幻、情感化的。然而，更为重要的是，前者同时象征着某种男性气质的文化，因为社会性别观念将前者的特征赋予了男性，而后者则一般地被归为女性的气质特征。可以说，工程共同体工作环境的上述特点折射了社会性别观念与性别文化，它进一步将工程研究与活动的特质和男性气质联系在一起。

其次，工程共同体中的性别文化也反映在成员性别气质的男性化上。正如有学者所言，接受了工程职业，就意味着女工程师对保持恰当的职业形象与身份的重要性有了充分的认识。在西方社会，工程领域一般是白人男性的天下，共同体内的成员在穿着、行为、语言等方面都倾向于男性气质化。② 例如，女性实验物理学家的一般打扮是休闲便裤或者牛仔裤，系一条皮带，上穿衬衣。在实验室的几年里，特拉维克仅见过一人穿裙子，而且只是在一个场合穿过。③ 实际上，女工程师们在穿着上，不得不尽量表现得与男同事们一致（例如，一直穿夹克、白大褂和牛仔裤等，甚至连唇膏都不使用），不断塑造在工作领域的女强人形象，似乎只有如此才能展现自己在工作能力上不比男性差。甚至我们在网络媒体上还发现，人们已明确提出了女工程师在公司的穿衣原则，其中头两条分别是："一不要穿得过于时髦

---

① ［美］沙伦·特拉维克：《物理与人理》，刘珺珺等译，上海科技教育出版社2003年版，第36—37页。

② Ruth Carter and Gill Kirkup. Women in Professional Engineering: The Interaction of Gendered Structures and Values. *Feminist Review*, 1990, 35:94.

③ ［美］沙伦·特拉维克：《物理与人理》，刘珺珺等译，上海科技教育出版社2003年版，第31页。

花哨,这不是科技世界所习惯的形象;二要避免过于女性化的花朵印花或款式,素色、中性的印花如条纹、格子,简单而不流行的款式是聪明的选择。”①除此之外,上面提到的女工程师在与男工程师的日常关系处理中,必须注意自己的言行,与他们保持适当的距离等,也是这种性别文化的另一种表现。

再次,正如上面所言,工程共同体内的性别文化是共同体之外性别文化的反映,无论是专业杂志还是大众媒体,它们对工程师事迹与形象的报道和描述,都将直接影响到行业群体和社会公众对男女工程师的一般印象。同时,媒体也通过对在大众文化中被界定为优秀的女性形象进行塑造和宣传,反过来影响着工程领域中女性的自我追求和价值观。这两个方面的双向传播与影响,最后都可能直接影响到女性是否选择工程行业。例如,在今天的报纸、电视、网络等媒体上,依然四处充斥着对优秀性别气质的界定。比如说,女性应相夫教子、夫唱妇随、以家庭和孩子为生活的重心,对她们而言,“女强人”形象并不那么受推崇;男性则应志在四方、以事业为重,没有事业的男性就是不成功的人等,这些传统的性别观念显然还在对两性的工作与生活产生着深刻影响。事实上,很多女工程师在事业和家庭发生冲突时,明确表示愿意放弃事业,而坚决不能影响丈夫的前途。更何况,在大众媒体的描述中,工程师的形象往往是古板、严肃、缺乏情趣的;他们的工作难度大而且枯燥,需要具备冷静理性的思维能力,甚至需要放弃对家庭的照顾等。也为此,女工程师们向社会呼吁要纠正对工程师形象的错误理解,大力破除原来观念上只有男性可做工程师的误区,积极消除人们潜意识中为女性设定的“角色模型”,强调女性不仅可以从事艺术、教育等职业,进行科研和工程设计也一样会出色;而真正要撑起中国科研的“半边天”,不仅需要女性自身的睿智和勤勉,更有待全社会的支持与理解。②

最后,工程共同体内在物质环境、主体行为、语言、形象方面的性别文化,工程

---

① 女工程师在公司应该如何穿衣？http：//www.southcn.com/job/careercenter/homepic/200208301171.htm.

②《科研巾帼何日撑起半边天 直面女科学家成长隐忧》,《文汇报》,2005年3月8日。

共同体外的性别观念，在塑造工程师社会性别气质与工程领域性别结构的同时，也在不断塑造着工程与工程共同体作为一个领域和一类群体自身的特殊性质。正如维基克曼(J. Wacjman)所言，技术和工程领域的女性往往被期望具有男性气质的社会身份，但是同样的跨越生理性别的要求却没有针对男孩，所有这些因素都最终巩固了技术和工程的男性气质"形象"。① 为此，西方学者甚至提出要重新建立一种类似于"女性主义科学"性质的"女性主义工程"，主张对工程领域的一些基本观念和假定进行反思；强调女工程师要团结起来，建立专业的联系网络和组织机构，加强交流与合作，不断提高自身的性别意识；最终逐渐改变工程领域以男性为主导的现实，为社会树立起一种全新的工程形象。

## 二　工程共同体中的性别偏见

20 世纪 90 年代以来，随着妇女运动影响的深入与全球教育水平的提高，年轻女性接受教育的机会明显增多，在科技与工程教育中，性别差异正逐步得到消除。正如有学者所言，教育对于女性而言，是一个成功的故事，无论从绝对意义还是从相对意义上讲，女性在受教育方面已取得很大进步，高等教育中的性别鸿沟(gender gap)基本填平；尽管在某些专业科目尤其是相应的职业领域，还存在一些性别问题，但从总体上看，这些问题也在逐渐解决和消失。②

然而，尽管如此，女性在受教育方面相对于男性仍属于弱势地位。从最基本的受教育机会和资源方面来看，根据联合国教科文组织估计，全世界有 20% 的学龄儿童得不到基本教育，其中 2/3 是女童。在非洲的撒哈拉地区、南亚和西亚地区，25 岁及 25 岁以上的妇女中，有 70% 左右是文盲；在东亚和东南亚地区，25 岁及 25 岁以上的妇女中，有 40% 以上是文盲；在拉丁美洲和加勒比海地区，该比例也超过 20% 。在我国，女性文盲率也远远高于男性。据 1990 年第四次人口普查资料分

---

① J. Wacjman. Technology as Masculine Culture. *The Polity Reader in Gender Studies.* Oxford: Blackwell, 1994.

② S. Walby. *Gender Transformations.* London: Routledge, 1997, p. 48.

析，全国15岁以上女性人口中的文盲率高达31.9%，而同一阶段男性的文盲率为13.0%，女性文盲率比男性文盲率高出18.9个百分点。① 1997年与1982年相比，我国的文盲率显著下降，但是文盲中女性的比重却上升了。在1995年15岁以上的文盲中，女性占到72%。②

与此同时，传统的教育理念依然存在，它们与传统的性别文化观念互相巩固、相互强化。有学者曾对1998—2000年我国法定教材和流行的家庭杂志进行文本分析，发现了诸如幼儿教材中父亲角色的缺失、性别分工的刻板定型、教材中女性形象的塑造等值得探讨的问题。例如，在幼儿教材以及一般的儿童读物中看到的童话、故事、插图和参与的活动中，母亲出现的特别多。这是因为在幼儿教材中涉及的主要是家庭生活的场景，父亲在此是缺席的，他们的活动中心是在家庭之外的生活，从事维持家庭基本生存和生活的工作，而对幼儿进行照料、抚养、关心理所当然被看成是母亲的职责。实际上，人对性别角色的认识最初就是从幼儿阶段开始的，这一阶段他们所接触到的书本上和家庭中的性别角色定义与分工是至为关键的，直接影响到他们对自身社会身份的认定与职业的追求；而这种分工的形成和稳定反过来又进一步巩固了既有的性别文化观念，如男主外、女主内等。

这种传统教育理念与性别文化观念的相互作用在专业教育中体现得更为明显。无论是在西方国家还是在我国，专业划分与选择中一直存在较大的性别差异，这不仅与传统性别观念有关，也与我们在上节中所谈的专业文化有关。我们将科技文化或者工程文化视为相对于其他亚文化而言更为客观和理性的文化形态，从事科学技术研究与工程活动，需要的气质和禀赋更多地被赋予了男性（男性被视为更理性、更冷静、更擅长科学思维），为此女孩（被视为更感性、更易动感情、更擅长感性思维）从小就不被父母、教师和社会期待去选择学习这些科目。这一点在中外的相关统计资料中已有鲜明的体现。例如，从1978年和1988年美国授予博

---

① 林志斌主编：《性别与发展教程》，中国农业大学出版社2001年版，第63—64页。

② 郑新蓉：《教育政策与社会性别公平》，转引自杜芳琴、王向贤主编：《妇女与社会性别研究在中国1987—2003》，天津人民出版社2003年版，第354页。

士学位的女性比例来看,我们发现女性的确更多地集中在人文、社会科学领域,自然科学领域较少,工程技术领域最少。

**表 14 - 3　1978、1988 年美国授予博士学位的女性比例①**

| 专业领域 | 1978 年 | 1988 年 |
| --- | --- | --- |
| 教育学 | 34% | 30% |
| 人文学科 | 19% | 13% |
| 社会科学 | 22% | 22% |
| 生命科学 | 14% | 19% |
| 工程技术 | 1% | 2% |
| 物理学 | 5% | 7% |

中国的情况也是如此,从北京地区高校的情况来看,北京师范大学、中国人民大学等以教育、人文、社会科学为主的学校,女生所占比例很高,而在清华大学、北京理工大学等以理工科见长的高校,女生所占比例就相应较少。以清华大学为例,2006 年全部在校生共计 26312 人,女生为 6977 人,仅占全部学生人数的 26.52% 。具体来说,各类在校女生比例分布如表 14 - 4 所示:

**表 14 - 4　2006 年清华大学各类在校女生比例**

| 教育层次 | 在校生总人数 | 在校女生人数 | 在校女生所占比例(%) |
| --- | --- | --- | --- |
| 本　科 | 14177 | 3982 | 28.09 |
| 硕士研究生 | 7921 | 2114 | 26.69 |
| 博士研究生 | 4214 | 881 | 20.91 |

从表 14 - 4 可以发现,在以理工为主的清华大学,女生所占的比例远远低于男生,而且这一比率随着教育层次的提高呈现反比例下降趋势。此外,在这很低比例的女生中,又有很大部分分布于人文社会科学学院、美术学院、新闻传播学院等人

① 吴小英:《科学、文化与性别——女性主义的诠释》,中国社会科学出版社 2000 年版,第 38 页。

文、社会科学领域。① 这种情况在苏格兰大学里也有体现，在那里，学习电子信息工程的女学生仅占7%，其他工程专业也仅在12%左右，大部分女学生选择了人文社会科学专业。② 这些资料都表明，尽管女性在全球范围内受教育水平和机会不断得到提高和增多，但在科学技术与工程专业方面，女性接受教育的人数和比例仍然很少，尤其是在工程高等教育方面，女性的人数更少。

除正规教育之外，妇女在获得非正式技能培训过程中也遭遇到种种歧视，丧失了很多培训机遇。在此，性别同样构筑了一道明显的界线。例如，中国女童一般学习家庭技艺，而男童则学习木工、自动机械、冷冻等类似技术。虽然非正式培训中的家庭技艺对所有人平等开放，但对于女童而言，学习更加技术性的科目或其他更专业性的科目却是不可能的。此外，企业范围内的学徒式培训机会十分有限，且一般也只有“男性”工作种类才可能提供这种机会。技能培训中心特别强调工薪就业方向，而事实上女性却很少能够获得工薪就业机会。③

显然，女性受教育的上述状况直接限制了她们参与工程活动的条件、资格和能力，也决定了她们在工程共同体中的边缘现状。因为从根本上讲，教育本身是一种资源分配的过程，它的直接产出是拥有知识和技能的人。拥有较高知识和技能的人往往被认为应该更多地获取和控制资源，因此，在家庭与社会中，受过较高教育的人成为资源的决策者，具有更高的家庭和社会地位；反过来，被剥夺了教育的权利，就等于被剥夺了发展的权利。④ 总之，在工程领域，或者由于传统性别文化的影响，或者由于家庭的影响，或者由于工程文化性别化的影响等，女性受教育的机会较少，最后的结果都造成女性在工程领域里的缺席现象，这一缺席反过来又进一步巩固了既有的工程文化与工程共同体内的性别观念。

---

① 章梅芳、刘兵：《我国科技发展中性别问题的现状与对策》，《哈尔滨工业大学学报》（社会科学版）2006年第3期，第8页。

② Melanie Walker. Engineering Identities. *British Journal of Sociology of Education*, 2001, 22(1): 78.

③《社会性别，贫困及就业：化能力为权利》，载中国妇女研究会编：《妇女研究参考资料》（二），2001年12月，第34页。

④ 林志斌主编：《性别与发展教程》，中国农业大学出版社2001年版，第53页。

正因如此,我们认为,要解决工程领域的性别问题,重要的途径之一就是要加强女性的基础教育和专业教育。其中,尤其是我们的高等教育体系要有针对性地改变传统性别专业选择模式,制定有利于女性选择传统男性专业的措施,打破专业选择的性别隔离,培养大量的女性科技工程人才。此外,还应加强对女工的职业培训,提高她们的就业能力。我们可以通过女工程师组织机构来承担为女工程技术人才提供技术服务、技术咨询和技术培训等工作;甚至还可以建成一批女子工程技术学院,既开展正式的专业教育,同时又兼顾非正式的职业培训。例如,由上海市总工会、市妇联、市女工程师联谊会与上海工程技术大学合作成立的上海工程技术大学女工程师学院,就是一个有益的尝试。该学院是专为培养女工程师而设立的高等教育办学机构,它的主要功能便是开展成人教育和技术培训,为女工程师实施继续教育。

目前,在全世界范围内,女性工程技术人员与更广泛范围内的女工在人数上、受教育水平上、工资待遇上都有一定程度的增加和提高;女工程师和女工作为强大的智慧群体,在科技创新和经济增长中的重要作用日益显现。据悉,香港目前已有近1400名女性获得工程师学会会员资格。虽然相比男性会员所占百分比仍然有限,但女工程师的优势发挥明显。香港有关机构制定的"男女同工同酬、晋升机会均等"的相关法律对女工程师提升业内地位起了重要作用。然而,正如本章所显示的,工程领域的性别歧视和偏见依然是长期存在的,这就需要我们通过研究和实际的合作与干预,来逐步解决。

在国内外相关研究领域内,工程共同体仍然属于一个相对较新的概念,我们在此对工程共同体中性别问题的集中讨论也属于起步性的工作。比较而言,国外的研究主要集中在工程教育方面,国内的研究则较多关注女工尤其是下岗女工和外来妹的生存现状问题。这些工作都从不同角度增进了人们对于工程共同体中性别问题的理解。

尽管在本章各节当中,我们已或多或少地阐述了一些关于解决和改善工程共同体中性别问题的途径与方法,但最后,我们还是有必要再次总结一下对解决这些问题的基本看法和建议：第一，通过媒体宣传和奖励评价机制等多种方式，破除传统性别观念障碍，从制度层面和文化层面减少、消除对女工程人员的性别歧视。第二，积极推动工程领域的性别主流化进程，将性别平等纳入工程政策规划之中。第三，转变传统教育理念，启发、吸引和鼓励更多的女性接受工程学的教育和培训，并进入工程领域就业。第四，以立法手段推进教育、就业等领域的性别平等，切实保护女工程人员的合法权益，改善职业环境。第五，加强女工程人员之间的联合和协作，搭建可供她们开展工程技术交流、争取合法权益、加强技术协作的平台，等等。

# 第十五章 工程共同体与安全

安全已经成为世界性的话题。有人估计，目前全世界每年大约有200万人因疾病或工伤致死，每年发生2.7亿起工伤事故，约有1.6亿名工人患有职业病，由此造成的相关经济损失高达年度全球生产总值的4%。在我国，据国家安全生产监督局《全国安全生产报告》，2004年全国工矿商贸各类事故合计14702起，死亡16497人。近年来，我国安全事故——特别是一次死亡30人以上的重大事故——频繁发生，伤亡人数惊人，安全问题已成为社会问题的焦点之一。①本章以下从工程社会学和工程共同体的角度对与安全有关的一些问题进行简要分析和讨论。

① http：//www. britannica. com/eb/article-9064710.

## 第一节　工程共同体的内部安全和外部安全

一般来说，工程共同体内部包括工程师、管理者、投资者和工人等主体，工程共同体外部包括普通公众、环境影响等内容。工程共同体内部和外部的人员对工程安全和风险有着不同的认识，同时工程安全和风险对于这些主体造成了不同的影响。工程共同体内部和外部对于工程安全有何种责任与义务？他们在面临工程风险时，如何处理这些风险呢？这就是本节和下一节所要阐述的内容。

### 一　工程共同体的内部安全

#### 1. 工人与安全

在工程活动中，特别在工程建设过程中，工人作为具体的施工者和操作者，面临着现实的或潜在的工程风险，常常成为工程风险最为直接、最为严重的受害者。比如切尔诺贝利（Chernobly）核污染，急性的辐射病，加上烧伤，严重地伤害了大约200名切尔诺贝利工厂工人，其中31人很快就死亡。再以建筑业为例，从全球范围来看，建筑业的事故远远高于其他行业的平均水平。2003年，全球的重大职业安全事故总数约为35.5万起，其中建筑业安全事故约为6万起。从地域上看，亚洲和太平洋地区的建筑业安全事故占全球总数的68%。从经济角度看，建筑安全事故造成的直接和间接损失在英国可达项目总成本的3%～6%；美国工程建设安全事故造成平均每天有2名建筑工人死亡，经济损失已占到其总成本的7.9%；而在香港地区这一比例已高达8.5%。我国工程建设安全事故造成的人身伤亡情况近年有逐步增高的趋势。据统计，因工程建设安全事故造成的死亡人数在2000年时未超过1000人，2003年达到1512人。2005年全国建设业（包括铁道、交通、水利等专业工程）共发生事故2288起、死亡2607人，其中，房屋建筑和市政工程共发生建筑施工事故1015起、死亡1193人，与上年相比，事故起数下降11.28%，死亡人数下降了9.89%；建筑施工一次死亡3人以上重大事故共43起、死亡170人

(未发生一次死亡10人以上特大事故),与上年相比,事故起数上升了2.38%,死亡人数下降了2.86%。①

这些数字说明了工人受到伤害的程度,而工人在工程活动中的弱势地位则是工人受到损害的重要原因。李伯聪教授说:“在工程共同体中(更一般地说是在整个社会中),工人是一个在许多方面都处于弱势地位的弱势群体。”②这种弱势地位主要表现为三个方面:第一,从政治和社会地位方面看,工人的作用和地位常常由于多种原因而被以不同的方式贬低。几千年来形成的轻视和歧视体力劳动者的思想传统至今仍然在社会上有很大影响,社会学调查也表明,当前工人在我国所处的经济地位和社会地位都是比较低的。第二,从经济方面看,工人不但是低收入社会群体的一个组成部分,而且他们的经济利益常常会受到各种形式的侵犯。在资本主义制度下,工人受到了经济上的剥削;在社会主义制度下,工人的经济利益也是常常受到各种形式的侵犯。第三,从安全和工程风险方面看,工人常常承受着最大和最直接的“施工风险”,由于忽视安全生产和存在安全方面的缺陷,工人的人身安全甚至是生命安全常常缺乏应有的保障。一般地说,在科学研究活动中是不存在由于进行科学研究而导致的“科学家的生命风险”的。在科学研究和科学哲学中,风险问题不是一个特别重要或特别突出的问题。正如波普所指出的那样,在科学研究中,科学家以自己提出的科学假设的“死亡”“代替”了自己的“死亡”。可是,在工程活动中可能出现的就是工人的实实在在的生命的死亡了。③

既然工人不仅在政治和社会地位上处于弱势,没有多少发言权和决策权,而且在经济利益方面时常受损,利益权利得不到保护,而更为可怕的是,工人更直接承受着工程风险,人身安全甚至生命安全常得不到保障,那么,工人又该如何维护自身的合法权益,保护自身的安全呢?答案是:(1)严格遵守工程各项安全保护规

① 张守健:《工程建设安全生产行为研究》,同济大学2006年学位论文,第1—3页。

② 李伯聪:《工程共同体中的工人——工程共同体研究之一》,《自然辩证法通讯》2005年第2期。

③ 同上,第66—67页。

章制度，增强安全保护意识。所有工人都要加强理解“以人为本”、“安全第一”的深刻内涵，明确并体会生命价值和健康安全的可贵，洞察工程风险的潜在性、巨大性和破坏性，在工程活动的各个环节上都关注自身的生命安全，把这种对于生命的关注实践于工程的种种活动细节当中。同时也把这些安全认识和安全意识的理解，转化为自觉地学习并宣传工程安全规范，严格遵守工程安全操作规程。(2) 利用工会等组织和国家安全法规等相关法律，维护自身合法权益。在我国，工会是保护工人合法利益的团体组织，是工人权益的代言人。在发生权益损害时，工人要充分借助于工会的力量，来保护自身的权益。另外，积极学习我国在工程安全上的法律法规，如2002年的《中华人民共和国安全生产法》、2004年正式实施的《工程安全生产管理条例》以及2004年的《国务院关于进一步安全生产工作的决定》，了解我国在加强安全生产监督管理、防止和减少安全生产事故、保障人民群众生产安全等方面采取的重大措施，合理利用这些法律政策来保障自身安全，获取合理的风险救助。(3) 积极参与工程安全方面的制度建设，提出关于安全方面的建议。在工程建设过程中，一方面要严格按照安全规章操作，积累安全规范知识；另一方面更要充分认识到工程安全规章制度往往有不足之处，需要积极提出宝贵的修改意见。同时对于生产建设环节或工艺、安全生产保障措施，施工环境和条件等方面也要大胆提出建议。

2. 工程师与安全

在工程活动中，工程师作为工程方面的专家，对于工程风险具有一定的发言权和决定权。同时工程专业把工程师置于一个特殊的位置来控制工程项目，识别风险，并且给客户和公众做出合理的决策提供必要的信息。这就要求工程师：(1) 要把保护所有与工程项目有关的人的安全和取得他们的同意作为首要义务；(2) 自始至终认识到工程项目的实验性质，预测可能的副作用，并且努力控制它们；(3) 自律地亲身参与项目的所有步骤；(4) 负责任地接受对项目后果的问责。① 可以看出，在工程活动中，工程师不仅有义务保护公众的安全，预计工程项目可能的负面影响，而且还要

① Mike W. Martin, Roland Schinzinger. *Ethics in Engineering*. Boston: McGraw-Hill, 2005, p.96.

努力控制这些消极影响并降低风险。比如在工程设计活动中,工程师关注安全,不仅是道德义务的需要,而且也是有关法律规范的要求。设计的目的是工程设计的基本推动因素,而安全可靠则是设计的一个基本要求。作为专业设计者,工程师对于一个设计的性能和缺陷拥有最终的发言权。工程师应该识别风险,如果风险不能被设计消除,它们也必须被减轻,并且工程师必须作出关于剩余风险的正当的警告。同样在产品安全要求上,欧洲共同体协议(European Community Agreement,1985)制定了产品责任法(product liability laws),确立了工程师关于产品安全和风险的另一类责任。①

工程师在工程设计、工程建造和生产、工程维护和保养阶段都扮演着重要角色,并承担着重要责任,在安全关注问题上,他与其他工程主体还可能产生冲突。

在工程设计阶段,工程师作为工程设计的主要承担者和执行者,设计符合工程规范、法律规定和建设指标的设计图纸或样图,既是其职业规范的要求,也是雇主利益的要求。然而,工程师和雇主(包括管理者)在关于设计的许多问题上可能存在着冲突。首先,设计标准的选择上,可能存在多种设计方案。对于设计标准的选择,工程师偏好于选择更为安全(风险更小)、安全系数更高的设计方案,而雇主则往往更偏向于安全系数稍低,但能够带来更多经济效益或利益的设计方案,双方的方案在许多情况下是矛盾的。其次,就设计后果而言,由于许多设计产品的影响是潜在的、未定的,而且可能是长期的,工程师更关注造成安全问题的可能性,在态度上更为保守,在技术设计时可能更为遵从设计标准和工程规范要求;而雇主则更关注获得更多经济效益的可能性,在态度上更为开放,在技术设计的选择上可能要求工程师采取违反或者间接违反工程规范或标准的设计方案。可见,工程师在工程设计活动中,在安全关注上往往面临着是遵守职业伦理规范和工程标准还是服从于、忠诚于雇主的冲突。

---

① Hans Lenk. Distributability Problems and Challenges to the Future Resolution of Responsibility Conflicts. http://scholar. lib. vt. edu/ejournals/SPT/v3_n4/lenk. html.

在工程建造、生产、维护、运行过程中，工程师都应该高度关注安全问题，及时发现和报告可能发生的工程风险，及时采取相应的措施，努力避免出现损害工程队伍自身和公众安全的事件。

另外，工程师并非在真空中工作，他也受到主流文化、客户关系和公司管理者部署的限制。所以，许多学者认为安全责任的承担不仅仅是工程师的事情，在许多情况下，与工程相关的其他个人（包括管理者）、机构（包括政府）都可能负有一定的责任。①

工程师应该成为负有安全责任的工程师，应该提高工程设计能力和水平，积极降低并消除工程风险。为了更好地降低和消除风险，工程师在设计产品时必须考虑到“安全出口”（safety exit）问题，也就是：（1）它可以安全地失效；（2）产品能够被安全地终止；（3）最起码使用者可以安全地脱离产品。②

依据安全出口的设计思想，一般的工程设计必须符合四个方面的设计原则③：（1）固有的安全设计（inherently safe design），也就是在设计过程中尽可能地降低内在的风险。例如，使用较低风险的物品取代危险的物品。当必须使用危险的物品时，需要有防护性措施，如用防火材料来取代易燃物品，并且在使用易燃物品时要保持低温。（2）安全系数（safety factors），产品结构应该坚固到足以抵抗超出预计的一定的负载量或干扰量。（3）负反馈（negative feedback），在设置失败或操作失控的情况下，引入负反馈系统，系统会自动关闭。例如，在使用蒸汽锅炉过程中，当压力过高时，安全阀就会自动放出蒸汽；或当火车司机打盹时，自动抱死把手（the dead man's handle）就会刹停火车。（4）多重独立安全保障设施（multiple independent safety barriers），安装一系列的安全保障设施，每个安全保障设施都独立生效，即便第一个安全保障设施失效了，第二个安全保障设施依然不受影响等。

---

① Junichi Murata. From Challenger to Columbia: What Lessons Can We Learn From the Report of the Columbia Accident Investigation Board for Engineering Ethics? *Technè*, Fall, 2007, 10(1): 30–42.

② Mike W. Martin, Roland Schinzinger. *Ethics in Engineering*. Boston: McGraw-Hill, 2005, p. 142.

③ Sven Oven Hansson. Safe Design. *Technè*, Fall, 2007, 10(1): 43–50.

例如，第一个安全保障设施用以预警事故，而下一个安全保障设施就是用来限制事故的结果，并把最终挽救设置作为最后的求助手段。当然工程安全设计是多方面的，以上四个原则只是核心原则。此外，加强对操作者的培训，注意设备和装置的保养，以及及时地报告事故等都是安全实践中的重要手段。

3. 管理者与安全

在工程活动中，管理者具有相当大的决策权和行使权，他们往往比较关注利益和收益，而相对轻视工程风险。比如，挑战者号灾难（Challenger Accident）就是一个教训惨痛、影响深远的案例。在这次发射中，经过76秒的飞行，挑战者号和它的火箭在50000米高空被火球吞没，船员舱分离并落入海洋，所有的宇航员遇难。事后调查发现引起这次灾难的原因“只是”一个小零件“O型环”出了问题，而更加发人深省的则是在发射前有关高层管理者和工程师在这个“O型环”问题上发生了争论和冲突。在那次争论中，高级副总裁杰瑞·莫森（Jerry Mason）对监理工程师罗伯特·伦德（Robert Lund）说了一句后来被人们“反复引用”的话：“摘下你作为工程师的帽子，戴上你作为管理者的帽子。”正是由于工程师的判断并没有得到充分的考虑，挑战者号灾难不可逆转地发生了。

有人认为，在“O型环”的安全问题上，管理者表现出了相当傲慢的态度，认为这是一次令人痛心的关于风险和安全问题的失败案例。①

工程师与管理者对于风险认识的差异，在工程项目中是非常巨大而明显的。例如，在挑战者号灾难发生之后，科学家R.费曼（Richard Feynman）会见一些NASA的官员、工程师和管理者，调查他们对于“O型环”风险的认知态度。在调查过程中，费曼受罗杰斯审查委员会（Rogers Commissions Hearings）的委托做了一个试验，他把“O型环”放到冰水瓶中，发现调压器失败的概率预测是从十分之一到十万分之一。根据费曼的解释，在亨茨维尔（Huntsville）的NASA工程师主张失败的概率

---

① Mike W. Martin, Roland Schinzinger. *Ethics in Engineering*. Boston: McGraw-Hill, 2005, pp. 112 - 113.

是三百分之一，而火箭设计者和制造者认为是万分之一，一个独立的顾问公司认为是百分之一或百分之二，而在肯尼迪发射中心 NASA 的安装人员认为失败概率是十万分之一。实际上，根据许多分析，成功只能说明失败的一种更大的可能性，所以，最终在 NASA 中，许多管理者预测了一个非常小的失败概率——十万分之一。每次成功的发射就被说明为下次发射的风险的降低，并且在 24 次发射成功后，对于失败的概率预测会变得更小。① 我们发现，正如对"发射失败"的这些差异性预测统计一样，每种职业者处理同一或相似数据的方法也是不同的。这些冲突性的分析或认识，部分原因在于对预测性的统计理解不同，同时也与角色责任不同，或者最起码是与管理者和工程师对角色责任的不同认识密切相关。一般认为工程师是微观的(microscopic vision)观点，即从技术观点来认识风险，考虑从风险与风险之间取得平衡；而管理者常被描述为"宏观"(big picture)的观点，考察总体的条件、事实和利益等，考虑收益与风险、成本与风险的平衡。

工程师和管理者对于风险认识的差异，都在一定条件下受到组织文化的影响。管理者亟须加强对风险问题的认识，提高安全意识，并进一步重视工程安全的制度和组织文化，促进工程安全文化的发展。同时，要加强风险管理，提高工程管理者的风险管理水平。在风险管理上，不仅要完善风险管理的制度化建设，而且需要加强风险管理的法制化建设。前者使管理者重视风险问题，增强安全意识，并且制定规范化、操作化的管理程序；后者则加强安全法规的建设和实施。例如，我国已经制定的《中华人民共和国安全生产法》、《中华人民共和国建筑法》、《建设工程安全生产管理条例》、《安全生产许可证条例》等法律法规，以及 2007 年底中纪委关于《安全生产领域违纪行为适用〈中国共产党纪律处分条例〉若干问题的解释》②都能够促使风险管理更加具有权威性和可操作性。

塑造工程安全文化，促进管理者加强对工程安全的重视。"安全文化"(safety

---

① Patricia H. Werhane. Engineers and Management: The Challenge of the Challenger Incident. *Journal of Business Ethics*, 1991,10: 605-616.

② 人民网,2007 年 12 月 21 日。

culture)作为提高安全的关键要素,一方面为职业资格和现存的标准提供了支持;另一方面也促使工程师能够关注风险,承担道德责任。同时"安全文化"作为公司文化中的一种,与其他文化一起共同构建公司的文化传统。[①] 然而,就组织文化的复杂本质而言,我们必须关注组织文化是如何建立并且是如何运行的。其实,不论公司规模的大小,公司的执行者、领导者和管理的期望对公司文化的发展会产生直接而强有力的影响,而所有者的期望也同样会产生影响。[②] 因此,一般来说,公司文化都要受到管理者、领导者、执行者、所有者的强大制约和影响。而这种管理者主导文化的特征(或者说是一种独裁文化)在一定程度上可能压制和限制工程师对于安全的关注,促使工程师或其他雇员完全服从公司的利益和效益需要,而忽视工程风险的降低和消除。所以,一方面,需要促使管理者认识工程风险的危害性和严重性,重视并强调评估和降低工程风险;另一方面,更需要建立一种开放和善于沟通的公司文化,形成一种有效而及时的沟通和交流系统,使工程师关于风险认识的意见和观点能够通过组织程序汇报给管理者,促使两者就分歧和差异进行有效的交流。

## 二　工程共同体的外部安全

工程共同体的外部安全,主要是指工程的结果对于普通公众以及环境所造成的影响。如果说工程安全对于工程共同体内部造成的影响只是局部或者涉及少部分人的话,那么工程安全对于工程共同体外部所造成的后果则可能是影响广泛的,甚至是全局性的和根本性的 。比如,三鹿奶粉事件造成几十万婴儿患上严重疾病,导致全国各地成千上万的婴儿健康受损;切尔诺贝利核泄漏不仅造成一百多万的无辜平民受到辐射而不得不持续进行治疗,也导致这一地区生态环境遭到彻底破坏。因此,关注工程共同体外部安全显得尤为必要。

---

① Shoaib Qureshi. How Practical is a Code of Ethics for Software Engineers Interested in Quality? *Software Quality Journal*, 2001, 9: 153 - 159.

② Christopher Meyers. Institutional Culture and Individual Behavior: Creating an Ethical Environment. *Science and Engineering Ethics*, 2004, 10: 272 - 273.

1. 公众安全

如果说工人在工程共同体中处于弱势的话，那么普通公众在工程安全事故中则处于无辜的地位。每一次工程事故都可能会给普通公众带来极大的风险并造成巨大的财产损失。如在三哩岛和切尔诺贝利的核反应事故中，由于没有给附近居民的撤退提供足够的准备，致使数万居民受到辐射而常年饱受疾病折磨，更有许多居民遭受严重辐射而死亡。在我国，2007年因生产安全事故死亡人数高达101480人。2008年全国安全事故总量和伤亡人数略有下降，但也造成91172人死亡，其中重大事故86起，死亡和失踪1315人；特别重大事故发生10起，死亡662人。[①] 2007年4月18日，辽宁省铁岭市清河特殊钢有限公司发生钢水包倾覆特别重大事故，造成32人死亡、6人重伤，直接经济损失866.2万元。2007年8月17日，山东华源矿业有限公司发生溃水淹井事故灾难，造成172人死亡。2008年，山西襄汾“9·8”尾矿库溃坝事故遇难达276人，直接经济损失近千万。

面对如此之多、如此之大的工程风险，作为普通公众又应该如何维护自身的合法权益，保护自身的生命安全和财产安全呢？

在涉及公众安全的众多工程项目中，公众应该有参与权、知情权和一定的决策权。由于工程风险的潜在性、长远性，以及工程师对于风险的认识和把握的有限性，必须保障接受风险的普通公众知情同意的权利。正如马丁所指出，工程师的一个基本义务是保护人类主体的安全和尊重他们的同意的权利。[②] 这就要求工程师在工程活动中，一方面，必须告知受到风险影响的公众所需要的信息，让他们知道能够做出合理决定所需要的所有信息；另一方面，接受工程风险的公众应当是自愿的，而不是受到外部压力、欺诈或欺骗。例如，美国北州电力公司（明尼苏达州）计划建立一座新的电厂，在把大量资金投入到预制设计研究之前，它就与当地居民和环境组织联系沟通。该公司首先提供充分的证据来表明需要建立一座新的电厂，

---

① http://www.anquan.com.cn/Article/Class13/Class18/200901/104658.html.

② Mike W. Martin, Roland Schinzinger. *Ethics in Engineering*. Boston: McGraw-Hill, 2005, p.96.

并建议几个可选择的地点;然后当地居民群体对其建议的地点做出回应;最后由公司来协调并选择多方都可接受的计划。可见,这种知情同意是征求受项目影响的群体的认可并且是自愿的同意。促使公众参与,不仅是尊重公众的知情同意权利的体现和需要,也能弥补工程师在风险认识上的不足和知识有限的缺陷。同时工程师能够把关注风险的信息和要求通过民意的形式传递给管理者或公司,在一定程度上工程师的要求和意见可以通过公众来表达,减小工程师与管理者在风险关注上的直接冲突。

由于工程设计在工程活动中处于决定性的地位,许多工程后果和影响都受到工程设计的制约,因此,要鼓励普通公众积极参与到工程设计中。这既是现代民主发展对于普通公众权利发展的诉求和尊重,也是对技术统治论观点的驳斥和反击。公众不再是设计过程的外人、被动的消费者,而是工程设计活动积极主动的参与者。这种在设计过程中关注使用者及其需要的参与性设计(participatory design,PD)①提出了一种很好的方法来促进公众参与。因为这种设计把普通公众的各种需求(关注环境影响、安全标准等)联系起来,而普通公众的种种需求正是公司管理者更需要关注的内容。这样体现普通公众要求的设计就会反过来影响管理者对设计要求的认识态度,以及设计标准的执行。所以,参与性设计促使工程师与普通公众一起合作来设计更符合公众要求,也更符合保护环境要求的产品。尽管这种参与性设计运动依然处于它的幼年期(infancy),公众参与还要受到参与路径(方法和程序)以及制度保障(保障参与的物质基础和知识要求)等方面的限制,但无疑它能够提供一种全新的方法来进行可能的设计,把使用者的需要以及安全、环境

---

① 参与性设计(participatory design,PD)作为一种社会运动,发源于斯堪的纳维亚(半岛)(瑞典、挪威、丹麦、冰岛的泛称)(Scandinavia),产生的目的是促使计算机系统更好地对于使用者需要做出回应。现在这一运动在许多不同的国家正在兴起。参与性设计代表“计算机系统设计的一种新方法,在这样的系统设计中,想要使用系统的人们在设计它时扮演了核心角色”。详见 Schuler, D. & Namioka, A. (eds.). *Participatory Design: Principles and Practices*. Lawrence Erlbaum Associates, Hillsdale, Nj, 1993, p. xi.

的关注融入到工程设计之中。①

2. 环境安全

工程不仅可能对工程共同体成员和普通公众造成生命健康伤害，而且也可能对环境造成难以恢复的破坏。如20世纪70年代初建成的埃及阿斯旺水坝使尼罗河下游的生态环境遭到严重破坏，带来了无法估量的损失。三门峡工程造成的环境破坏至今没有恢复，当地生态环境也遭到破坏。今天漫不经心的设计，可能是人类明天极具破坏性的灾难。例如，一次性的快餐盒、制冷用的氟利昂、碱性干电池、汽车噪音及尾气、通讯设备的电磁波、人造板中的甲醛、产品的过剩生产、传媒无情侵犯、工业废料、核废料等，都已经对人类的生存和生活造成了重大的影响。

工程设计作为工程实践的第一个大型活动环节，在工程活动中起到举足轻重的作用。莱顿说："从现代科学的观点看，设计什么也不是；可是，从工程的观点看，设计就是一切。"②而工程实践产生的许多环境问题，也都是从设计中埋设下的。因此，关注工程环境问题，必须从关注设计开始。对环境安全的关注，应该从设计环节开始，同时在工程活动中的其他环节如建造、维护、运行、废料处理阶段也都必须关注环境安全问题，必须在工程的全过程中都高度关注环境安全问题。

从企业角度而言，应该设立专门的环境协调部门（可称之为环境评估委员会），处理和解决工程师与客户、管理者在工程设计中关于环境标准、环境影响上的分歧，正确全面地评估工程的风险，努力保证工程的环境安全。

## 第二节　工程安全的社会建构

在认识和分析工程安全问题时，虽然我们必须承认其中包含着技术成分和需要从技术角度认识及分析工程安全，但我们绝不能单纯地把工程安全看成纯技术

① Greenbaum, J. & Kyng, M. *Design at Work: Cooperative Design of Computer Systems.* Lawrence Erlbaum Associates, Hillsdale, Nj, 1991.

② S. Beder. *The New Engineer South Yarra: Macmillan Education Australia*, PTY Ltd, 1998, p. 41.

的问题，而必须更深刻地从社会建构的观点认识和分析工程安全问题。

认识工程安全的传统途径是进行风险评估。在工程实践中，风险评估处理我们已知风险的设置大小，也是对危害可能性作出一种预测。风险评估涉及使用诸如错误（或事件树）分析工具，并以概率（有时候是知识）为基础来预测一定故障或事件的可能性。一般来说，评估风险涉及如下五个步骤：(1) 界定所有可能的可选择办法；(2) 目标具体化并且衡量影响；(3) 识别采取行动的结果；(4) 以最有效的信息为基础量化可选择办法；(5) 分析可选择办法，作出成本/风险平衡的最佳选择。① 但是，正如一位学者把评估风险描述为"在黑暗中透过玻璃看东西"一样，风险评估只是一种预测和估计，只是评估伤害的可能性，而通常情况下我们的评估可能不具有准确性。所以，美国著名工程伦理学教授哈里斯认为风险评估也存在着"正常事故"的偏见和"常规化的偏差"两个方面的缺陷。② 所谓"正常事故"是指某个技术系统的各个部分之间的"紧密结合性"和"复杂相关性"，促使事故的发生不仅成为可能，而且也使事故难以预测和控制。由于这种事故是不可避免的，在某种意义上可以说事故是"正常的"。"常规化的偏差"是指在工程设计中通常都会对设计物体的作用做出准确的预测，然而有时候这些预测也是不真实的，这就出现了通常所说的偏差。而由于工程师或管理者没有修正造成偏差的设计和操作条件，他们只是简单地接受偏差，就导致了"偏差的常规化"。

著名工程伦理学家戴维斯也指出控制风险涉及五个方面的主要问题：(1) 我们必须处理不确定性；(2) 我们常被迫以太狭隘的观点关注具体层次的风险；(3) 我们有义务，并且必须提供直接的解决方案，而不能有意拖延或延误；(4) 与我们对立的外部因素，会促使我们过分关注风险分析过程中的一些规律性要素；(5) 我们仅理解风险控制项目的本质是不够的，因为它不会促成工程共同体在涉

① Negligence, Risk and the Professional Debate Over Responsibility for Design. http://ethics.tamu.edu/ethics/essays/negligen.htm.

② [美]哈里斯等：《工程伦理：概念和案例》，丛杭青等译，北京理工大学出版社 2006 年版，第 122—124 页。

及风险的其他所有相关因素上达成一致意见,或促使他们相互协作或联合。特别是最后一点,对于工程专业者来说是最为重要的。工程团队参与者都有必要知道联系着即将发生问题的所有细节,包括预算和时间限制,对客户的承诺和技术缺陷的现实评估等。①

工程安全的风险评估途径是建立在传统的工程合理性思想之上的。长期以来,我们对工程的合理性评价,也就是说工程决策的标准,沿袭一种工具主义的,或者称目标—手段的模式。按照这种模式,工程是为了实现某个特定的目标而采取的手段,因而只要总的收益大于总的成本,那么这个工程就是合理的。由于同一个工程对于不同的利益相关者而言,其收益和成本是不同的,因而工程决策的一个核心问题是如何能够大致正确地计算出总的收益和总的成本(工程风险是成本的一部分)。按照这种模式,最好存在一个理想的建造者,它具有对工程目标的偏好,具有对手段有效性评价的能力,具有准确地认识到风险的能力,具有实施工程的意动能力,能够计算出工程的风险,并能够决定这个风险是否可以接受。工程合理性的工具主义模式以及工程安全的风险评估模式,忽略了工程的社会建构属性,忽略了安全的社会属性。

作为一种社会建构的产物,一切时代的工程无不打上了这个时代占主导的社会关系的烙印。从金字塔、长城、大运河、故宫到埃菲尔铁塔、帝国大厦、海底隧道,这些大型标志性的工程,既是这些时代的技术水平的体现,也具体地外显了这些不同的社会中最深层的、往往是被遮蔽着的社会意识形态和政治经济结构。

作为一种社会建构的产物,工程的出现是在一定技术水平约束条件下社会决策的结果。工程的产生和运行的过程包括多种环节,如规划、设计、决策、建设、运行等,这些环节通常是由不同的群体来完成的。是否建造一个工程、建造哪一个工程、建造出什么样的工程,是由相关的社会群体共同决定的。

---

① Negligence. Risk and the Professional Debate Over Responsibility for Design. http://ethics.tamu.edu/ethics/essays/negligen.htm.

工程的参与者是利益相关者，包括政府部门、专家、建设企业、运行企业、工人、社区居民等。工程的社会决策有两个方面的考虑，即工程的收益和成本。一项工程可能具有对所有社会成员共同的利益，但在大多数情况下，对于同一项工程来说，参与决策的不同的社会群体有着不同的收益和承担不同的成本，因此对什么是可接受的风险的认识是不同的。

就专家而言，他们认为可接受的风险是"这样的一种风险，在可以选择的情况下，伤害的风险至少相等于产生收益的可能性"①。可以看出，这种判断可接受风险的方式通常都采取风险—收益(risk-benefit)分析方法进行风险评估。但是对于可接受风险和不可接受风险的各种成本和收益都进行价值估算是不太可能的，因此，对于可接受风险的严格的定量分析似乎也是不可能的。所以，专家也许不得不根据其对总体利益的贡献程度来对各种选择进行更加直观的评估。因此，这种功利主义的分析方法也面临着如下的局限性②：(1) 它不大可能把与各种选择相关的成本和收益都考虑在内。正因为做不到这一点，这一方法也就得不出确定的结论；(2) 也不可能把所有的风险和收益都转化为货币数字，如人类的生命到底可以转换为多少货币呢？(3) 在通常的应用中，这种方法并没有考虑到成本和收益的分配问题；(4) 这种方法没有考虑到人们对技术所带来的风险的知情同意权。尽管存在着这些局限，这一方法在风险评估中依然有其合理性。当个体权利没有受到严重威胁时，这种方法可能就具有决定性意义。同时，这一方法也系统地提供了一种客观的标准，并且通过采用一种共同的尺度——货币价值，提供了一种比较风险、收益和成本的方式。③

就管理者(政府管理者和工程管理者)而言，他们认为"可接受的风险是这样

---

① [美]哈里斯等：《工程伦理：概念和案例》，丛杭青等译，北京理工大学出版社 2006 年版，第 126 页。

② 同上，第 126—127 页。

③ 同上，第 127 页。

一种风险，其保护公众免遭伤害的重要性远远超过了使公众获利的重要性”①。这就促使政府管理者在管理风险时面临着两难选择：一方面，只有当一些物质和某些不希望的结果存在着可证明的关联时，管理者才能够对其进行管理。由于对于风险的科学评估充满着不确定性，以及难以确定有毒物质处于什么样的接触水平才没有风险，这就使公众面临着不可接受的风险。另一方面，只要技术上可行，管理者是能够消除任何可能风险的。这样做的结果将是花费巨额资金——往往是无法承受的资金——去消除可能对人类产生危害的物质，而这样做是没有经济效益的，资金最好是用在消除对公众健康有着更大危险的别的方面。② 与政府管理者相类似，工程管理者也会关注公众的安全与健康，同时也更常关注经济效益和工程总体目标。所以，正如戴维斯所说，管理者和工程师以不同的方法来对待和处理风险。管理者必须关注诸如进度表、预算和合同要求，并且他们更加关注其他因素如总体利益、工程目标等；而工程师倾向于把安全考虑置于所有其他关注之上，工程师在平衡风险与收益上进行过更多的训练，他们能够更好地表达他们对于公众安全的合法关注。③ 例如，在挑战者号灾难中，正是由于工程师和管理者不同的世界观，对风险认识的不同和冲突，促使对于决策的个体责任模糊，而导致了这场灾难。④

因此，安全不仅涉及风险的大小问题，而且涉及风险的分配问题。公正地分配工程的收益和成本，特别是公正地分配安全风险，是工程建造的一个重要要求。一个公正的工程是由公正的社会决策机制来保证的。一个公正的社会决策机制要

---

① 转引自[美]哈里斯等：《工程伦理：概念和案例》，丛杭青等译，北京理工大学出版社 2006 年版，第132 页。哈罗德·P．格林：《法律在确定可接受风险中的角色》，《社会风险评估：怎样的安全才足够安全？》，第 225—269 页。

② [美]哈里斯等：《工程伦理：概念和案例》，丛杭青等译，北京理工大学出版社 2006 年版，第131 页。

③ Negligence. Risk and the Professional Debate Over Responsibility for Design. http：//ethics. tamu. edu/ethics/essays/negligen. htm.

④ Patricia H. Werhane. Engineers and Management：The Challenge of the Challenger Incident. *Journal of Business Ethics*, 1991, 10：605.

求，工程的所有利益相关者都能够加入到决策的过程中，使得他们的利益和损失能够得到真实的体现；一个公正的社会决策机制还要求，所有利益相关者有一个公开的、平等的协商对话的平台；一个公正的社会决策机制还要求，对工程的决策不能侵害公民的基本权利。

目前工程决策中的“官员、专家、企业主”决策机制，存在许多不公正之处。它不适当地把利益相关者中的弱势群体，特别是作业现场的工人、社区居民等，排除在决策的过程之外，使得他们的利益不能够有效地在决策中得到反映。提高社会中工程安全的总体水平，根本途径在于提高经济社会发展的总体水平和改革工程的社会决策制度。但是这个过程不是由工程利益相关者的某一个单方的力量可以完成的。单纯依靠政府监管，不能解决工程安全问题。降低不安全水平，必须改变利益相关者对于可接受的安全水平的形成机制，而这需要所有利益相关者的主动参与，把一个由某个强势集团主导的可接受的安全水平的形成机制，转变为不同成员平等协商的行动者网络。20 世纪 80 年代后期在国际上兴起的现代安全生产管理模式，即职业安全卫生管理体系（OSHMS）特别强调，应该将安全管理单纯靠强制性管理的政府行为，变为组织自愿参与的市场行为，使职业安全卫生工作在组织的地位由被动消极的服从转变为积极主动的参与。而在日本，为更加有效地实施国家工作安全计划，建立了中央级的工业安全和健康工作组，工作组由 7 名雇主代表、7 名工人代表和 7 名公众利益代表（比如记者、学者）组成。

行动者网络要求，在工程共同体的成员之间有一个平等的谈判协商机制。特别是对于这个共同体中的弱势群体，需要一个有组织的力量。所以不但是政府部门、企业主、工人之间的磋商，还应该把行会、工会、社区组织考虑在行动者网络中。

行动者网络要求，通过不同成员的谈判协商，改变可接受的不安全水平形成过程中的价值标准。比如“建立企业提取安全费用制度”、“依法加大生产经营单位对伤亡事故的经济赔偿”，可以改变企业主的价值标准。而“建立安全生产控制指标体系”，可以改变地方政府的价值标准。

行动者网络要求，在安全共同体的成员之间享有知情权。这一要求，目前已得到一些国际公约和部分国家的法律的支持。而日本推行的PDCA安全卫生管理模式所要求的文档化管理,也是保证知情权的一种具体措施。

要解决工程安全问题,除了在技术水平、设施设备、管理规章、员工培训、监督监管等方面下大功夫外,还必须逐步消除工程决策机制之中的不公正之处。一个公正的工程,才可能是一个安全的工程。

# 第十六章
# “起跑线”上的“左顾右盼”和“瞻前顾后”

本书是关于工程社会学的理论著作，意在迈出工程社会学理论探索的第一步。

由于工程共同体①是工程社会学的最重要的研究对象和最基本的理论概念，于是，“工程共同体研究”就成了本书的基本主题。

在确定本书的书名时，虽然作者曾经在“工程社会学导论”和“工程共同体研究”这两个名称中以何为正标题上犹豫不决，可是，关于在本书的正副标题中应该交互出现这两个名称这一点上却一直没有动摇。现在，出于多种考虑和参考多方面的意见，本书最后决定采用“工程社会学导论”为书名，而以“工程共同体研究”

---

① 我们想再次强调指出：像“人”这个术语可以有多重含义，既可指“个体”又可指“类”一样，工程共同体也是多义词，在不同的情况和语境下，既可以用于指称“总体”，又可以用来指称总体中的某些不同的“个体”或“部分”。

为副标题。

在社会学这个大舞台上，科学社会学、技术社会学、劳动社会学、经济社会学都早已“出场”，形成了独立的“亚学科”。现在，工程社会学也要“出场”了。也许可以认为：本书就是一本标志工程社会学已经站在了学科发展“起跑线”上的著作。

当我们站在工程社会学这个新学科发展的起跑线上的时候，免不了要“左顾右盼”和“瞻前顾后”一番。

## 一 “瞻前顾后”之一：本书内容总结和回顾

这里的所谓“顾后”，主要有两个含义：一是总结和回顾全书的内容和结构；二是回顾“我们是怎么来到这道起跑线上的”。

先回顾本书的内容和结构。从结构上看，本书共16章，全书可以分为五个部分。

### 1. 工程社会学和工程共同体概论（第一章至第二章）

这个部分包括两章。第一章“绪论”是对工程社会学这个分支学科和工程共同体这个基本范畴的概论；第二章中对工程共同体的本性、功能、结构和维系原则进行了一些更具体的分析和阐述。

### 2. 工程共同体成员研究（第三章至第七章）

工程共同体的主要成员有工程师、工人、投资者、管理者以及其他利益相关者，从第三章到第七章就以专章的形式对这些成员逐一进行了分析和研究。这些不同的成员各有不同的特征，在历史上经历了不同的演进历程，在工程共同体中发挥着不同的作用。通过这些章节中对共同体不同成员的分别分析和阐述，可以对工程共同体的“成员结构”和“成员结构的异质性”有更深切的认识和体会。从认识论上说，如果没有对这些不同成员的具体分析和认识，工程共同体这个概念就仅仅是一个“混沌的整体”，甚至仅仅是一个“空壳”。

对于工程社会学这个分支学科的开拓来说，关键性的一步是提出了工程共同体这个概念——特别是提出了“工程共同体由工程师、工人、投资者、管理者以及其他利益相关者等不同成员组成”这个基本观点。

许多西方学者一直未能“接近”这个观点。由于多方面的原因，他们不由自主地陷入了一个认识上的严重误区，错认为“工程就是由工程师进行的活动”（实际上，如果仅仅有工程师，是不可能进行工程活动的），从而一直未能提出“工程共同体”这个基本概念。

在一些西方语言中，“科学家”和“科学”是同词根的词汇，“工程师”和“工程”也是同词根的词汇。由于许多西方学者往往不自觉地把“科学家”和“科学”在内容上看成是可以互相“循环解释”的概念——“科学家是从事科学活动的人”而“科学就是科学家所从事的活动”，在面对工程领域的问题时，许多西方学者也就没有进行深入思考便习惯性地认为“工程师”和“工程”在内容上也是可以互相“循环解释”的：似乎“工程师是从事工程活动的人”，而“工程就是工程师所从事的活动”。

如果说前面一种观点和想法还是有道理的，那么，后面一种观点和想法就似是而非了。因为，我们固然可以承认科学就是科学家所从事的活动，而工程却不是单纯能够由工程师所从事的活动，工程是必须由工程师、工人、投资者、管理者组成工程共同体才能从事的活动。对于工程活动来说，在工程师、工人、投资者、管理者这几类成员中，每一种成员都不能少（虽然我们需要承认往往出现“岗位和角色”“兼职”的现象）。工程师、工人、投资者、管理者和其他利益相关者一起共同组成了工程共同体，本书就以五章的篇幅对工程共同体的这五类成员分别进行了专章分析和研究。

3. 工程共同体的两个基本类型：工程职业共同体和工程活动共同体（第八章至第十一章）

工程共同体有两种基本类型：工程职业共同体和工程活动共同体。前者是由职业相同的人员组织起来的，其首要目的是维护本职业人群的利益。从目的和功能上来看，工程职业共同体不是而且也不可能是从事具体工程活动的共同体。为从事具体的工程实践活动，必须把工程师、工人、投资者、管理者以一定的纽带联系和组织起来形成“工程活动共同体”。在现代社会中，工程活动共同体的主要组织形式是企业、公司、项目部等。

本书第八章至第十一章就是对这两类工程共同体的分析和讨论。由于工程活动共同体是更基本的工程共同体，特别是由于工程活动共同体的位置更基本、作用更重要、内外关系更复杂，除第八章是对工程职业共同体的讨论外，第九章至第十一章都是对工程活动共同体的分析和讨论。第九章讨论了工程活动共同体的维系纽带和工程活动共同体的动态变化问题。第十章讨论了工程活动共同体内部的人际关系——权威与民主、冲突与协调等问题。第十一章则讨论了一个非常理论化的问题，提出了一个新观点：工程活动共同体是契约制度实在、角色结构实在和物质设施实在“三位一体”的“社会实在”。这一章中还简要讨论了“本位人”和“岗位人”的相互关系以及“岗位人”的“出场”、“在场”与“退场”。就问题的性质而言，第十一章所讨论的既是工程社会学的基本理论问题同时也是工程哲学的基本理论问题。

4. “工程共同体嵌入社会”的分析(第十二章至第十五章)

工程共同体是嵌入社会的共同体。如果说从第二章至第十一章都是对“工程共同体本身”的分析和讨论，那么，从第十二章至第十五章就是对有关“工程共同体嵌入社会”问题的分析和讨论了。“工程共同体嵌入社会”包括的问题范围很广，本书仅有选择地讨论了“工程共同体与公众”、“工程共同体与政府”、“工程共同体与环境”、“工程共同体与安全”等问题。虽然我们也承认工程共同体中的性别问题是“工程共同体内部”的问题，但出于其他方面的考虑，本书在结构上把对这个问题的讨论放在了第十四章。

5. 回顾和展望(第十六章)

本书第十六章是最后一章，除了按照惯例对全书内容和结构进行回顾和总结外，还要“左顾右盼”和“瞻前顾后”地谈一些其他问题。

## 二 “瞻前顾后”之二：“学术轨迹”的回顾

站在“起跑线”上，我们情不自禁地要回顾我们是怎么来到这道起跑线上的。

1. 从科研课题到学术著作

从源头上说，本书是由中国科学院研究生院的一个科研项目促成的。2003年，中国科学院研究生院成立了工程与社会研究中心。2005年，中国科学院研究生院在科研启动经费项目中正式立项并批准资助“工程与社会基本问题的跨学科研究”（项目负责人李伯聪）。在该项目的设计和工作计划中，工程社会学研究是重点内容之一，于是正式开始了本书的酝酿、讨论和写作过程。在本书写作过程中，许多学者曾经多次聚会中国科学院研究生院进行有关学术研讨，氛围热烈，催生和孕育了本书。

2. 从工程哲学到工程社会学

从更宽广的学术视野进行回顾和分析，工程社会学的开拓是继工程哲学在21世纪之初蓬勃兴起后的必然结果。换言之，工程哲学的兴起成为工程社会学开拓的前导，而工程社会学的创建又成为工程哲学兴起的支援和拓展。

工程活动比科学活动和技术活动具有更“浓”的社会性，继对工程活动进行哲学研究而开拓出“工程哲学”这个哲学分支学科之后，必然还会要求对工程活动进行社会学研究而开拓“工程社会学”这个社会学分支学科。

在哲学大家族中，工程哲学是在21世纪之初新诞生和兴起的哲学分支。① 值得注意的是，虽然现代科学哲学和现代技术哲学都是欧美学者率先创立的，可是，在开拓工程哲学这个新的哲学分支时，欧美学者却没能走在中国学者的前面。中国学者和美国学者大体同时并且基本“同步”地开始了开创工程哲学这个新的哲学分支的尝试和努力。在迄今开创工程哲学的途程中，中国学者和欧美学者的工作各有特色。与西方学者相比，工程哲学在中国的总体进展——特别是在学科制度化进程方面——甚至还可以说在一定程度上领先于在欧美的进展。

工程是直接生产力。工程活动是人类最基本的社会活动方式。工程活动不但深刻地影响着人与自然的关系，而且深刻地影响着人与人的关系、人与社会的关系。工

① 余道游：《工程哲学的兴起及当前发展》，《哲学动态》2005年第9期。

程社会学就是一个以工程活动为基本研究对象的社会学分支学科。在工程社会学的理论研究方面,工程共同体研究占据了一个核心性的位置。上面已经论及,西方学者由于在观念上陷入了认为“工程是工程师进行的活动”这个思想误区,从而未能提出工程共同体这个基本概念,大概这也正是西方学者未能开拓工程社会学这个新分支学科的最重要的原因之一。迄今为止,除了个别西方学者“顺便”关注了工程社会学的意义外,工程社会学在西方学术界基本上还是一个“被遗忘的角落”,运用网络进行搜索,目前尚未见到在西方学术界有专题研究工程社会学的著作出版。

## 三 “左顾右盼”之一:社会学王国中的“左顾右盼”

在整个社会学王国中,工程社会学是一个“新来者”,或者说“后出场者”。当工程社会学站到起跑线上的时候,社会学中的许多其他分支学科——科学社会学、家庭社会学、经济社会学等——早已离开起跑线大步前进,甚至早已起飞。在这个意义上,从工程社会学的起跑线上观察其他社会学分支学科就带有“瞻前”性质了;可是,从另外一个角度看问题,既然可以认为工程社会学已经作为“新来者”进入了社会学王国,由于学术上各学科是“平等”的,于是,从工程社会学角度观察社会学领域的其他分支学科就又带有“左顾右盼”性质了。

工程社会学不但与社会学领域的许多分支学科都有密切联系,而且还与许多学科在研究对象和研究内容上有交叉、重叠之处。以下仅对科学社会学、技术社会学、产业社会学、经济社会学这四个“兄弟学科”进行一些粗略的左顾右盼。

### 1. 科学社会学和技术社会学

科学社会学这个学科的奠基人是美国学者默顿。1938 年,默顿出版了博士论文《17 世纪英格兰的科学、技术与社会》,这本书成为科学社会学的奠基之作。

令人遗憾的是,由于多种原因,科学社会学的学术方向在很长时间内一直受到冷落。在 1990 年,默顿曾经感情复杂地回忆了科学社会学大约半个世纪的发展历程:“如果说,在 20 世纪 30 年代初,科学史还刚刚开始成为一个学科,那么,科学社会学最多只能算是一种渴望。当时在全世界,少数孤独的社会学家试图勾勒出这样一个潜在的研究纲领的轮廓,而实际在这一粗略设想的领域从事经验研究的人就更是屈指可数了。这种状况持续了相当长的一个时期。”“直到1959年,美国社会学学会中只有1%的会员把更广泛的知识社会学算作是他们相当关心的一个领域,自己承认是科学社会学家的人数更是稀少。”①

卡特克里夫说:“在20世纪70年代中期之前,对科学社会学的兴趣一直没有真正以制度化的方式联合起来。除了少数例外,如默顿、巴勒和本-大卫,一般社会学家既不关心作为重要课题的科学也不关心作为重要课题的技术。然而,到了20世纪60年代后期和70年代早期出现了足够的兴趣,这时,面对着仍然不感兴趣的美国社会学学会,由于美国社会学学会规定有200个成员就可以建立一个有特殊研究兴趣的分会,一批学者就在1975年建立了一个新的独立的科学的社会研究学会(Society for the Social Studies of Science,4S)。默顿担任了第一任主席。”②

斯托勒在为默顿的论文集《科学社会学》一书所写的“编者导言”中提到了库恩和《科学革命的结构》一书。斯托勒指出,科学共同体是“科学社会学的基本概念”,他又说:“从社会学角度讲,在科学社会学能够着手处理一系列其他问题前,有必要确定科学共同体的界限并探索它在社会中的地位的基础。”③

历史常常是富于戏剧性的。正是在20世纪70年代中期,以成立4S学会为标志,似乎开拓科学社会学的寂寞的探索之旅就要由林间小路进入宽广而常规的大道的时候,科学社会学发展的风向(或者说潮流)却出人意料地出现了巨大变化——以背离默顿的科学知识观为基本特点之一的科学知识社会学学派崛起了。

4S学会的成立和科学知识社会学的崛起可以被看作是科学社会学的发展进入第二阶段的标志。

默顿指出,在研究科学活动时,应该把科学哲学、科学史、科学社会学以及其他

---

①[美]默顿:《科学社会学》,林聚任等译,商务印书馆2003年版,“代中译本前言”,第ⅱ—ⅲ页。

② Cutcliffe, S. H. *Ideas, Machines, and Values*. Lanham: Rowman & Littlefield Publishers, Inc. p.23.

③[美]默顿:《科学社会学》,林聚任等译,商务印书馆2003年版,“编者导言”,第12—13页。

相关的学科结合起来进行综合研究，这个观点对于研究工程活动也是同样具有指导意义的。

卡特克里夫说："技术社会学，作为一个不同于其堂兄科学社会学的学科，只有短得多的历史。尽管马克思肯定论及了技术在社会中的作用，特别是关于经济制度和工作场所，但他主要关注的并不是技术。直到社会理论家威廉·奥格本（William Ogburn）才把技术作为关注的中心，他在1922年出版的《对于文化和原生本性的社会变化》寻求能够理解和测度文化的变化。他用进化论方法研究发明过程，他对发明过程和发明对社会的影响——社会随后又要适应这种影响——特别感兴趣。如果技术创新超过了社会的还容易适应的能力，奥格本就把这种现象看作是他所谓的'文化滞后'（cultural lag）的证据。虽然奥格本关于技术对社会影响的决定论观点基本上未被接受，但他对技术的社会分析代表了对技术的社会理论研究的重要的早期步伐。"可是，技术社会学后来的发展却出现了停顿，只是到20世纪80年代才由于一些学者所谓的"转向技术"（the turn to technology）而重新显现出来。①

由此看来，科学社会学和技术社会学的历史发展都不是一帆风顺的，而是都遭遇过冷遇和低潮。在此，有一个似乎有些微妙的现象也许应该给予一定的注意：虽然许多学科——包括技术哲学和工程哲学等——的早期发展中都有人撰写以本学科的名称为书名的著作，可是，在技术社会学的学术发展中的重要著作②却都没有以"技术社会学"作为书名③。日本的仓桥重史写了《技术社会学》④一书，但那不但已经是比较晚的事情，而且那本书在技术社会学发展历史上似乎也并不占有什么特别重要的地位。

如果说科学社会学目前已经有了大约80年的历史和经历了两个发展阶段，已

---

① Cutcliffe, S. H. *Ideas, Machines, and Values: An Introduction to Science, Technology, and Society Studies.* Oxford: Rowman & littlefield Publishers, In., 2000, p. 29.

② *Ibid.*, pp. 29 - 32.

③ 奥格本写过一篇名为《技术与社会学》的文章。

④ [日]仓桥重史：《技术社会学》，王秋菊译，辽宁人民出版社2008年版。

经提出了一系列有重大影响的理论观点，并且早已成立了专业的学术组织；那么，与之相比，工程社会学目前还仅仅是一个新生的“婴儿”。

在现代社会中，科学活动、技术活动和工程活动都是重要的社会活动。容易看出，无论从学术理论发展逻辑来看还是从社会现实生活需要来看，人们都应该努力把工程社会学建设成为一门与科学社会学和技术社会学“并肩”的社会学分支学科，应该早日使它们成为可以“比翼翱翔”的学科。

2. 产业社会学和经济社会学

对于产业社会学这个社会学的分支学科，虽然其“前史”可以追溯到马克思、凡勃伦等人著作和著名的“霍桑试验”，但就其作为现代意义的产业社会学而言，则形成于第二次世界大战以后。“产业社会学体系中的第一本著作是穆尔(W. E. Moore)的《产业关系与社会秩序》(1946 年)”，“1951 年，米勒(D. C. Miller)与福姆(W. H. Form)的大作《产业社会学》出版了。当时，作者写道：‘本书是使用产业社会学概念的第一本书。’该著作就现代人职业经历的发展阶段划分问题，以及产业工人对职业生活适应问题进行了重要的分析。”①

正像工程和产业这两个概念的内涵和外延有许多交叉或重叠但并不完全重合一样，产业社会学和工程社会学也是虽然在研究对象和基本范畴上有许多交叉、重叠但却不完全重合的。

相对于科学社会学、技术社会学和下文要谈到的经济社会学而言，产业社会学的发展历程是比较“平稳”的，然而其学术地位和影响似乎还比不上科学社会学和技术社会学。

与发展平稳的产业社会学相比，经济社会学就又是一个经历了学术发展历程上的大起大落的分支学科了。

斯威德伯格在《经济社会学》一书中曾经以两章的篇幅回顾和分析了经济社会学的发展进程。他说：“‘经济社会学’术语的最初使用始于 1879 年，出现在英

① [日]万成博、杉政孝主编：《产业社会学》，杨杜、包政译，浙江人民出版社 1986 年版，第 174—175 页。

国经济学家杰文斯的著作中。继而这一术语被社会学家继承，可以在1890年至1920年期间迪尔凯姆和韦伯的著作中找到。古典经济社会学诞生于这个时期，代表著作有迪尔凯姆的《社会分工论》(1893)、齐美尔的《货币哲学》(1900)以及迄今为止最重要的著作——韦伯的《经济与社会》(写于1908年至1920年之间)。"①可是，"经济社会学在1920年后停滞不前，直到20世纪80年代中期才重新恢复。""随着1985年马克·格兰诺维特的理论文章《经济行为与社会结构：嵌入问题》的发表，经济社会学新的研究视角出现了。"②③

经济社会学在20世纪80年代再次崛起之后，迅速发展。周长城说："经济社会学研究和教学正在世界范围内广泛开展，世界社会学学会中经济与社会研究会是最为活跃的研究会之一，美国社会学学会经济社会分会也于2000年成立。在我国经济社会学也被确认为社会学十门主干课程之一。"④

现在工程社会学也站在了学科发展的起跑线上，其未来发展轨迹是"平稳发展"甚至"迅速起飞"，还是开端之后陷于低潮呢？这就只有"未来的历史"才能给出答案了。

## 四 "左顾右盼"之二："工程研究"(engineering studies)视野中的"左顾右盼"

由于"工程"这个对象范围太大、内容太复杂、问题太重要、影响太深远，所以，对工程这个特定对象的研究不是哪一个学科可以"包打天下"的，换言之，必须对工程进行"跨学科"和"多学科"的"综合研究"。于是，这就提出了进行"跨学科""工程研究"的迫切要求——不但需要对工程进行经济学、管理学和工程科学研

---

① [瑞典]斯威德伯格：《经济社会学原理》，周长城等译，中国人民大学出版社2005年版，第4页。

② 同上，第22、23页。

③ 在周长城的《现代经济社会学》(武汉大学出版社2003年版)和斯梅尔瑟、斯威德伯格主编的《经济社会学手册》(华夏出版社2009年版，第二版)中都有对于经济社会学发展历史进程的回顾和分析。

④ 周长城：《现代经济社会学》，武汉大学出版社2003年版，"内容简介"。

究，而且要对其进行哲学、伦理学和历史学研究。这些努力的综合表现就是需要开拓作为一个“学术领域”的“工程研究”(engineering studies)。

如果说以上是在“社会学”这个“学科”中的“左顾右盼”，那么，以下就要在“工程研究”这个“领域”中“左顾右盼”了。

Science and Technology Studies(可以“硬译”为“科学技术研究”，基本含义是对科学技术活动的“跨学科研究”；也有人翻译为“科学技术论”或“科学技术学”)已经在西方成为一个影响颇大的学术研究领域，它不是一个单独学科的名称，而是学术研究领域或学科群的名称，包括了科学哲学、科学社会学、科学史、技术哲学、技术社会学、技术史等分支学科。

既然以科学技术活动为研究对象可以形成“科学技术研究”(science and technology studies)这个“研究领域”，那么，以工程活动为研究对象，应该也可以形成一个新的“研究领域”——“工程研究”(engineering studies)。

实际上，在21世纪之初，在努力创建工程哲学这个哲学分支学科的同时，无论在西方还是在中国，也“不约而同”地出现了开拓“工程研究”这个新研究领域的尝试和努力。

在西方，2004年在巴黎成立了工程研究国际网络(the International Network for Engineering Studies，INES)。创建该网络的目的是：促进对工程师和工程的历史、社会、文化、政治、哲学、修辞学和组织研究；帮助建立和服务于对工程研究有兴趣的研究者和教师的各种社团；促进工程研究领域的学术工作，扩展关于工程教育、工程研究、工程实践和工程政策的讨论和辩论。达到这些目的的基本手段是召开各种会议、组织在线论坛和开发在线的研究和教学资源、编辑《工程研究》(*Engineering Studies*)杂志。《工程研究》杂志从2009年开始由劳特利奇(Routledge)出版，目前每年3期，以后改为每年4期。该杂志认为，工程研究领域是一个围绕有关问题而建立起来的发散的、跨学科学术研究舞台。

在中国，中国科学院研究生院于2003年成立了“工程与社会研究中心”，自2004年起开始编辑出版作为中心年刊的《工程研究——跨学科视野中的工程》。2004年出版了第一卷，作为献给在上海召开的世界工程师大会的“礼物”，后来又陆续出版了第二卷至第四卷。经国家新闻出版总署批准，自2009年起，中国科学院研究生院出版作为季刊的《工程研究——跨学科视野中的工程》。在学术会议方面，2007年3月，召开了以“工程创新与和谐社会”为主题的香山科学会议。会议提出了“工程是直接生产力”、“工程创新是创新活动的主战场”、“和谐工程是和谐社会的细胞”等重要观点。2009年3月，又召开了以“工程研究与国家战略”为主题的香山科学会议。

虽然目前国内外都有许多论著“自称”是属于“科学技术论”领域的工作，而且有一些论著从内容上看无疑地可以把它们“归属”于“跨学科工程研究”领域，但目前直接承认或“自称”是属于“工程研究”领域的论著却少而又少。希望这种情况不但在中国而且在国际范围内都能够在不远的将来有一个大的改变。

从“工程研究”的视野看工程社会学，一方面，我们看到工程社会学成了跨学科工程研究领域中的一个重要学科，社会学研究是跨学科工程研究中的一个不可缺少的重要方面；另一方面，我们又要认识到，工程社会学的学科发展需要有工程哲学、工程史、工程管理学、工程经济学、工程伦理学等学科的相互促进和相互渗透，只有在这种相互促进和相互渗透中，工程社会学才能有活力和生命力，才能有发展的远景和前途。

## 五 “瞻前顾后”之三：准备面对困难和盼望“起飞”

从历史或传统观点看问题，由于多种原因，工程与伦理之间曾经存在着一道虽然无形然而却又很难跨越的鸿沟，工程界往往不怎么关心伦理，伦理界往往也不怎么关心工程，二者往往处于相互疏离，相互遗忘，甚至是相互“排斥”的状态，彼此间很少有相互渗透和平等对话。大约在20世纪六七十年代，工程伦理学在欧美等发达国家开始创立。经过大约30年的积累、发展和蓄势，有人认为，工程伦理学目前已经进入“起飞”阶段①。许多指标（论著数量、教材数量、社会影响、学科制度

① Brumsen, M. and S. Roeser. Research in Ethics and Engineering. *Techne*, 2004, 8(1).

化情况等)都表明：工程伦理学在美国可以说已经“起飞”了。

在21世纪初,工程哲学这个新学科也迅速兴起了。现在,工程社会学也站在了学科建设和发展的起跑线上。理论发展的逻辑和现实的需要都要求工程社会学能够有较快的发展。我们希望工程社会学能够“起飞”。

我们迫切希望本书的出版不但能够促进工程社会学这个新兴的“亚学科”的理论研究和学术讨论,而且希望能够激发工程社会学领域的经验研究和调查研究。应该强调指出：如果没有后一方面的工作作为“基地”和“后援”,而只有所谓“理论框架”,那么,所谓工程社会学就会成为一个缺乏经验内容的“空架子”或“空壳子”。

本章中回顾了科学社会学、经济社会学的历史发展轨迹,这两个学科的发展历程中都经历过大的波澜起伏。由此看来,工程社会学的未来发展也不可能是一帆风顺的——不但会遇到现实的困难,而且会遇到许多理论上、方法上的困难,包括可能难以克服的困难。我们迫切希望今后能够有越来越多的人关心工程社会学的发展,以多种不同方式参与和促进工程社会学的发展。在做好面对困难的充分心理准备的同时,我们也切望能够努力促成工程社会学的“起飞”。

切望今后的工程社会学能够在理论研究和现实研究的相互结合与相互促进中阔步前进。

# 后　记

苏轼《宝山新开径》诗云:“藤梢橘刺元无路,竹杖棕鞋不用扶。风自远来闻笑语,水分流处见江湖。”这些诗句颇能反映我们现在的心情。

2003 年,中国科学院研究生院成立了工程与社会研究中心。2005 年,中国科学院研究生院在科研启动经费项目中正式立项并批准资助“工程与社会基本问题的跨学科研究”(项目负责人李伯聪)。在该项目的设计和工作计划中,“工程社会学”是重点内容之一,于是正式开始了本书的酝酿、讨论和写作过程。在本书写作过程中,许多学者曾经多次聚会中国科学院研究生院进行有关学术研讨,氛围热烈,催生和孕育了本书。

本书各章节的撰写者如下:第一、九、十一、十六章,李伯聪(中国科学院研究生院);第二章,张秀华(中国政法大学);第三章第一、二节,王楠(中国科学院研究生院);第三章第三节,李世新(北京理工大学);第四章第一、二节,王前、朱勤(大连理工大学);第四章第三节,朱勤(大连理工大学)、包国光(东北大学);第五章,鲍鸥(清华大学);第六章第一、二节,韩连庆、刘飒(北京航空航天大学);第六章第三节,李三虎(广州行政学院);第七章,杨建科(西安交通大学);第八章,李世新(北京理工大学);第十章第一、二节,朱葆伟(中国社会科学院)、朱春艳(沈阳化工学院);第十章第三、四节,李三虎(广州行政学院);第十二章第一节,张成岗(清华大学);第十二章第二节,田鹏颖(沈阳师范大学);第十二章第三节,李世新(北京理工大学)、孔明安(中国社会科学院);第十三章,肖显静(中国科学院研究生院);第十四章,章梅芳(北京科技大学);第十五章,张恒力(北京工业大学)、胡志强(中国科学院研究生院)。

本书虽然有整体设计并且最后由李伯聪统稿,但仍然存在写作风格不统一和结构不均衡等缺陷。作为一本草创之作,本书难免有许多缺点和错误,各位作者都迫切希望听到读者的批评和反馈意见。

“九层之台,起于垒土。千里之行,始于足下。”本书就是我们参与工程社会学学科开拓、建设和发展而迈出的第一步。希望工程社会学的道路能够越走越宽广。

本书经过反复讨论、修改而完成初稿后,感谢刘云霞编辑提出宝贵审稿意见,于是进行了第二次修改和统稿。现在,工程社会学领域的第一本学术著作终于要和读者见面了,其未来的“社会命运”和“学术命运”究竟如何,我们都翘首以待。如果本书真正能够成为工程社会学这个新学科前进中的一块铺路石,我们的愿望也就算达到了。

**本书作者**

2009 年 5 月 6 日初稿

2010 年 2 月 28 日二稿

**图书在版编目(CIP)数据**

工程社会学导论:工程共同体研究/李伯聪等著.—杭州:浙江大学出版社,2010.10

ISBN 978-7-308-08023-1

Ⅰ.工… Ⅱ.①李… Ⅲ.①工程—社会学—研究 Ⅳ.①T-05

中国版本图书馆 CIP 数据核字（2010）第 197480 号

**工程社会学导论:工程共同体研究**

李伯聪等 著

---

**责任编辑** 葛玉丹

**封面设计** 虢 剑 洪 杰

**出版发行** 浙江大学出版社

（杭州天目山路 148 号 邮政编码 310007）

（网址:http://www.zjupress.com）

**排 版** 杭州大漠照排印刷有限公司

**印 刷** 杭州杭新印务有限公司

**开 本** 787mm×1092mm 1/16

**印 张** 26

**字 数** 385 千

**版 印 次** 2010 年 11 月第 1 版 2010 年 11 月第 1 次印刷

**书 号** ISBN 978-7-308-08023-1

**定 价** 52.00 元

---